国家级精品课程建设配套教材
“十二五”江苏省高等学校重点教材

植物与植物生理

主　编　朱广慧　刘艳华
副主编　何会流　吕云英
参　编　李庆魁　曹春燕　朱学文
主　审　陈忠辉　唐　蓉

机械工业出版社

本书为国家级精品课程建设成果配套教材，机械工业出版社高等职业教育园林园艺类“十二五”规划教材。

全书“以服务为宗旨，以就业为导向”，采用任务驱动的编写思路，突破以往学科型教材体例，根据专业岗位需求优化整合教学内容，将传统教学模式中“植物与植物生理”知识内容整合为6大项目，每一项目细化为2~3个工作任务，主要内容包括：植物外部形态的识别、植物解剖结构的识别、常见植物的主要科识别、植物重要生理性状及测定、植物的生长发育及调控、植物的逆境栽培。每个任务都有明确的任务目标，在仿真的任务情景下组织教学内容，将理论知识与实际应用紧密结合，引导学生边学边做，增强了学生的学习主动性和职业能力。另外，本书尽量做到以图代文，以表代文，突出实用性、可操作性，体现职业性、实践性、适用性。

本书可作为高职高专院校园林工程技术和园林技术专业的教材，也可作为本科院校的职业技术、成人教育园林相关专业的教材，还可作为从事园林工作人员的参考用书、自学用书。

本书配有电子教案，凡使用本书作为教材的教师可登录机械工业出版社教材服务网 www. cmpedu. com 下载。咨询邮箱：cmpgaozhi@ sina. com。咨询电话：010-88379375。

图书在版编目（CIP）数据

植物与植物生理/朱广慧，刘艳华主编.—北京：机械工业出版社，2012.12（2025.8重印）

“十二五”江苏省高等学校重点教材（编号：2013-2-021）

ISBN 978-7-111-40780-5

Ⅰ.①植… Ⅱ.①朱… ②刘… Ⅲ.①植物学—高等职业教育—教材 ②植物生理学—高等职业教育—教材 Ⅳ.①Q94

中国版本图书馆 CIP 数据核字（2012）第 301059 号

机械工业出版社（北京市百万庄大街 22 号 邮政编码 100037）

策划编辑：王靖辉 覃密道 责任编辑：王靖辉

版式设计：常天培 责任校对：赵 蕊

封面设计：赵颖喆 责任印制：李 昂

涿州市般润文化传播有限公司印刷

2025 年 8 月第 1 版第 8 次印刷

184mm×260mm · 18.75 印张 · 462 千字

标准书号：ISBN 978-7-111-40780-5

定价：45.00 元

电话服务 网络服务

客服电话：010-88361066 机 工 官 网：www. cmpbook. com

010-88379833 机 工 官 博：weibo. com/cmp1952

010-68326294 金 书 网：www. golden-book. com

封底无防伪标均为盗版 机工教育服务网：www. cmpedu. com

前　言

为满足高职院校教学改革的需要，培育优秀园林技术高技能人才，我们编写了国内首部任务驱动型《植物与植物生理》教材。全体编写人员根据教育部《关于全面提高高等职业教育教学质量的若干意见》（教高［2006］16号）、《关于加强高职高专教育教材建设的若干意见》，参考高职院校园林工程专业人才培养方案和“植物与植物生理”课程标准，继承和发扬了多本国内教材的基本内容和特色，结合高等职业教育特点，编写了本书。本书主要特点如下：

1）突出体现“以职业能力为本位，以任务目标为驱动，理论实践一体化”的理念，根据专业岗位需求优化整合教学内容，以工作任务为教学单元、以学生为教学主体组织教学。

2）突破以往学科型教材体例，设置了若干个工作任务。每个工作任务都具有明确的任务目标，强调在真实的任务情景下组织教学内容，将理论知识和实际应用紧密结合起来。

3）编写内容紧密结合园林专业特点，有针对性地选取整合教学内容，材料选择以园林植物为主，尽量以图代文，以表代文，突出实用性、可操作性，体现职业性、实践性、适用性。

4）探索将本课程教学内容与园林树木、园林花卉、园林工程、园林设计等专业课程结合的更好方法。教材体例实用性强，方便教学。本书采用任务驱动的编写思路，将传统教学模式中“植物与植物生理”知识内容整合为6大项目，每一项目细化为2～3个工作任务，将理论知识和实践训练融为一体，体现“教学做”一体的工学结合理念。

本书由苏州农业职业技术学院朱广慧、黑龙江生物科技职业学院刘艳华任主编，重庆城市管理职业学院何会流、山西运城农业职业技术学院吕云英任副主编。绪论由朱广慧编写；项目一由刘艳华编写；项目二的任务1由苏州农业职业技术学院曹春燕编写，任务2、任务3由刘艳华编写，实训由朱广慧编写；项目三由何会流编写；项目四由吕云英编写；项目五由苏州农业职业技术学院李庆魁、朱广慧编写；项目六由朱广慧编写。全书由朱广慧负责统稿，陈忠辉、唐蓉任主审。濮阳职业技术学院朱学文参与教材前期编写工作。

本书引用了国内外许多论文和教材的资料和图片，所引用内容对顺利完成本书的编写发挥了重要作用，在此表示衷心感谢。

由于编者水平有限，教材中难免有疏漏之处，敬请专家和读者批评指正。

编　者

目　录

绪　论

一、植物的多样性

地球上生命诞生至今，经历了近35亿年漫长的发展和进化过程，形成了约200万种的现存生物，其中有50余万种是植物。植物在地球上的分布极广，从高山至平原、从海洋至陆地、从赤道至南北极，到处都有不同种类的植物生长繁衍。这些植物在形态结构、营养方式、生活周期等方面存在着多样性。

植物的形态结构也表现出多样性。有的植物仅由单细胞组成，结构简单，体形微小；有的由一定数量的细胞松散联系，聚集成群；有的细胞之间联系紧密，具有根、茎、叶等器官分化；有的不仅具有器官分化，还能产生种子繁殖后代。

从营养方式来看，绝大多数植物都具有叶绿素及类似的色素，能够利用光能进行光合作用，自行制造养料，他们被称为自养植物或绿色植物。另外有一部分植物，其体内无叶绿素，不能自行制造养料，他们寄生在其他植物体上，如菟丝子，被称为寄生植物。还有些植物是从动植物尸体上摄取养料，称为腐生植物。寄生植物和腐生植物也称为异养植物。异养植物不含叶绿素，通常称为非绿色植物。非绿色植物中也有少数种类，如硫细菌、铁细菌，以氧化无机物获得能量自行制造养分，他们属于化学自养植物。

植物的生命周期在不同植物中常有差别，有的细菌仅生活20～30min，即可分裂产生新个体。一年生和多年生的种子植物分别在一年中或跨越两个年份，经历两个生长季节而完成生命周期，它们都为草本类型，如水稻、大豆、油菜等。多年生木本植物，每年都开花结实，树龄有的可长达数百年或上千年。

植物的种类多种多样，从进化类型上可分为藻类植物、菌类植物、地衣植物、苔藓植物、蕨类植物和种子植物，由这些种类繁多的植物构成庞大的植物界。其分类如图0-1所示。

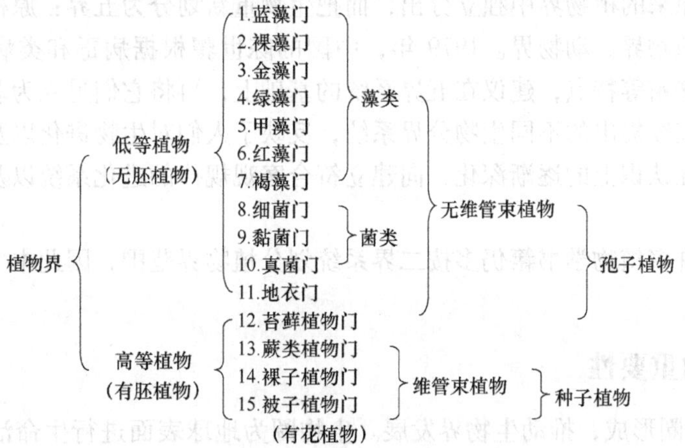

图0-1　植物界各类群

植物的多样性是植物有机体在与环境的长期相互作用下，经过遗传、变异、适应和选择等一系列的矛盾运动而形成的，其中人类的干预对植物界也产生了非常深刻的影响。一方面人们在不断地培育新的植物种类；另一方面，受人类活动的消极影响，生态恶化，使一些植物逐渐失去其生存环境而消失。据国际自然资源国际联盟所物种保护监测中心估计，目前全球有10%的植物面临绝境，地球上的植物正以每天一种的速度灭绝。因此，我们应该在合理开发、利用植物的同时，最大限度地保护植物资源不受破坏，并使植物的多样性不断丰富和持续发展。

二、植物的基本特征和植物界的划分

植物虽然多种多样，但大多数植物均具有以下的共同特征：

1）植物细胞有细胞壁，初生壁主要由半纤维素和纤维素构成，具有比较稳定的形态。

2）绿色植物和少部分非绿色植物能借助于太阳光能或化学能，把简单的无机物质制造成复杂的有机物质，进行自养生活。

3）大多数植物具有无限生长的特性，它们从胚胎发生到植物成熟的过程中，能不断产生新的器官或新的组织结构。

4）植物对于外界环境的变化影响一般不能迅速作出运动反应，而往往只在形态上出现长期适应的变化。如高山、极地植物，通常植株矮小，呈匍匐状或莲座状，便是对紫外光、低温的形态适应。

18世纪瑞典的植物学家林奈（Carolus Linnaeus）将生物界区分为动物界和植物界两界，后者包括菌类植物、藻类植物、地衣类植物、苔藓植物、蕨类植物和种子植物六大类群，这种二界系统被沿用至今。随着人们对自然界认识水平的不断提高，对植物的划分范围又提出不同见解。1966年德国的海克尔（E. H. Haeckel）提出三界系统，除动物界和植物界之外，而将具有色素体又能游动的单细胞低等生物分立为原生生物界。而斯塔尼尔等（Stanier et al）于1976年提出的三界系统意见，却将藻类和菌类统归于原生生物界，其中植物界的范围仅包括苔藓植物、蕨类植物和种子植物。1938年，美国的柯柏兰（H. F. Copelend）主张建立四界系统，即原核生物界（包括蓝藻、细菌）、原始有核界（包括低等真核藻类、原生动物、真核菌类）、后生植物界和后生动物界。1969年，美国的惠特克（R. H. Whittaker）认为应将真菌从原来的植物界中独立分出，而把生物重新划分为五界：原核生物界、原生生物界、真菌界、植物界、动物界。1979年，中国的陈世骧根据病毒和类病毒没有任何细胞形态、不能自我繁殖等特点，建议在五界系统的基础上，再将它们另立为非胞生物界，从而形成六界系统。陆续提出的不同生物分界系统，反映了人们对生物进化以及生物界各类型之间的实质联系，在认识上的逐渐深化，向建立符合客观规律的进化系统以及科学地划分植物界逐渐接近。

考虑到目前许多植物学书籍仍多按二界系统划分植物界范围，因此本书主要仍采用二界系统。

三、植物的重要性

1）参与生物圈形成，推动生物界发展。生物圈为地球表面进行生命活动的、连续的有机圈层，数量浩瀚的植物则是这种圈层中重要的组成部分。

约在47亿年前，在地球形成的初期阶段，地球上并无生命；以后地球表面产生了大气层，避免了紫外线和宇宙射线的伤害，生命的起源才有可能。早期的大气层中，只有水、二氧化碳、甲烷、硫化氢、氮、氨等，尚缺少与生命息息相关的游离分子氧，故当时出现的原始生命很可能是通过化能合成或异养的生活方式以获得能量。当含光合色素的蓝藻和其他原始植物出现后，才能以大气中的二氧化碳为碳源，以水中的氢离子为还原剂，利用光能进行光合作用而制造有机物，并释放出氧；再加上自然界中的紫外线长期对水的解离作用，使大气中氧的含量逐渐增加，从而为生物的生存和进一步发展提供了条件。以后，随着植物种类和数量的增加，氧气逐渐达到现在大气中的含量水平，环境条件更为改善，因此逐渐形成了丰富多彩的生物世界。

2）转贮能量，提供生命活动能源。太阳光能是一切生物生命活动过程中用之不竭的能量源泉，但必须依赖绿色植物的光合作用，将光能转变成化学能贮藏于光合作用产物之中，才能被利用。绿色植物是自然界的第一生产力，光合产物的糖类，以及在植物体内进一步同化形成的脂类和蛋白质等物质，除了少部分消耗于本身生命活动之中，或转化为组成躯体的结构材料之外，大部分贮藏于细胞中。据资料介绍，地球表面的植物每年约合成26050亿吨有机物，其中海洋植物合成量占90%，陆地植物合成量占10%，折换为贮积能量数，则植物每年以有机物的化学能形态积蓄4200000亿焦耳或1.2亿千瓦小时的太阳能，数值十分惊人。当人类、动物食用绿色植物时，或异养生物从绿色植物躯体上或死后残骸上摄取养料时，贮积物质被分解利用，能量再度释放出来，为生命活动提供能源。存在于地下的煤炭、石油、天然气也主要由远古绿色植物遗体经地质矿化而形成，都是人类生活的重要能源物资。

随着不可再生能源资源的逐步减少，人们在寻找和开发新的可再生能源资源时，再度提出绿色植物是最大限度地利用太阳能、转化太阳能的最理想的天然工厂。石油是碳氢化合物，如何筛选出富含碳氢化合物的植物以补充和替代石油作为能源资源，将越来越受到人们的重视。

3）促进物质循环，维持生态平衡。自然界的物质始终处于不断运动之中。当生物形成之后，出现了有机物的合成与分解，使无机界与有机界紧密联系起来，自然界的物质运动显得生机勃勃。

对于各种物质的循环，植物起着非常重要的作用。最为突出的是绿色植物在光合过程中释放氧气，不断补充动、植物呼吸和物质燃烧及分解时对氧的消耗，维持了自然界中氧的相对平衡，保证了生物生命活动的正常进行。

碳是生命的基本元素。绿色植物进行光合作用时，需要吸收大量的二氧化碳作为合成有机物的原料。而二氧化碳的补充，除了部分来自工业燃烧、火山爆发、动植物的呼吸释放之外，主要的来源是依靠非绿色植物对生物尸体分解时释放出的大量二氧化碳。长期以来，空气中的二氧化碳含量能够维持在0.03%相对稳定的水平，显然与植物的合成和分解作用的相对平衡密切相关。现代工业发展迅速，有机物大量燃烧分解，能源消耗日益增加，而植物资源的蕴藏量和植物覆盖率都逐渐下降，空气中的二氧化碳含量呈现增长的趋势。面临这一严峻形势，加强植物资源的保护与合理开发利用，积极开展森林植被的营造，扩大植物的覆盖率，对于避免二氧化碳的平衡遭受破坏所导致的不良后果具有十分重要的意义。

在氮的循环中，植物也充当着重要角色。固氮细菌和固氮蓝藻能将游离于空气中的分子态氮固定，转化成为植物能够吸收利用的含氮化合物；绿色植物吸入这些含氮化合物，进而合成蛋白质，建造自身或储积于体内；动物摄食植物，又转而组成动物蛋白质。生物有机体死亡后，经非绿色植物的腐败分解作用而释放出氨，其中一部分氨成为氨盐为植物再吸收；另一部分氨可经工业氧化或经过土壤中广泛存在的硝化细菌的硝化作用，形成硝酸盐，成为植物的主要可用氮源。环境中的硝酸盐也可由反硝化细菌的反硝化作用，再放出游氮或氧化亚氮返回大气，之后又可再被固定和利用。

氮素循环与农业生产的关系十分密切。决定不同时期农业增长速度和平均产量水平的主要因素之一，便是氮循环向农业提供氮素的方式与数量。在全球的植物生物量中，有90%～97%的氮素是来自再循环的氮素，而直接由固定的分子态氮提供的仅3%～10%。所以，增加氮素在生物库与土壤库之间的循环数量，调节循环速率和减少氮素在土壤中的损失，可促使农业生产获得更多的廉价氮素而有利于增产。有豆科植物参与的轮作制，便是利用豆科植物与根瘤菌的共生现象积累氮素；农林牧渔结构的合理安排以及工业合成氮的生产与施用，也在于促使生物库和土壤库中的氮素贮存增加，循环加快，以促进作物产量的提高。

自然界中还有其他元素，如氢、磷、钾、铁、镁、钙以及一些微量元素，也多从土壤中被吸入植物体内，经过辗转变化，又重返土壤。总之，在物质循环中，只有通过植物和动物、微生物等生物群体的共同参与，才能使物质的合成和分解、吸收和释放协调进行，维持生态上的平衡和正常发展。

4）植物是天然基因库和发展国民经济的物质资源。在植物进化过程中，由于长期受到不同环境的影响，植物界形成了以基因片段控制的无数类型的遗传性状。数十万种的植物，犹如一个庞大的天然基因库，蕴藏着丰富的种质资源，是自然界中最珍贵的财富。植物种质资源的良好保存和合理开发利用，对于植物的引种驯化、品种改良、抗性育种等方面都将发挥出巨大作用。

植物是人类赖以生存的物质基础，是发展国民经济的物质资源。在人类生活中，衣、食、住、行等各方面都脱离不开植物；农业、林业生产中的所有栽培对象，如粮食作物、油料作物、纤维作物、糖料作物、果品、蔬菜、饮料植物、观赏植物、药用植物、牧草、材用植物等均属于植物资源；即使是各种家畜、家禽、鱼类等的养殖，也需要植物作为饲料来源。随着近代植物育种工作的迅速发展，栽培植物的优良品种不断涌现和推广，植物资源得到更大的丰富，进一步推动了农、林生产的发展。

在工业方面，无论是食品工业、油脂工业、制糖工业、制药工业、建筑工业、纺织工业、造纸工业，或是橡胶工业、油漆工业、酿造工业、化妆品工业，甚至冶金工业、煤炭工业、石油工业都需要植物作为原料或参与作用。

此外，采取保持水土、改良土壤、绿化城市和庭园、保护环境、减少污染等方法以利于人类生活和农、林生产，这些方面植物的作用和影响也十分深远。

我国幅员辽阔，跨越热带、亚热带、暖温带、温带、寒温带诸带，地形错综复杂，包含有平原、盆地、丘陵、高原、山地、荒漠，以及江、河、湖、海。复杂的自然环境孕育出森林、灌丛、草原、草甸、沼泽、水生等多种植被类型。我国东北地区是重要的天然针叶林基地，大、小兴安岭和长白山区分布着大面积的落叶松、红松。黄河中下游地区适于落叶、阔叶林的生长，形成以落叶类植被占优势的森林群落，该地区农作物以小麦、玉米、棉为主，重要果树资源有苹果、梨、柿、葡萄、枣、樱桃、栗、胡桃等。秦岭以南，粤、贵、滇一带和长江中下游，植物资源最为丰富，是重要粮食作物——水稻的生产区，代表性植被类型为常绿阔叶林，经济林木有香樟、油桐、毛竹、马尾松、杉木等，主要果树有柑橘、桃、李、杨梅、山核桃等。南岭山系以南，粤、桂、闽、台等地区多为热带雨林，树木种类极为丰富，经济价值高的有橡胶树、咖啡树、可可树、椰子树、油棕等，果品种类最多，如菠萝、香蕉、龙眼、荔枝、番木瓜等。东北平原和内蒙古高原分布着辽阔的草原，生长许多营养价值高的禾本科和豆科牧草，是发展畜牧业的重要植物资源。青藏高原有世界屋脊之称，虽处于高寒环境，但仍有大面积的亚高山云杉林和冷杉林分布，蕴藏着丰富的木材正待开发。作物中的青稞、长绒棉、葡萄、哈密瓜等都闻名于世。

我国是世界上植物种类最多的国家之一，仅种子植物就约有3万种，其中很多都具有重要的经济价值。水稻、小麦在我国已有数千年的栽培历史，品种资源丰富。此外，还有许多原产、特产于我国的种类，如桃、梅、柑橘、枇杷、荔枝、白菜、茶、桑、大豆、油桐、苎麻、牡丹、月季、玫瑰、菊花、山茶、杜鹃花、兰花、水仙等。被誉为活化石的银杏、水杉、水松、银杉更属于稀世珍宝。我国拥有数千种中草药，资源极为丰富，杜仲、人参、当归、石斛等均为名贵药用植物。这些蕴藏巨大潜力的植物财富为我国经济的发展提供了雄厚的物质基础。近年来，由于分子生物学的迅速发展，植物生物技术和常规育种相结合，使人们可以在较短的时间内获得较为理想的工程植物，培育出高产、优质和抗逆性强的新品种。例如，我国从70年代以来，广泛开展的植物细胞工程方面的研究，通过花药培养及单倍体育种研究，先后育成了烟草、水稻、小麦和玉米等作物新品种。因此，植物生物工程的研究成果，必将导致发展国民经济的植物物质资源更加丰富多样，更加符合人类生活的需要。

四、植物科学的发展

1. 植物科学的简史

植物科学是随着人类利用植物的生产实践活动而逐渐发展起来的。人类从采集植物充饥御寒、尝试百草医治疾病开始，利用植物并积累有关植物的知识，如识别植物，了解植物的形态特征、生活习性及其与环境的关系等，于是植物科学这一学科逐步形成。

我国研究植物的历史悠久，远在殷代就开始种植麦、黍、稻、粟。周代的《诗经》即对多种植物进行了记载。以后历代多有志书、农书和本草问世，晋稽含撰《南方草本状》，列举80种中国的热带、亚热带植物，分为草、木、果、竹四类，是中国最早的地方植物志。明代李时珍所著《本草纲目》，总结了16世纪以前我国的本草著作，记载药物1892种，其中植物药1094种，分为草、谷、菜、果、木5部，内容十分丰富。清代吴其濬著《植物名实图考》和《植物名实图考长编》，记载了1714种植物，是研究我国植物的重要文献。

国外植物科学的发展历史，最早可追溯到古希腊亚里士多德（Aristotle）首创欧洲的植物园，他的学生德奥弗拉蒂斯（E. Theophrastus）所著《植物的历史》和《植物本原》，记载了500多种植物，并提出各种植物器官的名称。以后随着小农经济的发展，兴起了许多园圃，在植物的引种、驯化、栽培和选育中，对植物的描述、分类、杂交育种、药用植物的疗效和食用植物的价值等方面，进行了不少研究，积累了知识。

从德奥弗拉蒂斯到17世纪这一漫长的历程，植物科学尚处于描述性植物学时期。植物学研究的内容和特点主要是采用描述和比较的方法认识植物，累积植物学的基本资料和发展栽培植物。

18 世纪，植物学的发展是在继续记述新发现植物的同时，开始植物分类系统的建立。由瑞典科学家林奈创立双名法并提出一个人为的植物分类系统。19 世纪英国达尔文（C. Darwin）于 1859 年出版了《物种起源》，提出进化论的观点，对植物科学的迅速发展起着十分重要的推动作用。19 世纪中叶，德国的施莱登（M. J. Schleiden）和施旺（T. Schwann）创立细胞学说，证明了生物在结构上和起源上的同一性，为以后生物学中发展起来的试验方法奠定了基础。继而，恩格勒（A. Engler）和普兰特莱（K. Prantl）发表了《自然植物科志》，提出了试图反映植物类群亲缘进化关系的植物分类系统。

以后随着农业和经济的发展，人们对植物生命活动规律以及植物与环境的关系进行了多方面的研究，使植物科学逐渐形成了包括许多分支学科的科学体系。植物科学经过 19 世纪和 20 世纪初期的发展，由描述植物学时期发展到主要以试验方法了解植物生命活动过程的试验植物学时期。

20 世纪 80 年代以来，由于广泛应用数、理、化上的新成就，研究方法和试验技术大力革新，植物科学迅猛发展。在微观方面，由细胞水平进入亚细胞、分子水平，对植物体的结构与机能有了更深入的了解，在光合作用、生物固氮、呼吸作用、离子吸收、蛋白质合成等许多工作上获得了重大的突破，特别在确认 DNA 是遗传的物质基础，并阐明了 DNA 的双螺旋结构之后，遗传学的进展尤为突出。在宏观方面，已由植物的个体生态进入到种群、群落以及生态系统的研究，甚至采用遥感技术研究植物群落在地球表面的空间分布和演化规律，进行植物资源调查。更令人瞩目的是，随着科学的发展，植物学的各分支学科之间，植物学与其他相关学科之间，在新的水平上相互渗透，向着综合性的方向发展。例如应用植物化学及超微技术，研究植物的系统发生，测定植物次生物质的分子结构及其合成途径，分析蛋白质氨基酸的顺序，以探讨种级以下单位的进化趋势。这些新的内容和动态，标志着植物科学已进入一个新的发展时期。

2. 植物科学的研究内容、分科与发展趋势

植物科学是研究植物和植物界的生活和发展规律的生物科学。其主要是研究植物的形态结构和发育规律，生长发育的基本特性，类群进化与分类，以及植物生长、分布与环境的相互关系等内容。随着生产和科学的发展，植物科学已形成许多分支学科，现择要介绍如下：

（1）植物分类学　研究植物种类的鉴定、植物类群的分类、植物间的亲缘关系，以及植物界的自然系统。依不同的植物类群又派生出细菌学、真菌学、藻类学、地衣学、苔藓学、蕨类学和种子植物学等。

（2）植物形态学　研究植物的形态结构在个体发育和系统发育中的建成过程和形成规律。广义的概念还包括研究植物组织和器官的显微结构及其形成规律的植物解剖学，研究高等植物胚胎形成和发育规律的植物胚胎学，以及研究植物细胞的形态结构、代谢功能、遗传变异等内容的植物细胞学。

（3）植物生理学　研究植物生命活动及其规律性的学科，包括植物体内的物质和能量代谢、植物的生长发育、植物对环境条件的反应等内容。有的已进一步形成专门学科，如植物代谢生理学、植物发育生理学等。

（4）植物遗传学　研究植物的遗传和变异规律以及人工选择的理论和实践的学科。已发展出植物细胞遗传学和分子遗传学。

（5）植物生态学　研究植物与其周围环境相互关系的学科。随着科学的发展，派生出植物个体生态学、植物群落学和生态系统等学科。

最近20年，植物科学的各个领域不断与相邻学科渗透，一些传统学科间的界限正在淡化；尤其是有关分子生物学的新概念和新技术的引入，致使边缘学科和新的综合性研究领域层出不穷，如植物细胞分类学、植物化学分类学、植物生理解剖学、植物细胞生物学、植物生殖生物学、空间植物学等。根据近两届（13、14届）国际植物学会议对植物科学内容的归纳分组，将植物科学主要分为分子植物学、代谢植物学、发育植物学、遗传植物学、结构植物学、系统及进化植物学、群落植物学、环境植物学、应用植物学等，也大体反映出植物科学发展的一般现况。可以预期，通过学科的渗透交叉和创新提高，植物科学还将在更高层次上和更广范围内，对探索植物生命的奥秘和发生发展的规律，出现更新的发展趋势。

五、植物科学与农业科学的关系

植物科学的发展过程始终与生产实践相联系，特别与农业科学的关系最为密切。描述植物学时期，人们在对世界范围内的植物进行广泛收集和种植的过程中，同时也相应地建成了重要栽培植物的农业格局，形成了粮食作物、药用植物、果树、蔬菜、花卉和各种经济作物的栽培，以及林业经营和牧场管理等生产体系。在进入试验植物学时期后，植物科学基础研究上的重大突破，往往引起农业生产技术发生巨大变革。19世纪植物矿质营养理论的阐明，导致化肥的应用和化肥工业的兴起。光合生产率理论的研究结果，促进了粮食生产技术中矮化密植措施的创建，以及与之相配合的品种改良、植物保护等措施的革新，使粮食在20世纪中叶大幅度增产，被誉为“绿色革命”。植物资源、植物区系和植被的调查，可为农业、林业、畜牧业及植物原料工业的发掘提供可利用的野生植物；结合研究栽培植物野生近缘种的基因资源，可为农业育种提供更多的原始材料，同时又可为国土整治、大农业的宏观战略决策提供基本资料和科学依据。植物形态、解剖特征的研究，在农业栽培上，有助于了解作物生长的环境条件与植物生长发育的关系，以改善肥水管理措施；在遗传育种上，往往可作为挑选良种或评估抗性的参考。有关植物有性生殖的传粉、受精、无融合生殖、雄性不育等内容的深入研究，对搞好作物、果蔬等经济植物的栽培和繁育，提高产量和质量方面具有重要意义。

近代由于分子生物学的发展，应用植物细胞的全能性，通过生物技术的离体培育、基因工程和常规育种相结合，使人们可以在较短时间内获得较为理想的农业工程植物，育成高产、优质和抗逆性强的新品种。

随着科学与技术的迅猛发展，学科之间相互渗透、综合研究的力度不断加大，植物科学必将在发展农业科学中更好地发挥其理论基础作用，为农业生产的现代化作出更多的贡献。

六、学习本课程的目的和方法

植物与植物生理是园林及相关专业的一门重要基础课程。它包括植物形态解剖学、植物分类学、植物生理学的基础知识，学习植物与植物生理就在于为学好有关后继课程和专业课程（如：园林树木、园林花卉、园林植物栽培养护、园林规划设计、园林病虫害防治等课程），以及从事园林生产和科学研究时，提供必要的植物学基本理论、基本知识和试验技术。

学习植物学时，应该以辩证的观点去分析有关内容，植物有机体的局部和整体之间，植物的组成基础——细胞、组织与各器官之间，形态结构与生理功能之间，植物与环境之间都是相互联系又相互制约的关系。植物个体成长中，需要经历一系列生长发育的过程。在认识植物的形态结构建成和生理功能变化的规律时，要特别注意建立动态发展的观点。植物种类繁多、类群复杂，它们是在自然界中经过长期演化而来的，应贯穿由低级到高级的系统进化观念去理解植物的多样性。在植物的学习过程中，要善于运用观察、比较和试验的研究方法，尤其要重视理论联系实际，加强试验观察和技能的训练，以增加感性认识，加深理解。同时还要主动增强艰苦自学的意识，培养实事求是的科学态度，使植物学的学习能在掌握知识的广度和深度上，以及分析问题、解决实际问题的能力上得到提高。

项目一　植物外部形态的识别

学习目标

通过本项目的学习，要求学生掌握植物营养器官和生殖器官的外部形态特征，并能准确识别和描述植物器官及变态器官的类型；了解各器官的生理功能，理解形态特征与生理功能的相互关系；能熟练运用放大镜和实体解剖镜观察植物器官的形态特征。

任务1　植物营养器官形态的识别

自然界的植物种类繁多，有的结构简单，如某些藻类仅有一个细胞构成；有的结构复杂，如被子植物，不仅细胞数量极多，植物体还出现了根、茎、叶、花、果实和种子的分化，这6个部分称为被子植物的六大器官。器官是由多种组织构成，具有一定的外部形态和内部结构，执行一定生理功能的植物体组成部分。

在种子植物中，器官依据形态结构和生理机能的不同分为两类：一类为营养器官，包括根、茎、叶，共同起着吸收、制造和输送植物体所需的水分和营养物质的作用，以便植物体更好的生长、发育。另一类为生殖器官，包括花、果实、种子，起着繁殖后代、延续种族的作用。各器官间在形态及生理功能上有明显不同，但彼此又相互联系，相互协调共同构成一个完整的植物体。

一、根的形态识别

根是植物长期适应陆地生活，在进化中形成的生长在地面下的营养器官，具有向地、向湿和背光等特性。根的外形一般呈圆柱形，顶端具有向下生长的能力，并可向周围分枝形成根系。

1. 根的生理功能

根生长在土壤中，具有固着和支持、吸收和输导、贮藏和繁殖、合成和分泌等生理功能。

（1）固着和支持作用　根在地下反复分枝形成庞大的根系，其分布范围和入土深度与地上部分相对应。根系与土壤紧密接触，以及根内牢固的机械组织和维管组织的共同作用，使植物的地上部分稳固直立，经受着风雨和其他机械力量的冲击。

（2）吸收和输导作用　植物体所需要的物质，除一部分由叶或幼嫩茎自空气中吸收外，大部分由根从土壤中吸收。根主要吸收土壤溶液中的水分和溶解在水中的无机盐、二氧化碳和氧气等。由根吸收的水分和无机盐，通过根的输导组织输送到茎、叶，而叶制造的有机养料经过茎输送到根，再经过根的维管组织输送到根的各部分，以维持根的生长发育。

（3）贮藏和繁殖作用　植物根内的薄壁组织较发达，贮藏大量的营养物质。有些植物的根膨大并肉质化，成为贮藏营养物质的器官，如大丽菊、甘薯等。

有些植物的根能产生不定芽，可发育为新的植物体，所以根还具有繁殖功能，如枣树、泡桐、刺槐等可用其根进行分株育苗等。

（4）合成和分泌作用　根能合成多种有机物，如氨基酸、生物碱及细胞分裂素等生理活性物质。当病菌等异物入侵植株时，根也和其他器官一样，能合成被称为“植物保卫素”的一类物质，起防御作用。

根还能分泌糖类、有机酸、固醇、生长素和维生素等生长物质以及核苷酸、酶等。这些分泌物有的可以减少根在生长过程中与土壤的摩擦；有的使根形成促进吸收的表面；有的对他种生物是生长刺激物或毒素；根的分泌物还能促进土壤中一些微生物的生长，它们在根际和根表面形成一个特殊的微生物区系，对植株的代谢、吸收、抗病性等都有作用。

2. 根的经济用途

随着人们对植物根的认识不断深入，根据其不同的特性，将它应用到了社会生产和生活的许多方面。

（1）食用与药用　许多植物的根可供食用，如萝卜、胡萝卜、甘薯等，甜菜的块根可制糖原料，甘薯的块根可制淀粉；许多植物的根是重要的中药材，如人参、当归、何首乌及甘草等；还有一些植物的根可作饲料等。

（2）观赏　很多木本植物的老根，如枣、苹果、葡萄、人参榕、发财树及清风藤等的根，经过精雕细刻或扭曲加工，可制成多种工艺品供观赏等。

（3）保护坡地、堤岸及防止水土流失和防风固沙等作用。

3. 根与根系的种类

（1）根的种类

1）按来源分类。按来源，根可分为主根和侧根。种子萌发时，胚根突破种皮，向下生长形成的根称为主根。主根生长到一定长度，产生各级分支，称为侧根。

2）按发生部位分类。按发生部位，根可分为定根和不定根，主根和侧根都有一定的发生位置，都属于定根。植物除由胚根产生定根外，还能从茎、叶、老根和胚轴上产生根，这类根产生的位置不固定，统称为不定根，不定根也可产生侧根。

（2）根系的种类　一株植物地下部分所有根的总体称为根系，可分为直根系和须根系两种类型，如图1-1所示。

1）直根系。植物主根粗壮发达，与侧根有明显区别。如松、杨、苹果等大多数双子叶植物的根系为直根系。

2）须根系。主根不发达或早期就停止生长，使主根和侧根没有明显的区别，由茎的基部产生胡须状的不定根群组成的根系。如棕榈、

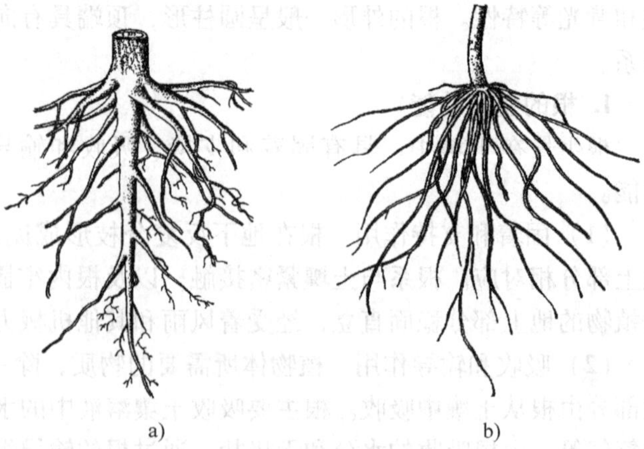

图1-1　根系的种类
a）直根系　b）须根系

竹、百合等大多数单子叶植物的根系为须根系。

侧根、不定根的产生扩大了根的吸收面积，增强了根的固着能力。同时，直根系的植物，因其主根发达，根往往分布在较深的土层中，称为深根系，如大豆、蓖麻、马尾松等；而须根系的植物主根一般较短，不定根以水平扩展占优势，分布于土壤浅层，称为浅根系，如车前、小麦、水稻等。在生产上，直根系植物可适当深施肥，须根系植物可适当浅施肥，并有效控制水、肥及光照强度来调整作物的根系，以达到丰产的目的。

4. 根瘤与菌根

植物的根系与土壤中的微生物有着密切的关系，土壤中有的微生物能够侵入某些植物根部，与该植物建立互助互利的共生关系，种子植物和微生物之间的共生现象，通常有根瘤和菌根两种类型。

（1）根瘤及其意义　在豆科植物的根上，常可观察到各种形状的瘤状突起，称为根瘤，如图 1-2 所示。

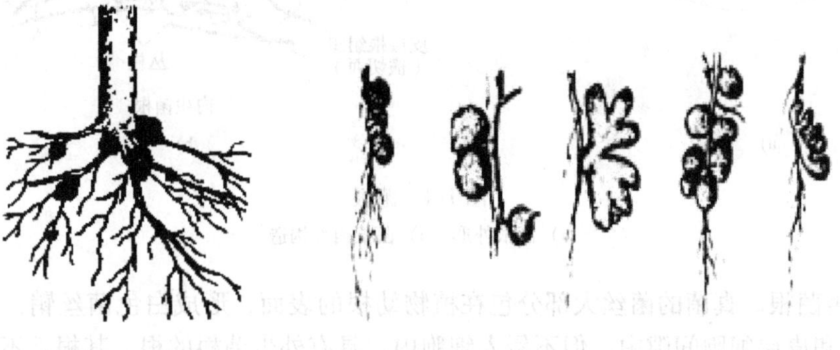

图 1-2　植物根瘤

a）病根　b）大豆根瘤　c）豌豆根瘤　d）菜豆根瘤　e）紫云英根瘤

根瘤是土壤中的根瘤菌侵入豆科植物根部细胞而形成的瘤状共生结构。根瘤菌自根毛入侵，进入根的皮层薄壁细胞，并大量繁殖。同时根瘤菌的分泌物刺激皮层细胞迅速分裂产生大量新细胞，使该部分皮层体积增大，向外突出形成根瘤，如图 1-3 所示。

根瘤菌的细胞内含有固氮酶，能把空气中游离的氮转变为含氮的化合物供豆科植物利用，因此具有固氮作用。当根瘤菌和豆科植物共生时，根瘤菌还可以从根的皮层细胞中吸取其生长发育所需要的水分和养料。另外，根瘤菌固定的一部分含氮化合物还可以分泌到土壤中，为其他植物提供氮元素。可见，这种共生效益还可以增加土壤中的氮肥，所以在农、林生产中，常采用与豆科植物间作，以达到增产效果。除豆科植物外，现已发现自然界有一百多种非豆科植物固氮的根瘤，如桦木科、木麻黄科、蔷薇科、胡颓子科、禾本科等一些种类和裸子植物的苏铁、罗汉松等。

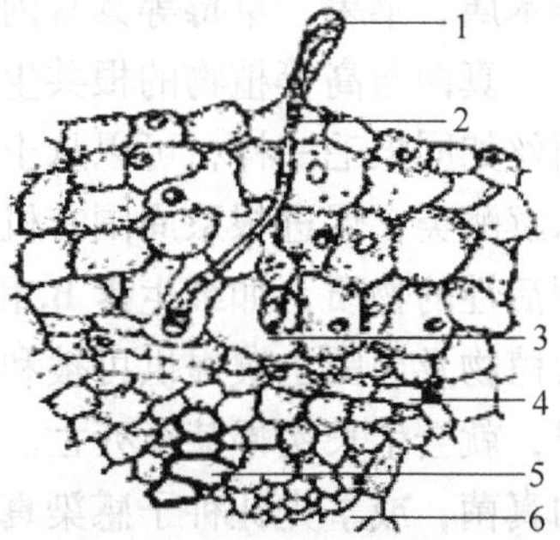

图 1-3　根瘤的形成过程

1—受侵根毛　2—侵入线

3—含菌细胞的分裂

4—内皮层　5—木质部　6—中柱

（2）菌根及其意义　菌根是高等植物的根与某些真菌形成的共生体。根据菌丝在根中生存的部位不同，可将菌根分为三种类型，如图1-4所示。

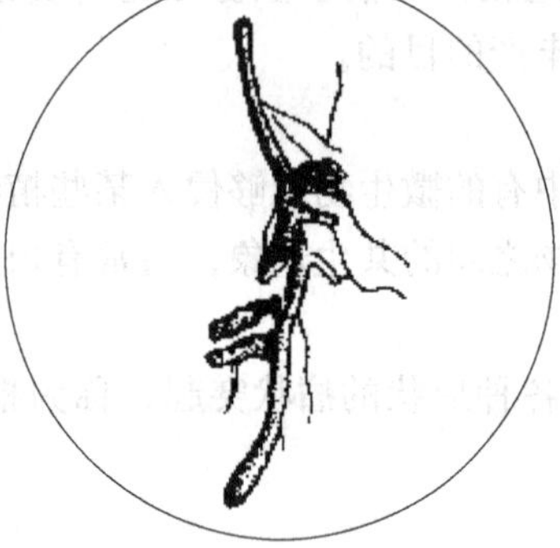

a)

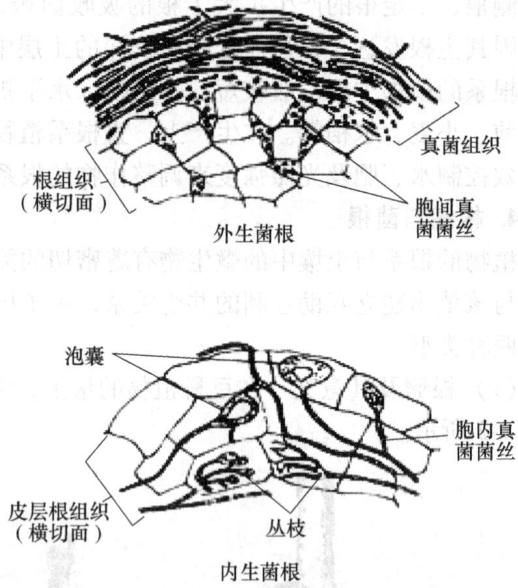

b)

图1-4 菌根

a）菌根外形 b）菌根内部构造

1）外生菌根。真菌的菌丝大部分包在植物幼根的表面，形成白色菌丝鞘，只有少数菌丝侵入表皮和皮层细胞间隙中，但不侵入细胞内。具有外生菌根的根，其根毛不发达或没有根毛，菌丝在根尖外面，具有根毛的功能。许多木本植物如油松、马尾松、水杉、冷杉、杨、山毛榉等的根具有外生菌根。

2）内生菌根。真菌的菌丝穿过根的细胞壁，进入细胞内。在显微镜下，可以看到菌丝在表皮和皮层细胞内盘旋扭结。具有内生菌根的根尖仍具有根毛，很多草本植物如兰科、禾本科和部分木本植物如桑、银杏、侧柏、杜鹃、五角枫、胡桃等可形成内生菌根。

3）内外生菌根。植物幼根的表面和皮层细胞间隙及细胞内均有真菌的菌丝，如柳属、桦木属、苹果、草莓等具有内外生菌根。

真菌与高等植物的根共生，可从根细胞中吸收营养物质，同时也有利于根的生长发育。菌丝如同根毛一样，可以从土壤中吸收水分和无机盐，并供给植物利用；菌丝还能分泌多种水解酶类，促进根系周围有机物的分解，利于根的吸收和输导；菌丝还可以产生一些具有生理活性的物质，如维生素 B_1 和维生素 B_6 等，促进根系发育。此外，有些真菌也有固氮作用，为植物及周围土壤提供可被利用的氮素。有些树种，如马尾松、南亚松、栎等，如果缺乏菌根，就会生长缓慢甚至死亡。因此，在林业生产上，可根据造林树种，预先在根部接种适宜的真菌，或事先让种子感染真菌，以使这些植物菌根发达，保证树木生长良好。

5. 根的变态

植物的器官都具有一定的形态结构和生理功能，通常易于识别。但有些植物的营养器官在长期的进化过程中，为了适应生活环境的变化，行使特殊的生理功能，其形态结构也发生了相应的变异，这种变异已经成为该植物的特征特性，并能遗传给后代。植物器官的这种变异称为变态，该器官称为变态器官。器官的这种变化与器官病理上的变化有本质的区别，前者是有益的变化，是植物主动适应环境的结果，能正常的遗传；而后者是有害的变化，是在病源生物或不良环境影响下植物产生的被动的反应，不能遗传。因此，不能把变态理解为不正常的病变。变态器官在外形上不易区分，常要从形态发生上加以判断。

常见的变态根主要有贮藏根、气生根和寄生根3种类型。

（1）贮藏根　贮藏根是根的一部分或全部膨大呈肉质，适应于贮藏大量营养物质功能的变态根。根据来源不同，可分为肉质直根和块根两种类型，如图1-5所示。

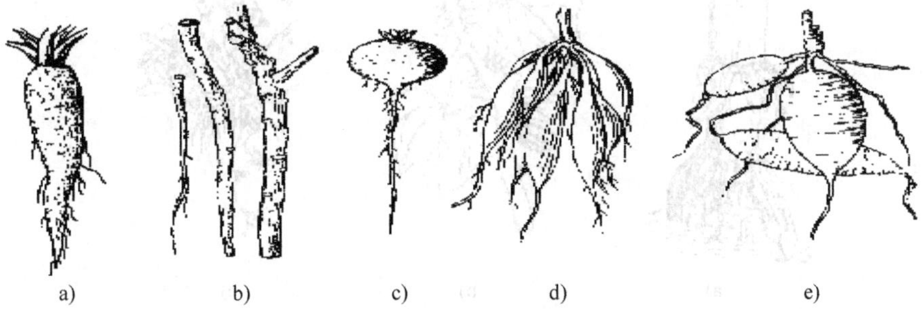

图1-5　根的变态（贮藏根）

a）圆锥状根　b）圆柱状根　c）圆球形根　d）块根（纺锤状）　e）块根（块状）

1）肉质直根。由下胚轴和主根发育而来，植物的营养贮藏在变态根内，以供抽薹和开花使用，一株植物上只有一个肉质直根。肉质直根上部为下胚轴和节间极短的茎发育而成，这部分没有侧根的发生；下部为主根发育而成，具有二纵列或四纵列侧根。肉质直根的形态多样，有的呈圆锥形，如胡萝卜、桔梗；有的呈圆柱形，如萝卜、丹参；有的肥大成圆球形，如芜青根。肉质直根的加粗方式和内部结构随不同植物而异，如胡萝卜和萝卜肉质直根的加粗主要是形成层活动的结果，但二者产生的结构特点不同。胡萝卜的肉质直根中次生韧皮部的薄壁组织非常发达，占据根横切面的大部分，贮藏大量的营养物质，次生木质部占少部分，构成通常所谓“芯”的部分。而萝卜的肉质直根大部分是由次生木质薄壁细胞组成，并且不木质化，贮藏大量的营养物质，次生韧皮部占据一小部分，并与周皮共同组成所谓“皮”的部分。萝卜与胡萝卜肉质直根的结构示意图如图1-6所示。

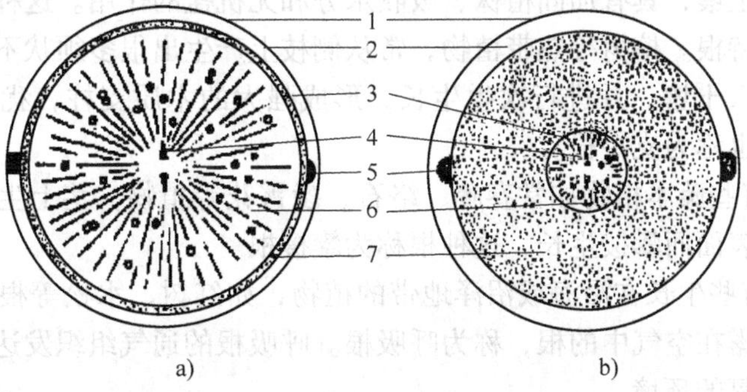

图1-6　萝卜与胡萝卜肉质直根的结构示意

a）萝卜　b）胡萝卜

1—周皮　2—皮层　3—形成层　4—初生木质部　5—初生韧皮部　6—次生木质部　7—次生韧皮部

2）块根。由植物的侧根或不定根异常发育产生大量薄壁组织而形成肥厚块状的贮藏根，称为块根。一株植物可形成多个块根，块根的组成不含下胚轴和茎的部分，完全由根的部分构成，如大丽花、花毛莨、甘薯等。块根的增粗是维管形成层和副形成层共同活动的结果。

（2）气生根　由茎上产生，不深入土壤而暴露在空气中的根，称为气生根。气生根因生理功能不同，又可分为支持根、攀援根、呼吸根、水生根、寄生根等，如图 1-7 所示。

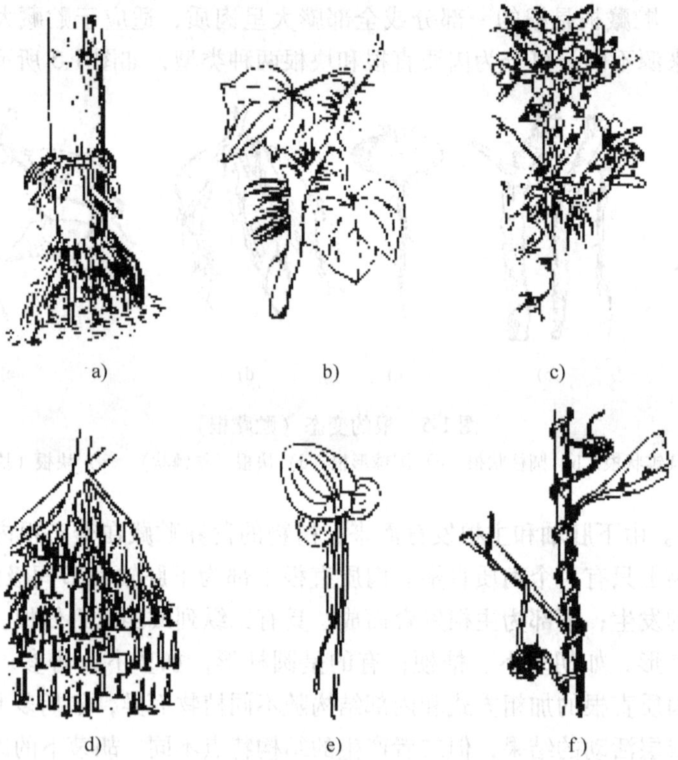

图 1-7　根的变态

a）支持根（玉米）　b）攀援根（常春藤）　c）气生根（石斛）　d）呼吸根　e）水生根（浮萍）　f）寄生根（菟丝子）

1）支持根。一些禾本科植物，如玉米、高粱，在靠近地面的几个节上可产生一些不定根，向下生长深入土壤，具有加固植株、吸收水分和无机盐的作用。这种主要起支持作用的辅助根系，称为支持根。榕树等热带植物，常从侧枝上产生出很多须状不定根，垂直向下生长，到达地面后伸入土壤，并进行次生生长，形成强大的木质支柱，犹如树干，起支持作用，这种不定根，也称为支持根。

2）攀援根。有些藤本植物如常春藤、络石、凌霄花等植物，茎上生出许多不定根，以固着在其他支持物表面而攀援生长，这种根称为攀援根。

3）呼吸根。有些生长在沿海或沼泽地带的植物，如红树、水松等根上能产生许多向上生长，伸出土面暴露在空气中的根，称为呼吸根。呼吸根的通气组织发达，有利于通气和贮存气体，以适应缺氧的环境。

（3）寄生根　有些寄生植物如菟丝子、桑寄生、列当等，茎上能产生不定根，形成吸器侵入寄主茎的组织中，吸取水分和有机养料，以维持自身的生长发育，这种根称为寄生根。

此外，水生植物的根一般呈须状，垂直漂浮于水中，纤细柔软并常带绿色，称为水生根，如浮萍、睡莲、菱等。

二、茎的形态识别

随着根系的发育，上胚轴和胚芽向上发展为地上部分的茎和叶。茎是联系根和叶以及输送水分、无机盐和有机养料的轴状结构，除少数生于地下外，一般是植物体生长于地上的营养器官。

1. 茎的生理功能

（1）支持作用　茎和根系共同承担了整个植株地上部分的重量，大多数种子植物的主茎直立生长于地面，上面着生叶、花和果，并使它们保持合理的空间布局，有利于叶进行光合作用及花的传粉、果实或种子的传播。

（2）输导作用　茎是植物体内物质运输的主要通道，能将根系从土壤中吸收的水分、矿质元素，以及在根中合成或贮藏的有机营养物质输送到地上各部分；同时又将叶的光合产物输送到植株各部分加以利用或贮藏。

（3）贮藏和繁殖作用　茎有贮藏功能，尤其是多年生植物，其贮藏物质成为休眠芽春季萌动的营养来源。有些植物的茎还具有繁殖功能，因此，园林生产上常采用扦插、压条、嫁接等方法来繁殖。

此外，幼茎还能进行光合作用，有些绿色扁平的变态茎，可终生进行光合作用。有的植物茎具有攀援和缠绕等功能。

2. 茎的经济用途

茎在经济上的利用价值是多方面的，除提供木材外，还有供食用的如马铃薯、莴笋、甘蔗、甘蓝等；供药用的如天麻、杜仲、金鸡纳树等；作为工业原料的如纤维、橡胶等。

3. 茎的形态特征

植物茎的外形一般多为圆柱形，也有三棱形的，如莎草科植物；还有四棱形的，如唇形科植物；有些仙人掌科植物的茎为扁圆形或多角柱形等。

（1）枝条的形态特征　茎是植物地上部分的主干，其上着生许多反复分枝的侧枝。着生叶和芽（在生殖生长时期还着生花与果）的茎称为枝条。

1）节和节间。枝条上着生叶的部位叫节，相邻两节之间的无叶部分叫节间，这些形态特征可以与根相区别，根没有节和节间之分，其上也不着生叶和芽，如图 1-8 所示。

一般植物的节不明显，只在叶柄着生的部位稍有膨大，而禾本科植物和蓼科植物的节比较显著，如玉米、甘蔗和竹等植物的节形成环状突起。也有少数植物，如佛肚竹、藕等，节间膨大而节缩小。

节间的长短因植物种类和植株不同部位、生育期和生长条件而异。如玉米、甘蔗等植株中部的节间较长，茎端的节间较短；水稻、小麦、萝卜、甜菜、油菜等在幼苗期，各节密集于基部，节间很短，使其上着生的叶呈丛生状或莲座状，抽穗或抽薹后，节间才伸长。

2）长枝和短枝。苹果、梨、银杏等植株上有节间长短不一的枝条，节间较长的枝，称为长枝；节间极短，各节紧密相接的为短枝，如图 1-9 所示。银杏的长枝上着生许多短枝，叶簇生在短枝上。油松的短枝更为短小，其先端丛生二叶，落叶时短枝与叶同时脱落。梨和苹果的长枝上多着生叶芽，又称为营养枝，短枝上多着生花芽或混合芽，又称为结果枝。因此，在果树修剪中可根据长枝与短枝的数量及发育状况来调节树体的营养生长和生殖生长，达到优质高产的目的。

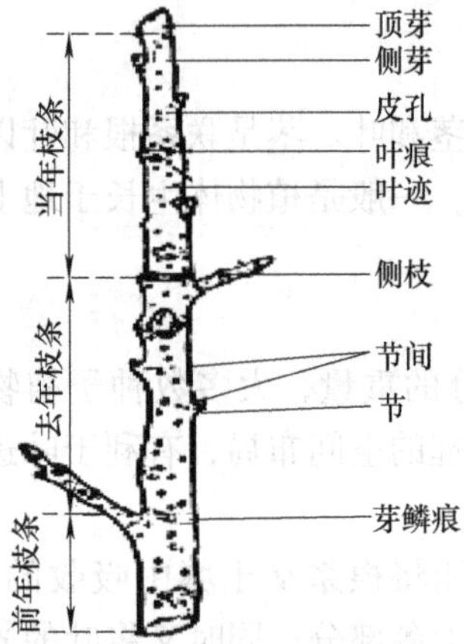

图 1-8　胡桃冬枝外形

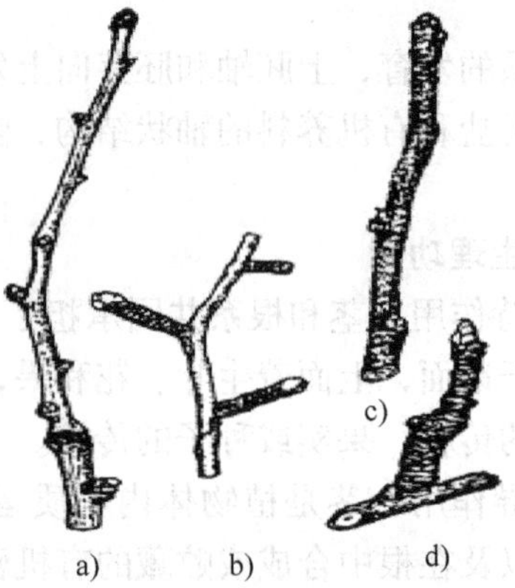

图 1-9　长枝和短枝

a）银杏长枝　b）银杏短枝　c）苹果长枝　d）苹果短枝

3）叶腋、叶痕、叶迹、枝痕、皮孔、芽鳞痕。叶与枝条之间的夹角称为叶腋，叶腋处生有腋芽；多年生木本植物的叶片脱落后留下的痕迹，称为叶痕；在叶痕中有茎通往叶的维管束断面，呈点状突起，称为维管束痕或叶迹；花枝或一些植物的小营养枝脱落后留下的痕迹称为枝痕；在木本植物枝条节间的表面常可以看见一些小型稍隆起的疤痕状结构称为皮孔，是枝条内部组织与外界进行气体交换的通道。皮孔的形状常因植物种类而不同，是鉴别木本植物的依据之一。皮孔因枝条不断加粗而胀破，所以老茎上看不到皮孔；枝条上，顶芽开放后留下的痕迹称为芽鳞痕。在温带、寒温带，顶芽每年春季开放一次，因此根据芽鳞痕的数目和相邻芽鳞痕的距离，可以判断枝条的生长年龄和生长的速度。由图 1-8 中可看出两个芽鳞痕的存在，据此可推测主枝已生长了 3 年，或者说最下方的一段枝条已生长了 3 年，依次向上为 2 年和 1 年的茎段。在果树、园林生产上，常需要采取一定生长年龄的枝或茎作为扦插、嫁接的材料，芽鳞痕便是识别依据。

（2）茎的类型　根据茎的生长习性，可分为直立茎、缠绕茎、攀援茎、匍匐茎 4 种类型，如图 1-10 所示。

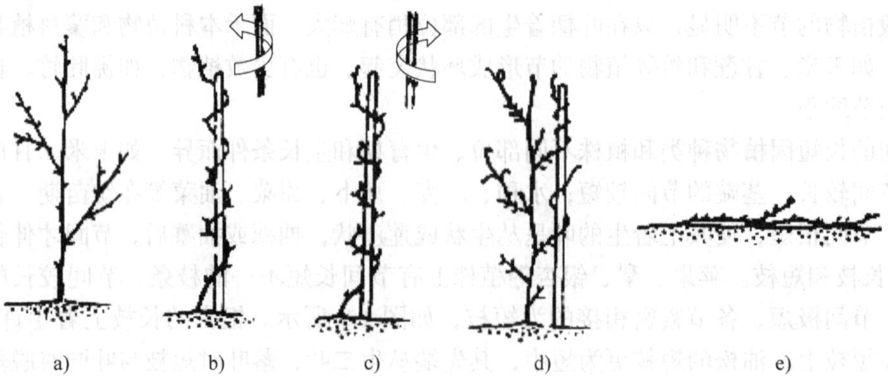

图 1-10　茎的类型

a）直立茎　b）左旋缠绕茎　c）右旋缠绕茎　d）攀援茎　e）匍匐茎

1）直立茎。大多数植物茎的生长方向与根相反，是背地性的，一般为垂直向上生长。如杨、柳、松、杉等。

2）缠绕茎。有些植物茎的机械组织较少，因此茎细长而柔软，不能直立，以茎本身缠绕于其他物体上升。如紫藤、白藤、牵牛、茑萝、菟丝子等。一般把具有缠绕茎的植物叫藤本植物。

3）攀援茎。此类植物茎细弱、柔软，不能直立，必须借助它物才能向上生长。与缠绕茎不同之处是，这种茎常发育有适应的器官用以攀援他物，如葡萄、黄瓜、丝瓜、香豌豆等以卷须攀援，地锦、爬山虎等以卷须顶端的吸盘附着墙壁或岩石，常春藤、薜荔以气生根攀援，葎草、猪殃殃的茎以钩刺攀援，旱金莲的茎以叶柄攀援等。有些植物的茎同时具有攀援茎和缠绕茎的特征，如葎草既以茎本身缠绕于它物，同时又有钩刺附于它物之上。

4）匍匐茎。此类植物的茎细长柔弱，沿地面蔓延生长，如虎耳草、草莓、吊兰等。匍匐茎一般节间较长，节上不但生有叶片，还能生长不定根和芽，不定根在地面扎根以吸取水分和养分，芽能生长成新的植株，如扦插吊兰、栽培甘薯和草莓就是利用这一习性进行营养繁殖。

茎的类型还可以根据质地不同分为木质茎与草质茎2种类型。木质茎由于木质化细胞较多，故质地坚硬，并能生长多年。茎的木质部发达的植物称为木本植物，其中树体高大、主干明显、下部分枝少的称为乔木，如松、杉、杨、柳、梨等。而树体矮小、主干不明显、分枝从地面开始的称为灌木，如月季、丁香、榆叶梅、紫荆等。

草质茎由于木质化细胞较少，因此质地较柔软，即木质部不发达的茎。具有此种茎的植物称为草本植物，有一、二年生草本植物，如万寿菊、鸡冠花等和多年生草本植物，如薄荷、芍药等。

（3）芽的概念及类型

1）芽的概念。植物茎的顶端和叶腋处都生有芽，芽开展后可形成枝条、花或花序。所以芽是枝条、花或花序尚未发育的原始体。

2）芽的类型，如图1-11所示。

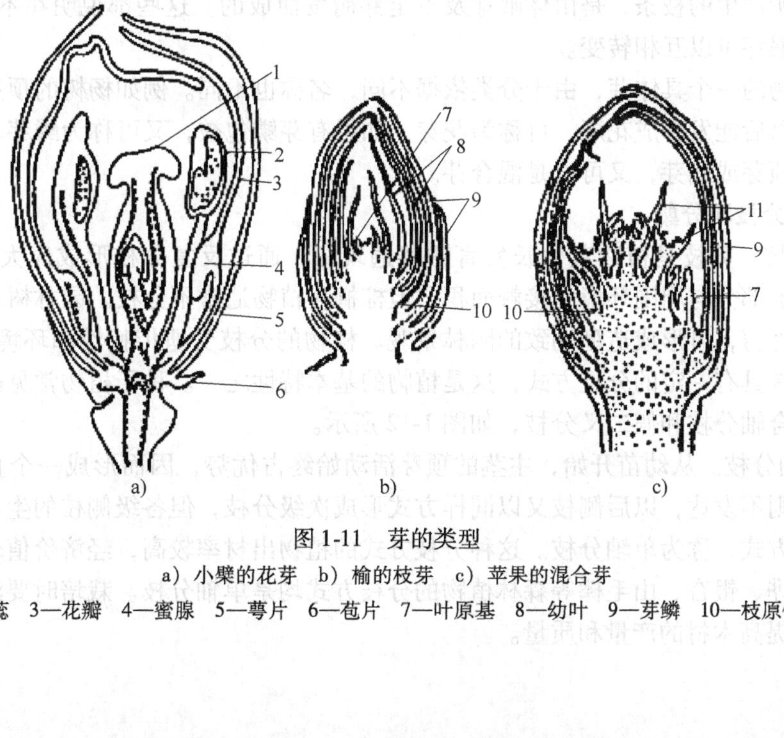

图1-11　芽的类型

a）小檗的花芽　b）榆的枝芽　c）苹果的混合芽

1—雌蕊　2—雄蕊　3—花瓣　4—蜜腺　5—萼片　6—苞片　7—叶原基　8—幼叶　9—芽鳞　10—枝原体　11—花原基

① 根据芽生长的位置，可分为定芽和不定芽。

定芽：在茎节上着生有固定位置的芽，包括顶芽和腋芽两种，生于枝条顶端的芽称为顶芽，生于叶腋处的芽称为腋芽，腋芽由于位于枝条的侧面所以又称为侧芽。

不定芽：在植物体的茎、根、叶，特别是受创伤的部位发生的芽称为不定芽。如苹果、榆、枣的根，甘薯、大丽花的块根，杨、柳、桑等植物的老茎以及秋海棠、橡皮树、落地生根的叶上，均可生出不定芽。由于不定芽可以发育成新植株，生产上常利用植物形成不定芽和不定根的特性，进行植物体的营养繁殖，可快速育苗和林木更新。

② 根据芽的构造，可分为鳞芽和裸芽。芽外的幼叶变态为鳞片称为芽鳞，包被在芽的外面，这种芽称为鳞芽，芽鳞有保护作用。大多数生长在温带、寒温带和寒带的木本植物，在秋冬季节形成的芽多为鳞芽如榆、杨等植物；没有芽鳞包被的芽称为裸芽，一般草本植物和生长在热带潮湿气候的木本植物的芽多为裸芽，有些树木的裸芽上常具绒毛，如枫杨等。

③ 根据芽的性质，可分为枝芽、花芽、混合芽。发育开放后形成茎和叶的芽，称为枝芽，枝芽是枝条的原始体，由生长锥、幼叶、叶原基和腋芽原基构成；发育形成花或花序的芽称为花芽，如桃、李、杏、杨梅等；如果开放后既生茎叶又生花（或花序）的芽，则称为混合芽，如柿、梨和苹果短枝上的顶芽即为混合芽。丁香的芽在春天既开花又长叶，就是混合芽活动的结果。花芽和混合芽通常比枝芽肥大，容易区别。

④ 根据生理活动状态可分为活动芽和休眠芽。在当年生长季节能萌发的芽，称为活动芽。一年生草本植物的芽多数都是活动芽，而生长在温带、寒带的多年生木本植物，在秋末所有的芽都进入长达数月的季节性休眠，在翌年春天萌发，通常只有顶芽和距离顶芽较近的腋芽萌发，这些芽称为活动芽，而近下部的许多腋芽在生长季节里不活动，暂时保持休眠状态，这些芽称为休眠芽或潜伏芽。休眠芽仍具有生长活动的潜能，当植物顶芽被摘除时，体内的生理代谢状况被改变，解除了顶端优势，可以打破芽的休眠状态进行萌发，成为活动芽。相反，当高温干旱的气候突然降临，也会促使一些植物的活动芽转变为休眠芽。树木砍伐后树桩上所产生的枝条，是由休眠芽及不定芽萌发而成的。这些都说明在不同的条件下，活动芽和休眠芽可以互相转变。

一种植物的一个具体芽，由于分类依据不同，名称也不同。例如杨树的顶芽，可称为活动芽，如果以后能发育成花序，可称为花芽，如果有芽鳞包被，又可称为鳞芽。同样，梨的鳞芽可以是顶芽或侧芽，又可以是混合芽。

4. 茎的分枝和分蘖

（1）分枝　分枝是植物茎生长发育的普遍现象，通过反复分枝形成庞大的分枝系统，增加植物地上部分与周围环境的接触面积，但棕榈科植物通常不分枝。园林树木通过分枝及人工定向的修剪，可形成造型别致的园林景观。植物的分枝受遗传特性和环境因素的影响，每种植物常常具有一定的分枝方式，这是植物的基本特性之一。种子植物常见的分枝方式有单轴分枝、合轴分枝和假二叉分枝，如图 1-12 所示。

1）单轴分枝。从幼苗开始，主茎的顶芽活动始终占优势，因而形成一个直立而粗壮的主轴，侧枝则不发达，以后侧枝又以同样方式形成次级分枝，但各级侧枝的生长均不如主茎发达的分枝方式，称为单轴分枝。这种分枝方式的植物出材率较高，经济价值较高的松柏类植物、杨、桦、银杏、山毛榉等森林植物的分枝方式均是单轴分枝。栽培时要注意保持其顶端的优势，提高木材的产量和质量。

2）合轴分枝。这种分枝的特点是主干或侧枝的顶芽经过一段时间生长以后，停止生长或分化成花芽，由靠近顶芽的腋芽代替顶芽向上生长，生长一段时间后，新枝的顶芽又同样停止生长，依次为下部的腋芽所代替，这种分枝其主干或侧枝均由每年形成的新侧枝相继接替而成。在较年幼的枝条上，可看到接替的曲折情况，而在较老的枝茎上则不明显，如榆、柳、槭、核桃、柑橘、苹果、梨等，大多数被子植物都是合轴分枝。合轴分枝节间很短，花芽较多，树冠呈开展状态，更利于通风透光，是一种进化的性状。

有些植物，在同一植株上有两种不同的分枝方式，如玉兰、木莲、棉花，既有单轴分枝，又有合轴分枝。有些树木，在苗期为总状分枝，生长到一定时期变为合轴分枝。

3）假二叉分枝。假二叉分枝是合轴分枝的一种特殊形式，具有对生叶的植物，当顶芽停止生长或发育为花芽后，由顶芽下的一对侧芽同时发育成一对叉状的侧枝，这种分枝方式称为假二叉分枝。如泡桐、丁香、梓树、接骨木、石竹、茉莉、槲寄生等。它和顶端分生组织本身一分为二所形成的真正的二叉分枝不同。二叉分枝多见于低等植物如网地藻和少数高等植物如地钱、石松、卷柏等。

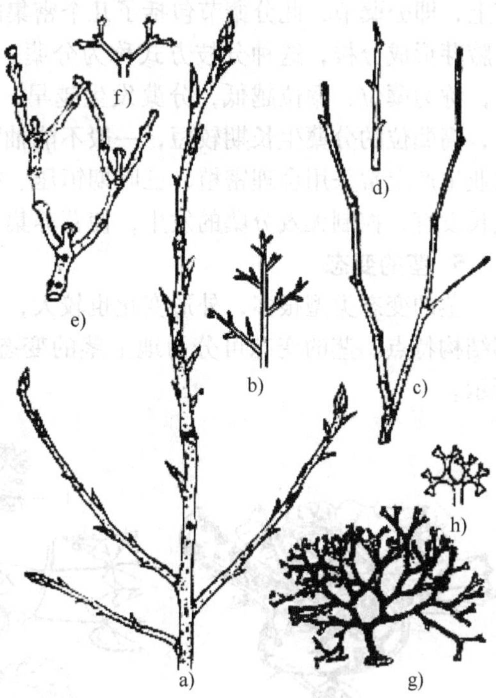

图 1-12　茎的分枝类型

a）、b）单轴分枝　c）、d）合轴分枝

e）、f）假二叉分枝　g）、h）二叉分枝

（2）禾本科植物的分蘖　禾本科植物，如甘蔗、竹、玉米等植物的分枝方式与上述类型不同，如图 1-13 所示。这类植物茎干上部的节很少分枝，分枝集中发生在地表附近的茎

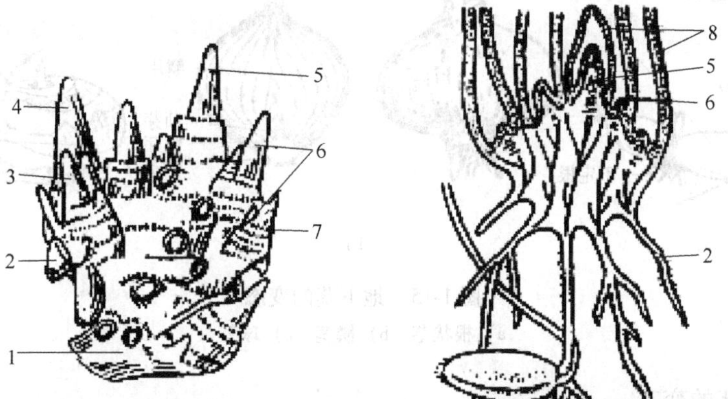

图 1-13　小麦的分蘖节

a）外形（外部叶鞘已剥去）　b）纵剖面

1—根茎　2—不定根　3—二级分蘖　4—一级分蘖　5—主茎　6—分蘖芽　7—叶痕　8—叶

节上，即分蘖节，此分蘖节包括了几个密集的节与节间，由分蘖节上产生不定根和腋芽，以后腋芽形成分枝，这种分枝方式称为分蘖，是禾本科植物特有的分枝方式。发生分蘖的节位，称为蘖位，蘖位越低，分蘖发生越早，生长期越长，成为有效分蘖的可能性越大。反之，高蘖位的分蘖生长期较短，一般不能抽穗结实，成为无效分蘖。根据分蘖成穗的规律，农业生产上常采用合理密植、三叶期镇压、控制水肥、适时早播等措施，来促进有效分蘖的生长发育，控制无效分蘖的发生，使营养集中，保证穗多、粒重，增加产量。

5. 茎的变态

茎的变态类型很多，外形变化也较大，但它们都具有顶芽和侧芽、节与节间以及茎的内部结构特点。茎的变态可分为地上茎的变态和地下茎的变态两大类型，如图 1-14、图 1-15 所示。

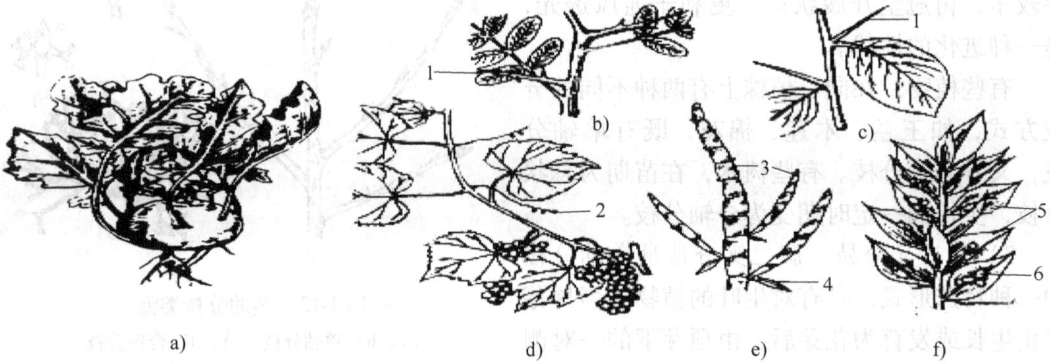

图 1-14 地上茎的变态

a）球茎甘蓝肉质茎 b）、c）茎刺 d）茎卷须 e）、f）叶状茎

1—茎刺 2—茎卷须 3—叶状茎 4—叶 5—花 6—鳞叶

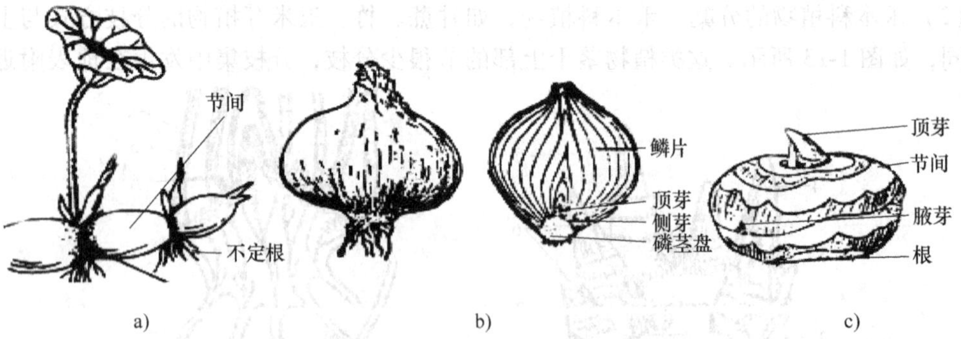

图 1-15 地下茎的变态

a）根状茎 b）鳞茎 c）球茎

（1）地上茎的变态

1）肉质茎。一些植物适应干旱环境，叶常退化，而茎肥厚多汁，常为绿色，不仅可以贮藏水分和养料，还可以进行光合作用，如仙人掌科植物、莴苣、球茎甘蓝等。

2）叶状茎。有些植物的叶退化，茎变态成叶片状，扁平，呈绿色，代替叶行使生理功能，称为叶状茎或叶状枝，如蟹爪兰、昙花、假叶树、竹节蓼等。假叶树的侧枝变为叶状枝，叶退化为鳞片状，叶腋可生小花。

3）茎卷须。许多攀援植物的茎细长柔软，不能直立，部分枝条变态成卷须，以适应攀援功能，这类茎称为茎卷须或枝卷须。有些植物的卷须由腋芽发育形成，如黄瓜和南瓜；也有些植物的卷须由顶芽发育，如葡萄。

4）茎刺。由茎变态形成具有保护功能的刺，称为茎刺或枝刺。茎刺常位于叶腋，由腋芽发育而来，不易剥落。茎刺有分枝的，叫分枝刺，如皂荚；也有不分枝的，叫单刺，如山楂、柑橘、酸橙。蔷薇、月季茎上的皮刺是茎表皮细胞突出形成的，数目较多，分布不规则，与维管组织没有联系，不属于器官变态，与茎刺有显著区别。

（2）地下茎的变态

1）根状茎。生长于地下与根相似的地下茎称为根状茎，简称为根茎。许多禾本科植物具有根状茎，如芦苇、竹类、黄精和莲等。根状茎虽然外形与根相似，但具有明显的节和节间，节上有膜质退化的鳞叶和腋芽，顶端着生有顶芽，并在节上产生不定根。这些特征表明根状茎是茎，而不是根。姜的根状茎，肥短而肉质；莲的根状茎称为莲藕，其中有发达的气腔与叶相通；竹鞭是竹的根状茎；笋是由竹鞭叶腋内伸出地面的腋芽形成。

根状茎贮藏丰富的营养物质，可生活一至多年，繁殖能力很强，在铲镗时，它们虽被切断，但每段的腋芽仍可发育为新枝，故一般禾本科植物的杂草，再生能力很强，不易铲除。

2）鳞茎。由许多肥厚的肉质鳞叶包围的扁平或圆盘状的地下茎，称为鳞茎，是单子叶植物常见的一种营养繁殖器官，如百合、洋葱、水仙等。洋葱鳞茎最中央的基部为一个扁平而节间极短的鳞茎盘，其上生有顶芽，将来发育为花序，四周有肉质鳞片叶重重包围着，能够贮藏大量营养物质，为食用的主要部分。肉质鳞片叶之外，还有几片膜质的鳞片叶，起保护作用。叶腋有腋芽，鳞茎盘下端产生不定根，可见鳞茎也是一个节间极短的地下茎的变态。

3）球茎。地下茎的先端膨大成球形，节和节间明显，节上有褐色膜质退化的鳞片状叶和腋芽，顶端具有顶芽，基部可产生不定根。球茎内贮藏大量的淀粉等营养物质，为特殊的营养繁殖器官，如荸荠、慈姑和芋等。

4）块茎。地下茎的先端膨大成块状，称为块茎，如马铃薯、菊芋等。马铃薯块茎是由植株基部叶腋处的匍匐枝顶端膨大生长而成。顶端有顶芽，块茎上有许多螺旋排列的凹陷部分，称为芽眼，相当于节的部位，幼时有退化的鳞叶，长大后脱落。芽眼内有腋芽，两个芽眼之间即为节间。成熟块茎的结构，由外至内为周皮、皮层、外韧皮部、形成层、内韧皮部和髓等部分，如图 1-16 所示。整个块茎，除周皮外，主要为薄壁组织，其细胞内贮藏着大量淀粉。所以，块茎是节间缩短的变态茎。

三、叶的形态识别

叶主要着生于茎节处，多数为绿色的扁平体，通常含有大量的叶绿体。叶具有向光性，是植物进行光合作用的场所，是为植物制造有机养料的重要器官。叶的形态多种多样，是鉴定植物种类的重要依据之一。

1. 叶的生理功能

（1）光合作用　叶是绿色植物进行光合作用的主要器官。叶片通过光合作用，为植物体本身以及其他生物的生长发育提供所需的营养物质、氧气和能量。

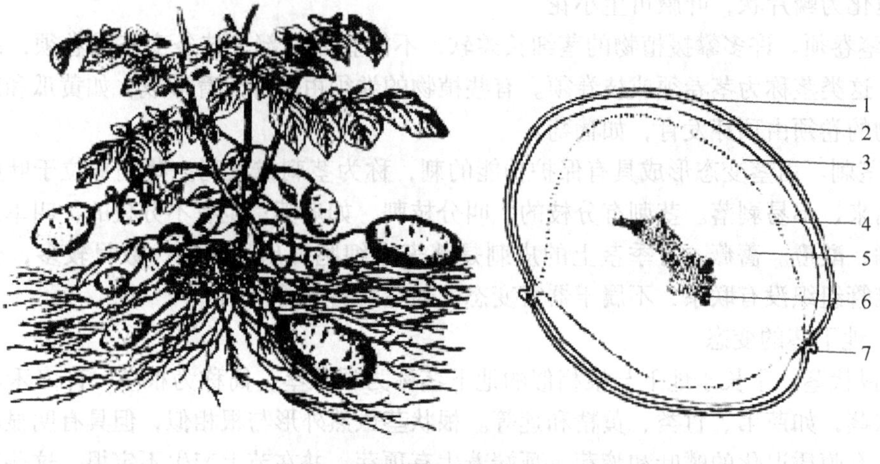

图 1-16　马铃薯的块茎及其横切面

1—周皮　2—皮层　3—外韧皮部及贮藏薄壁组织　4—木质部束环　5—内韧皮部及贮藏薄壁组织　6—髓　7—芽

(2) 蒸腾作用　叶也是植物进行气体交换和水分蒸腾的重要器官。

(3) 吸收作用　叶具有吸收作用，在叶面上喷洒速效肥料和农药，叶便能吸收到植物体内。生产上常在植物生长发育后期用叶面施肥的方法补充营养，快速满足植物对肥料的需求。

(4) 繁殖作用　有的植物叶片具有繁殖作用，如落地生根、秋海棠等植物叶片的边缘能生长出许多小植株或不定芽，在适宜的环境下发育为一个新个体。

此外，洋葱、百合的鳞叶肥厚，具有贮藏养料的作用；猪笼草、茅膏菜的叶具有捕捉和消化昆虫的作用。

2. 叶的经济用途

(1) 食用与药用　可食用的叶菜类有小根菜、卷心菜、菠菜、芫荽、生菜、芹菜、韭菜等；许多植物的叶是常用的中药，如番泻叶、艾叶、桑叶、枇杷叶等。

(2) 提取工业原料　香叶天竺葵的叶可提取香精，甜叶菊的叶可提取较蔗糖甜度高 300 倍的糖苷；剑麻的叶可造纸，棕榈的叶鞘可制绳索、床垫等；茶叶和竹叶可以做饮料；烟草的叶可以制卷烟和烟丝等。

3. 叶的形态特征

(1) 叶的组成　叶的形态虽然多种多样，但其组成基本一致，一般由叶片、叶柄和托叶 3 部分组成，如图 1-17 所示。同时具备这 3 个部分的叶称为完全叶，如桃、柳、梨、月

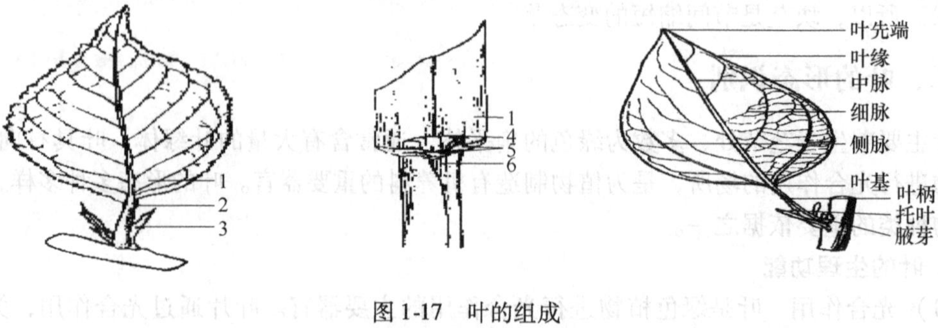

图 1-17　叶的组成

1—叶片　2—叶柄　3—托叶　4—叶舌　5—叶耳　6—叶鞘

季等。有些植物的叶只具有其中的1个或2个部分，称为不完全叶，其中无托叶的叶最为普遍，如丁香、茶、白菜等；还有些植物的叶既无托叶又无叶柄，只有叶片，也称为无柄叶，如石竹、龙胆等；缺少叶片的叶则极为少见，我国台湾相思树除幼苗期外，全株的叶均无叶片，由叶柄扩展成片状，代替叶片进行光合作用，称为叶状柄。

1）叶片。叶片通常为绿色，外形多宽大而扁平，有上表面（腹面）与下表面（背面）之分。这些特征与叶的生理功能相适应，叶片是叶的重要组成部分，叶的功能主要由叶片来完成。叶片内分布有叶脉。

2）叶柄。叶柄为连接叶片和茎枝之间的轴，其内有维管束，是茎、叶之间水分与物质输导的通道，同时具有支持叶片的作用。叶柄一般呈圆柱形、半圆柱形。伞形科植物的叶柄基部或叶柄全部扩大成鞘状，称为叶鞘。而淡竹叶、芦苇等禾本科植物的叶也有叶鞘，是由相当于叶柄的部位扩大形成的，包围着茎秆，有保护和支撑作用。在叶鞘与叶片相接处的腹面还具有膜状突起物，称为叶舌，在叶舌两侧还有一对从叶片基部边缘延伸出来的突起物，称为叶耳。叶耳、叶舌的有无、大小及形状等，可作为鉴别禾本科植物种类的依据之一。

3）托叶。托叶是位于叶柄和茎相连接处的绿色小叶，一般比叶片较为细小。常成对着生于叶柄基部两侧，有保护幼叶的作用。有的托叶细小而呈线状，如梨、桑等；有的托叶宽大而呈叶状，如豌豆、贴梗海棠；有的与叶柄愈合成翅状，如月季、蔷薇、金樱子等；有的变成卷须，如香豌豆等；有的呈刺状，如刺槐等；有的托叶大而呈叶状，只是托叶的叶腋内无腋芽，如茜草、贴梗海棠等；有的两片托叶边缘合生呈鞘状，包围着茎节的基部，称为托叶鞘，为何首乌、虎杖等蓼科植物的主要鉴别特征。

（2）叶的质地　根据构成叶片表皮细胞壁的性质、加厚程度及含水量的多少，可分为以下4种类型：

1）草质叶。叶质地柔软，叶片较薄，含水量较多。大多数草本植物的叶是草质叶，如月季、丁香等。

2）革质叶。叶片表皮细胞壁角质层或蜡质层较厚，叶片也较厚、硬，挺括，大多数常绿树的叶是革质叶，如广玉兰、夹竹桃、印度橡皮树等。

3）纸质叶。叶片角质层或蜡质层较薄，叶片也较薄、软，叶片较草质叶坚实，叶的柔软性及含水量均不如草质叶。大多数落叶树木的叶是纸质叶，如杨、泡桐。

4）肉质叶。叶片厚实，含有大量的水分，如瓦松、芦荟、景天、松叶菊、半枝莲等。

（3）叶色　大多数植物叶肉细胞中都含有大量叶绿体，故叶片通常为绿色。不同植物叶内含叶绿体的数量不同，因此绿色有深、有浅，甚至同一叶片的上下两面，叶色也有深浅的不同。也有一些植物的叶片呈现红色、紫色、黄色或黄绿相间等色彩，它们是叶肉细胞内的花青素、叶黄素和胡萝卜素显现的颜色。有些植物叶的上下两面叶色明显不同，如青紫木的叶片，上面深绿色，下面紫红色，这样的叶片称为异色叶。通常，运用植物叶片的色彩变化来丰富园林景色和季相变化，如紫叶李、枫叶、红叶小檗、金叶榆、撒金柏、金叶女贞等。

（4）叶片的大小和形状　不同植物的叶片形状不同，大小不一。但同一种植物，叶片的大小和形状比较稳定，可作为识别植物的依据。

1）叶片的大小。叶片的大小相差很大，长度可由几毫米到几米，如柏树的叶片细小，长仅几毫米；芭蕉的叶片长达1～2m；亚马孙竹椰的叶片长达20m以上；王莲的叶片直径可达2m，叶面能负荷重量40～70kg。

2）叶片的形状。叶片的形状称为叶形，顶端称为叶端或叶尖，基部称为叶基，周边称为叶缘。叶片的形状通常以叶片的几何形状为基础，根据叶片长度与宽度的比例以及最宽处的位置来确定，如图1-18所示。

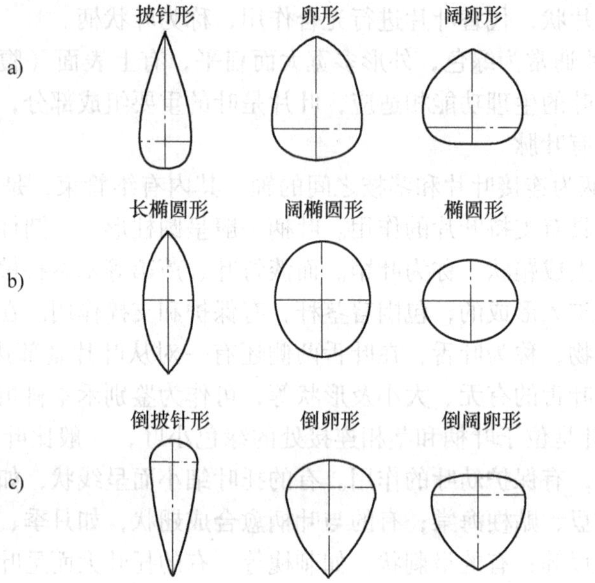

图1-18　一般叶片的基本形状图解

a）最宽处在叶的基部　b）最宽处在叶的中部　c）最宽处在叶的先端

以上为一般叶片的基本形状，常见的叶形还有以下几种类型，如图1-19所示。

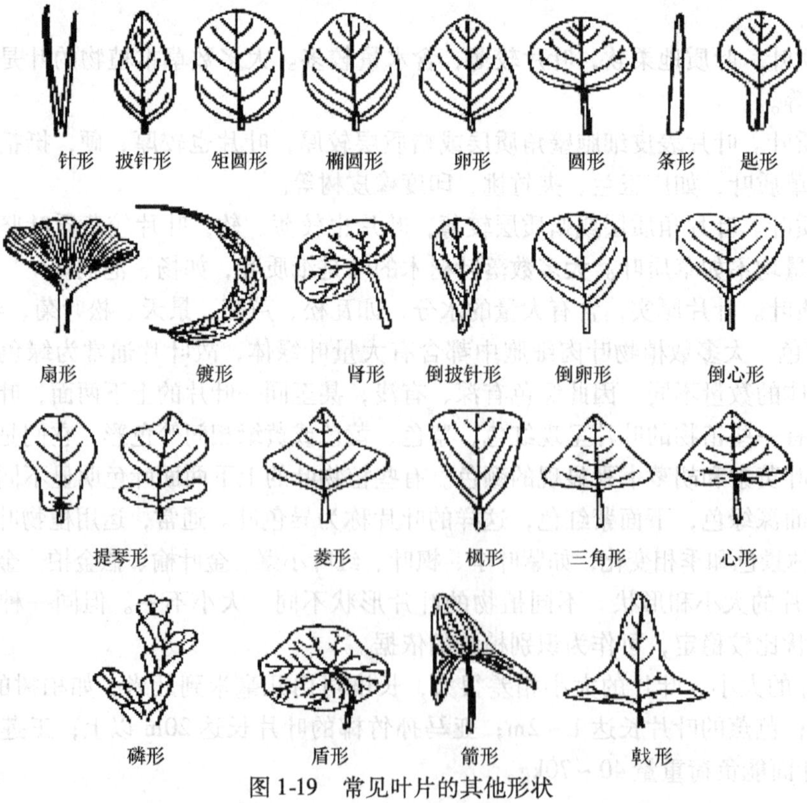

图1-19　常见叶片的其他形状

3）叶端的形状。叶端又称为叶尖，常见的叶尖形状，主要有急尖、渐尖、微凸、凸尖、芒尖、尾尖、骤尖、钝尖、截形、微凹、凹缺、二裂等，如图 1-20 所示。

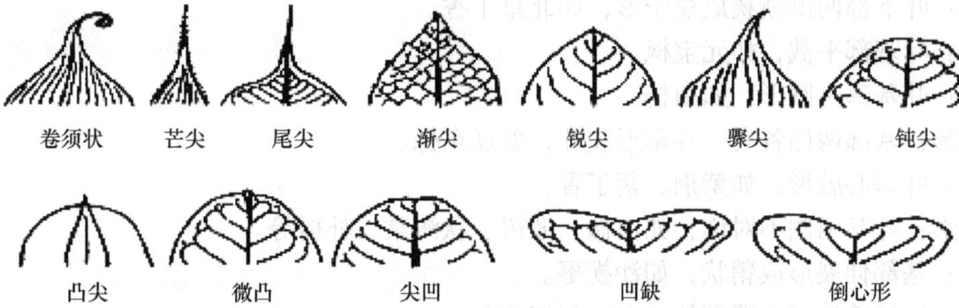

图 1-20　叶端的形状

急尖：叶片顶端突然变尖，先端成一锐角，如女贞。

渐尖：叶片的顶端逐渐变尖，如夹竹桃。

微凸：中脉的顶端略伸出于先端之外，又叫具小短尖头。

凸尖：叶先端由中脉延伸于外而形成一短突尖或短尖头，又叫具短尖头。

芒尖：凸尖延长成芒状。

尾尖：先端渐狭长呈尾状。

骤尖：先端逐渐尖削成一个坚硬的尖头。有时也用于表示突然渐尖头，又名骤凸。

钝形：先端圆钝或窄圆。

截形：叶先端平截。

微凹：先端圆，顶端中间稍凹，如黄檀。

凹缺：先端凹缺稍深，如黄杨，又名微缺。

二裂：先端具二浅裂，如银杏。

4）叶基的形状。叶基即叶片的基部，常见的叶基有下延、渐狭、楔形、截形、圆形、耳垂形、心形、偏斜形、鞘状、盾形、合生穿茎等，如图 1-21 所示。

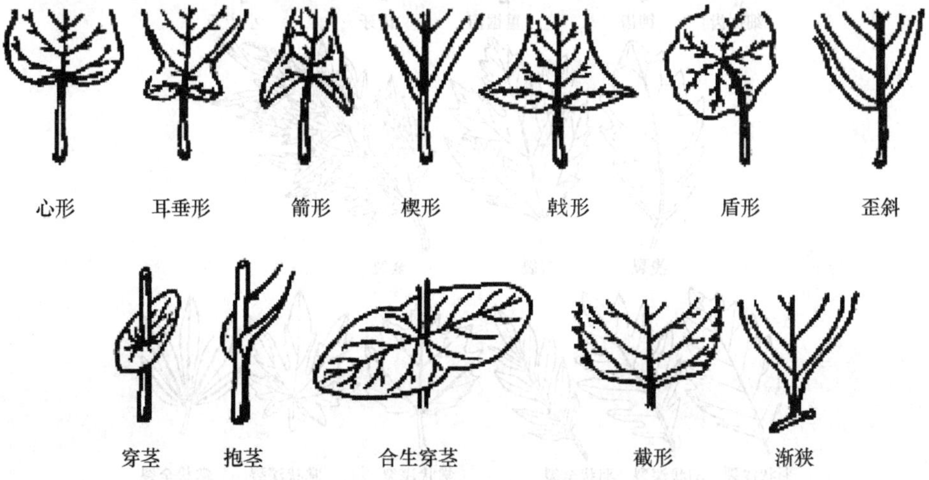

图 1-21　叶基的形状

下延：叶基自着生处起贴生于枝上，如杉木、柳杉、八宝树。

渐狭：叶基两侧向内渐缩形成具翅状叶柄的叶基。

楔形：叶下部两侧渐狭成楔子形，如北京丁香。

截形：叶基部平截，如元宝枫。

圆形：叶基部呈圆形，如山杨。

耳垂形：基部两侧各有一耳垂形裂片，如辽东栎。

心形：叶基心脏形，如紫荆、紫丁香。

偏斜形：叶基两侧不对称，如白榆、椴树、秋海棠、朴树等。

鞘状：基部伸展形成鞘状，如沙拐枣。

盾状：叶柄着生于叶背部的一点，如蝙蝠葛。

合生穿茎：两个对生无柄叶的基部合生成一体，如盘叶忍冬。

此外，叶基还有箭形、戟形、穿茎、抱茎等。

5）叶缘的形状。叶片的边缘称为叶缘，常见叶缘的形状主要有：全缘、波状缘、皱波缘、锯齿缘、牙齿缘、钝齿缺刻、叶裂等，如图 1-22 所示。

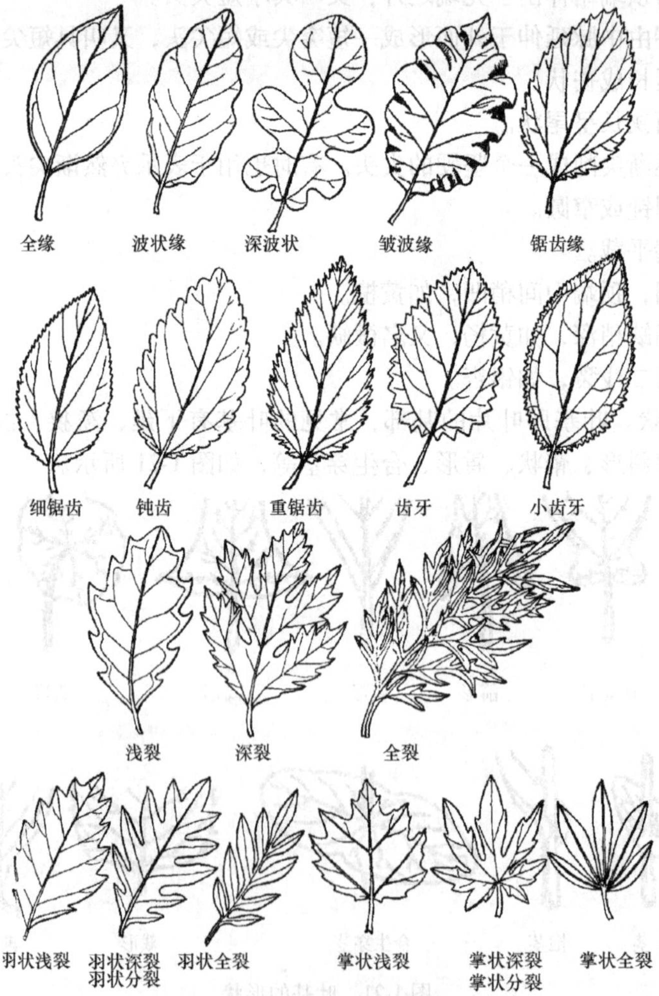

图 1-22　叶缘的各种形状

全缘：叶缘完整，不具任何锯齿和缺裂，如丁香、白玉兰、女贞、紫荆等。

波状缘：叶缘凹凸成波纹状，如毛白杨、槲树、槲栎、胡颓子等。

皱波缘：叶缘波状曲折，较波状缘大，如羽衣甘蓝。

锯齿缘：叶缘有尖锐的齿，且齿尖朝向叶先端，如白榆、苹果、月季等；如果锯齿上又出现小锯齿，称为重锯齿缘，如春榆、榆叶梅、樱草等；如果叶缘的齿不尖锐而成钝圆形，称为圆齿，如山毛榉；如果锯齿细小，称为细锯齿缘，如猕猴桃。

牙齿缘：叶缘有尖锐的齿，齿尖朝向外方，齿的两边近相等，如中平树、苎麻等。

钝齿：叶缘具钝头的齿，如大叶黄杨等。

缺刻：叶片边缘具有凹凸较深的裂片，凹凸的程度较齿状缘大而深，称为缺刻。缺刻的形式和深浅有 2 种类型：一种是裂片呈羽状，称为羽状缺刻，如茑萝、蒲公英等；另一种呈掌状排列，称为掌状缺刻，如梧桐、悬铃木等。

叶裂：叶缘凹凸很深，形成分裂状态，称为叶裂，根据裂片的深浅分为浅裂、深裂、全裂 3 种类型，如图 1-23 所示。浅裂是叶片分裂深度不达或接近叶片宽度的 1/4，如梧桐、辽东栎等。深裂是叶片分裂深度超过叶片宽度的 1/4，但不达主脉，如鸡爪槭、荠菜等。全裂是叶片裂深度几乎达主脉或叶片基部，裂片彼此完全分开，如银桦、茑萝、铁树等。

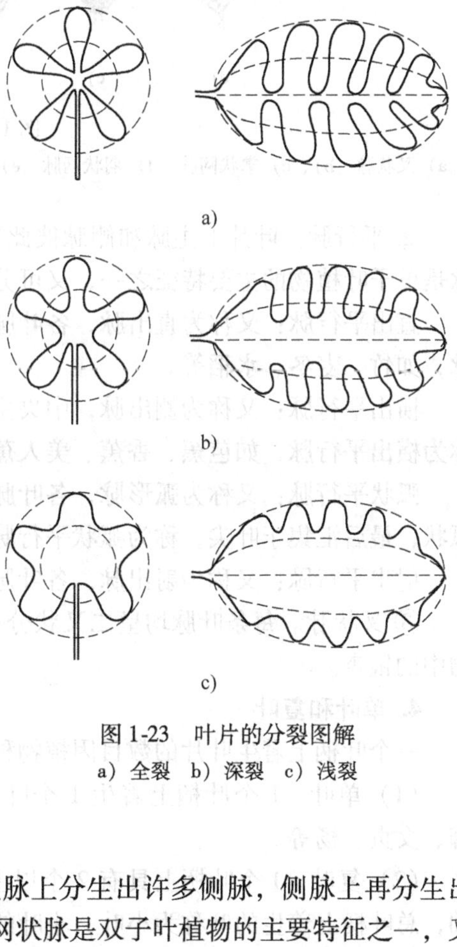

图 1-23　叶片的分裂图解
a）全裂　b）深裂　c）浅裂

根据裂片的形状分为掌状、羽状 2 种类型。掌状分裂是裂片排列成掌状，并具掌状脉，因分裂深浅程度不同，又可分为掌状浅裂、掌状深裂、掌状全裂等。羽状分裂也分为羽状浅裂、羽状深裂、羽状全裂等。

6）叶脉与脉序。叶片上分布着粗细不等的脉纹称为叶脉，是贯穿于叶肉内的维管束，是叶内的输导和支持结构。叶脉维管组织通过叶柄与茎枝内的维管组织相连接。叶片上最粗大的叶脉称为主脉，又称为中脉，主脉的分枝称为侧脉，其余较细小的分枝称为细脉。叶脉在叶片上有规律性的分布方式称为脉序，脉序主要有网状脉、平行脉和叉状脉 3 种类型，如图 1-24 所示。

① 网状脉。网状脉具有明显粗大的主脉，由主脉上分生出许多侧脉，侧脉上再分生出细脉，彼此连接形成网状，这种叶脉称为网状脉。网状脉是双子叶植物的主要特征之一，又因侧脉从主脉分出的方式不同而分为 2 种类型：

羽状网脉：叶片具有一条明显的主脉，两侧分生出许多呈羽状排列的平行侧脉，侧脉再分生出细脉，交织呈网状，这种叶脉称为羽状网脉，如桂花、茶、枇杷、榆、桃、苹果等。

掌状网脉：叶片具有数条主脉，由叶基部辐射状发出并伸向叶缘，且由主脉上再分枝，形成许多侧脉及细脉，交织成网状，这种叶脉称为掌状网脉，如蓖麻、棉、瓜类等。

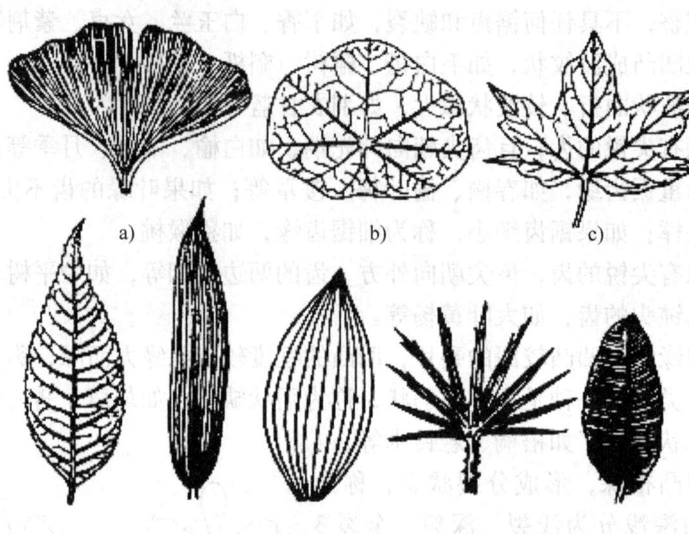

a) b) c) d) e) f) g) h)

图 1-24 叶脉的类型

a）叉状脉 b）、c）掌状网脉 d）羽状网脉 e）直出平行脉 f）弧状平行脉 g）射出平行脉 h）横出平行脉

② 平行脉。叶片上主脉和侧脉彼此平行或近于平行分布，这种叶脉称为平行脉。平行脉是单子叶植物的主要特征之一，又可分为 4 种类型：

直出平行脉：又称为直出脉，各叶脉由叶基发出，平行分布，直达叶尖，称为直出平行脉，如竹、麦冬、水稻等。

横出平行脉：又称为侧出脉，中央主脉明显，侧脉垂直于主脉，彼此平行，直达叶缘，称为横出平行脉，如芭蕉、香蕉、美人蕉等。

弧状平行脉：又称为弧形脉，各叶脉从叶基平行出发，但彼此相互远离，中部弯曲形成弧状，最后汇集于叶尖，称为弧状平行脉，如红瑞木、玉簪、铃兰、车前等。

射出平行脉：又称为射出脉，各叶脉均从叶柄顶端呈辐射状射出，如棕榈、蒲葵等。

③ 叉状脉。每条叶脉均呈二叉状分枝，是比较原始的脉序，常见于蕨类植物和裸子植物中的银杏。

4. 单叶和复叶

一个叶柄上着生叶片的数目因植物种类而不同，可分为单叶和复叶 2 种类型。

（1）单叶 1 个叶柄上着生 1 个叶片，叶片与叶柄之间不具关节，称为单叶，如榆、柳、女贞、杨等。

（2）复叶 1 个叶柄上具有 2 个以上的叶片，称为复叶。复叶的叶柄称为总叶柄或叶轴，总叶柄上着生的叶称为小叶，小叶的叶柄称为小叶柄。复叶根据小叶的排列方式分为羽状复叶、掌状复叶、三出复叶和单身复叶 4 种类型，如图 1-25 所示。

1）羽状复叶。总叶柄较长，小叶片在总叶柄两侧排列，呈羽毛状。如果羽状复叶的总叶柄顶端生有 1 片小叶，称为奇数羽状复叶，如月季、黄檗、槐树等。如果总叶柄顶端生有 2 片小叶，则称为偶数羽状复叶，如皂荚、决明等。如果总叶柄的两侧有 1 次羽状分枝，形成许多侧生小叶柄，在小叶柄上又形成羽状复叶，称为二回羽状复叶，如合欢、云实等。如

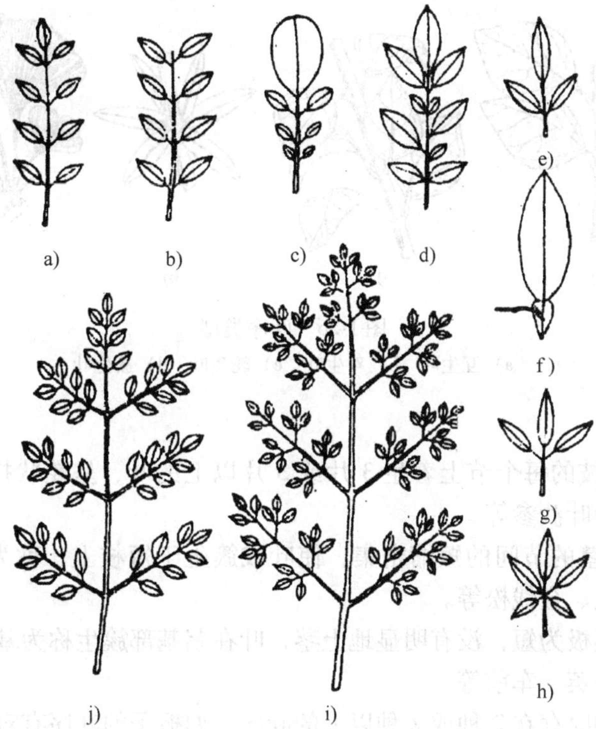

图 1-25　复叶的类型

a）奇数羽状复叶　b）偶数羽状复叶　c）大头羽状复叶　d）参差羽状复叶　e）三出羽状复叶　f）单身复叶　g）三出掌状复叶　h）掌状复叶　i）三回羽状复叶　j）二回羽状复叶

果总叶柄上有 2 次羽状分枝，在最后 1 次分枝上又形成羽状复叶，称为三回羽状复叶，如南天竹、苦楝等。

2）掌状复叶。总叶柄短缩，在其顶端着生 3 片以上小叶，呈掌状展开，如刺五加、五叶木通、七叶树等。

3）三出复叶。总叶柄上着生 3 片小叶，称为三出复叶。如果顶生小叶着生在总叶柄的顶端，其小叶柄较两个侧生小叶的小叶柄长，称为羽状三出复叶，如胡枝子、葛藤、大豆等。如果 3 片小叶都着生在总叶柄顶端的一点上，小叶柄近等长，称为掌状三出复叶，如橡胶树、酢浆草、草莓等。

4）单身复叶。单身复叶为一种特殊形态的复叶，叶柄顶端具有一片发达的叶片，而两侧的小叶退化成翼状，其顶生小叶与叶轴连接处有一明显的关节，如柑橘、柚等芸香科柑橘属植物的叶。

5. 叶序和叶镶嵌

（1）叶序　叶在茎枝上有规律的排列方式，称为叶序。叶序可分为互生、对生、轮生、簇生 4 种类型，如图 1-26 所示。

1）互生。在茎枝的每个节上着生 1 片叶，各叶片依次交互而生，称为互生叶序，如杨、杉木、桑、樟等。

2）对生。在茎枝的每个节上相对着生 2 片叶，称为对生叶序，如丁香、金银木、连翘、

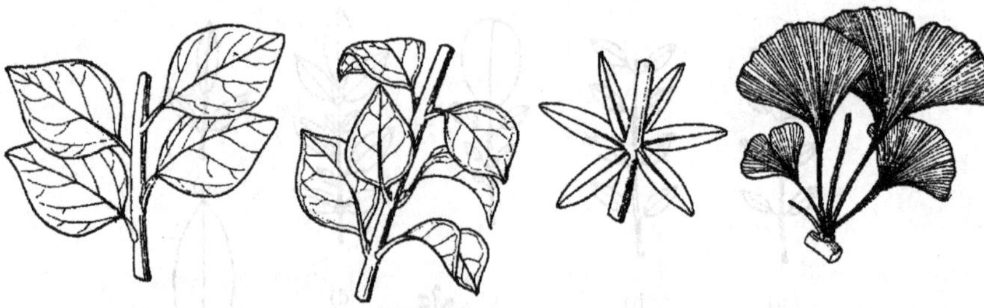

图 1-26　叶序类型

a）互生叶　b）对生叶　c）轮生叶　d）簇生叶

女贞等。

3）轮生。在茎枝的每个节上着生 3 片或 3 片以上的叶，呈轮状排列，称为轮生叶序，如夹竹桃、百部、轮叶沙参等。

4）簇生。由于茎的节间的短缩密集，使叶成簇生于短枝上，称为簇生叶序，如银杏、落叶松、枸杞、雪松、金钱松等。

有少数植物的茎极为短，没有明显地上茎，叶在茎基部簇生称为基生叶序。叶常集生呈莲座状叶丛，如蒲公英、车前等。

同一植物可以同时存在 2 种或 2 种以上的叶序，如栀子的叶序有对生和三叶轮生，桔梗的叶序有互生、对生和三叶轮生等。

（2）叶镶嵌　无论叶在茎枝上的排列方式如何，相邻两节的叶片总是互不重叠，在与阳光垂直的层面上作镶嵌排布，这种现象称为叶镶嵌，如图 1-27 所示。叶镶嵌现象的形成是由于叶柄的长短、扭曲和叶片的排列角度不同，形成了叶片互不遮蔽的合理镶嵌状态，以达到最大效率的接受光照，并且相对平均地保证植物全部叶片都能进行光合作用，是植物长期适应环境，充分利用阳光的结果。叶镶嵌现象在攀援植物、棕榈科植物、尤其是莲座叶丛的水生植物如菱、水浮莲等表现得最为明显。在园林绿化中，爬山虎、常春藤的叶片，由于叶镶嵌的结果，使叶片均匀地分布在墙壁上，是垂直绿化的好材料。

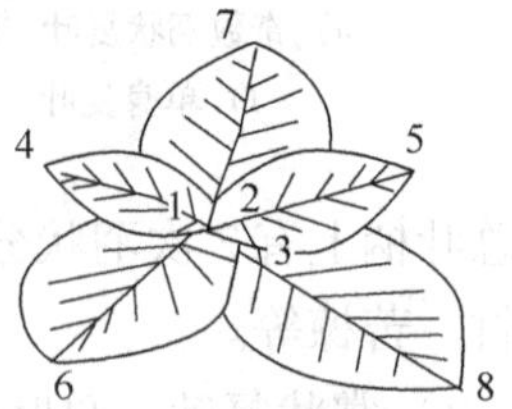

图 1-27　叶镶嵌

注：图中数字表示叶的顺序

6. 叶的变态

叶的可塑性很大，易受外界环境的影响，发生的变态种类较多，常见的变态有以下几种类型，如图 1-28 所示。

（1）苞片和总苞　生于花下的变态叶，称为苞片。苞片一般较小，绿色，不同植物苞片的形状、大小和色泽有所不同，是鉴别植物种属的依据之一，如叶子花的苞片为卵圆形，有鲜红色、紫红色、橙黄色、乳白色等，有招引昆虫传粉的作用，为主要观赏部位。苞片数目多并聚生在花序基部的，称为总苞，如向日葵等菊科植物的总苞起保护花和果实的作用；马蹄莲、珙桐等白色花瓣状总苞，有吸引昆虫传粉的作用；苍耳的总苞在果实成熟后包裹着果实，并生有许多小钩刺，易钩附在动物体上，有利于果实的传播；玉米雌花序外围叶状的总苞具有保护果实的作用等。

（2）叶刺　由叶或托叶变成刺状，称为叶刺，如仙人掌类植物肉质茎上的刺，小檗长枝上的刺，刺槐、酸枣的托叶刺等。叶刺一般着生于叶的位置上，叶腋有腋芽，可发育为侧枝。

（3）叶卷须　由叶或叶的一部分变成卷须状，称为叶卷须，如豌豆和野豌豆属植物的卷须由羽状复叶顶端的小叶片变态而成，菝葜的卷须由托叶变态而成，有助于植物攀援向上。

（4）叶状柄　有的植物的叶片不发达，而叶柄变态为扁平的片状，并具有叶的功能，称为叶状柄。我国广东、台湾的相思树和澳大利亚干旱地区的金合欢属植物，仅在幼苗时出现几片正常的羽状复叶，以后产生的叶，其小叶完全退化，仅存叶片状的叶柄。

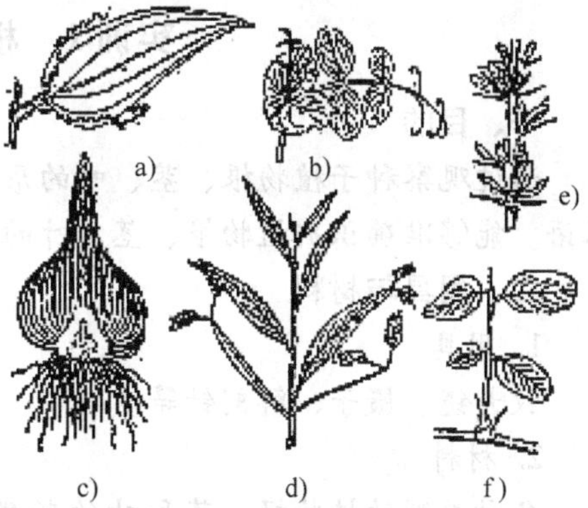

图 1-28　叶的变态

a)、b）叶卷须　c）鳞叶　d）叶状柄　e)、f）叶刺

（5）鳞叶　有的植物的叶片特化或退化为鳞片状，称为鳞叶。鳞叶有 2 种类型：一是鳞芽外的革质鳞叶，有保护芽的作用，又称为芽鳞，如杨树的芽鳞。二是地下变态茎上着生的鳞叶，有肉质和膜质两类。洋葱、大蒜、百合的鳞叶肉质肥厚，贮有大量养料，可以食用。洋葱、大蒜、水仙除有肥厚的肉质鳞叶外，还有干膜质的鳞片包被，有保护肉质鳞叶的作用；而竹鞭、藕的根状茎和荸荠、慈菇的球茎上的膜质鳞叶，为退化的叶。

（6）捕虫叶　有的植物具有捕食小型昆虫的变态叶，称为捕虫叶。具有捕虫叶的植物称为食虫植物，这类植物既含有叶绿素，能进行光合作用，又能分泌消化液分解动物性食物。如图 1-29 所示，猪笼草的叶柄细长，基部为扁平的假叶状，中部细长如卷须，具有攀援作用，上部变成瓶状，叶片生于瓶口，呈一个小盖覆于瓶口之上。当叶片发育成熟后，瓶盖张开，盖内表面和瓶口内缘均有蜜腺，能引诱昆虫，当昆虫一旦落入瓶口后，便被瓶内的消化液消化吸收；茅膏菜的捕虫叶呈半月形或盘状，上面有许多顶端膨大并能分泌黏液的触毛，能黏住昆虫，同时触毛能自动弯曲，包围虫体并分泌消化液，将虫体消化并吸收；狸藻是多年生水生植物，生在池沟中，其捕虫叶膨大成囊状，每个囊有一开口，并由一个只能向内开启的活瓣保护，外表面具有硬毛，小虫触及硬毛时，活瓣开启，小虫随水流入后，活瓣又关闭。

图 1-29　几种植物的捕虫叶

a）猪笼草　b）捕蝇草　c）狸藻

实训1 根、茎、叶形态的观察

一、目的

通过观察种子植物根、茎、叶的形态特征，初步掌握描述植物根、茎、叶的方法和形态术语。能够准确识别植物根、茎、叶的形态特征和类型，为今后识别植物打下良好基础。

二、用具与材料

1. 用具

放大镜、镊子、解剖针等。

2. 材料

各种类型的植物根、茎和叶的新鲜材料或标本。如松、杉幼苗；葱、百合、大豆、菜豆、花生的根系等新鲜标本；杨树、丁香、茶、牵牛、葡萄、爬山虎、草莓、吊兰等植株；桦、榆、柳、丁香、梓树等园林树木；桃或柳、薄荷、女贞、蔷薇、天竺葵、莲、慈姑、淫羊藿、银杏、紫荆、菠菜、酢浆草、刺五加、月季、皂荚、云实、南天竺、酸橙等植物的叶；杨树枝、女贞枝、夹竹桃枝、松枝、刺槐枝、豌豆枝、贴梗海棠枝等。

三、方法与步骤

1. 观察识别植物根的形态特征和类型

(1) 直根系的观察　观察松、杉幼苗的根系，识别主根、侧根和不定根（纤维根）。

(2) 须根系的观察（参考图1-1）　观察葱、百合的根系。有无主根、侧根？其根系是怎样形成的？有何特点？

(3) 根瘤与菌根的观察（参考图1-2、图1-4）　观察各种豆科植物，如大豆、菜豆、花生的根瘤；观察栓皮栎、杜鹃花科等植物的菌根。

2. 观察识别植物茎的形态特征和类型

(1) 茎质地的观察　观察杨树和百合的植株，识别木质茎和草质茎；观察杨树、丁香枝条和百合的植株，识别乔木、灌木和草本植物。

(2) 茎生长习性的观察（参考图1-10）　观察杨树枝条、牵牛、葡萄、爬山虎、草莓、吊兰等植株，识别直立茎、缠绕茎、攀援茎和匍匐茎。

(3) 茎分枝方式的观察（参考图1-12）　观察杨、桦、榆、柳、丁香、梓树等园林树木，识别单轴分枝、合轴分枝和假二叉分枝。

3. 观察识别植物叶的形态类型

(1) 叶组成的观察（参考图1-17）　取桃、柳、丁香、茶的枝条，观察识别完全叶和不完全叶。

(2) 叶形的观察（参考图1-18、图1-19）　取桃、松、柳、薄荷、女贞、蔷薇、天竺葵、莲、慈姑、银杏、紫荆、菠菜、酢浆草、刺五加、月季、皂荚、云实、南天竺、酸橙等植物的叶进行观察识别。

(3) 叶尖的形态观察（参考图1-20）　常见的叶尖有急尖、渐尖、微凸、凸尖、芒尖、尾尖、骤尖、钝形、截形、微凹、凹缺、二裂等。

(4) 叶基的形态观察（参考图1-21）　常见的叶基有下延、渐狭、楔形、截形、圆形、耳形、心形、偏斜形、鞘状、盾状、合生穿茎等类型。

(5) 叶缘的形态观察（参考图1-22）　常见的叶缘有全缘、波状缘、锯齿缘、重锯齿缘、牙齿缘、缺刻、浅裂、深裂、全裂等。

（6）叶裂的形态观察（参考图1-23）　常见的叶裂有掌状、羽状2种类型，每种类型又可分为浅裂、深裂、全裂3种类型。

（7）叶脉的形态观察（参考图1-24）　叶脉有网状脉、平行脉和叉状脉3种类型。网状脉又分为羽状网脉和掌状网脉2种类型；平行脉又可分为直出平行脉、横出平行脉、弧状平行脉、射出平行脉4种类型。

四、作业

1）根据观察，选择几种代表性植物描述其根、茎、叶形态特征，并列表记载观察结果。

2）根据所观察的植物或标本，识别叶的类型，填入表1-1。

表1-1　叶的外部形态记录表

植物名称	单　叶	复　叶	叶的外部形态				叶脉	叶序	完全叶/不完全叶
			叶　片	叶　端	叶　基	叶　缘			

实训2　营养器官变态类型的观察

一、目的

了解变态和正常营养器官的异同，能准确识别各种营养器官的变态类型。

二、用具与材料

1. 用具

解剖镜、放大镜、解剖刀、解剖针、镊子等。

2. 材料

萝卜和胡萝卜肉质直根，甘薯或大丽花块根，吊兰、常春藤的气生根，菟丝子、桑寄生的寄生根，浮萍等新鲜标本；仙人掌、莴苣的肉质茎，南瓜或葡萄的卷须，牵牛的缠绕茎，山楂、酸橙、皂角的枝刺，卷丹的珠芽，藕、芦苇的根状茎，马铃薯、菊芋的块茎，荸荠、慈姑球茎，百合或洋葱鳞茎；豌豆叶及卷须，小檗、洋槐的托叶刺，猪笼草、茅膏菜的食虫叶等。

三、方法与步骤

1. 观察识别植物根的变态类型（参考图1-6、图1-7）

取萝卜和胡萝卜肉质直根，甘薯或大丽花块根，吊兰、常春藤的气生根，菟丝子、桑寄生的寄生根，浮萍的水生根等进行观察识别，比较它们的来源、形态特征和结构特点。

2. 观察识别植物茎的变态类型（参考图1-14、图1-15、图1-16）

取仙人掌、莴苣的肉质茎，南瓜或葡萄的卷须，牵牛的缠绕茎，山楂、酸橙、皂角的枝刺，卷丹的珠芽，藕、竹的根状茎，马铃薯块茎，荸荠、慈姑球茎，百合或洋葱鳞茎等进行观察比较，识别茎变态类型的形态特征和结构特点。

3. 观察识别植物叶的变态类型（参考图1-28、图1-29）

取藕、芦苇的根状茎，荸荠、慈姑球茎，百合或洋葱的鳞茎；豌豆叶及卷须，小檗、洋槐的托叶刺，猪笼草、茅膏菜的食虫叶等进行观察比较，识别叶变态类型的形态特征和结构特点。

四、作业

根据观察识别的结果，填写表1-2：

表1-2 营养器官变态类型记录表

植物	变态类型	观察依据	植物	变态类型	观察依据
萝卜			葡萄		
胡萝卜			牵牛		
小檗			山楂		
大丽花			藕		
吊兰			马铃薯		
常春藤			慈姑		
菟丝子			百合		
浮萍			豌豆卷须		
仙人掌			猪笼草		

任务2 植物生殖器官形态的识别

一、花的发生及组成

1. 花芽分化

种子植物生长发育到一定阶段，在适宜的光周期和温度作用下，茎的顶端分生组织不再产生叶原基和腋芽原基，而是分化形成花各个部分的原始体，然后再发育为花或花序，这一过程称为花芽分化，如图1-30所示。

当花芽分化开始时生长锥伸长，横径增大，逐渐由尖变平，首先在半球形生长锥周围的若干点上，由第2、3层细胞进行分裂，产生第一轮小突起，即为花萼原基。以后依次由外向内再分化形成花瓣原基，在花瓣原基内侧相继产生2～3轮小突起，即为雄蕊原基。这些突起继续分化、生长，最后在花芽中央产生突起形成雌蕊原基。各部分原基逐渐长大，最外一轮分化为花萼，向内依次分化出花冠、雄蕊和雌蕊。

小麦、玉米和水稻等禾本科植物的花序形成过程，称为穗分化。

2. 花的组成

一朵完整的花由花柄（花梗）、花托、花被、雄蕊群和雌蕊群5个部分组成。花的各部分着生在花梗顶端膨大的花托上。由于花被、雄蕊群和雌蕊群都是变态叶，且花托为节间缩短的变态茎，所以花实际上是节间缩短而不分枝的、适应于植物繁殖功能的变态短枝，如图1-31所示。

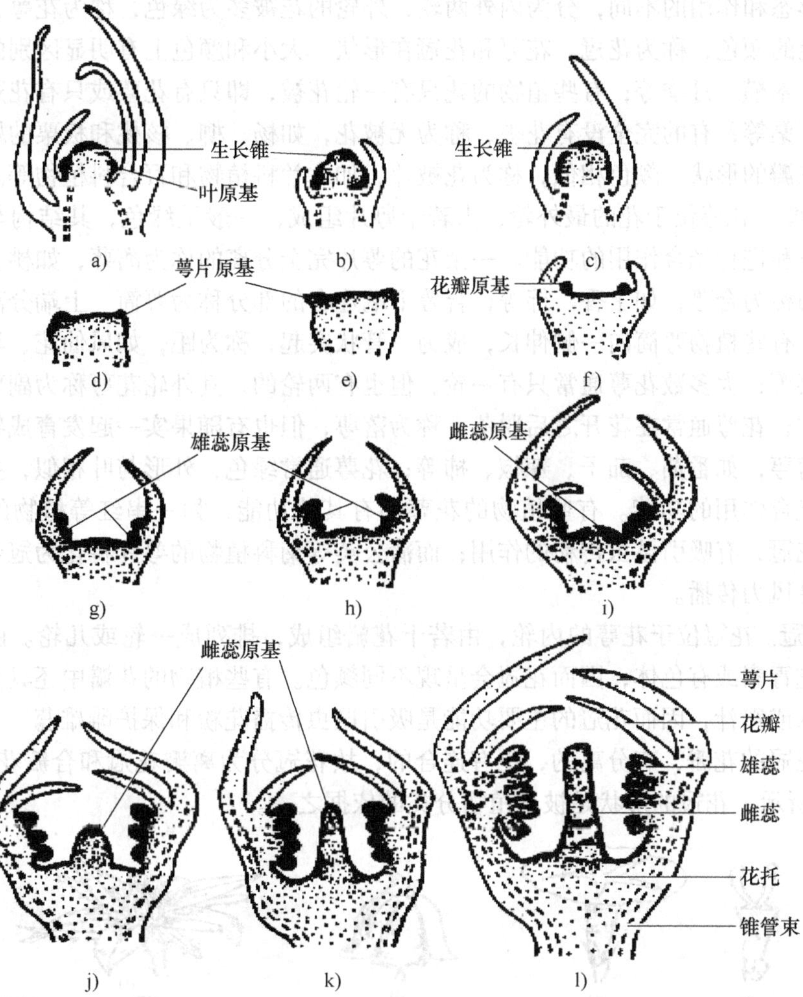

图 1-30　桃的花芽分化

a）、b）、c）叶原基的分化　d）、e）萼片原基的分化　f）花瓣原基的分化　g）、h）、i）雄蕊原基的分化　j）、k）雌蕊原基的分化　l）桃花芽结构

（1）花柄（花梗）与花托　花柄（花梗）是着生花的小枝，使花处于一定的空间，同时又是茎向花输送水分和营养物质的通道。花柄的长短视不同植物种类而异。有些种类的花无花柄，如小麦。花柄以后发育成为果实的柄，称为果柄。花柄顶端稍膨大的部分，称为花托。花托的形状因植物种类而异，有的圆柱状，如木兰、含笑等；有的膨大呈圆锥状，如草莓等；有的中央凹陷呈杯状，如月季、桃等；还有的膨大呈倒圆锥状，如莲等。

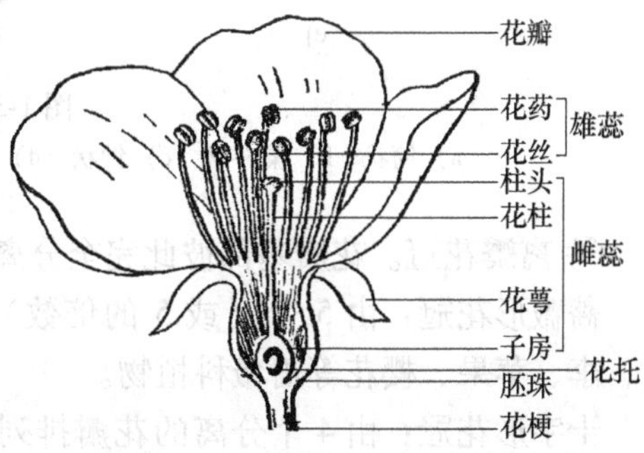

图 1-31　花的纵切面，示花的组成

（2）花被　花被着生于花托边缘或外围，具有保护雌、雄蕊群和引诱昆虫传粉的作用。

花被由于形态和作用的不同，分为内外两轮，外轮的花被多为绿色，称为花萼，内轮花被具有各种鲜艳的颜色，称为花冠。花萼和花冠在形状、大小和颜色上有明显区别的花称为两被花，如桃、木槿、月季等；有些植物的花只有一轮花被，即只有花萼或只有花冠，称为单被花，如榆、桑等；有的完全没有花被，称为无被花，如杨、柳、核桃和板栗的雄花序等；有的花萼和花瓣的形状、颜色相似，称为花被片，如木兰科植物和百合科植物等。

1）花萼。花萼位于花的最外轮，由若干萼片组成，一般呈绿色，其结构与叶相似，具有保护幼花和进行光合作用的功能。一朵花的萼片完全分离的称为离萼，如桃、茶等；萼片彼此连合的称为合萼，如丁香、棉等；合萼下端连合的部分称为萼筒，上端分离成裂片，称为萼裂片；有些植物萼筒向一侧伸长，成为一管状突起，称为距，如凤仙花、旱金莲、三色堇、耧斗菜等；大多数花萼通常只有一轮，但也有两轮的，其外轮花萼称为副萼，如锦葵等锦葵科植物；花萼通常在花开之后脱落，称为落萼，但也有随果实一起发育成熟后仍然宿存的，称为宿萼，如番茄、茄子、辣椒、柿等；花萼通常绿色，外形与叶相似，主要有保护花蕊和进行光合作用的功能。有些植物的花萼还有其他功能，如一串红等植物的花萼颜色鲜艳，类似花冠，有吸引昆虫传粉的作用；而蒲公英等菊科植物的萼片特化为冠毛，则有助于果实种子借风力传播。

2）花冠。花冠位于花萼的内轮，由若干花瓣组成，排列成一轮或几轮。由于花瓣细胞内常含有花青素或有色体，因而花冠会呈现不同颜色。有些植物的花瓣中还具分泌结构，可释放出香味或蜜汁，因而花冠的主要功能是吸引昆虫传播花粉和保护雌雄蕊。

组成花冠的花瓣，有分离的，也有连合的，故花冠分为离瓣花冠和合瓣花冠两种类型，如图1-32所示。花冠的形状是被子植物分类的依据之一。

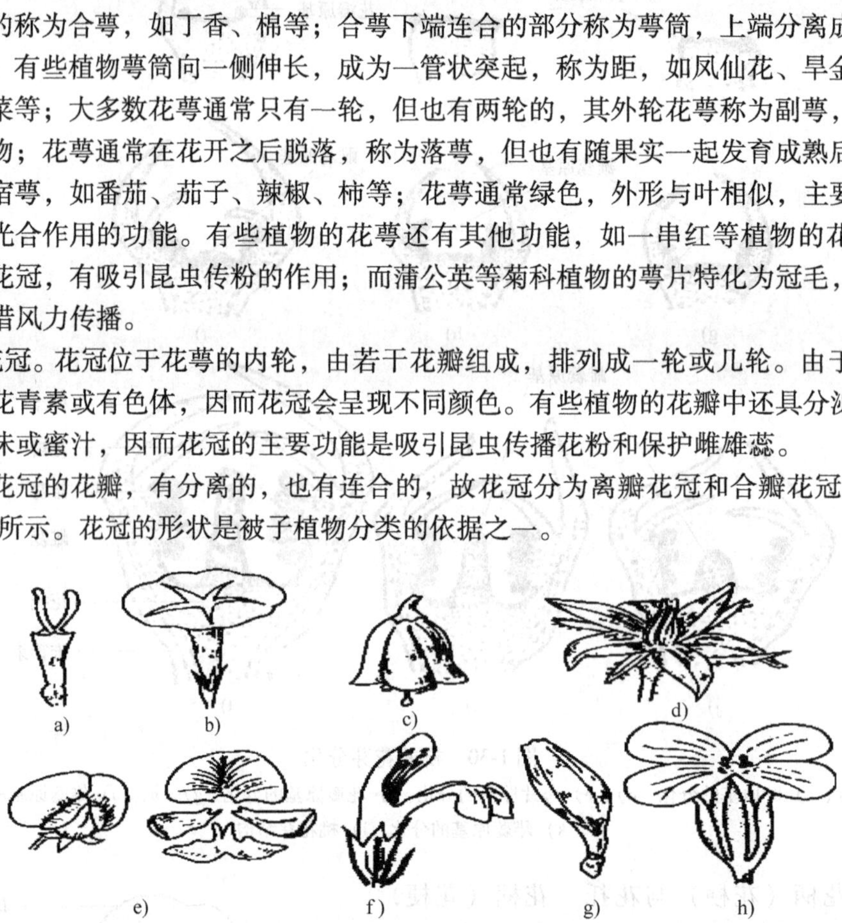

图1-32　花冠的类型

a）筒状　b）漏斗状　c）钟状　d）轮状　e）蝶形　f）唇形　g）舌状　h）十字形

① 离瓣花冠。花瓣基部彼此完全分离的花称为离瓣花冠，常见有以下几种：

蔷薇形花冠：由5个（或5的倍数）分离的花瓣排列成五星辐射状，如月季、玫瑰、桃、李、苹果、樱花等蔷薇科植物。

十字形花冠：由4个分离的花瓣排列成“十”字形，是十字花科植物特征之一，如白菜、油菜、萝卜、甘蓝等十字花科植物。

蝶形花冠：花瓣5枚离生，花形似蝶。最外面的一片最大，称为旗瓣，两侧两枚称为翼瓣，常较旗瓣小，为旗瓣所覆盖，最里面的两瓣较小且顶部稍连合或不连合向上弯曲成龙骨状，称为龙骨瓣。蝶形花冠是豆科植物特征之一，如树锦鸡、含羞草、合欢等。

② 合瓣花冠。花瓣部分或全部连合的花称为合瓣花冠，常见有以下几种类型：

漏斗状花冠：花冠下部筒状，并且筒较长，向上逐渐扩大成漏斗状，如牵牛、甘薯、鸡蛋花、黄蝉等。

钟状花冠：花冠筒宽而稍短，上部扩大成钟形，如南瓜、桔梗、吊钟花等。

高脚碟状：花冠下部窄筒形，上部花冠裂片突向水平开展，如迎春花。

唇形花冠：花冠下部连合成筒状，花冠上部通常分离成上、下 2 个唇，上唇 2 裂，下唇 3 裂，如唇形科植物的薄荷、一串红等。

筒状花冠（管状花冠）：花冠大部分连合成管状或圆筒状，花冠筒较长，上下粗细相似，花冠裂片向上伸展。筒状花冠是菊科植物特征之一，如向日葵花序中央的花和紫丁香的花等。

舌状花冠：花冠筒较短，花冠裂片向一侧延伸成舌状，也是菊科植物特征之一，如向日葵花序周边的花，莴苣花序的花，全为舌状花。

轮状花冠：花冠筒很短，裂片由基部呈水平状向四周展开，形似车轮，如枸杞、常春藤、番茄等植物的花。

根据花被片的排列情况，凡是花中花被片的大小、形状相似，通过花的中心，可以切成两个以上的对称面的花，称为整齐花或辐射对称花，如蔷薇形花冠、十字形花冠、漏斗状花冠、钟状花冠、筒状花冠的花等；如果花被片的大小、形状不同，通过花的中心，只能切成一个对称面的花，称为不整齐花或两侧对称花，如蝶形花冠、唇形花冠、舌状花冠的花等。

3）雄蕊群。雄蕊群是一朵花中雄蕊的总称，由多数或一定数目的雄蕊组成，位于花冠的内轮，是花的重要组成部分之一。雄蕊由花丝和花药两部分组成，花丝通常细长呈柄状，具有支持花药的作用，同时还有向花药运输养料的作用。花药是雄蕊的主要部分，位于花丝顶端，通常由 4 个或 2 个花粉囊组成，中间以药隔相连，花粉成熟后花粉囊壁裂开，散出大量花粉粒。

一朵花中雄蕊的数目及类型是鉴别植物的依据之一，根据花丝与花药的分离或连合，以及花丝的长短分为下列几种类型，如图 1-33 所示。

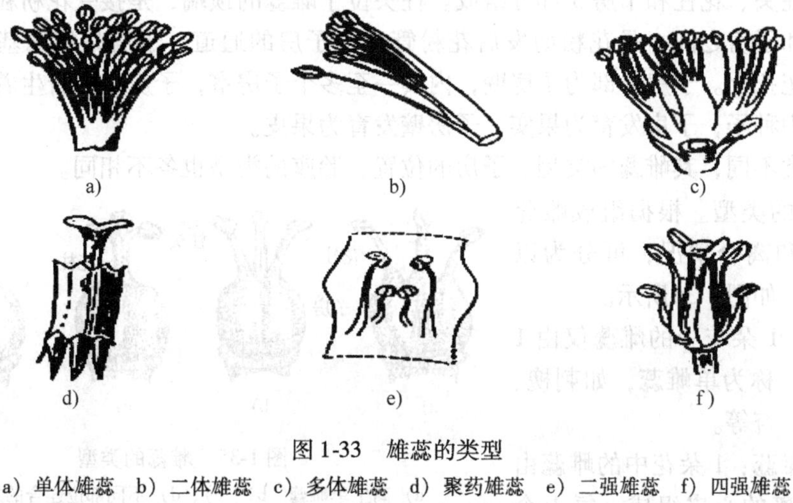

图 1-33　雄蕊的类型

a）单体雄蕊　b）二体雄蕊　c）多体雄蕊　d）聚药雄蕊　e）二强雄蕊　f）四强雄蕊

① 离生雄蕊。一朵花中雄蕊彼此分离，如蔷薇、石竹等，是大多数植物所具有的雄蕊类型。

二强雄蕊：一朵花中具有 4 枚分离的雄蕊，2 长 2 短，如芝麻、益母草、荆条、柚木等。

四强雄蕊：一朵花中具有 6 枚分离的雄蕊，4 长 2 短，是十字花科植物所特有，如油菜、萝卜等。

② 合生雄蕊。一朵花中雄蕊全部或部分合生。

单体雄蕊：花丝下部连合成一束呈圆筒状，而花丝上部或花药完全分离，如木槿、扶桑、蜀葵、山茶、苦楝等植物。

二体雄蕊：花丝 10 枚连合成 2 束，其中 9 枚连合，1 枚分离，如紫荆、刺槐、大豆等豆科植物。

多体雄蕊：雄蕊多数，花丝基部连合成多束，如酸橙、金丝桃、蓖麻等植物。

聚药雄蕊：花药连合成筒状，而花丝彼此分离，如向日葵、菊花、南瓜等植物。

4）雌蕊群。一朵花中所有的雌蕊总称为雌蕊群。雌蕊位于花的中央部分，是花的另一重要组成部分。雌蕊由心皮构成，心皮是具有生殖作用的变态叶，心皮卷合后构成雌蕊，心皮边缘互相连接处，称为腹缝线，在心皮中央相当于叶的中脉部分称为背缝线，胚珠通常着生在腹缝线上，如图 1-34 所示。

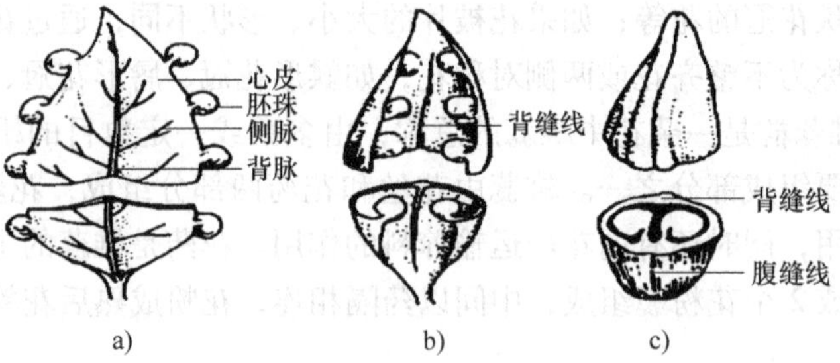

图 1-34　心皮卷合成雌蕊的过程

雌蕊由柱头、花柱和子房 3 部分组成。柱头位于雌蕊的顶端，是接受花粉粒的部位。花柱位于柱头和子房之间，是花粉萌发后花粉管进入子房的通道。子房是雌蕊基部膨大的部位，着生在花托上。子房外部为子房壁，内具一至多个子房室，子房室内着生着胚珠，受精后胚珠发育为种子，子房发育为果实，子房壁发育为果皮。

植物种类不同，其雌蕊的类型、子房的位置、胎座的类型也各不相同。

① 雌蕊的类型。根据组成雌蕊心皮的数目和离合情况，可分为以下几种类型，如图 1-35所示。

单雌蕊：1 朵花中的雌蕊仅由 1 个心皮组成，称为单雌蕊，如刺槐、紫穗槐、桃、杏等。

离生单雌蕊：1 朵花中的雌蕊由几个彼此分离的心皮组成，每 1 个

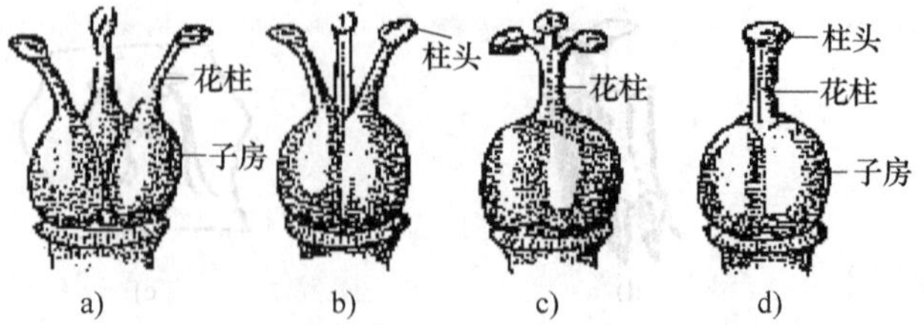

图 1-35　雌蕊的类型

a）离生单雌蕊　b）、c）、d）不同部位连合的复雌蕊

心皮成为1个雌蕊，称为离生雌蕊，如莲、八角、白兰花、草莓等。

合生雌蕊：1朵花中的雌蕊由2个或2个以上心皮连合组成，称为合生雌蕊，如楝树、油茶、泡桐、苹果、柑橘等。

② 子房的类型。根据子房在花托上着生的位置和与花托连合的情况，子房可分为如下3种类型，如图1-36所示。

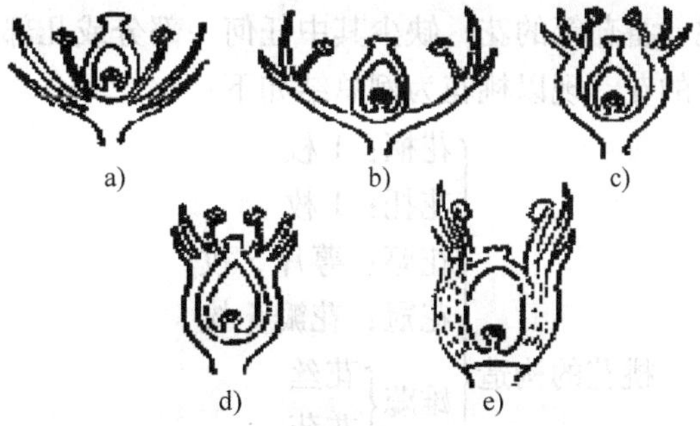

图1-36　子房在花托上着生的位置

a）子房上位（下位花）　b）子房上位（周位花）

c）子房半下位（周位花）　d）、e）子房下位（上位花）

子房上位：子房仅以底部与花托相连，称为子房上位。子房上位分为2种情况，如果子房仅以底部与花托相连，而花萼、花冠、雄蕊着生的位置低于子房，称为子房上位下位花，如玉兰、油菜等。如果子房仅以底部和杯状花托的底部相连，花萼、花冠和雄蕊着生于杯状花托的边缘，即子房的周围，称为子房上位周位花，如桃、李等。

子房下位：子房埋于下陷的花托中，并与花托愈合，称为子房下位，花的其余部分着生在子房上面花托的边缘，称为上位花，如苹果、梨、南瓜、向日葵等。

子房半下位：又叫子房中位，子房的下半部陷于杯状花托中，并与花托愈合，上半部仍露在外面，花萼、花冠和雄蕊着生于杯状花托的边缘，叫中位子房，其花称为周位花，如绣球花、马齿苋、甜菜、菱角等。

③ 胎座的类型。胚珠通常着生在子房室内心皮的腹缝线边缘，着生的部位称为胎座。由于心皮卷合形成雌蕊的情况不同，胎座也具有不同类型，常见的有以下几种，如图1-37所示：

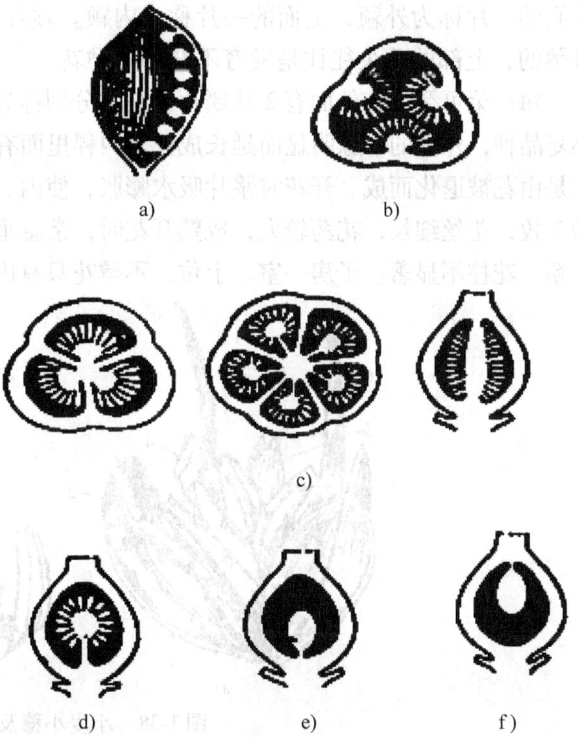

图1-37　胎座的类型

a）边缘胎座　b）侧膜胎座　c）中轴胎座

d）特立中央胎座　e）基生胎座　f）顶生胎座

边缘胎座：由单心皮构成的一室子房，胚珠着生在腹缝线上，如豆类。

侧膜胎座：由两个以上心皮合生的子房，子房一室或假数室，胚珠生于心皮的边缘，如油菜、瓜类等。

中轴胎座：由多心皮合生的多室子房，各心皮边缘在中央处连合形成中轴，胚珠着生于中轴上，如苹果、番茄、柑橘、棉等。

特立中央胎座：由中轴胎座演化而来，多心皮构成，子房一室或不完全的数室，子房室的基部向上形成一个短的中轴，但不到达子房顶部，胚珠着生在此中轴周围，如石竹、马齿苋等。

顶生胎座：子房一室，胚珠着生在

子房室的顶部，如桃、桑、梅。

基生胎座：子房一室，胚珠着生在子房室的基部，如向日葵等菊科植物。

一朵花中花萼、花冠、雄蕊群和雌蕊群 4 部分齐全的花称为完全花，如油菜、海棠、桃、番茄等的花；缺少其中任何一部分或几部分的花称为不完全花，如桑、南瓜、柳、核桃等的花。现以桃花为例总结如下：

桃花的构造
- 花柄：1 枚
- 花托：1 枚
- 花萼：萼片 5 枚
- 花冠：花瓣 5 枚
- 雄蕊
  - 花丝
  - 花药
- 雌蕊
  - 柱头
  - 花柱
  - 子房：其内着生胚珠，受精后发育成种子，子房发育成果实。

5）禾本科植物的花。禾本科植物是被子植物中的单子叶植物，花的形态结构比较特殊，与前面所叙述的双子叶植物花的形态结构显著不同。现以小麦为例说明。

小麦的花集中着生在麦穗上，整个麦穗是小麦的花序，为复穗状花序，麦穗有 1 根主轴，周围着生许多小穗，每 1 小穗基部有 2 片坚硬的颖片，颖片相当于花序外面的总苞片，下面的一片称为外颖，上面的一片称为内颖。颖片之内有几朵小花，其中基部的 2 ~ 3 朵是可孕的，上部的几朵往往是发育不全的不孕花。

每一朵可孕的花外面有 2 片鳞片包被，分别称为外稃和内稃，外稃是花基部的苞片，有的小麦品种，外稃的中脉明显而延长成芒。内稃里面有 2 片小形囊状突起，称为浆片，内稃和浆片是由花被退化而成。开花时浆片吸水膨胀，使内、外稃撑开，露出花药和柱头。小麦的雄蕊为 3 枚，花丝细长，花药较大，成熟开花时，常悬垂花外，雌蕊 1 枚，有 2 条羽毛状柱头承受花粉，花柱不显著。子房一室、上位。不孕花只有内、外稃，没有雌雄蕊，如图 1-38 所示。

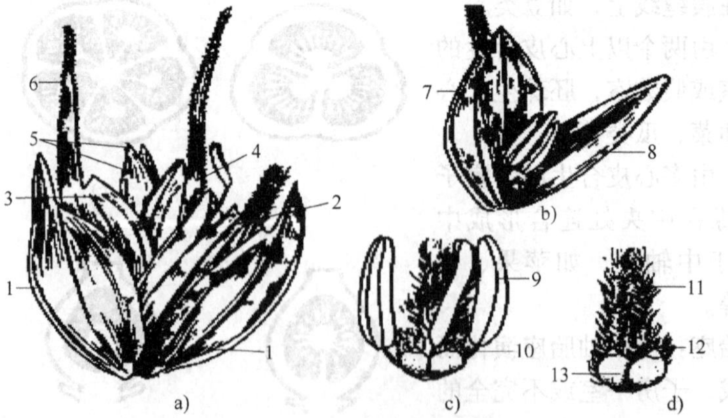

图 1-38　小麦小穗及花的结构

a）小穗　b）小花　c）雄蕊　d）雌蕊

1—颖片　2—第一朵小花　3—第二朵小花　4—第三朵小花　5—第四朵小花　6—芒　7—外稃　8—内稃　9—花药　10—花丝　11—柱头　12—子房　13—浆片

现将小麦小穗及小花的结构总结如下：

小麦小穗的结构
- 外颖（第1颖）：苞片
- 内颖（第2颖）：苞片
- 2~5朵小花

小麦小花的结构
- 外稃（苞片）：1枚苞片
- 内稃（小苞片或称外轮花被）：1枚
- 浆片（花被或称内轮花被）：2枚
- 雄蕊：3枚
- 雌蕊：1枚，其上具有2个羽毛状柱头

3. 花与植株的性别

（1）花的性别

1）两性花。一朵花中同时具有雄蕊和雌蕊的花，如桃、苹果、小麦、水稻、大豆、油菜等植物的花。

2）单性花。一朵花中只有雄蕊或雌蕊的花，如杨、柳、桑、黄瓜的花等。单性花中，只有雄蕊的花称为雄花，只有雌蕊的花称为雌花。

3）无性花。花中既无雄蕊，又无雌蕊的花，称为无性花或中性花，如向日葵花序边缘的舌状花。

（2）植株的性别

1）雌雄同株。单性花植物，雌花和雄花生在同一植株上，如玉米、蓖麻、南瓜等。

2）雌雄异株。雌花和雄花分别生长于不同植株上，如杨、柳、银杏、菠菜等。只有雌花的植株称为雌株；只有雄花的植株称为雄株。

3）杂性同株。一株植物上既有两性花，又有单性花或无性花，如柿、荔枝、向日葵等。

4. 花序

有些植物的花如芍药、荷花、桃的花是单独生在茎枝顶端或叶腋处，称为单生花。但大多数植物的花，如丁香、油菜、小麦、向日葵、胡萝卜等，是由许多花按照一定的顺序有规律地着生在花轴（花柄）上，称为花序。有的花在花柄基部下侧有一变态的叶，叫苞片，在花序基部集生的苞片，称为总苞。

根据花轴的长短、分枝与否及开花顺序，将花序分为无限花序和有限花序两大类型。

（1）无限花序　花序的主轴在开花期间，可以继续向上生长，不断产生花芽，犹如单轴分枝，所以也称为单轴花序。各花的开花顺序是由花轴基部的花先开，然后逐渐向上推进或花序轴较短，自外向内逐渐开放，均属于无限花序，如图1-39所示。

1）总状花序。许多有柄的花排列在一个不分枝的花序轴上，花梗近等长，如刺槐、油菜、荠菜、萝卜等。

有些植物的花轴具有若干次分枝，每个分枝也构成一个总状花序，称为复总状花序，如栾树、南天竹、葡萄、丁香、水稻、玉米雄花序等，复总状花序外形呈圆锥形，故又称为圆锥花序。

2）穗状花序。花序轴长而直立，其上着生较密集具极短的柄或无柄的两性花，如紫穗槐、车前、牛膝、马鞭草等。

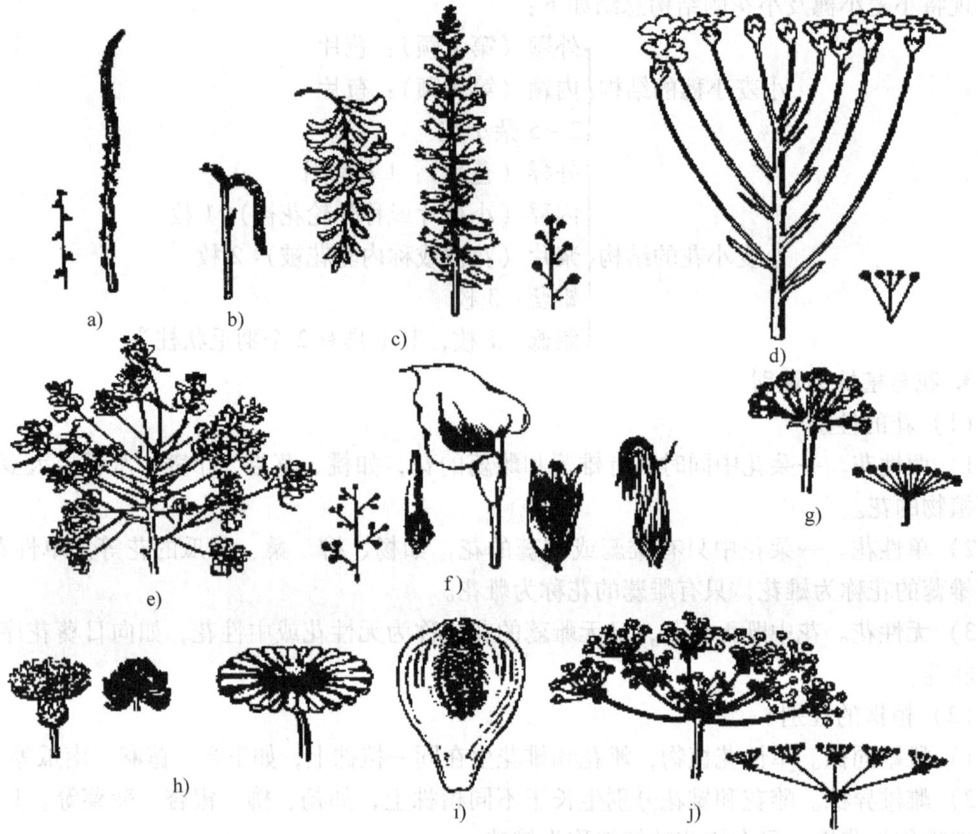

图 1-39　无限花序的类型

a）穗状花序　b）葇荑花序　c）总状花序　d）伞房花序　e）圆锥花序　f）肉穗花序　g）伞形花序
h）头状花序　i）隐头花序　j）伞形花序

如果花轴分枝，每个小枝均构成一个穗状花序，称为复穗状花序，如小麦、大麦等。

若穗状花序的花轴膨大呈棒状，其上密生无柄的单性小花，称为肉穗状花序，如玉米雌花序。花序外如有一大型苞片称为佛焰苞，花序称为佛焰花序，如天南星、半夏等天南星科植物。

3）葇荑花序。花序轴柔软下垂，其上密集着生许多无柄、无被或单被的单性小花，开花后整个花序或果序一起脱落，如杨、柳、桑、核桃及板栗的雄花序等。

4）伞房花序。与总状花序相似，但小花梗不等长，下部的花梗长，上部逐渐缩短，使整个花序顶部排成一个平面，如梨、苹果、山楂、绣线菊等。

如果花轴有分枝，每一分枝为一个伞房花序，称为复伞房花序，如花楸。

5）伞形花序。花序轴缩短，花集生在花轴的顶端，花梗近等长，所有的花排列成圆顶状，形如张开的伞，如人参、刺五加、常春藤、葱、韭菜等。

如果花轴顶端分枝，每一分枝为一个伞形花序，称为复伞形花序，如胡萝卜、小茴香等伞形科植物。

6）头状花序。花序轴极度缩短而膨大成头状或盘状，上面着生许多无柄的小花，呈圆球形，如悬铃木、构树等。菊科植物头状花序外围的苞片密集成总苞，如向日葵、茼蒿、菊花、蒲公英等。

7）隐头花序。花序轴肉质膨大，中央凹陷形成囊状，许多无柄的单性小花着生在囊状内壁上，花完全隐藏在膨大的花序轴内，如无花果、榕树、薜荔等。

（2）有限花序　有限花序也称为聚伞花序，不同于无限花序的是有限花序花轴顶端的花先开放，而限制了花轴的继续生长，花轴顶端不再向上产生新的花芽，而是由顶花下端分化形成新的花芽，因而有限花序的花开放顺序是由上向下或由内而外。有限花序可分为以下几种类型，如图 1-40 所示。

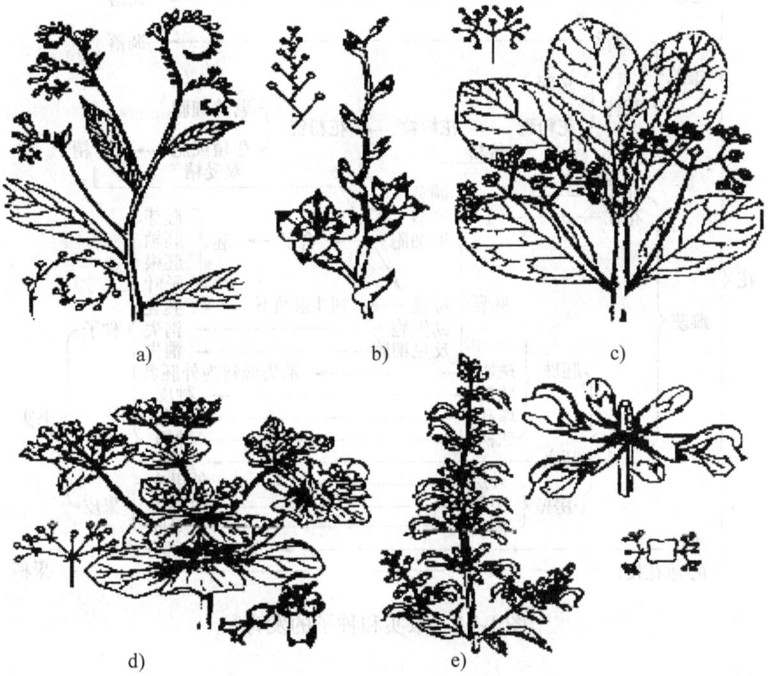

图 1-40　有限花序的类型

a）蝎尾状聚伞花序　b）螺旋状聚伞花序　c）二歧聚伞花序　d）多歧聚伞花序　e）轮伞花序

1）单歧聚伞花序。花序轴顶端先开一花，然后在顶花下面形成一侧枝，同样在枝端又开一花，如此反复，形成一个合轴分枝的花序轴，称为单歧聚伞花序。根据分枝排列的方式，又分为两种类型，若花序轴下分枝均向同一侧生出而呈螺旋状弯转，称为螺旋状聚伞花序，如勿忘草、紫草等；若分枝呈左右交替生出，则称为蝎尾状聚伞花序，如射干、唐菖蒲等。

2）二歧聚伞花序。花序轴顶花先开，后在其下两侧同时产生 2 个等长的分枝，每分枝以同样方式继续开花和分枝，如石竹、繁缕、大叶黄杨等。

3）多歧聚伞花序。花序轴顶花先开，其下同时分生出 3 个以上的分枝，侧枝多比主轴长，各侧枝又形成一小的聚伞花序，称为多歧聚伞花序。若花序轴下面生有杯状总苞，则称为杯状聚伞花序，如京大戟、甘遂、泽漆等大戟科大戟属植物。

4）轮伞花序。聚伞花序生于对生叶的叶腋呈轮状排列称为轮伞花序，如薄荷、藿香、益母草等唇形科植物。

此外，有的植物的花序既有无限花序又有有限花序的特征，称为混合花序。如丁香、七叶树的花序轴呈无限式，但生出的每一侧枝为有限的聚伞花序，特称为聚伞圆锥花序。

二、果实的形成、结构与类型

植物经过开花、传粉和受精后，在种子发育的同时，花的各部分都发生显著的变化，由花至果实和种子的发育过程如图 1-41 所示。

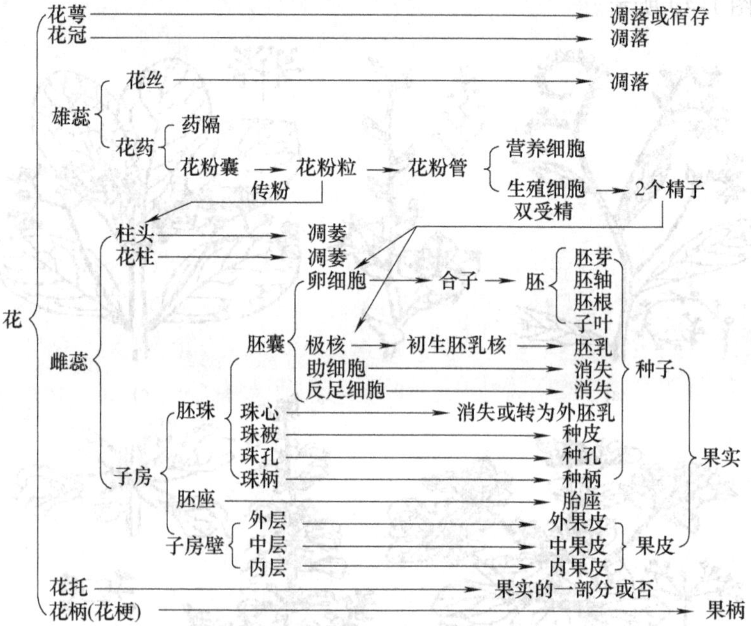

图 1-41　果实和种子的发育

1. 果实的形成及结构

被子植物经过开花、传粉和受精后，花的各部分随之发生显著变化。花萼、花冠枯萎或宿存，柱头和花柱枯萎，剩下来的只有子房。这时，胚珠发育成种子，子房也随着长大，发育成果实，花梗发育为果柄。果实包括由胚珠发育的种子和由子房壁发育的果皮。由子房发育的果实称为真果，如桃、杏、小麦、大豆、柑橘等。有些植物的果实，除子房外，还有花的其他部分参与果实的形成，如黄瓜、苹果、菠萝、梨等的果实，大部分是花托、花序轴参与发育形成的，这类果实称为假果。

真果的结构比较简单，外为果皮，内含种子。果皮可分为外果皮、中果皮和内果皮 3 层。外果皮上常有角质、蜡质和表皮毛，并有气孔分布。中果皮很厚，占整个果皮的大部分，在结构上各种植物差异很大，如桃、李、杏的中果皮肉质，刺槐的中果皮革质等。内果皮各种植物差异很大，有的内果皮细胞木质化加厚，非常坚硬，如桃、李、核桃；有的内果皮变为肉质化的汁囊，如柑橘；有的内果皮分离成单个的浆汁细胞，如葡萄、番茄等。

假果的结构比较复杂，除子房外，还有其他部分参与果实的形成。如苹果、梨的可食部分，主要是由花托发育的，而真正的果皮，即外、中、内 3 层位于果实中央的杯托内，仅占很少部分，其内为种子。

2. 果实的类型

果实可分为3大类型，即单果、聚花果和聚合果。

（1）单果　1朵花中只有1个雌蕊（单雌蕊或复雌蕊）形成1个果实，称为单果，根据果皮质地不同，单果又分为肉果和干果2大类：

1）肉果。果皮肉质多汁，成熟时不开裂，又分为下列几种类型，如图1-42所示。

① 浆果。由单心皮或合生心皮上位子房发育而成，外果皮薄，中果皮和内果皮不易区分，肉质多汁，内含数枚种子，如枸杞、荔枝、柿、葡萄、番茄等。

② 核果。由单心皮上位子房发育而成，外果皮薄，中果皮肉质肥厚，内果皮形成坚硬木质的果核，每个核内含有1粒种子，如桃、核桃、樱桃、梅、李、杏等。

③ 柑果。由多心皮合生雌蕊，具中轴胎座的上位子房发育而成，外果皮革质，有挥发油腔，中果皮疏松，具有分枝的维管束，内果皮膜质，分隔成多室，内壁生有许多肉质多汁的囊状毛，为可食部分，每室（瓣）内有多个种子，为芸香科柑橘属植物所特有，如柑橘、柚、柠檬、橙等。橘子的中果皮退化，仅存有维管束，即所谓橘络，故其外果皮易于剥离。柑、柚等的中果皮不呈退化状态，外果皮则不易剥离。

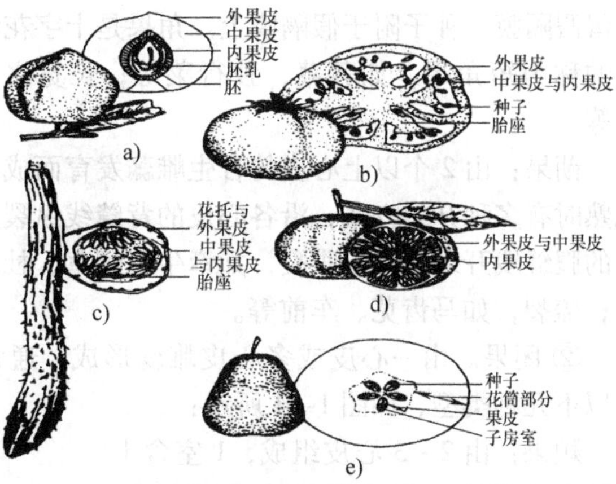

图1-42　肉果的类型

a）核果（桃）　b）浆果（番茄）　c）瓠果（黄瓜）
d）柑果（橘子）　e）梨果（梨）

④ 瓠果。葫芦科植物特有的果实，也属于浆果。这种浆果是由合生雌蕊下位子房发育而成的假果。花托和外果皮结合成坚硬的果壁，中果皮和内果皮肉质化，有发达的肉质胎座，如南瓜、冬瓜的可食部分主要是果皮，西瓜的可食部分主要为肉质化的胎座。

⑤ 梨果。由多心皮合生的下位子房和花托、萼筒共同发育而成的假果，其肉质可食部分主要来自花托和萼筒，外果皮和中果皮肉质，界线不清，内果皮坚韧，革质或纸质，如苹果、梨、山楂、枇杷等。

2）干果。果实成熟时果皮干燥，根据果皮是否开裂，又可分为裂果和闭果2类。

① 裂果。果实成熟时果皮开裂，散出种子。因心皮数目和开裂方式不同，又分为4种类型，如图1-43所示。

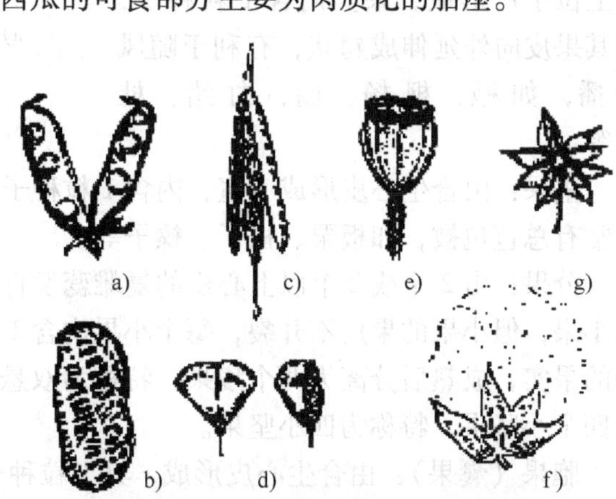

图1-43　裂果的主要类型

a）荚果（豌豆）　b）落花生　c）长角果（油菜）
d）短角果（荠菜）　e）蒴果（罂粟）
f）蒴果（棉花）　g）蓇葖果（八角）

蓇葖果：由单心皮或离生心皮单雌蕊发育而成的果实，成熟后沿腹缝线或背缝线一侧开裂，如厚朴、银桦、杠柳、飞燕草、芍药、梧桐、八角等。

荚果：由单心皮上位子房发育而成，子房1室，大多数果实成熟时沿腹缝线和背缝线同时开裂，为豆科植物所特有，如大豆、豌豆等。但也有些荚果成熟时不开裂，如紫荆、槐、合欢、落花生等。

角果：由2个心皮的复雌蕊发育而成，侧膜胎座，由心皮边缘向子房室内生出1个隔膜称为假隔膜，将子房分成2室。成熟时果实沿2条腹缝线自下而上开裂，果皮成2片脱落，只留假隔膜，种子附于假隔膜上。角果是十字花科植物的典型特征，其中果实的长宽之比相近的称为短角果，如荠菜、独行菜等；长宽之比较大的称为长角果，如萝卜、白菜、油菜等。

蒴果：由2个以上心皮的合生雌蕊发育而成，子房1至多室，每室具有多粒种子。果实成熟时有多种开裂方式，沿各心皮的背缝线纵裂的称为背裂，如百合、棉花等；沿各心皮之间的腹缝线开裂的称为腹裂，如牵牛、烟草、杜鹃等；此外还有孔裂，如罂粟；齿裂，如石竹；盖裂，如马齿苋、车前等。

② 闭果。由一心皮或多心皮雌蕊形成，通常含1枚种子。果实成熟后，果皮不开裂，有以下几种类型，如图1-44所示：

颖果：由2~3心皮组成，1室含1粒种子，果皮与种皮紧密愈合不易分离，如毛竹、玉米、小麦等禾本科植物的果实。通常被称为种子，实际上是果实。

瘦果：由1至多心皮雌蕊发育而形成，内含1粒种子，果皮坚硬，果皮与种皮分离。如白头翁、向日葵、荞麦等。

翅果：与瘦果本质相同，由合生心皮上位子房形成，果实内含1粒种子，但其果皮向外延伸成翅状，有利于随风传播，如槭、枫杨、榆、白蜡、杜仲等。

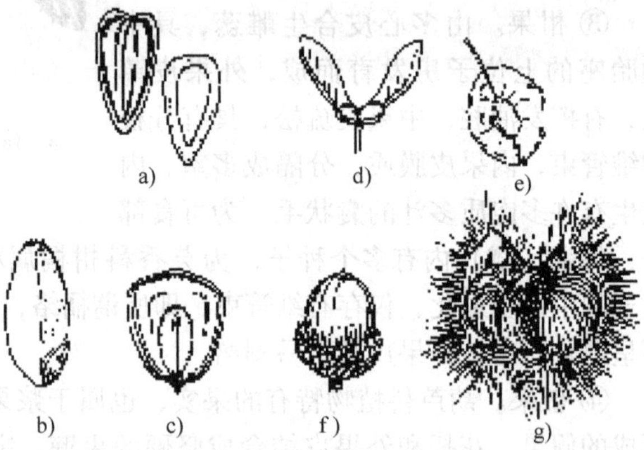

图1-44 闭果的主要类型

a）荚果（向日葵） b）、c）颖果（小麦、玉米）

d）、e）翅果（元宝槭、榆树）

f）、g）坚果（栓皮栎、板栗）

坚果：由合生心皮形成1室，内含1粒种子，果皮木质化而坚硬，与种皮易分离，果实外常有总苞包被，如板栗、橡子、榛子等。

分果：由2个或2个以上心皮的复雌蕊发育而成，成熟后各心皮沿中轴分离，形成分离的小果，但小果的果皮不开裂，每个小果内含1粒种子，如锦葵、蜀葵等的果实。伞形科植物的果实，成熟后分离为两个瘦果，特称为双悬果；唇形科和紫草科植物的果实成熟后分离为四个小坚果，特称为四小坚果。

胞果（囊果）：由合生心皮形成，具1粒种子，成熟时干燥不裂，果皮薄，疏松地包围种子，极易与种子分离，如藜、地肤、酸浆等。

（2）聚花果　由整个花序发育成的果实称为聚花果，也称为复果，如菠萝、桑葚、凤梨、无花果等，如图1-45所示。

（3）聚合果　一朵花中着生有多数离生雌蕊，每一个雌蕊形成一个小果聚生在花托上，称为聚合果，如五味子、玉兰、悬钩子、莲、草莓等，如图 1-46 所示。

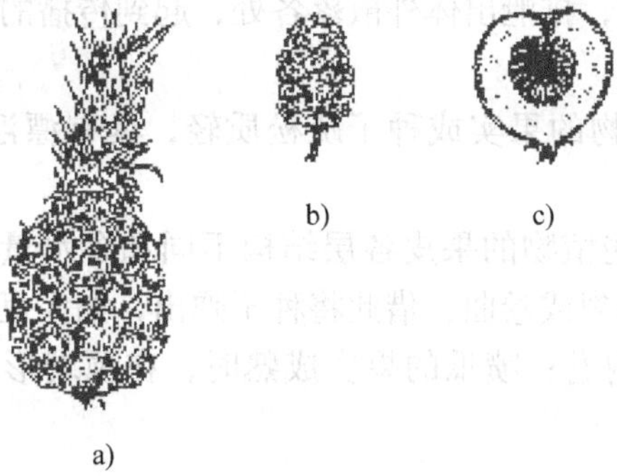

图 1-45　聚花果（A. B. C）
a）凤梨　b）桑葚　c）无花果

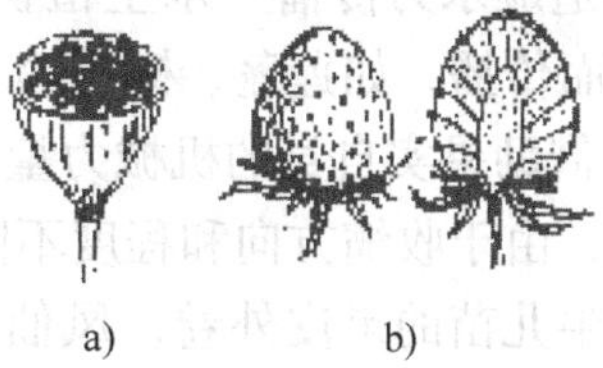

图 1-46　聚合果
a）莲蓬　b）草莓

3. 种子与果实的传播

植物在长期自然选择过程中，成熟的种子和果实都具备适应各种条件的传播方式，以利于扩大后代植株生长的范围，使种族繁衍昌盛。适应不同传媒传播的果实和种子类型如图 1-47所示：

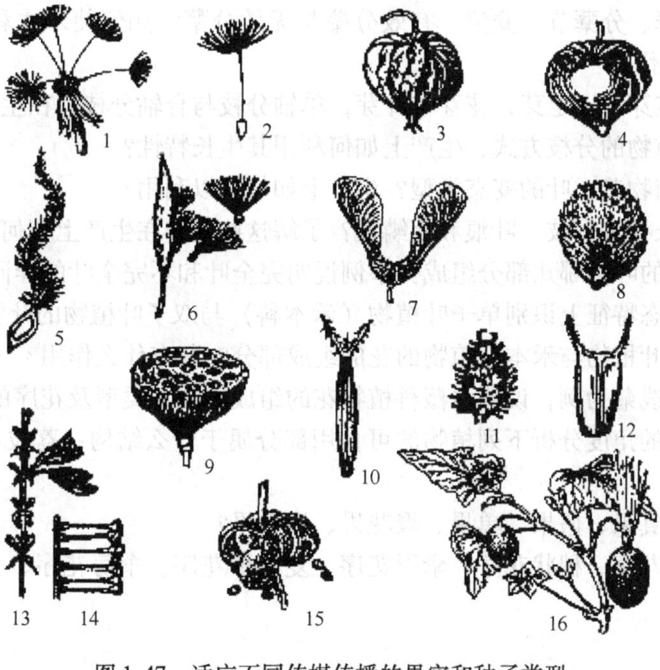

图 1-47　适应不同传媒传播的果实和种子类型
1～8—借风力传播的果实和种子　9—借水力传播的果实和种子　10～14—借人类和动物传播的果实和种子
15、16—靠自身的弹力传播的果实

（1）适应风力传播　借风力传播的种子或果实大都小而轻，并具有翅或毛等附属物，以便随风传播，如蒲公英等菊科植物的瘦果上具有冠毛；杨柳果实柄上具有絮状绒毛；榆、槭树果实上具有翅等。

（2）适应人类和动物传播　此类种子和果实具有钩刺或有粘液分泌，可附于人和动物身上被携带而传播，如鬼针草、苍耳、鹤虱、水杨梅、蒺藜、窃衣、猪殃殃、丹参等；有的果皮或种皮坚硬，人或动物吞食后不能被消化，排泄出体外散落各处，起到传播的作用，如番茄、杨梅、蓬蘽的种子和稗草的果实等。

（3）适应水力传播　水生植物和沼生植物的果实或种子疏松质轻，具有漂浮的结构，可借水力而传播，如莲蓬、椰子等。

（4）借助果实自身的机械力量传播　有些植物的果皮各层结构不同和含水量不同，果实成熟时，由于收缩方向和程度不同，产生扭裂或卷曲，借此将种子弹出，如大豆、绿豆的炸荚，牻牛儿苗的果皮外卷，凤仙花的果皮内卷；喷瓜的果实成熟时，在顶端形成一个裂孔，当果实收缩时，可将种子喷到远处。

思　考　题

1. 根毛和侧根有何区别？他们的功能是什么？
2. 根瘤和菌根是如何形成的？对植物有何作用？在林业生产上如何利用？
3. 什么是器官的变态？贮藏根有哪些类型？简述他们与人类生活的关系。
4. 气生根有哪些类型？举出几种你熟悉的可用于绿化的藤本植物。
5. 什么是分蘖、分蘖节、蘖位、有效分蘖与无效分蘖？如何使禾本科作物的特殊分枝方式在生产上发挥优势？
6. 如何识别定芽与不定芽，花芽与叶芽，单轴分枝与合轴分枝，在生产上如何应用？
7. 简述种子植物的分枝方式，生产上如何利用其生长特性？
8. 举例说明植物茎、叶的变态类型？生产上如何加以利用？
9. 如何识别长枝和短枝、叶痕和芽鳞痕？了解这些内容在生产上有何意义？
10. 植物典型的叶由哪几部分组成？举例说明完全叶和不完全叶的异同。
11. 如何从形态特征上识别单子叶植物（禾本科）与双子叶植物的叶？
12. 比较双子叶植物与禾本科植物的花的组成部分？各有什么作用？
13. 以桃或绣线菊为例，说明蔷薇科植物花的组成部分、类型及花序的类型？
14. 从植物学的角度分析下列植物的可食用部分属于什么结构：荔枝、西瓜、苹果、核桃、葡萄？
15. 如何识别真果、假果、单果、聚花果、聚合果？
16. 绘出总状花序、穗状花序、伞形花序、复伞形花序、伞房花序、头状花序、二歧聚伞花序示意图。

项目二　植物解剖结构的识别

学习目标

通过本项目的学习，要求掌握植物细胞和组织、植物营养器官、植物生殖器官主要结构并能熟练识别各种细胞、组织和器官；理解植物各器官的初生及次生结构。掌握营养器官内部结构与生态环境条件的关系及其在生产中的意义；理解生殖器官发育的过程、结构及功能；能熟练掌握显微镜的使用及植物切片技术，观察植物细胞、组织和器官的结构。

任务1　植物细胞和组织的识别

一、植物细胞的基本结构

植物细胞的形态、大小差异很大，如图2-1所示。形态上有球形、卵圆形、圆柱形、长筒形、长方形、多面体形等，大小差异如球状的细菌细胞只有0.5μm，成熟的番茄和西瓜果肉细胞直径可达1mm，而最大的棉花纤维细胞可长达650mm，一般植物真核细胞的直径平均在10~100μm之间。

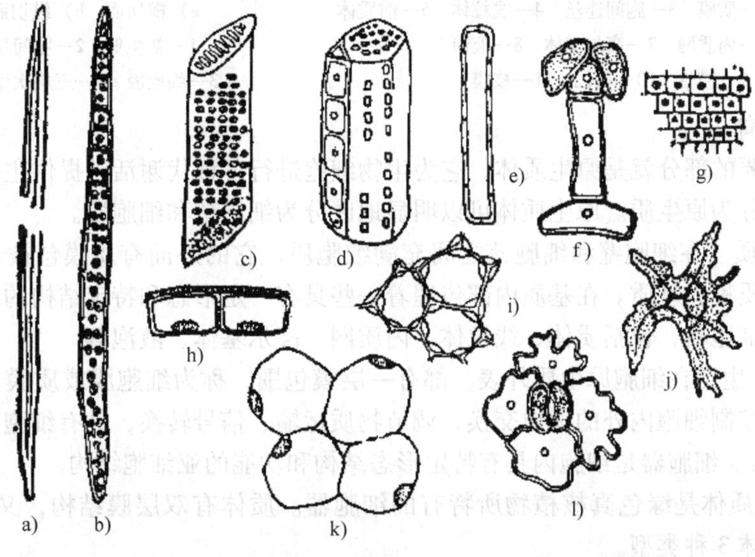

图2-1　细胞的形状

a）纤维　b）管胞　c）导管分子　d）筛管分子和伴胞　e）木薄壁组织细胞　f）分泌毛　g）分生组织细胞　h）表皮细胞　i）厚角组织细胞　j）分枝状石细胞　k）薄壁组织细胞　l）表皮和保卫细胞

植物细胞的基本结构包括细胞壁和原生质体。原生质体又包括细胞膜、细胞质和细胞核三个部分，细胞壁和原生质体都是由原生质组成的，如图 2-2 所示。

1. 细胞壁

细胞壁是植物细胞特有的结构，是在细胞分裂、生长和分化过程中形成的，由原生质体分泌的物质构成，一般认为是无生命的。细胞壁使植物细胞具有一定的形状和强度，保护着里面的原生质体。更重要的是，通过细胞壁的种种变化，使植物细胞能分别完成吸收、保护、支持、物质运输等功能，如图 2-3 所示。

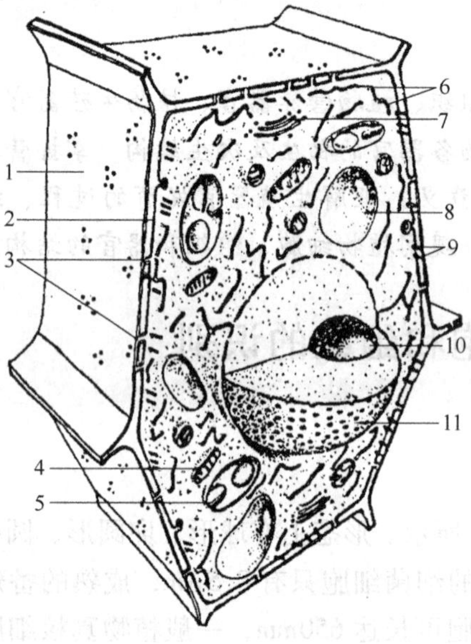

图 2-2　植物细胞结构模式

1—细胞壁　2—质膜　3—胞间连丝　4—线粒体　5—前质体
6—内质网　7—高尔基体　8—液泡
9—微管　10—核仁　11—核膜

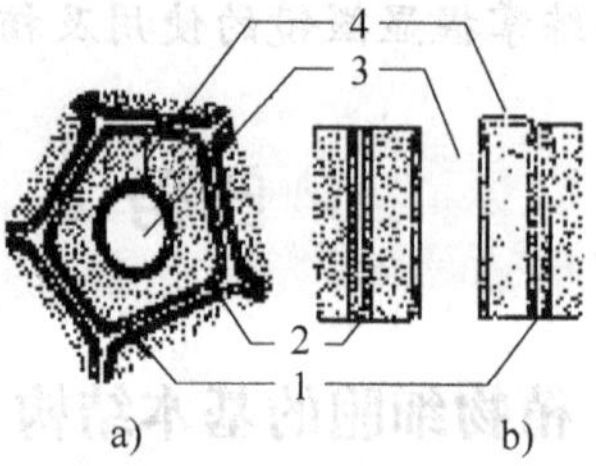

图 2-3　细胞壁的结构

a）横切面　b）纵切面
1—初生壁　2—胞间层
3—细胞腔　4—三层次生壁

2. 原生质体

细胞最重要的部分就是原生质体，它为生物细胞进行各种代谢活动提供主要场所。原生质体的构成成分为原生质。原生质体可以明显地区分为细胞核和细胞质。

（1）细胞质　在细胞壁和细胞核之间充满细胞质，它的外面有质膜包被着。质膜内透明的无结构物质称为基质。在基质内部包埋着一些具有一定形态和特定结构的小器官，这些微小结构称为细胞器，包括质体、线粒体、内质网、高尔基体、液泡等。

1）质膜。生活在细胞原生质外表，都有一层膜包围，称为细胞膜或质膜。细胞膜具有选择透性，能控制细胞内外的物质交换，调节物质运输、信号转换，并有细胞识别等功能。

2）细胞器。细胞器是细胞内具有特定形态结构和功能的亚细胞结构。

① 质体。质体是绿色真核植物所特有的细胞器。质体有双层膜结构，又分为叶绿体、有色体和白色体 3 种类型。

高等植物的叶绿体主要存在于叶肉细胞内，含有叶绿素。如图 2-4 所示，电镜观察表明：叶绿体外有光滑的双层单位膜，内膜向内叠生成内囊体，若干内囊体垛叠成基粒。基粒内的某些内囊体向外伸展，连接不同基粒。连接基粒的类囊体部分，称为基质片层；构成基粒的类囊体部分，称为基粒片层。叶绿体是植物进行光合作用的主要场所。

有色体含有类胡萝卜素。类胡萝卜素包括叶黄素和胡萝卜素，部分植物的花瓣、成熟的果实、胡萝卜的贮藏根、衰老叶片都存在有色体。

白色体不含色素，存在于甘薯、马铃薯等植物的地下贮藏器官中。按照功能不同，可以分为：造粉体、造油体和造蛋白质体。

② 线粒体。线粒体植物进行有氧呼吸的场所，是细胞中的“动力工厂”。其超微结构如图 2-5 所示，外为双层膜，内膜内折形成嵴，嵴之间充满液态基质。内膜、嵴及基质中均含有与呼吸作用有关的酶类。

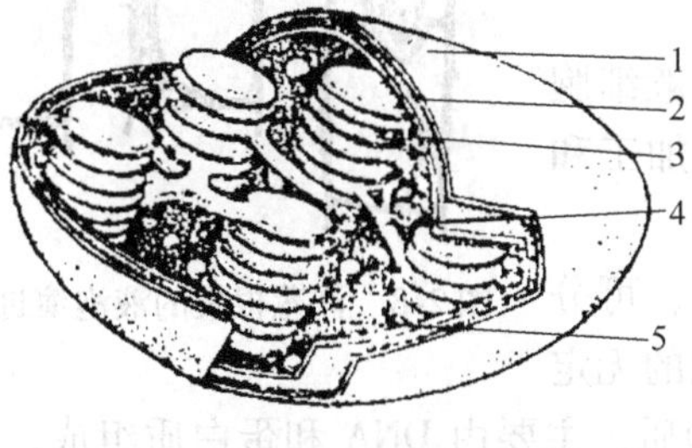

图 2-4 叶绿体立体结构

1—外膜 2—内膜 3—基粒 4—基粒间膜 5—基质

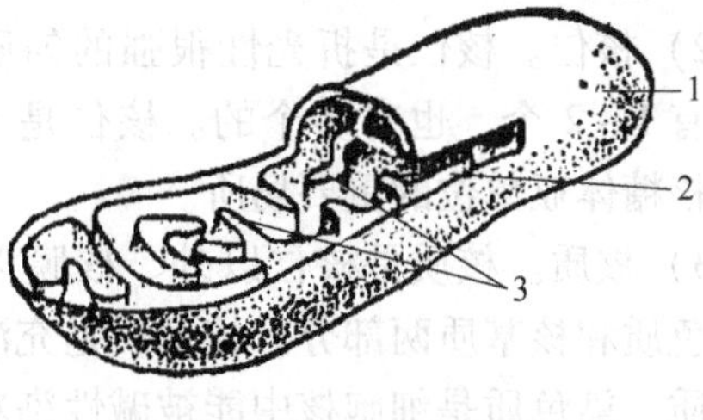

图 2-5 线粒体结构

1—外膜 2—内膜 3—嵴

③ 内质网。内质网是由单层膜围成的管状或片状结构，在细胞基质中形成立体网状结构。其分为粗糙内质网和滑面内质网两种类型，如图 2-6 所示。前者主要与蛋白质的合成有关；后者主要与类脂和多糖的合成与运输有关。

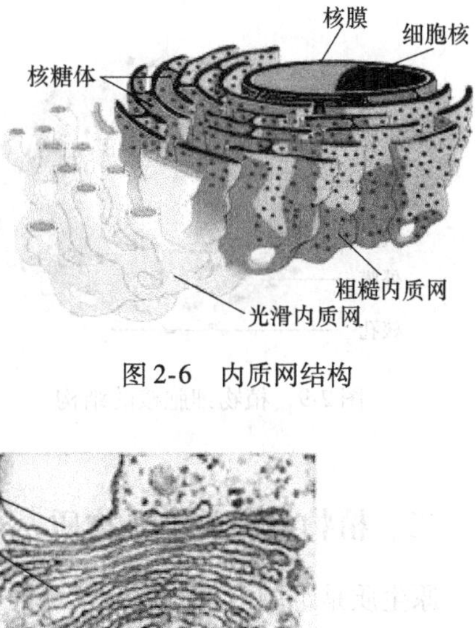

图 2-6 内质网结构

④ 高尔基体。高尔基体是由多个单层膜围成的扁平小囊堆叠形成的细胞器，如图 2-7 所示。高尔基体可合成纤维素、半纤维素等多糖物质，参与细胞壁的形成。

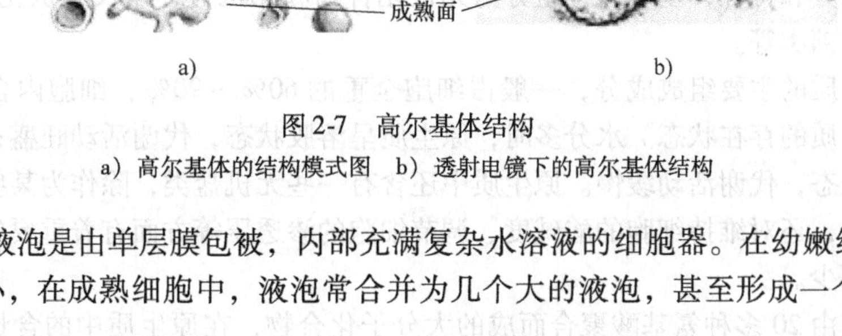

图 2-7 高尔基体结构

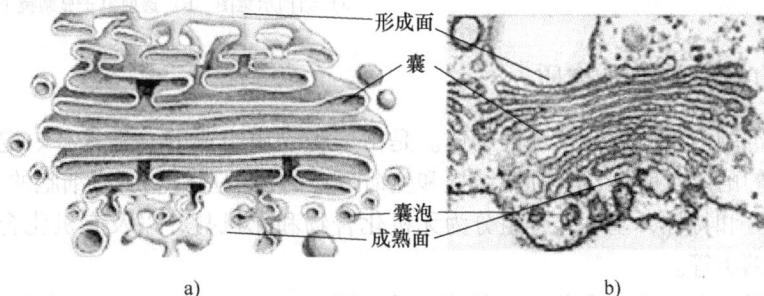

a）高尔基体的结构模式图 b）透射电镜下的高尔基体结构

⑤ 液泡。液泡是由单层膜包被，内部充满复杂水溶液的细胞器。在幼嫩细胞中，液泡数量多而体积小，在成熟细胞中，液泡常合并为几个大的液泡，甚至形成一个大的中央液

泡，这是植物细胞的显著特征之一，如图 2-8 所示。

(2) 细胞核　细胞核是细胞的控制中心。在幼期，核常位于细胞中央，体积较大，随细胞的生长、中央液泡的形成，核被挤向细胞一侧。大多数细胞只有一个核，但也有多核的。细胞核由核膜、核仁和核质组成，如图 2-9 所示。

1）核膜。核膜由两层膜组成，外面附有大量的核糖体，常与内质网相连。核膜有排列规则的核孔，是核质与细胞质进行物质交流的通道，如图 2-10 所示。

2）核仁。核仁是折光性很强的匀质球体，一般细胞核中有 1 ~ 2 个，也有多个的。核仁是 rRNA 合成加工和装配核糖体亚单位的重要场所。

3）核质。核质是核仁以外、核膜以内的部分，可分为染色质和核基质两部分。核基质是充满核内空隙的无定形基质。染色质是细胞核中能被碱性染料染色的物质，主要由 DNA 和蛋白质组成，也含有少量 RNA。

图 2-8　洋葱根尖的液泡演进过程

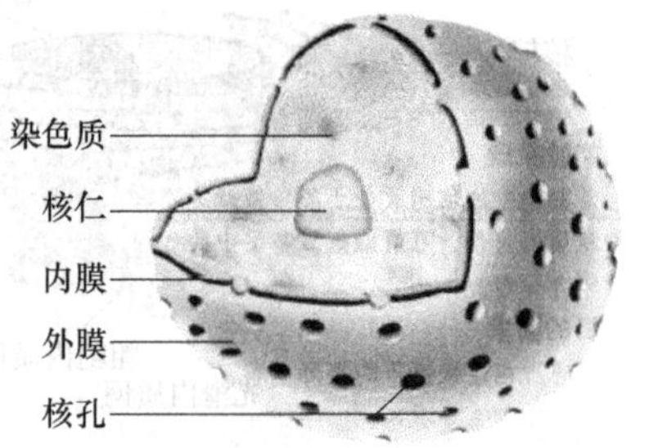

图 2-9　植物细胞核的结构

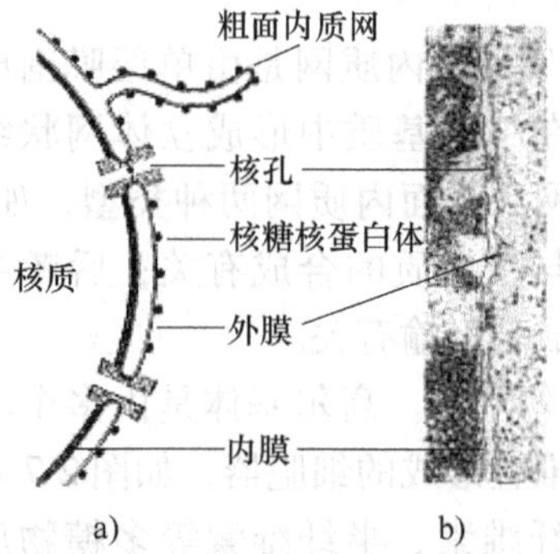

图 2-10　核膜结构

a）结构示意图　b）透射电子显微镜下核膜结构

二、植物细胞的主要物质

原生质是细胞内具有生命活动的物质。是由多种物质组成的，是具有一定弹性和黏性、半透明、不均匀的亲水胶体，是细胞结构和生命活动的物质基础。所有细胞的原生质都具有相似的基本组分和特性，基本化学组分为无机化合物和无机盐，以及有机化合物如蛋白质、核酸、脂类和糖类等。

水是原生质的主要组成成分，一般占细胞全重的 60% ~ 90%，细胞内含水量的高低直接影响着原生质的存在状态。水分多时，原生质呈溶胶状态，代谢活动旺盛；水分少时，原生质呈凝胶状态，代谢活动缓慢。原生质中还含有一些无机盐类，除作为某些高分子化合物的必需元素外，还对维持细胞的酸碱度、调节细胞的渗透压等方面有着重要的作用，在生命活动中必不可少。

蛋白质是由 20 多种氨基酸聚合而成的大分子化合物，在原生质中的含量仅次于水，约占干重的60%。它不仅是原生质的结构物质，而且还以酶等形式存在，分布在细胞的特定部位，调节细胞的正常代谢过程。

核酸是重要的遗传物质，担负着贮存和复制遗传信息的功能，对蛋白质的合成起着重要的作用。根据化学组成不同，核酸可分为核糖核酸（简称RNA）和脱氧核糖核酸（简称DNA）。单个核苷酸是由含氮有机碱（称碱基）、戊糖（即五碳糖）和磷酸三部分构成。构成核苷酸的碱基分为5种，即腺嘌呤（A）、鸟嘌呤（G）、胞嘧啶（C）、胸腺嘧啶（T）和尿嘧啶（U）。

脂类包括油、脂肪、磷脂等，是原生质的基本组分，也是原生质的基本结构物质，如磷脂和蛋白质结合，形成质膜和细胞内膜的重要物质。

糖类是植物进行光合作用的产物，是原生质能量代谢的主要原料，也是原生质和细胞壁的构成成分。

三、植物细胞的组织

在个体发育中来源相同，形态、结构相似，担负着一定生理功能的细胞群，称为组织（tissue）。植物的组织可分为分生组织和成熟组织两大类。

1. 分生组织

具有细胞分裂能力的植物细胞群称为分生组织（meristem）。分生组织具有连续性或周期性的分裂能力。高等植物体内的其他组织都是由分生组织经过分裂、生长、发育、分化而形成的。

根据分生组织在植物体中的分布位置不同，可划分为顶端分生组织、侧生分生组织和居间分生组织，如图2-11所示。

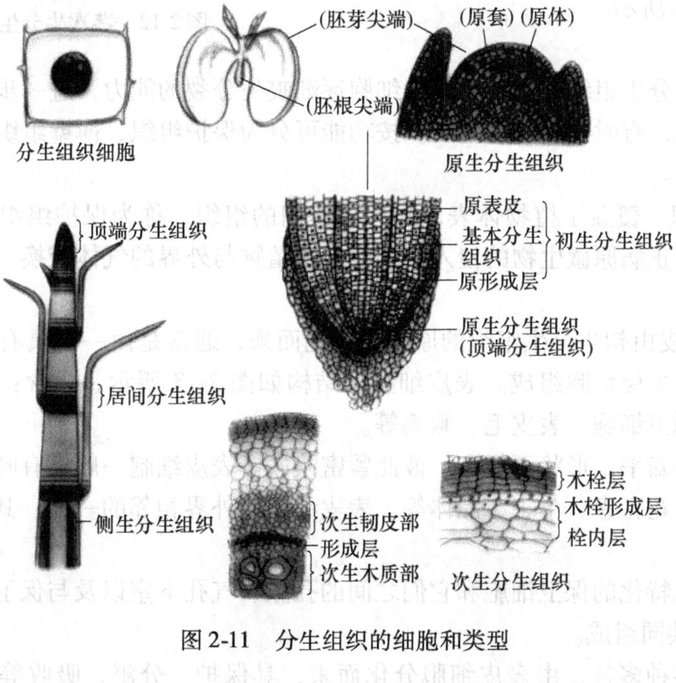

图2-11　分生组织的细胞和类型

（1）顶端分生组织　顶端分生组织位于根、茎及各级分枝的顶端部位。顶端分生组织与根、茎的伸长有关。

(2) 侧生分生组织　侧生分生组织位于裸子植物和双子叶植物根、茎周围，并与器官的长轴方向平行排列。它包括维管形成层和木栓形成层。

(3) 居间分生组织　在有些植物发育的过程中，已分化的成熟组织间夹着一些未完全分化的分生组织，称为居间分生组织。在玉米、小麦等单子叶植物中，居间分生组织分布在节间的下方，它们旺盛的细胞分裂活动使植株快速生长、增高。韭菜和葱的叶子基部也有居间分生组织。

根据其细胞来源和分化的程度，分生组织又可分成三类：原生分生组织、初生分生组织和次生分生组织。

1）原生分生组织。原生分生组织是从胚胎中保留下来的，具有强烈、持久的分裂能力，是位于根茎顶端的最前端的分生组织。

2）初生分生组织。初生分生组织由原生分生组织衍生的细胞构成，这些细胞一面继续分裂，一面在形态上已出现了初步的分化，是从原生分生组织向成熟组织过渡的组织，包括原表皮、原形成层和基本分生组织。

3）次生分生组织。次生分生组织是由某些成熟组织细胞进行脱分化，并重新恢复分裂能力形成的，包括维管形成层和木栓形成层。一般位于裸子植物和双子叶植物根和茎的侧面，如图 2-12 所示。

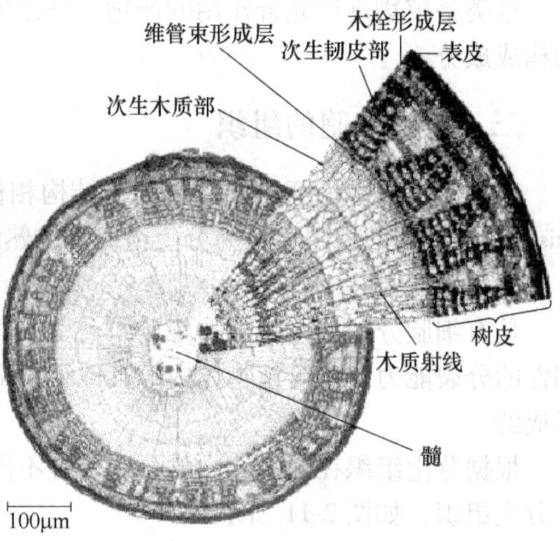

图 2-12　茎次生分生组织

2. 成熟组织

成熟组织是由分生组织衍生的大部分细胞逐渐丧失分裂的能力，进一步生长和分化，形成的其他各种组织，有时也叫永久组织。按功能可分为保护组织、薄壁组织、机械组织、输导组织和分泌结构。

(1) 保护组织　覆盖于植物体表，起保护作用的组织，称为保护组织。保护组织能减少水分的蒸腾，防止病原微生物的侵入，还能控制植物与外界的气体交换。保护组织包括表皮和周皮。

1）表皮。表皮由初生分生组织的原表皮分化而来，通常是由一层具有生活力的细胞组成，但有时也可由多层细胞组成。表皮细胞的结构如图 2-13 所示，包含：表皮细胞、气孔器的保卫细胞和副卫细胞、表皮毛、腺毛等。

表皮细胞大多扁平，形状不规则，彼此紧密镶嵌。表皮细胞一般没有叶绿体，有时含有白色体、有色体、花青素、单宁、晶体等。表皮细胞与外界相邻的一面，其细胞壁外表覆盖着一层角质膜。

气孔器由一对特化的保卫细胞和它们之间的孔隙、气孔下室以及与保卫细胞相连的副卫细胞（有或无）共同组成。

表皮毛形态多种多样，由表皮细胞分化而来，具保护、分泌、吸收等功能，如图 2-14 所示。

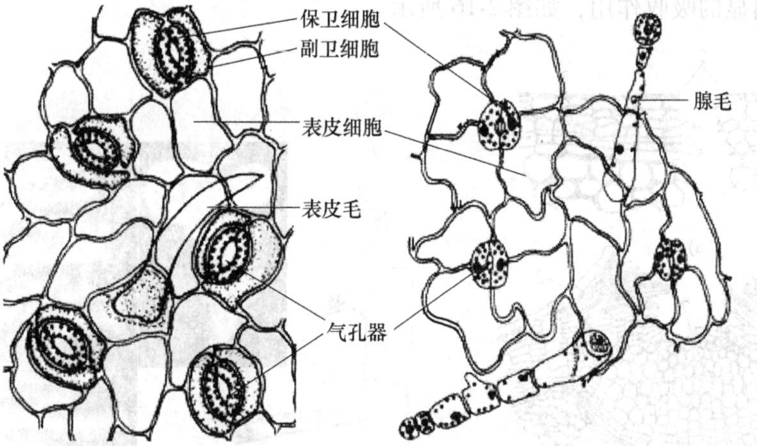

图 2-13　叶的表皮

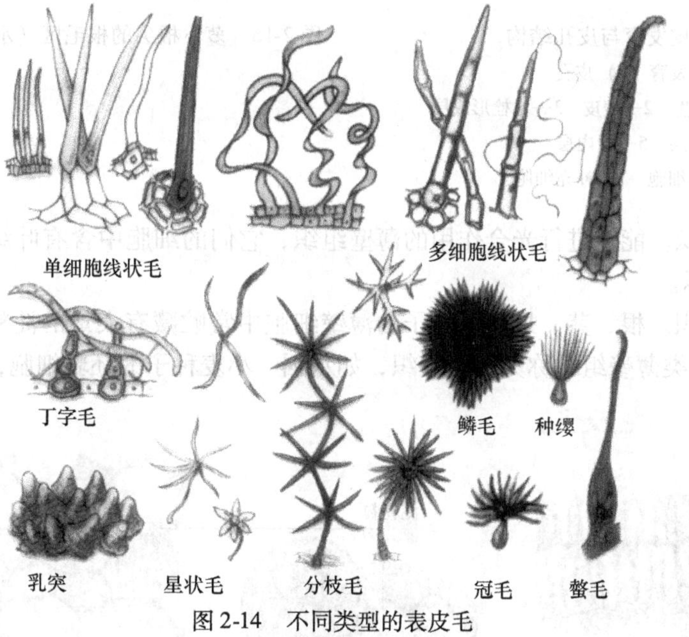

图 2-14　不同类型的表皮毛

2）周皮。裸子植物、双子叶植物的根、茎等器官在加粗生长开始后，由于表皮往往不能适应器官的增粗生长而剥落，从内侧再产生次生保护组织，即周皮，行使保护功能。包括木栓层、木栓形成层和栓内层。在茎形成周皮时，常常出现一些孔状结构，能让水分、气体内外交流，这种结构称为皮孔，如图 2-15 所示。

（2）薄壁组织　薄壁组织又称为基本组织，在植物体内分布最广，细胞壁通常较薄，一般只有初生壁而无次生壁。基本组织细胞的液泡较大，而细胞质较少，但含有质体、线粒体、内质网、高尔基体等细胞器。细胞排列松散，有较宽大的细胞间隙。薄壁组织分化程度较浅，有潜在的分生能力，在一定的条件作用下，可以经过脱分化，激发分生的潜能，进而转变为分生组织。根据功能不同可分为以下几类：

1）吸收组织。根尖外层的表皮，其细胞壁和角质膜均薄，且部分细胞的外壁突出形成根毛，具有明显的吸收作用，如图 2-16 所示。

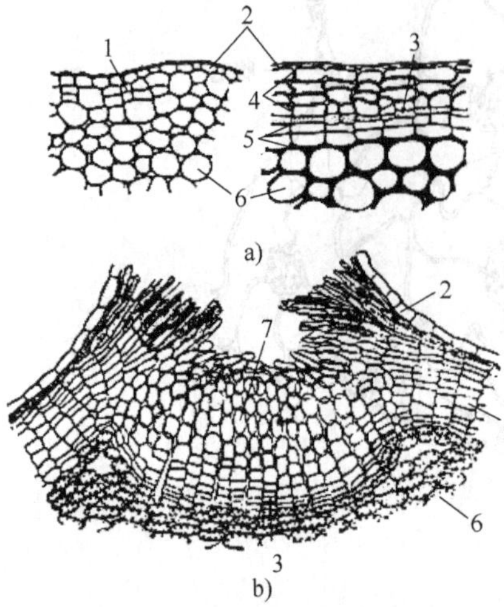

图 2-15　周皮发育与皮孔结构

a）周皮发育　b）皮孔

1—木栓形成层开始发生　2—表皮　3—木栓形成层

4—木栓层　5—栓内层

6—皮层薄壁细胞　7—补充细胞

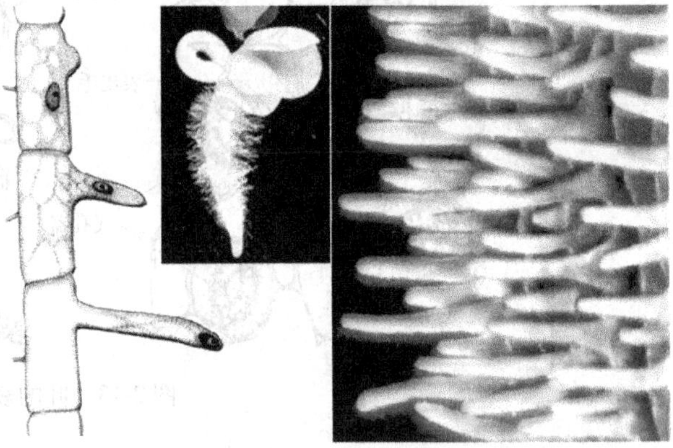

图 2-16　萝卜根尖的根毛区（示吸收组织）

2）同化组织。能够进行光合作用的薄壁组织，它们的细胞中含有叶绿体，例如叶肉细胞如图 2-17 所示。

3）贮藏组织。根、茎、果实和种子的薄壁细胞中常贮藏有大量的淀粉、蛋白质、脂肪等营养物质，这类薄壁组织称为贮藏组织，如水稻、小麦种子的胚乳细胞，如图 2-18 所示。

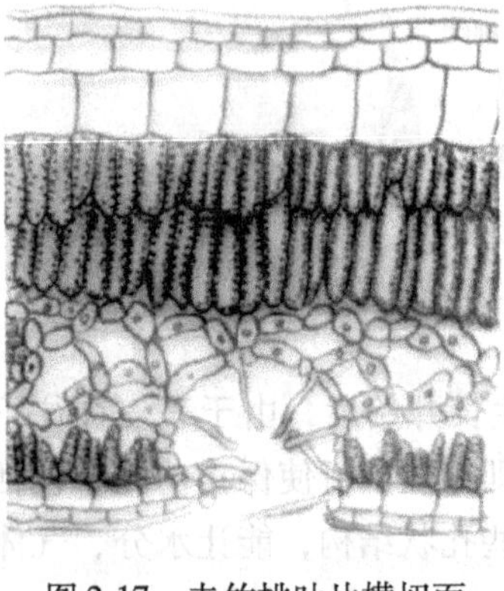

图 2-17　夹竹桃叶片横切面模式图（示同化组织）

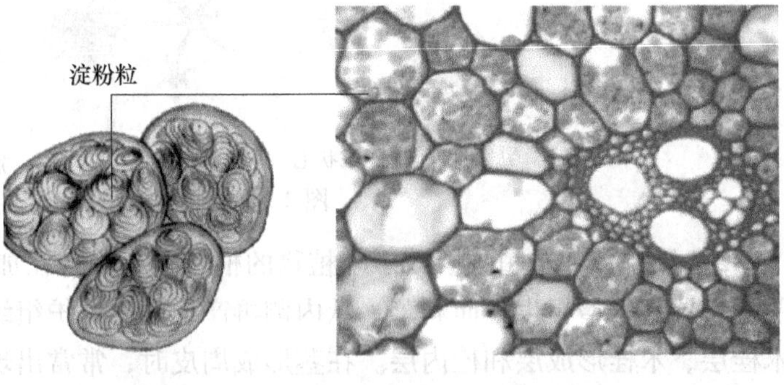

图 2-18　水稻茎的基本组织（示贮藏组织）

4）通气组织。湿生和水生植物体内的薄壁组织有特别发达的细胞间隙，它们形成较大的气腔或贯通的气道，特称为通气组织，如图 2-19 所示。这类通气结构有利于气体交换，或适应于水中的漂浮生活。

5）传递细胞。传递细胞是一种特化的薄壁细胞，它们具有内突生长的细胞壁和发达的胞间连丝，如图 2-20 所示。传递细胞的这种结构有利于它的短途运输功能。

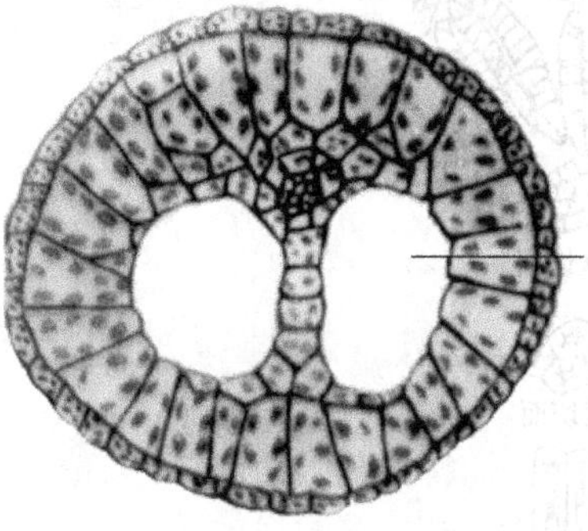

图 2-19　金鱼藻的通气组织

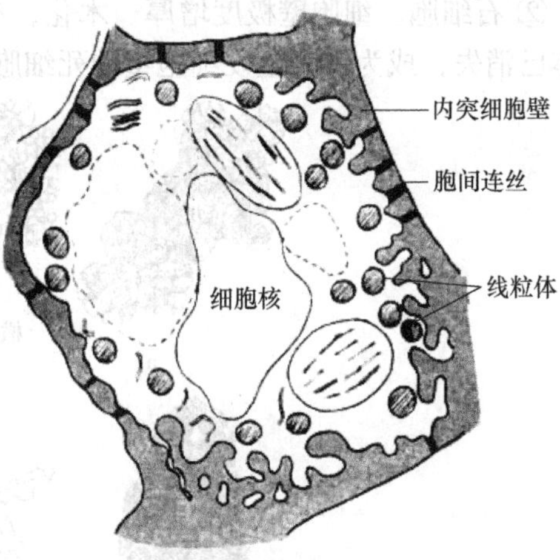

图 2-20　传递细胞示意图

（3）机械组织　机械组织是巩固、支持植物体的组织，其共同特点是细胞壁局部或全部加厚，根据机械组织细胞的形态及细胞壁的加厚方式，可分为厚角组织和厚壁组织两类。

1）厚角组织。厚角组织是初生的机械组织，是由活细胞构成，常含有叶绿体，可进行光合作用。厚角组织的细胞壁增厚部分常位于细胞的角隅，故有一定的坚韧性，并具有可塑性和延伸性，既可支持器官的直立，又适应于器官的迅速生长。植物的幼茎、花梗、叶柄和大叶脉的表皮内侧均有厚角组织分布。

2）厚壁组织。厚壁组织细胞的细胞壁呈不同程度的木质化加厚，细胞腔很小，成熟细胞一般没有生活的原生质体。厚壁组织又可分为纤维和石细胞两类。

① 纤维。纤维是细长的细胞，其细胞壁在各方面都强烈地增厚，常木化而坚硬，含水量低，壁上有少数小纹孔，细胞腔小，纤维可以尖端穿插连接，形成器官内的坚强支柱，如图 2-21 所示。

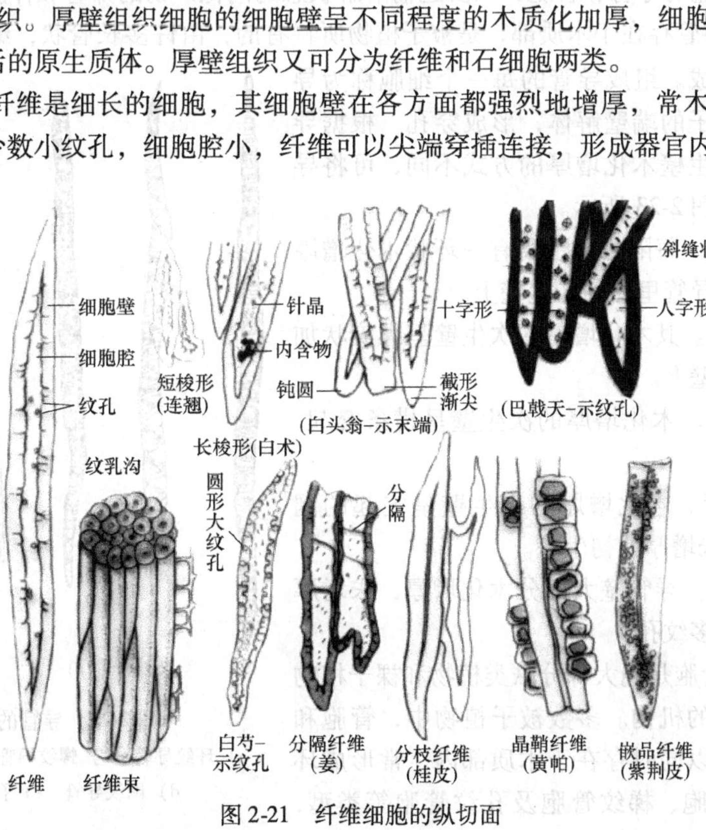

图 2-21　纤维细胞的纵切面

② 石细胞。细胞壁极度增厚、木化，有时也可栓化或角质化。细胞腔极小，通常原生质体已消失，成为仅具坚硬细胞壁的死细胞，故具有坚强的支持作用，如图 2-22 所示。

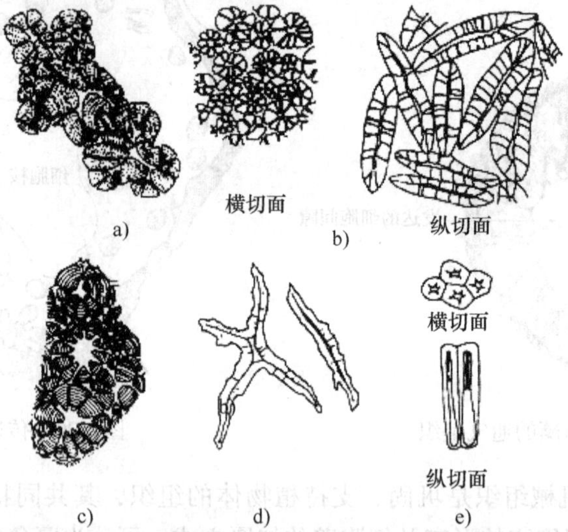

图 2-22　石细胞

a）核桃壳的石细胞　b）椰子内果皮　c）梨果肉中的石细胞群　d）山茶属叶柄中的石细胞　e）菜豆种皮表皮层的石细胞

（4）输导组织　输导组织是被子植物体内的一部分细胞分化成的管形结构，贯穿于植物体各器官之间，专门运输水溶液和同化产物。可将输导组织分为两大类：运输水溶液和溶解在水中的无机盐的导管和管胞，以及运输溶解状态的同化产物的筛管和伴胞。

1）导管。导管存在于木质部，是被子植物所特有的，由许多长管状，细胞壁木化的死细胞纵向连接而成。组成导管的每一个细胞称为导管分子。导管分子的端壁解体，形成穿孔。根据导管发育先后和次生壁木化增厚的方式不同，可将导管分为五类，如图 2-23 所示。

① 环纹导管。每隔一定距离有一环状木化增厚的次生壁，加在导管里面的初生壁上。

② 螺纹导管。其木化增厚的次生壁呈螺旋状加在导管内的初生壁上。

③ 梯纹导管。木化增厚的次生壁呈横条突起，似梯形。

④ 网纹导管。木化增厚的次生壁呈突起的网状，“网眼”为未增厚的初生壁。

⑤ 孔纹导管。导管壁大部分木化增厚，未增厚的部分则形成许多纹孔。

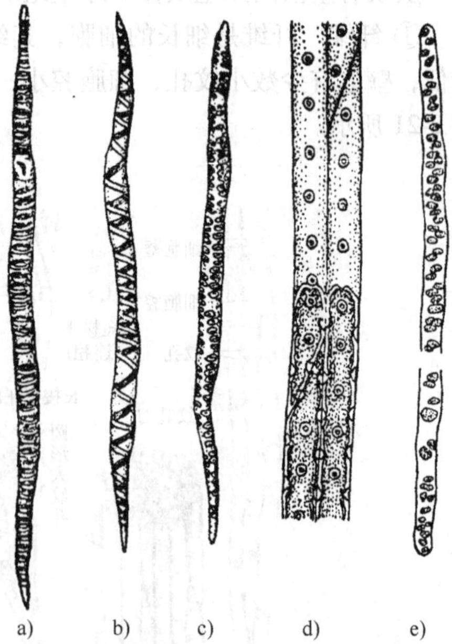

图 2-23　导管的类型

a）环纹导管　b）螺纹导管　c）梯纹导管

d）网纹导管　e）孔纹导管

2）管胞。管胞是绝大部分蕨类植物和裸子植物的唯一输导水分的机构。多数被子植物中，管胞和导管两种成分可以同时存在于木质部内，常形成环纹管胞、螺纹管胞、梯纹管胞及孔纹管胞等类型，如图 2-24 所示。

3）筛管和伴胞。筛管存在于韧皮部，是运输有机物的结构。它是由一些管状活细胞纵向连接而成的，组成该筛管的每一细胞称为筛管分子。伴胞是和筛胞并列的一种细胞，细胞核大，细胞质浓厚。伴胞和筛管是从分生组织的同一个母细胞分裂发育而成，二者间存在发达的胞间连丝，在功能上也是密切相关，共同完成有机物的运输，如图 2-25 所示。

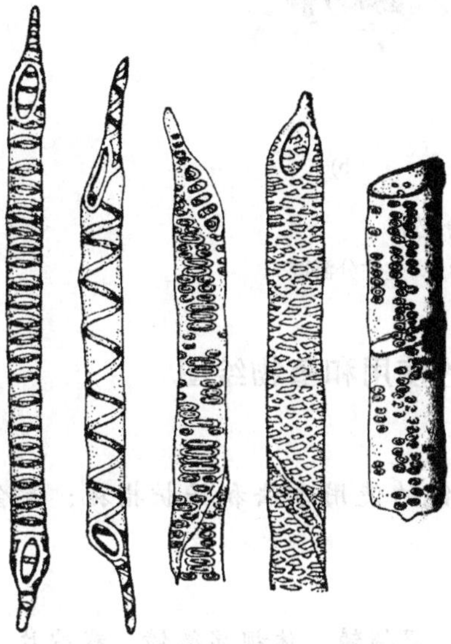

图 2-24　管胞的主要类型和筛胞

a）环纹管胞　b）螺纹管胞

c）梯纹管胞　d）孔纹管胞　e）筛胞

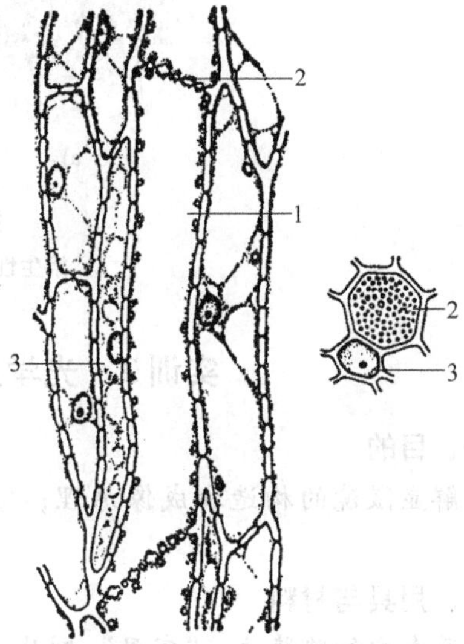

图 2-25　筛管与伴胞

a）筛管伴胞纵切面　b）筛管伴胞横切面

1—筛管　2—筛板　3—伴胞

4）筛胞。筛胞是绝大多数蕨类植物和裸子植物韧皮部的输导分子。

（5）分泌结构　根据分泌物是否排出体外，又可以分为外分泌结构和内分泌结构两种。

1）外分泌结构。分泌物自行排除到植物体之外，这种分泌结构主要分布在气生部分植物体的表皮上，主要有腺表皮、腺毛、蜜腺、排水器等。番茄叶上的排水器如图 2-26 所示。

2）内分泌结构。分泌物积累在细胞腔内或细胞间隙中，不会自行排除到体外，主要有分泌细胞、分泌腔、分泌道、树脂道、乳汁管等。分泌腔如图 2-27 所示。

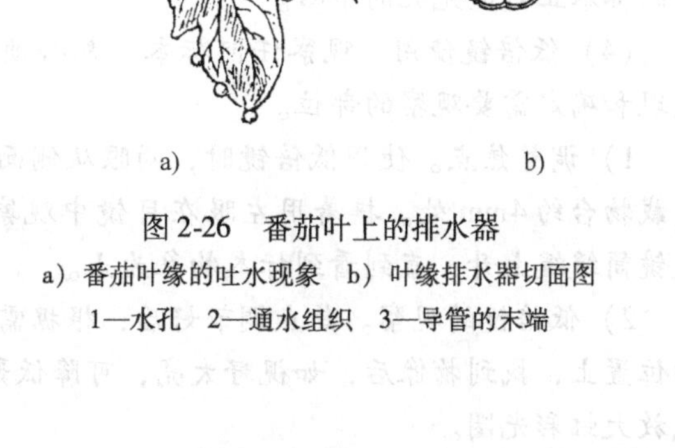

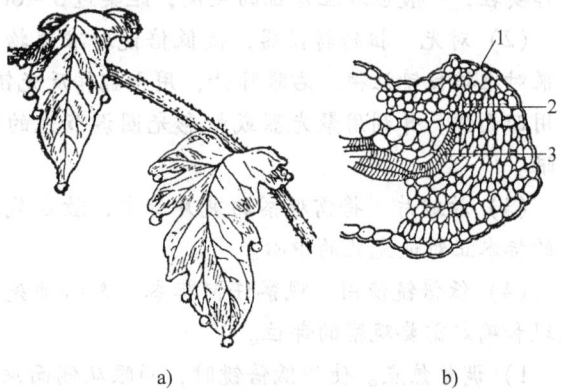

图 2-26　番茄叶上的排水器

a）番茄叶缘的吐水现象　b）叶缘排水器切面图

1—水孔　2—通水组织　3—导管的末端

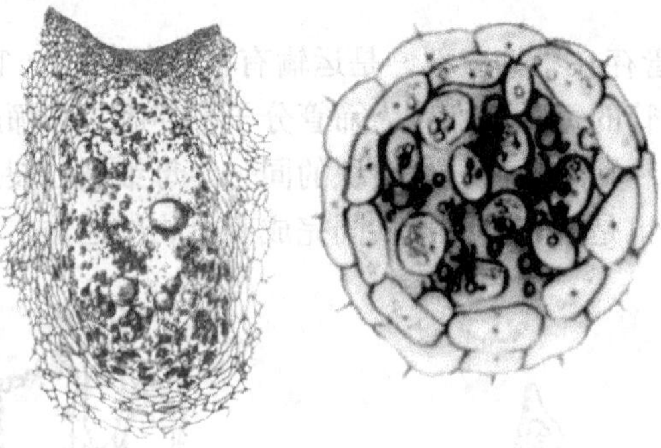

a)　　　　　　　　　　b)

图2-27　分泌腔

a）溶生性分泌腔　b）离生性分泌腔

实训3　光学显微镜的使用和植物绘图

一、目的

了解显微镜的构造和成像原理；掌握显微镜的使用方法和保护措施；学会植物绘图技术。

二、用具与材料

洋葱表皮细胞装片、“字母”制片、解剖器、显微镜、体视显微镜、载玻片、盖玻片等

三、方法与步骤

1. 普通光学显微镜的使用方法

显微镜的使用主要包括两个方面：一是光度的调节，另一个是焦距的调节。具体方法是：

（1）取镜和放镜　取镜时应右手握住镜臂，左手平托镜座，保持镜体直立。安放时，动作要轻，一般应放在座位的左侧，距桌边5～6cm处，以便观察。

（2）对光　扭转转换器，使低倍镜对准载物台上的通光孔，打开聚光器的光圈，然后左眼对准接目镜注视，右眼睁开，用手翻转反光镜，使镜面朝光源，光强时用平面镜，光弱时用凹面镜。并利用聚光器或虹彩光圈调节光的强度，使视野内的光线既均匀明亮，又不刺眼。

（3）放玻片　将需观察的玻片标本，放在载物台上，用压片夹压住玻片两端，将玻片中的标本正对通光孔的中心。

（4）低倍镜使用　观察任何标本，都必须先用低倍镜，因为低倍镜视野范围大，容易发现和确定需要观察的部位。

1）调整焦点。使用低倍镜时，两眼从侧面注视物镜，旋转粗调节器。使物镜停留在距离载物台约4mm处。接着用左眼在目镜中观察，同时按反时针方向，向后转动粗调节器，使镜筒缓缓上升，直到看到标本物象为止。

2）低倍镜的观察。焦点调节好后，根据需要移动玻片，把要观察的部分移动到最有利的位置上，找到物像后，如视野太亮，可降低聚光器或缩小虹彩光圈，反之，则升高聚光器或放大虹彩光圈。

(5) 高倍镜的使用　高倍镜使用：由于高倍镜视野范围更小，所以使用前应在低倍镜下选好要观察的目标，并将其移至视野中央，然后转高倍镜至工作位置。高倍镜下视野变暗且物像不清晰时，可调节光亮度和细调焦轮。由于高倍镜使用时与玻片之间距离很近，因此，操作时要特别小心，以防镜头碰击玻片。

(6) 显微镜使用后的整理　观察完毕，先升高镜筒，取下切片，再扭转转换器，使镜头偏于两旁，擦净镜头，然后降下镜筒，擦净镜体，装入镜箱。

2. 显微镜保护与保养要点

1) 拿取显微镜时一手紧握镜臂，一手托住镜座，务必使之平稳。

2) 转换物镜时，要用手捏住物镜转换器转换，切忌用手直接拨转物镜，以免破坏物镜与目镜的光轴合轴。

3) 观察临时装片时，一定要加盖玻片，并且要擦干盖玻片以外和载玻片下面的水。若载物台上有水或药水应立即擦干，更不能让镜头沾上水或药水。

4) 用显微镜观察时，开始必须先用低倍镜，第一可以先窥视材料全貌，然后才能找到要仔细观察的部分；第二便于高倍镜调焦，不易损坏物镜与玻片标本。

5) 用单筒显微镜观察时，必须双眼睁开，若是闭一只眼，另一只眼容易疲倦。一般都以左眼窥镜，右眼绘图。

6) 切忌高倍镜下使用粗调焦螺旋，因为高倍物镜工作距离短而易压碎玻片甚至损坏镜头。

7) 显微镜各部分应保持十分清洁，金属部分可用软布轻轻拭净，透镜部分若有污垢，要用专用的擦镜纸轻轻拭净，必要时可以蘸以蒸馏水或少量二甲苯擦拭，切不可用脏布或手指去擦，以免污垢镜面或使镜面产生划痕。

8) 显微镜若有不灵活或其他障碍时，在没有弄清弊病之前，不要自行修理，应立即报告指导老师，更不可玩弄、拆卸各部零件。

9) 显微镜用完后，降低载物台至最低位置，移去制片，把片夹移动到原位置上，再将物镜转向两旁成八字形，不要让镜头对着通光孔。然后将显微镜各部分擦干净，罩上罩子放入镜箱内，锁上门锁，放入柜中。

10) 显微镜应放在阴凉、干燥，无灰尘和无酸碱蒸气的地方。

3. 显微镜操作练习

取洋葱表皮细胞的永久装片，置低倍镜下，对好光，观察视野中表皮细胞数目和大小，然后转换高倍镜，此时，所看到的细胞的数目和大小，与在低倍镜下观察到的物像有何不同。

4. 植物绘图

按照教材介绍，认真选取材料目标进行绘图，同时注意几个事项：

1) 必须认真观察所需画的对象，学习有关理论，搞清所需观察的结构，掌握住各部分特征，画出结构中最本质和典型的部分。要依据实际观察到的图像绘图，以保证形态结构的准确性，达到生物图所具有的科学性。

2) 绘图前，应根据绘图的数量和内容，合理布局图的位置。在每个图所布局的范围内，图要画在试验报告纸的稍偏左侧，图中各部分结构要在向右引出平行线末端予以注明，引线要齐，注字要工整。在图的正下方注明图的名称，在绘图纸上方标明试验题目。

3）绘图时先用铅笔绘出轮廓，描轮廓时注意实物或标本各部分的正确比例。然后绘出全图线条。绘图时，要一笔勾出，粗细均匀，光滑清晰，切勿重复描绘。结构的明暗程度和颜色的深浅一般用圆点的疏密表示。点要圆而整齐，切勿用涂抹阴影或画线条的方法代替圆点。

四、作业

初步练习绘出一个洋葱表皮细胞图，并注明各部分结构名称。

实训4 植物制片

一、目的

了解植物制片的类别和作用；掌握临时装片、压片、和徒手切片的方法。

二、用具与材料

洋葱、芹菜叶柄和马铃薯等；并要求学生根据当地的环境，采集各种植物器官幼嫩活体材料，以备制作各种临时装片、压片或徒手切片。

I-KI溶液、苏丹溶液、显微镜、解剖针、镊子、双面刀片、载玻片、盖玻片、毛笔、吸管、蒸馏水等。

三、方法与步骤

1. 植物临时装片技术

植物临时装片技术是涂片、压片和切片最后都用的技术，是基本技术。其过程可以概括为：擦、滴、放、盖、染、检等。

（1）擦　擦就是清洁玻片，将载玻片和盖玻片用清水洗净，再用纱布擦干。擦玻片时用左手食指和拇指夹住玻片的两边，右手食指和拇指包住纱布，同时擦到的玻片的两面，用力要均匀。因为盖玻片薄脆易碎，擦拭时要特别小心，用力要轻而均匀。

（2）滴　将载玻片平放在桌面上，中央加一滴蒸馏水或稀甘油，准备放置材料用。

（3）放　放就是放置材料，用镊子镊取或吸管吸取少量植物材料，放在水滴或甘油中，再用镊子和解剖针将材料小心地展平或分散开，避免材料折叠或干燥。

（4）盖　把盖片盖在载玻片上，具体方法是，大拇指和食指拿着盖玻片的两个角或用镊子夹住其一端，使盖玻片的一边先与载玻片上的水滴边缘接触，而后徐徐放下另一边，当盖玻片被夹持的一边将贴近载玻片时，则可放手或抽出镊子，使其自然轻轻覆盖，这样可以挤出盖玻片下的空气，避免产生气泡。

在操作时，载玻片中央的液滴量要适中，使其恰好充满盖玻片下方。盖玻片的上面及载玻片的其他区域必须保持干燥。液滴量如果不够，易产生气泡，可用吸管小心地从盖玻片的边上再滴入一小滴水，使它和盖玻片下面的水相接触；如果水太多，溢出盖玻片，会使盖玻片浮动或从盖片下外溢，此时可用吸水纸吸去。

（5）染　如需染色，临时装片做好后直接在盖玻片的一侧加一滴染液，用吸水纸条在盖玻片的另一侧吸水，引入染液，静置片刻，以使盖玻片下的材料均匀着色。

（6）检　根据观察的需要，在显微镜下镜检，切记一定先低倍后高倍观察。

植物临时装片，如果用以临时观察，不欲久留的装片均可用水封片，制成水装片；需要提前半天或一天就备出的装片或者观察后须保留一定时间的装片，则适宜制成甘油装片，以防止水分蒸发，出现材料收缩现象。用甘油封片时，保留时间短者，可用10%甘油水溶液。

保留时间长者，则须从10%甘油中再转入50%甘油水溶液中，或浸后再转入纯甘油中封片。甘油装片的不仅可使封片保留较长的时间，且有加强材料透明的作用。

如装片效果理想，也可根据需要选择适宜的染料染色，制成永久制片或用某些化学试剂做组织化学反应。

2. 植物压片技术

植物压片法的试验学习，通常把洋葱或大蒜的根尖进行培养，然后直接在载玻片上进行，压成透明的材料进行观察。具体步骤：

（1）培养及取材

1）培养。用洋葱头或蒜瓣（需要固定好），放在装有水的烧杯或培养皿上，置室温或培养箱中（25℃）培养3~5天，即长出白色的根。

2）取材。待根长到1cm时，选择根尖细胞分裂旺盛的时期取材，最好在半夜12点左右。为试验方便，每天上午10~11点之间或下午3~4点之间也可。

（2）固定与保存　从根顶端剪下5mm左右，放入卡诺固定液（等量浓盐酸和95%乙醇混合），固定10~20min后取出，再放入清水中冲洗10~20min，即可制片。也可以将其保存于70%的酒精中备用。

（3）压片　压片的关键是盖片盖上以后，在上下敲击盖片时，要适当用劲，垂直敲击，不能使盖片滚动。

3. 植物徒手切片技术

徒手切片是最常用的植物制片技术，正确的徒手切片，是临时观察植物组织器官重要手段，一般材料的徒手切片的方法如下：

（1）材料的准备　一般选择正常、软硬适中的植物器官或组织为材料，直接切成长约2~3cm的小段，削平切面。所取的新鲜材料应及时放入水中，以免萎蔫。取材的大小，直径一般不超过5mm，长度以15~25mm为宜。

过于柔软或微小的材料，难以直接执握手切，可夹入坚固而易切的夹持物中切。常用的夹持物有去除木质部的胡萝卜根、土豆块茎、接骨木的髓部等。切前先将夹持物切成长方小体，上端削平。对于较薄的叶状体材料，可将夹持物纵切一缝，材料夹于其中即可；如不是叶状体，即将材料夹于其中，或在缝里挖一个与材料形状相似、大小相同的凹陷，把材料夹在凹陷里，然后用手握住夹持物，采用上述方法将夹持物和其中的材料一齐切成薄片，除去夹持物的薄片，便得到材料的薄片。

坚硬的材料要经软化处理后再切。软化的方法：对于比较硬的材料，切成小块煮沸3~4h，再浸入软化剂（50%酒精：甘油=1：1）中数天至更长些时间，而后再切。对于已干或含有矿物质，更为坚硬的材料，要先在15%氢氟酸的水溶液中浸渍数周，充分浸洗后，再置入甘油里软化后再切。

（2）执握刀片和材料的方法　左手大拇指和食指的第一关节指弯夹住材料，使之固定不动。为防止刀伤，拇指应略低于食指，并使材料上端超出手指2~3mm，不可高出过多，否则切片时材料容易弯折，也不容易切薄。

右手大拇指和食指捏住刀片的右下角，刀口向内，并与材料切面平行，切片前先将材料和刀口上蘸些水，使之切时滑润。

（3）切片　左手保持不动，以右手大臂带动前臂，使刀口自外侧左前方向内侧右后方拉切，同时观察切片的进展情况。注意只用臂力而不要用腕力或指关节的力量，不要两手同时拉动，两手不要紧靠身体或压在桌子上，并且动作要敏捷，材料要一次切下，切忌中途停顿或推前拖后作“拉锯”式切割，关键是要切得薄而平。如此连续切片，切下数片后，用湿毛笔将切片轻轻移入培养皿的清水中备用。需要注意的是，在切片过程中刀口和材料要不断蘸水，以保持刀口锋利和避免材料失水变形。所切的材料和刀片一定要保持水平方向，不要切斜，否则细胞切面偏斜，同样会影响观察。

（4）镜检　连续切片，从中挑选薄而平的切片做成临时装片供镜检，必要时也可以制成永久装片。挑选切片时，材料关键是切得平而薄，不要求切得很完整，有时只要有一小部分就可以看清其结构了。一次可多选几片置于载玻片上，制成临时装片，通过镜检再进一步选择理想的材料用以观察。

四、讨论

1）植物制片技术一般有哪些？

2）在植物形态解剖学习和研究中，何时用临时压片？观察什么材料使用徒手切片？

3）试述徒手切片的一般方法和步骤。

实训5　植物细胞构造、叶绿体、有色体及淀粉粒的观察

一、目的

学会使用显微镜识别植物细胞的结构。学会徒手切片法，识别叶绿体、有色体及淀粉粒的形态特征。

二、用具与材料

显微镜、镊子、解剖针、小剪、载玻片、盖玻片、培养皿、吸水纸、蒸馏水、碘液、10%糖液、洋葱鳞叶、菠菜、马铃薯块茎、红辣椒或胡萝卜、大葱或紫鸭跖草。

三、方法与步骤

1. 识别植物细胞的结构

简易装片法：用手或镊子将洋葱鳞叶表皮撕下，剪成约3~5mm的小片。在载玻片上滴一滴水，将剪好的表皮浸入水滴内（注意表皮的外面应朝上），并用解剖针挑平，再加盖玻片。加盖玻片的方法是先从一边接触水滴，另一边用针顶住慢慢放下，以免产生气泡。如盖玻片内的水未充满，可用滴管吸水从盖玻片的一侧滴入，如果水太多浸出盖玻片外，可用吸水纸将多余的水吸去。这样装好的片子就可以镜检。

如果要使细胞观察得更清楚，可用碘液染色，即在装片时，载玻片上放一滴稀碘液，将表皮放入碘液中，盖上盖片，进行镜检。可看到细胞壁、细胞质、细胞核、液泡。

2. 叶绿体的观察

在载玻片上先滴一滴10%糖液，再取菠菜叶，先撕去下表皮，再用刀刮取叶肉少量，放入载玻片糖液中均匀散开，盖好盖玻片。先用低倍镜观察，可见叶肉细胞内有很多绿色的颗粒，这就是叶绿体，再换用高倍镜观察，注意叶绿体的形状。

3. 白色体的观察

撕取大葱葱白内表皮用简易装片法制的切片后，进行显微镜观察即可看到白色体。若用紫鸭跖草幼叶，沿叶脉处撕取下表皮制成装片进行显微镜观察，效果更好。

4. 有色体的观察

取红辣椒（或胡萝卜），用徒手切片法取红辣椒果肉的薄片。装片后用显微镜观察，可见细胞内含有橙红色的颗粒，这就是有色体。也可用胡萝卜的肥大直根做徒手切片，其皮层细胞内的有色体为橙红色的结晶体。

5. 淀粉粒的观察

取马铃薯块茎小长条作徒手切片。装片后用显微镜观察，可见细胞内有许多卵形发亮的颗粒，就是淀粉粒，许多淀粉粒充满在整个细胞内，还有许多淀粉粒从薄片切口散落到水中，把光线调暗些，还可看见淀粉粒上的轮纹。如用碘液染色，则淀粉粒都变成蓝色。

四、作业

1）绘几个洋葱表皮细胞结构图，并注明细胞壁、细胞质、细胞核和液泡。

2）绘几个叶绿体的细胞图。

实训6　植物组织类型的观察

一、目的

观察了解分生组织、保护组织、基本组织、机械组织、输导组织和分泌组织的形态结构和细胞特征；复习徒手切片技术，学习植物组织离析技术。

二、用具与材料

玉米根尖纵切永久制片、椴树茎横切永久制片、蚕豆叶片、小麦或玉米叶片、天竺葵叶片、蚕豆幼茎、大麻茎、梨果实、松树枝条、天竺葵、马铃薯块茎、南瓜茎纵切永久制片、南瓜茎横切永久制片、新鲜柑橘果皮、松针叶横切永久制片、棉叶横切永久制片、甘薯块根、夹竹桃叶片、睡莲茎、马铃薯块茎等。

显微镜、载玻片、盖玻片、镊子、刀片、培养皿、滴管、盐酸、间苯三酚溶液、铬酸—硝酸离析液、平底烧瓶、70%酒精等。

三、方法与步骤

1. 分生组织的观察

取玉米根尖纵切永久制片（或小麦、洋葱等根尖纵切永久制片），置低倍镜下观察整个根尖的大体结构。玉米根尖顶端有一帽状根冠组织，沿着根冠向上观察与其接触的区域，即为生长点，生长点的细胞排列紧密无细胞间隙，细胞个体小，为等径多面体，壁薄、质浓、核大而明显，即为原生分生组织。然后观察生长锥后一部分，即为初生分生组织区，它是由原生分生组织的细胞衍生而来的，细胞已有初步的分化，中央染色较深的柱状部分为原形成层，细胞为细长的棱柱状。

2. 保护组织的观察

（1）表皮及其附属物　用镊子撕取双子叶植物蚕豆叶下表皮一小片，制成临时装片，置显微镜下观察，可以看到细胞排列很紧密，无细胞间隙，细胞壁薄，呈波纹状，互相嵌合。细胞核一般位于细胞壁边缘，细胞质无色透明，不含叶绿体的细胞，即为表皮细胞。在表皮细胞之间，还可以看到一些由两个肾形保卫细胞组成的气孔，保卫细胞有明显的叶绿体，也有细胞核。

撕取单子叶禾本科植物玉米或小麦叶的下表皮，制成临时装片，置显微镜下观察，可见其表皮细胞形状较规则，呈纵行排列，长短两种细胞相间排列，不含叶绿体。气孔是由两个哑铃形的保卫细胞和两个副卫细胞组成。

撕取天竺葵叶表皮，制成临时装片，置显微镜下观察，可见几种表皮毛，注意各有什么结构特征。

(2) 周皮及皮孔　取椴树茎横切永久制片，置显微镜下观察，可见在椴树茎横切面的外围有数层呈短矩形的死细胞，呈径向排列，紧密而整齐，细胞壁栓质化，即为木柱层。木栓层有些部位破裂向外突起，裂口中有薄壁细胞填充，即为皮孔。木栓层以内有1~2层具明显细胞核、细胞质浓厚、壁薄的扁平细胞，即为次生分生组织——木栓形成层。木栓形成层以内，有1~2层径向排列的薄壁细胞，即为栓内层。木栓、木栓形成层、栓内层合称为周皮。

3. 基本组织的观察

(1) 同化组织　取夹竹桃叶片、橡胶树叶片做徒手横切，制成临时装片，在显微镜下观察，可见叶片上、下表皮之间有大量薄壁细胞，细胞中含有丰富的叶绿体，即为同化组织。

(2) 贮藏组织　取切成小块的甘薯块根徒手切成薄片，制成临时装片。在显微镜下观察，可见很多大型薄壁细胞，细胞内充满淀粉粒，即为贮藏组织。注意其淀粉粒形态与马铃薯块茎淀粉粒形态是否相同。

(3) 通气组织　取睡莲茎徒手横切，制成临时装片，置显微镜下观察，可见薄壁细胞之间有很大的间隙形成大的空腔，即为通气组织。

4. 机械组织的观察

(1) 厚角组织　取蚕豆幼茎，徒手横切后，制成临时装片，置显微镜下观察，可见紧接表皮内的几层皮层细胞无细胞间隙，细胞壁在角隅处增厚，这些角隅加厚的细胞群，即为厚角组织。

(2) 厚壁组织　取桑树皮一小部分，用铬酸—硝酸离析法事先制成离析材料，贮存备用。观察时用镊子夹取离析后的桑树纤维少许，制成临时装片，在显微镜下观察，可见细长两头锐尖的纤维细胞。

(3) 石细胞　从梨的果肉中，挑取少许硬的颗粒，置载玻片上，用镊子柄部轻轻压散，滴一滴浓盐酸，3~5min后，再滴加间苯三酚溶液染色，制成临时装片，置显微镜下观察，可见许多为圆形或椭圆形，成群存在的石细胞，石细胞中原生质解体，细胞腔很小，壁异常加厚，经染色后，在桃红色厚壁上有很多未着红色的分枝的纹孔道。

5. 输导组织的观察

(1) 管胞　取松树枝条木质部一小段，按组织离析法制成离析材料，然后用镊子选取少许离析材料，制成临时装片，置低倍镜下观察，可见许多两头斜尖的长形细胞，即为管胞。再转高倍镜，仔细观察壁上的具缘纹孔。

(2) 导管　取天竺葵（或南麻、南瓜、棉花等）茎一小段，徒手纵切，挑选透明的薄片置载玻片上，先滴一滴浓盐酸，过3~5min后再滴间苯三酚溶液染色，制成临时装片，置低倍镜下找到材料中被染成红色的部分，再转换高倍镜，仔细观察被染成红色、增厚的次生壁，注意端壁穿孔情况，并根据花纹不同，判断所看到的材料中，有几种不同类型的导管。

(3) 筛管和伴胞　取南瓜茎纵切永久制片，置低倍镜下观察，找出被染成红色的木质部导管，在导管的内外两侧均有被染成绿色的韧皮部（南瓜茎为双韧维管束）。把韧皮部移至视野中央，可见筛管是由许多管状细胞所组成。然后换高倍镜观察，两个筛管细胞连接的端部稍有膨大并染色较深处，是筛管所在位置，其细胞质常收缩成一束，离开了细胞的侧壁，两端较宽、中间较窄，通过筛板上的筛孔，有较粗的原生质丝称为联络索。在筛管侧面紧贴着一列染色较深的具有明显细胞核的细长薄壁细胞，即为伴胞。

取南瓜茎横切永久制片，置低倍镜下移动玻片标本，在韧皮部中寻找多边形口径较大，被固绿染成蓝绿色的薄壁细胞，即为筛管。它旁边往往贴生着横切面呈三角形或半月形，具细胞核，着色较深的小型细胞，即为伴胞。然后再找出正好切在筛板处的筛管，转高倍镜观察筛板，注意筛板结构有什么特点。

6. 分泌组织的观察

1）取棉叶主脉横切永久制片，观察其分泌细胞、分泌腔和主脉处蜜腺。

2）取柑橘果皮横切制片，观察其溶生油囊（分泌腔）。

3）取松树叶或茎横切永久制片，观察其树脂道（分泌道）。

四、作业

1）绘蚕豆叶表皮细胞及其气孔器结构图，并注明各部分结构名称。

2）绘椴树茎周皮结构图，并注明各部分结构名称。

3）绘厚角组织横切结构图。

4）绘筛管及伴胞横切面和纵切面结构图，并注明各部分结构名称。

任务2 植物营养器官解剖结构的识别

一、根解剖结构的识别

1. 根尖及其分区的识别

（1）根尖的概念 根尖是指从根的顶端到着生根毛的部分。无论主根、侧根和不定根都具有根尖，它是根的生命活动中最活跃的部分，是根进行吸收、合成、分泌等作用的主要部位。根的伸长、根系的形成以及根内组织的分化也都是在根尖进行的，因此，根尖的损伤会直接影响根的发育。

（2）根尖分区及其细胞特征与生理功能 从根尖顶端起，依次分为根冠、分生区、伸长区、成熟区四个部分，如图2-28所示，总长为1～5cm。成熟区因为具有根毛又称为根毛区，从分生区到根毛区各区的细胞逐渐分化成熟，形态结构和生理功能各不相同，除根冠外，其他各区的细胞特征逐渐过渡，无严格界限。

1）根冠。根冠是位于根尖顶端的帽状结构，其作用主要是保护根尖的分生区细胞。

根冠细胞不规则，外围细胞大、排列疏松，常分泌黏液，使根冠表面光滑，利于根尖向土壤中生长。当根不断生长，向深处延伸时，根冠外层细胞常因磨损而不断解体死亡、脱落，但由于分生区细胞不断分裂，产生新的根冠细胞，所以根冠始终保持一定的形状和厚度。根冠内部（近分生区）细胞小、排列紧密。根冠前端的细胞中含有淀粉粒，起着平衡石的作用。当根被水平放置时，能使淀粉粒原有位置发生转变，促使根向下弯曲，恢复正常的垂直生长。

2）分生区。分生区位于根冠内侧，由顶端分生组织组成，呈圆锥形，故又名生长锥，长为1～3mm，大部分细胞被根冠包围着，主要功能是不断进行细胞分裂产生新细胞，以促

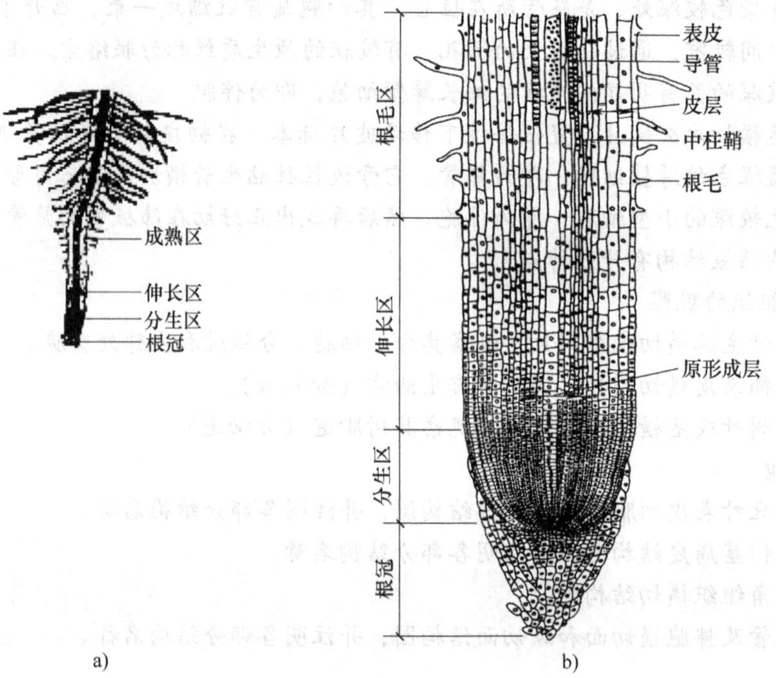

图 2-28　玉米根尖纵切（示根尖分区）
a）根尖外形　b）根尖纵切面

进根尖生长，所以也称为生长点。分生区是典型的顶端分生组织，细胞体积小、形状为多面体、近于等径型、排列紧密，无细胞间隙，细胞壁薄，核大，质浓，液泡很小，分化程度低，具很强的分裂能力。产生的新细胞有三个去向：一部分形成根冠细胞，以补偿根冠因受损伤而脱落的细胞；大部分细胞生长、分化，成为伸长区的部分，是产生和分化成根各部分结构的基础；还有一部分细胞保持分生能力，以维持分生区的体积和功能，进行自我永续。

被子植物根尖分生区的最前端为原分生组织的原始细胞，后方的初生分生组织分化出原表皮、基本分生组织和原形成层，将来进一步分化为根的初生结构。

3）伸长区。伸长区位于分生区上方至出现根毛的地方，一般长 2～5mm。与分生区细胞有明显的区别，细胞为长圆筒状，中央具有明显的液泡，细胞质成一薄层，位于细胞的边缘部位，因此外观近半透明状。多数细胞已停止分裂，但细胞体积却不断增大，并迅速伸长，特别是沿着根的纵轴方向显著伸长，伸长区细胞的伸长是根尖不断向土壤深处推进的动力，使根不断到达新的土壤环境，便于吸收更多的水分和营养物质，形成庞大的根系。

4）成熟区。成熟区位于伸长区的上方，长为几毫米至几厘米，是伸长区细胞进一步分化形成的，该区的各部分细胞已停止伸长，并分化出各种成熟组织，形成初生构造。成熟区最突出的特点是表皮细胞的外壁向外突出形成顶端封闭的管状结构，称为根毛，因而又称为根毛区。成熟的根毛长度为 1～10mm，直径为 5～17μm。根毛形成时，表皮细胞液泡增大，多数细胞质集中于突出部位，并含有丰富的内质网、线粒体与核糖体，细胞核也随之进入顶端（图 2-29）。

根毛的数目很多，每平方毫米可达几百条，生长速度也较快，但寿命很短，一般只有 10～20d。而幼根在向前生长过程中伸长区上方又能不断产生新的根毛替代枯死的根毛，以

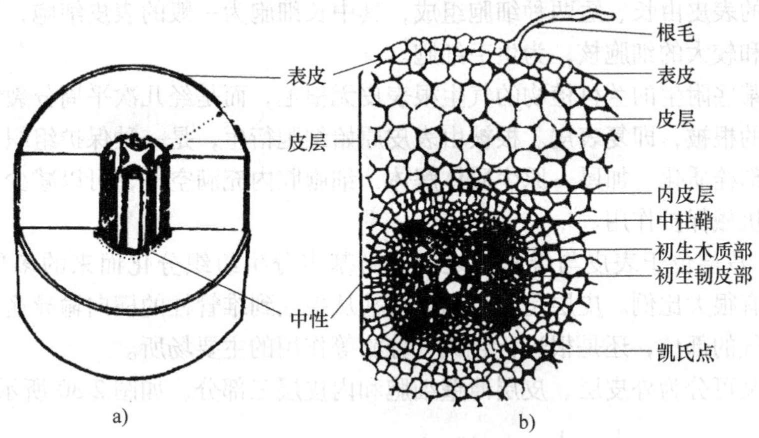

图 2-29　棉根初生结构横切面

a）根初生构造立体图　b）棉幼根的横切面

维持根毛区的一定长度，所以具有根毛的成熟区是根吸收能力最强的部位。一旦失去根毛，成熟区就不具备吸收能力，主要进行输导和支持作用。在农、林生产实践中，植物进行移栽时，纤细的根毛和幼根难免受到损伤，使根的吸收能力下降。因此，移栽后必须充分灌溉和修剪部分枝叶，以减少植株体内水分的散失，提高植株的成活率。

综上所述，根尖分区及其细胞特征和功能比较见表 2-1。

表 2-1　根尖分区及其细胞特征和功能

分　区	外观形状	细胞特点	功　能
根冠	帽状	不规则，外围细胞排列疏松，具有线粒体、质体、高尔基体和内质网等	保护，向地性
分生区	圆锥状	细胞小、近于等径、排列紧密，壁薄、核大、质浓、液泡小，分裂能力强	分裂补充新细胞
伸长区	圆柱状	细胞呈长圆筒状，有明显的液泡，细胞质位于细胞的边缘；细胞停止分裂，体积不断增大，并迅速沿着根纵轴方向伸长	细胞生长和分化
成熟区	柱状具根毛	细胞停止伸长，分化出各种成熟组织，形成初生构造；表皮细胞的外壁向外突出形成顶端封闭的管状结构，称为根毛	吸收水分、无机盐

2. 双子叶植物根解剖结构的识别

根尖顶端分生组织细胞分裂后，产生的新细胞经生长和分化，形成根毛区各层次成熟结构的过程为根初生生长，根初生生长过程中形成的各种组织属于初生组织，由初生组织所复合而成的结构称为根的初生结构。

（1）双子叶植物根初生结构的识别　双子叶植物根成熟区的横切面，自外而内可分为表皮、皮层、维管柱（中柱）3 部分，如图 2-29 所示。

1）表皮。位于成熟区横切面最外一层生活细胞，由原表皮发育而来。细胞近于长方体形，长径与根的纵轴平行，排列紧密、整齐。幼根表皮细胞的主要功能是吸收作用，所以根表皮是重要的吸收组织，其细胞特点是细胞壁薄，由纤维素和果胶质构成，水和无机盐可以自由通过；许多表皮细胞的外壁向外突出形成根毛，以扩大吸收面积。

有些植物的表皮由长、短两种细胞组成，其中长细胞为一般的表皮细胞，而短细胞含有较浓的细胞质和较大的细胞核，为生毛细胞。

在热带的某些附生的兰科植物的气生根表皮无根毛，而是经几次平周分裂形成套筒状的多层细胞构成的根被，即复表皮。根被由表皮原始细胞衍生，是一种保护组织，细胞排列紧密，细胞壁局部栓质化、加厚，原生质体解体，细胞腔内充满空气，可以减少气生根水分的散失，并具有机械保护作用。

2）皮层。皮层位于表皮与维管柱之间，由基本分生组织分化而来的多层薄壁细胞组成，在根中占有很大比例。皮层是水分和无机盐从根毛到维管柱的横向输导途径，也是储藏营养物质和通气的部位，还是根进行合成、分泌等作用的主要场所。

皮层一般又可分为外皮层、皮层薄壁细胞和内皮层三部分，如图 2-30 所示。

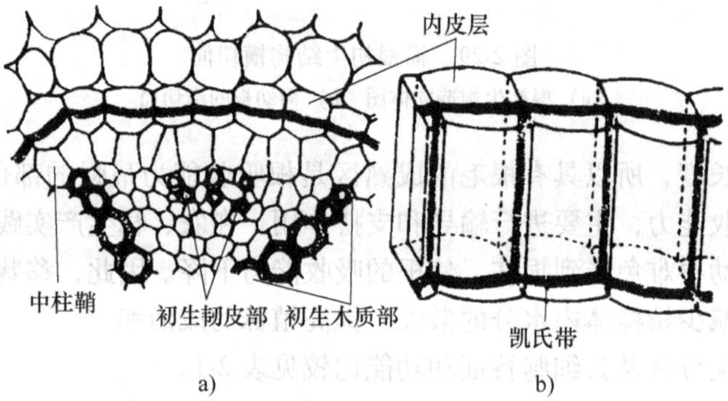

图 2-30　田旋花根部分横切（示内皮层结构）

a）根的部分横切面，示内皮层的位置，内皮层的壁上可见凯氏带

b）内皮层细胞的立体图解，示凯氏带在细胞壁上的位置

① 外皮层。外皮层是多数植物根的皮层最外一层或数层，形状较小、排列紧密且整齐的细胞。当根毛细胞受伤或死亡后，表皮细胞会随之萎缩、凋落，失去保护作用。外皮层细胞的细胞壁常增厚并栓质化，形成保护组织代替表皮起保护作用。

② 皮层薄壁细胞。皮层薄壁细胞位于外皮层和内皮层之间。其细胞层数较多，细胞体积最大，细胞间有明显的细胞间隙，细胞中常储藏有各种后含物，以淀粉粒最为常见。水、湿生植物的皮层薄壁细胞部分常解离成气腔和通气道。

③ 内皮层。内皮层是皮层最内一层，形态结构和功能都比较特殊的细胞。内皮层细胞排列整齐而紧密。各细胞的上下横壁和侧壁上均具有木质化和栓质化增厚的带状结构，称为凯氏带。在横切面上，凯氏带在相邻细胞的侧壁上呈点状，叫凯氏点，如图 2-30 所示。

一般具有次生生长的双子叶植物和裸子植物根的内皮层常保持凯氏带状增厚，其余的细胞壁不再继续增厚；也有少数的双子叶植物，其内皮层细胞壁早期为凯氏带增厚，后期细胞壁常在原有的凯氏带基础上再行增厚，覆盖一层木质化纤维层，甚至部分细胞的细胞壁全部都增厚，如毛茛。

凯氏带在根内对水分和无机盐有障碍或限制作用。凯氏带形成后，内皮层的质膜与凯氏带之间有很强的联系，水分和离子必须经过这个质膜的选择后，才能进入维管柱。在电子显微镜下观察到质壁分离的细胞中，质膜紧贴着凯氏带区，只有这个区以外的质膜才会分离开，如图 2-31 所示。由于凯氏带的存在，皮层胞壁间的运输只到凯氏带处，不能超越，根尖较幼部分的内皮层，由于尚未充分分化和凯氏带尚未形成，细胞壁间的运输仍可直接和木质部相通。

3）维管柱（中柱）。维管柱位于内皮层以内的中央部位，所占比例较小，由初生分生组织的原形成层分化而来，是根进行上下物质运输的主要部位。维管柱包括维管鞘（中柱鞘）、初生木质部、初生韧皮部和薄壁组织 4 个部分，如图 2-32 所示。

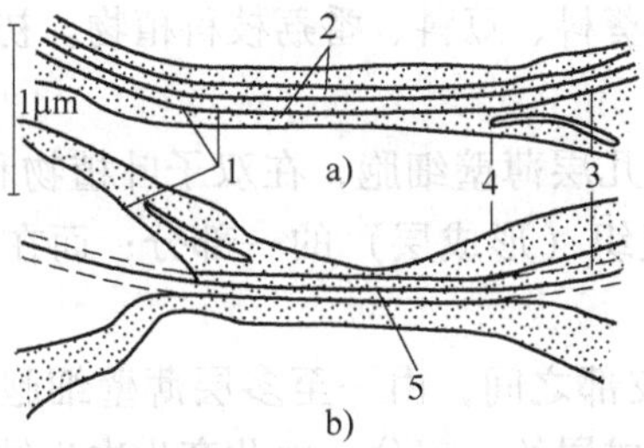

图 2-31　电子显微镜下内皮层细胞径向壁的结构

a）正常细胞中，凯氏带部位的质膜平滑，其他部位质膜呈波纹状

b）质壁分离的细胞中，质膜附着在凯氏带上，其他部分质腊分离

1—质膜　2—凯氏带　3—细胞壁　4—液泡膜　5—胞间层

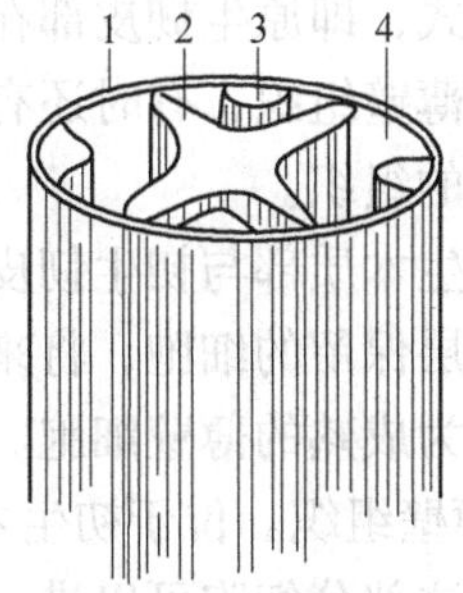

图 2-32　根维管柱初生结构的立体图解

1—维管柱鞘（中柱鞘）　2—初生木质部　3—初生韧皮部　4—薄壁组织

① 维管柱鞘（中柱鞘）。维管柱鞘（中柱鞘）是位于维管柱最外面、紧接内皮层细胞的一层薄壁细胞，少数为数层细胞组成。其细胞个体较大，排列整齐，分化程度低，具有潜在分裂能力，能形成侧根、不定根、不定芽、木栓形成层和部分维管形成层。

② 初生木质部。初生木质部位于根的中央部位，主要由导管和木薄壁细胞组成，呈辐射状分布，辐射角处直接与维管束鞘相连。原形成层发育分化出初生木质部的顺序是由外向内呈向心式进行并逐渐成熟的，这种发育分化方式称为外始式。紧邻维管束鞘、位于辐射角的外方部分的初生木质部称为原生木质部，是原形成层最初产生和分化成熟的初生木质部，主要由管腔较小的具弹性的环纹和螺纹导管组成，其输导、支持能力较弱；内方为较晚分化成熟的后生木质部，主要由管腔较大的梯纹、网纹和孔纹导管组成，其输导、支持能力较强。

在成熟根的横切面上，如图 2-33 所示，初生木质部辐射角的数目称为束，不同植物其束数不同。双子叶植物的束数较少，一般为 2～6 束，分别称为二原型、三原型、四原型等；单子叶植物的束数相对较多，一般有多元型初生木质部之称。初生木质部辐射角的束数在同种植物中是相对稳定的，是分类的依据之一，如二原型在十字花科、石竹科占优势，多元型在禾本科植物中占

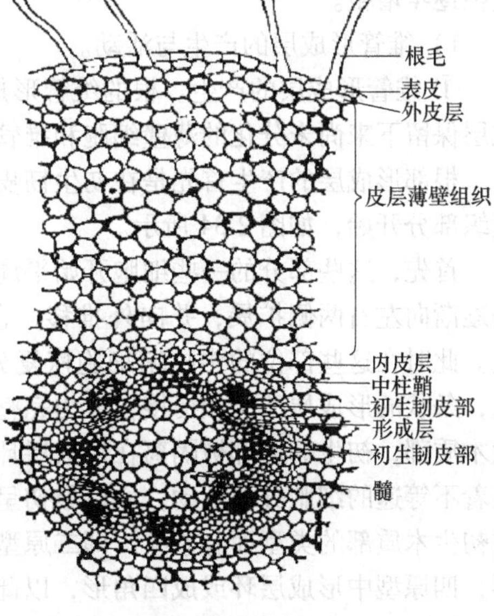

图 2-33　刺槐根初生结构（开始次生生长）

多数。

但同一植物的不同品种有时束数也不同，如茶有5束、6束、8束，甚至12束。一般认为主根中的木质部束数较多，形成侧根的能力较强。初生木质部的细胞组成比较简单，主要是导管和管胞，其主要功能是输导水分和无机盐。

③ 初生韧皮部。初生韧皮部位于初生木质部辐射角之间，在同一根内，初生韧皮部束数与初生木质部束数相同，与初生木质部呈辐射状相间排列。初生韧皮部发育成熟的方式，也是外始式，即原生韧皮部在外方，后生韧皮部在内方。初生韧皮部由筛管和伴胞组成，也含有韧皮薄壁组织，有时还有韧皮纤维，如锦葵科、豆科、番荔枝科植物。初生韧皮部是运输有机物的组织。

在初生木质部与初生韧皮部之间有一层到几层薄壁细胞，在双子叶植物和裸子植物中，是原形成层保留的细胞，将来成为次生分生组织（形成层）的一部分；而在单子叶植物中两者之间为成熟的薄壁细胞。

④ 薄壁组织。位于初生木质部与初生韧皮部之间，由一至多层薄壁细胞组成。双子叶植物根的这部分细胞可以进一步分化为维管形成层的一部分，由此产生次生结构。

大多数双子叶植物根的后生木质部一直分化到根中央，少数双子叶植物根的中央部分不分化成木质部，而是薄壁组织，则称为髓。

双子叶植物根只有初生结构，尚未进行次生生长的根称为幼根。幼根中的维管柱所占比例小，机械组织不发达。随着植株的生长发育，先形成的一部分将进行次生生长，各部分结构比例也发生相应变化，形成次生结构。

（2）双子叶植物根次生结构的识别　大多数双子叶植物和裸子植物，特别是多年生木本植物的根，在初生生长的基础上，产生了次生分生组织——维管形成层和木栓形成层。次生分生组织的细胞进行分裂、生长和分化，产生次生维管组织和周皮，使根不断加粗，这一过程称为次生生长。次生生长产生的结构称为次生结构。次生生长是裸子植物和大多数双子叶植物根所特有的，每年在生长季节内，由于次生分生组织的活动，产生新的次生维管组织，使根逐年增粗。

1）维管形成层的产生与活动。

① 维管形成层的产生。根的维管形成层是由位于初生木质部与初生韧皮部之间的原形成层保留下来尚未分化的薄壁细胞和维管束鞘一定部位的薄壁细胞恢复分裂能力而形成。

根部形成层的产生首先是在初生韧皮部的内方，即由两个初生木质部辐射角之间的薄壁组织部分开始，如图2-34所示。

首先，这些部分的一些细胞开始平周分裂，成为形成层。最初的形成层是条状，以后各条逐渐向左右两侧扩展，并向外推移，直达初生木质部辐射角处，在该处与中柱鞘细胞相接。此时在这些部位的中柱鞘细胞恢复分生能力，产生新的细胞，参与形成层的形成。至此，条状的形成层彼此相衔接，成为完整连续的波浪状形成层环。此环完全包围了中央的初生木质部，初生韧皮部被隔离在形成层环的外方，其凸起数与根的辐射角束数相同。由于存在着不等速的细胞分裂活动，所以最初呈凹凸不平的波状。在根的横切面上，它的形状因根内初生木质部的类型而有差异，即二原型根中形成层环成棱形，三原型中形成层环或成三角形，四原型中形成层环或成四角形，以此类推。

之后，由于形成层环各处分裂速度不等，波浪状形成层环的凹段细胞形成较早，分裂速

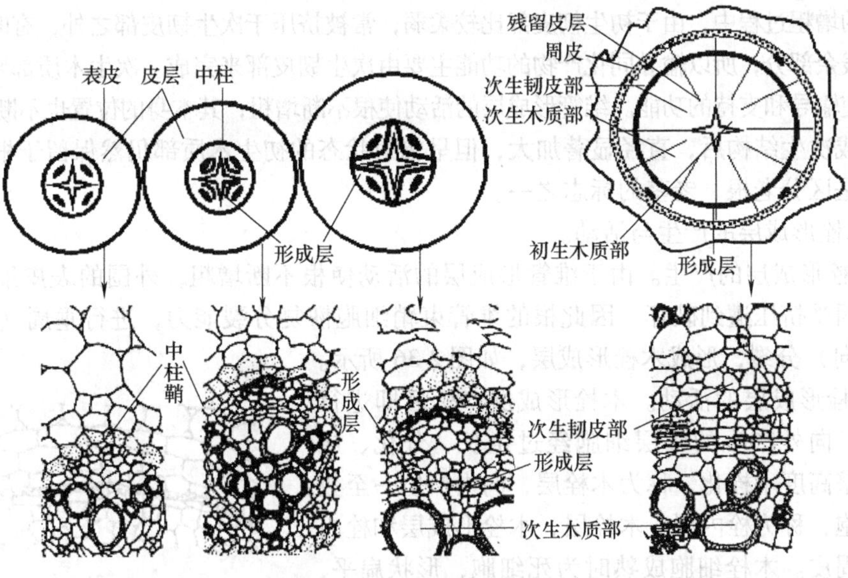

图 2-34　根次生维管组织的发生

度快，而且向内形成的次生木质部细胞多于向外形成的次生韧皮部细胞，使波浪状环的凹部逐渐被向外推移，使整个形成层环呈圆环状。此后，形成层的分裂活动开始等速进行，有规律地形成新的次生结构，并将初生韧皮部推向外方，使木质部和韧皮部由初生构造的相间排列转变为内外排列，如图 2-34 所示。

一般植物的根中，形成层活动产生的次生木质部的数量远远多于次生韧皮部。因此，在根的横切面上，次生木质部所占比例要比次生韧皮部大得多。

② 维管形成层的活动。维管形成层出现后，主要进行平周分裂。向内分裂产生的细胞形成新的木质部，加在初生木质部的外方，称为次生木质部；向外分裂产生的细胞形成新的韧皮部，加在初生韧皮部的内方，称为次生韧皮部。次生木质部和次生韧皮部合称为次生维管组织，是次生结构的主要部分，如图 2-35 所示。次生木质部和次生韧皮部的组成基本上与初生结构中的相似，但次生韧皮部内，韧皮薄壁组织较发达，韧皮纤维的量较少。另外，在次生木质部和次生韧皮部内，还有一些径向排列的薄壁细胞群，分别称为木射线和韧皮射线，统称为维管射线。维管射线是次生结构中新产生的组织，从形成层处分别向内外贯穿次生木质部和次生韧皮部，具有横向运输水分和养料的功能。次生木质部导管中的水分和无机盐，可以经维管射线运至形成层和次生韧皮部。次生韧皮部中的有机养料，可以通过维管射线运至形成层和次生木质部。维管射线构成根的维管组织内的径向系统，而导管、管胞、筛管、伴胞、纤维等构成维管组织的轴向系统，两者共同构成根内的运输网络。

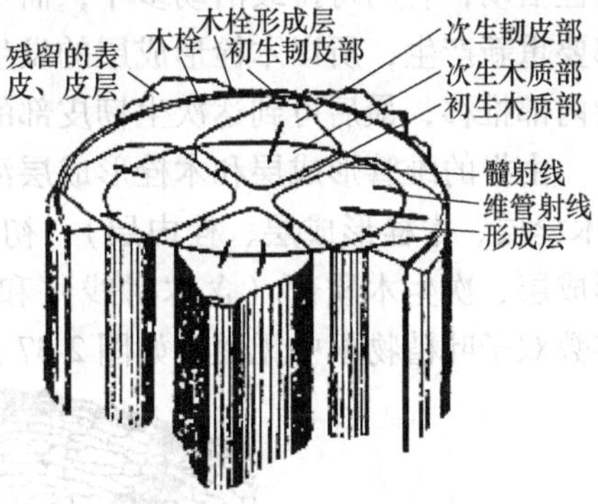

图 2-35　根次生结构立体图

维管形成层在进行平周分裂的同时，也进行垂周分裂，增大其周径，以适应根径增粗的变化。在根的增粗过程中，由于初生韧皮部比较柔弱，常被挤压于次生韧皮部之外，有时只剩下被挤碎后的残余部分，所以输导同化产物的功能主要由次生韧皮部来完成。次生木质部则替代初生木质部行使输导和支持的功能。维管形成层的活动使根不断增粗，其本身的位置也不断外移。

根形成次生结构后，直径显著加大，但呈辐射状态的初生木质部仍然保留于根的最中心部位，这是区分老根、老茎的标志之一。

2）木栓形成层的产生与活动。

① 木栓形成层的产生。由于维管形成层的活动使根不断增粗，外围的表皮细胞和部分皮层细胞因受挤压遭到破坏，因此根的维管束鞘细胞恢复分裂能力，进行垂周（径向）和平周（切向）分裂，形成木栓形成层，如图 2-36 所示。

② 木栓形成层的活动。木栓形成层产生后即进行平周分裂，向外产生的多层细胞经过生长、分化、成熟，细胞壁高度木栓化，称为木栓层，向内产生一至数层薄壁细胞，称为栓内层。木栓层、木栓形成层和栓内层合称为周皮。木栓细胞成熟时为死细胞，形状扁平，排列紧密而整齐，细胞壁栓质化，不透气，不透水，腔内充满气体等，防止根内部水分过度散失和抵抗病虫害侵袭，同时也使其外围的皮层和表皮细胞因得不到水分和营养而死亡脱落，于是周皮代替表皮和皮层，对老根起保护作用，所以周皮是根增粗过程中形成的次生保护组织。

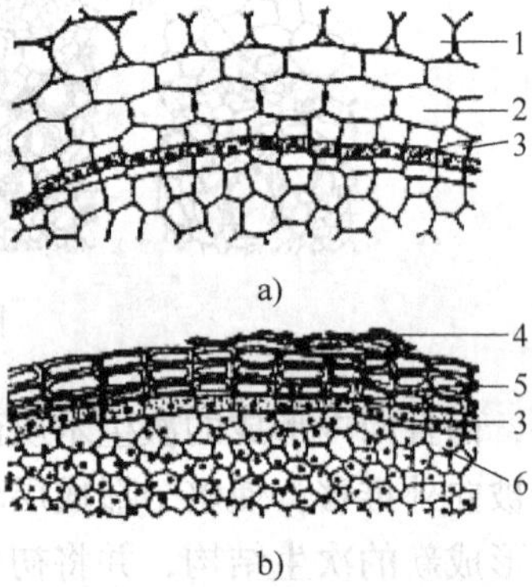

图 2-36　根木栓形成层的产生

a）木栓形成层的形成　b）周皮的形成

1—皮层　2—内皮层　3—木栓形成层

4—皮层碎片　5—木栓层　6—栓内层

在多年生木本植物根中，维管形成层随季节进行周期性活动，有的可持续活动多年，而木栓形成层则每年都要重新产生，所以木栓形成层的发生位置，逐年向根的内部推移，最后可到达次生韧皮部的薄壁细胞或韧皮射线。

由根的维管形成层和木栓形成层活动的结果形成了根的次生结构，自外向内依次为周皮（木栓层、木栓形成层、栓内层）、初生韧皮部（常被挤毁）、次生韧皮部（含韧皮射线）、形成层、次生木质部（含木射线）和辐射状的初生木质部。除少数草本植物根中有髓外，多数双子叶植物根中无髓，如图 2-37 所示。

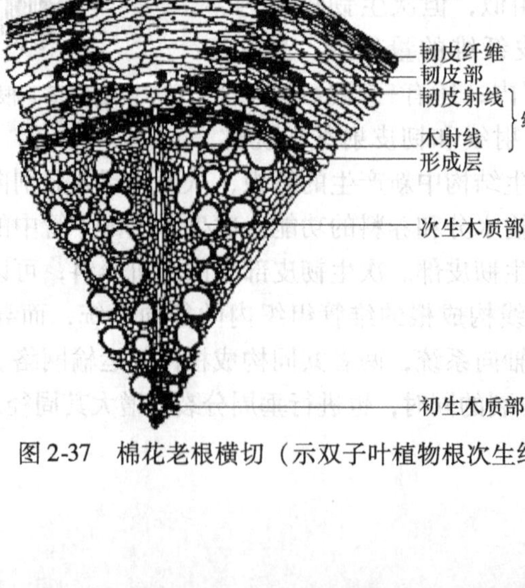

图 2-37　棉花老根横切（示双子叶植物根次生结构）

综上所述，将双子叶植物根发育形成过程总结如下，如图 2-38 所示。

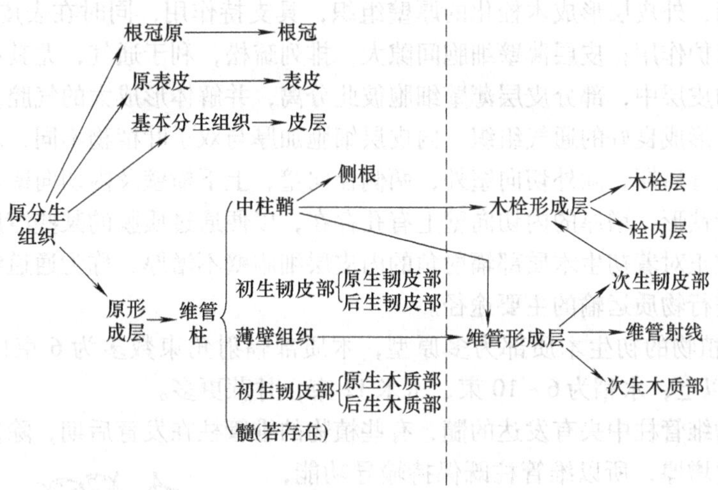

图 2-38　双子叶植物根发育形成过程

3. 单子叶植物根解剖结构的识别

（1）禾本科植物根的解剖结构的识别

禾本科植物，如小麦（图 2-39）、玉米、水稻及甘蔗等根的基本结构与双子叶植物相同，也可分为表皮、皮层、维管柱（中柱）3 个部分，但各部分结构又存在着一定的差异，如图 2-40 所示。

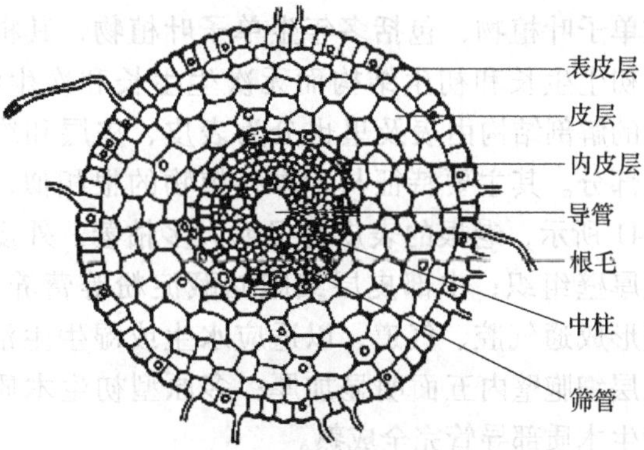

图 2-39　小麦幼根横切示初生结构

1）禾本科植物的根没有维管形成层，不能进行次生生长，因而根中只有初生结构，没有次生结构。

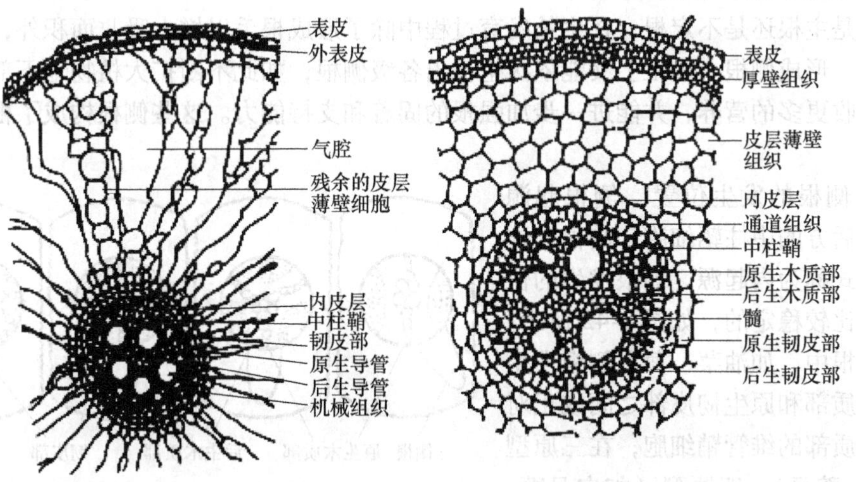

a)　　b)

图 2-40　水稻和小麦老根的比较

a）水稻　b）小麦

2）禾本科植物根的皮层中靠近表皮的一至数层细胞体积较小，排列紧密，称为外皮层。根发育后期，外皮层形成木栓化的厚壁组织，具支持作用，同时在表皮和根毛枯萎后，代替表皮行使保护作用；皮层薄壁细胞间隙大，排列疏松，利于通气，尤其在水稻等水生或湿生植物老根的皮层中，部分皮层薄壁细胞彼此分离，并解体形成大的气腔。根、茎、叶的气腔互相贯通，形成良好的通气组织；内皮层细胞加厚与双子叶植物不同，禾本科植物根的内皮层细胞在发育后期，除外切向壁外，两侧径向壁、上下横壁及内切向壁均次生加厚，在横切面上呈马蹄铁形，增厚的内切向壁上有孔存在，以便通过质膜的某些溶质，能穿越增厚的内皮层。少数正对着初生木质部辐射角的内皮层细胞壁不增厚，称为通道细胞，是内皮层与维管柱之间进行物质运输的主要途径。

3）禾本科植物的初生木质部为多原型，木质部辐射角束数多为 6 束以上。如小麦为 7 ~ 8束或 10 束以上，水稻为 6 ~ 10 束，玉米 12 束，甘蔗更多。

大多数植物维管柱中央有发达的髓，有些植物的维管柱在发育后期，除韧皮部外，所有的组织都木质化增厚，所以维管柱既保持输导功能，又具有较强的支持作用。

（2）其他单子叶植物根解剖结构的识别　大多数单子叶植物，包括多年生单子叶植物，其根也只有初生生长和初生结构而无次生生长和次生结构。根的解剖结构由表及里也分为表皮、皮层和维管柱三部分。其主要特征与禾本科植物的根相似，如图 2-41 所示，老根的表皮与根毛大多枯萎，外皮层形成厚壁组织；中部皮层细胞储藏淀粉等营养物质，或形成通气腔、气道，以适应水生或湿生生活；内皮层细胞壁内五面明显加厚；多原型初生木质部及后生木质部导管完全成熟。

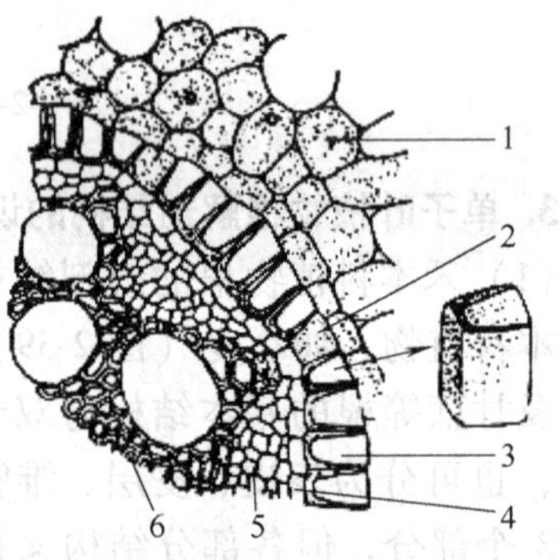

图 2-41　鸢尾属根毛区横切面一部分

1—皮层薄壁组织　2—通道细胞　3—内皮层　4—中柱鞘　5—韧皮部　6—木质部

4. 侧根的发生和特性

无论是主根还是不定根，在生长发育过程中除了形成根毛以增大吸收面积外，还都不断产生分支，形成侧根。侧根上又能依次生长出各级侧根，如此不断扩大植物地下部分的分布范围，吸收更多的营养，并能进一步加强根的固着和支持能力。这些侧根构成了根系的主要部分。

（1）侧根的发生位置　侧根起源于根毛区后方的中柱鞘细胞，侧根的这种发生方式称为内起源。侧根发生的位置通常是比较稳定的，如图 2-42 所示。在二原型根中，如油菜、萝卜侧根发生于原生木质部和原生韧皮部之间或正对着原生木质部的维管鞘细胞；在三原型（如柳树、豌豆）、四原型（如向日葵、棉花）根中，侧根多发生于正对原生木质部的维管鞘细胞；在多原型根中，

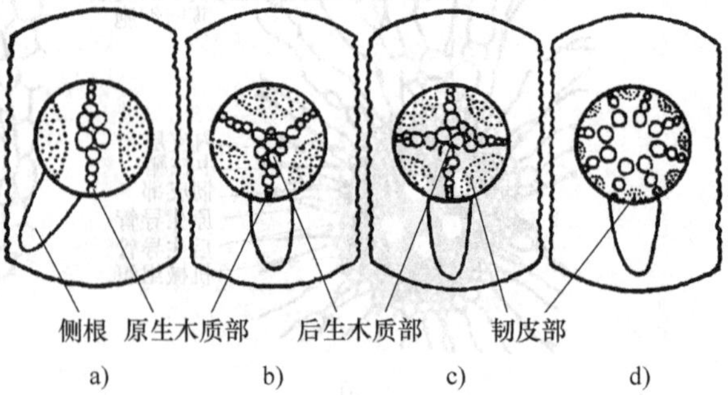

图 2-42　侧根发生的位置

a）二原型根　b）三原型根　c）四原型根　d）多原型根

如禾本科植物，侧根常产生于正对着原生韧皮部的中柱鞘细胞。由于侧根发生的位置较为稳定，因而从外部观察，侧根在母根上沿长轴纵向规则地排列。

（2）侧根的形成过程　侧根发生时，维管鞘一定部位的细胞脱分化和恢复分裂后，经几次平周分裂和垂周分裂，形成侧根原基。以后侧根原基细胞继续分裂、生长，逐渐分化出生长点和根冠。随着生长点细胞继续分裂、增大和分化，增大的侧根原基逐渐深入皮层，并分泌水解酶等，将部分皮层和表皮细胞溶解，因而侧根原基能够穿透皮层，如图2-43所示，突破表皮，伸出母根外，顺利地伸进土壤形成侧根。侧根伸出母根后，各种组织相继分化成熟，侧根维管组织也与母根的维管组织连接起来，增加根的吸收面积和根的支持作用。

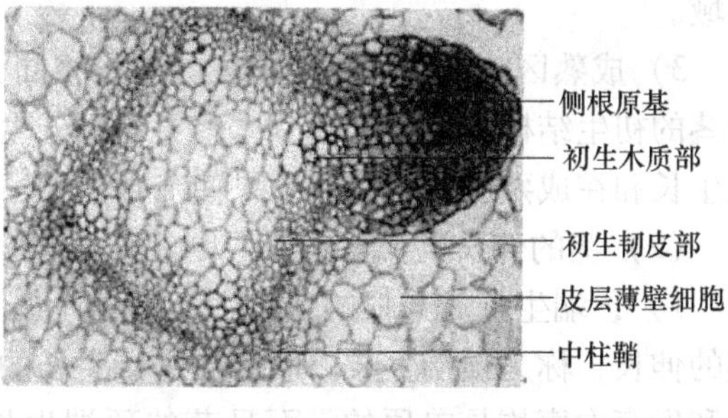

图2-43　侧根原基的形成过程

二、茎解剖结构的识别

1. 茎的伸长生长与初生构造

除少数植物茎外，大多数植物茎与根一样都是辐射对称的圆柱形器官，在形态建成过程中同样经历伸长、分枝过程，裸子植物和双子叶植物茎还有加粗生长过程。茎的伸长通过茎尖的初生生长进行，分为顶端生长与禾本科植物的居间生长。

（1）茎尖分区及结构　由于茎尖所处的环境以及所担负的生理功能不同，其形态结构也有所不同，如图2-44、图2-45所示。茎尖没有类似根冠的结构，但顶端分生组织有芽鳞和幼叶起保护作用。分生区的基部形成了一些叶原基突起，增加了茎尖结构的复杂性。

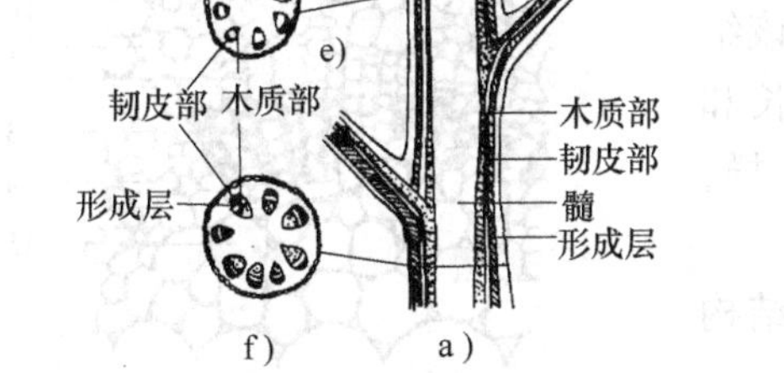

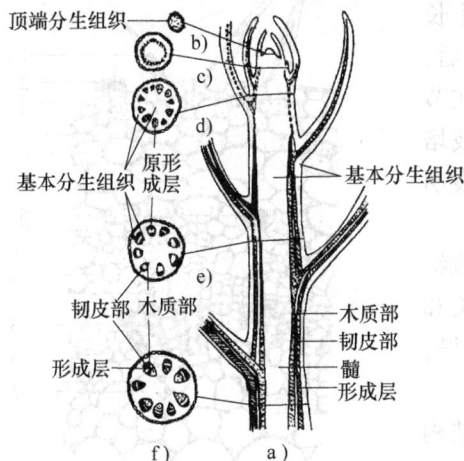

图2-44　茎尖各区结构简图

a）茎尖　b）分生区　c）、d）伸长区　e）、f）成熟区

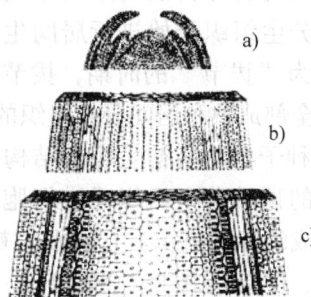

图2-45　茎尖分区纵剖面结构图

a）分生区　b）伸长区　c）成熟区

1）分生区。位于茎尖最先端部分的半圆形突起，由胚芽发育而来的顶端分生组织构成，也称为生长锥，被叶原基、芽原基和幼叶包围。分生区细胞具有强烈而持久的分裂能力，茎的各种组织均由此分裂而来，茎的侧生器官也是由茎尖分生组织产生。

2）伸长区。位于分生区的下方，细胞的形态特征与根尖伸长区基本相同，但茎尖的伸长区长度比根的伸长区长，包括几个节和节间，是顶端分生组织发展为成熟组织的过渡区域。

3）成熟区。位于伸长区下方，与根相同，此区各种成熟组织的分化基本完成，已具备幼茎的初生结构。在生长季节，茎尖顶端分生区内的分生组织细胞不断分裂、经伸长区的伸长生长和在成熟区的分化，结果使节数增加，节间伸长，同时产生新的叶原基和腋芽原基。

（2）茎的伸长生长

1）顶端生长。与根的顶端生长一样，由于顶端分生组织的活动而引起的生长，导致根、茎的伸长，称为顶端生长。但茎在进行生长的同时，还有叶和芽的发生，这些侧生器官的形成和发育次序均是向顶的，而且茎的顶端生长一般是在向光性和背地性的影响下背地向上生长。

一年生植物的顶端生长开始于春季或秋季，生长速度由慢再渐快，达到最高速后又渐缓，直至开花结果、死亡。亚热带地区四季气候温和，许多多年生植物如茶、荔枝、龙眼等每年可发生几次芽的活动和顶端生长。在季节性明显的地区，多年生植物每年只进行一次顶端生长。

2）居间生长。一些植物茎的生长除了以顶端生长方式进行外，还有居间生长。这是由于在顶端生长时，在节间留下了称为居间分生组织的初生分生组织，节间较短。随着居间分生组织细胞的分裂、伸长与分化成熟，节间才明显伸长，这种生长方式称为居间生长。

例如毛竹茎的伸长生长，除了茎尖生长以外，在节间基部还具有居间分生组织，使节间伸长。毛竹的伸长生长很快，一株粗10cm、高20m的毛竹，从出笋到成竹只有两个月时间，即两个月左右就停止生长，以后的生长主要是机械组织的成熟。又如冬小麦的冬前生长仅是顶端生长，向上依次形成叶原基、腋芽原基和芽，但节间不伸长，形成密集的节和分蘖；春季生长时，茎端又分化出少数几个节、节间、叶和芽后，茎端就转化为花芽，顶端生长停止，此时留在节间的居间分生组织开始进行居间生长，即是栽培生产中称为“拔节”的时期，拔节停止时，表明茎的组织全部成熟和居间分生组织的消失。

（3）种子植物茎初生解剖结构的识别　该结构是由茎的顶端分生组织通过细胞分裂、生长和分化所形成的各种组织。它同根的初生结构一样，也分表皮、皮层和中柱三个部分。

根与茎都是辐射对称的轴状结构，初生结构都由表皮、皮层和维管柱三大部分组成。

但茎的皮层和维管柱之比较根小，且普遍具有较大的髓部。茎的三大部分的详细结构如图2-46所示。

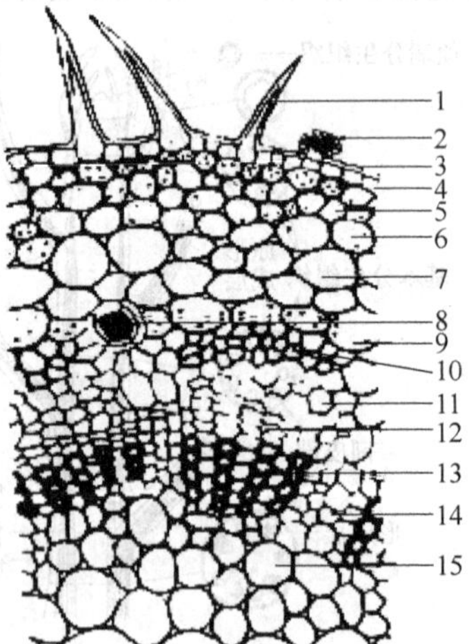

图2-46　楝茎横切面（示初生结构）

1—表皮毛　2—腺鳞　3—角质层　4—表皮　5—厚角组织　6—叶绿体　7—皮层薄壁细胞　8—分泌腔　9—淀粉鞘　10—中柱鞘　11—初生韧皮部　12—束内形成层　13—初生木质部　14—髓射线　15—髓

1）表皮。位于幼茎最外面的一层细胞，来源于初生分生组织的原表皮，是茎的初生保护组织。

在横切面上表皮细胞为长方形，排列紧密，没有间隙，细胞外壁较厚，常形成角质层。表皮有气孔，是进行气体交换的通道。有些植物上还有表皮毛或腺毛，具有分泌和加强保护的功能。表皮这种结构上的特点，既能起到防止茎内水分过度散失和病虫侵入的作用，又不影响透光和通气，仍能使幼茎内的绿色组织进行正常光合作用。

2）皮层。位于表皮内方，主要由薄壁组织所组成。细胞排列疏松，有明显的细胞间隙。靠近表皮的几层细胞常分化为厚角组织。薄壁组织和厚角组织细胞中常含有叶绿体，能进行光合作用，幼茎因而常呈绿色。幼茎的这种结构特点，在幼根中不存在，因为幼茎生长于地上部，所受到的光照、重力等条件的作用与生长在土壤中的幼根完全不同。

水生植物的茎一般缺乏机械组织，但皮层薄壁组织的细胞间隙却很发达，常常形成通气组织；有些植物茎的皮层中有分泌腔、乳汁管或其他的分泌结构，如松、棉花等；有些则具有含晶体和单宁的细胞。有的木本植物茎的皮层内，往往有石细胞群的分布。

3）维管柱。与根一样为皮层以内的中轴部分，多数双子叶植物的维管柱包括维管束、髓和髓射线三部分，不具中柱鞘。

① 维管束。维管束是指由初生木质部和初生韧皮部共同组成的分离的束状结构。茎内各维管束作单环状排列，多数植物的维管束属于外韧维管束，既韧皮部（由筛管、伴胞、韧皮薄壁细胞和韧皮纤维组成）在外方，主要功能是输导有机物，木质部（由导管、管胞、木质薄壁细胞和木质纤维组成）在维管束的内方，主要功能是输送水分和无机盐，并有支持作用。在初生韧皮部和初生木质部之间保留一层具有分裂能力的薄壁细胞，称为束中形成层，是继续进行次生生长的基础，它能不断分裂，产生新的次生结构，这种维管束又称为外韧无限维管束。

夹竹桃、甘薯、番茄、马铃薯、南瓜等的茎，其维管束的外侧和内侧都是韧皮部，中间是木质部，在外侧的韧皮部和木质部之间有形成层，这种维管束称为双韧维管束，如图2-47所示。

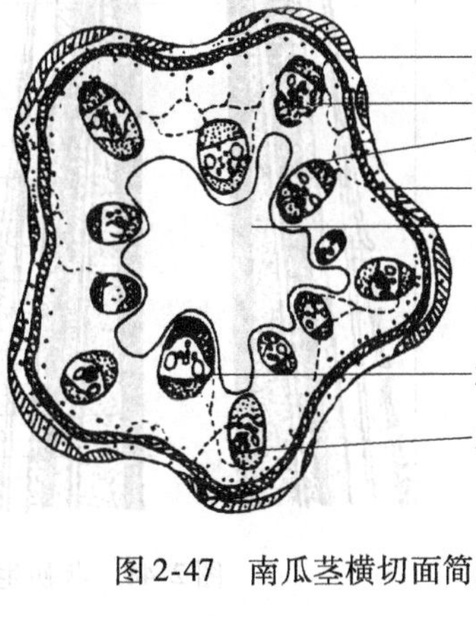

图2-47　南瓜茎横切面简图

② 髓。位于幼茎中央的薄壁组织称为髓，有贮藏养料的作用。有的植物髓中含有石细胞，如樟树。有的含有晶细胞、单宁等异形细胞。有些植物的髓发育成厚壁组织，如栓皮栎等，有的植物的髓在生长过程中早期死亡，形成髓腔如连翘、蚕豆、南瓜。胡桃、枫杨属植物的髓腔里留有片状的髓组织。椴树属的髓部外围细胞较小、壁厚，与内方的细胞差异很大，特称为髓鞘。

③ 髓射线。各维管束之间的薄壁组织，外接皮层内通髓，在横切面上呈放射状，具有横向运输的作用，同时也是茎内贮藏营养物质的组织。

大多数木本植物，由于维管束排列紧密，因而髓射线很窄，仅为1~2行薄壁细胞，而双子叶草本植物则有较宽的髓射线。木本植物的髓射线可随着茎的增粗而增长。

2. 茎的加粗生长与次生结构的识别

（1）双子叶植物茎的加粗生长与次生结构　一般一、二年生双子叶草本植物茎，由于生活期短，不具形成层或形成层活动很少，因而只有初生构造或仅有不发达的次生结构。而多年生双子叶木本植物茎和裸子植物茎，在初生结构形成以后，产生形成层与木栓形成层。形成层和木栓形成层每年周期性活动，形成了发达的次生结构，如图 2-48 所示。

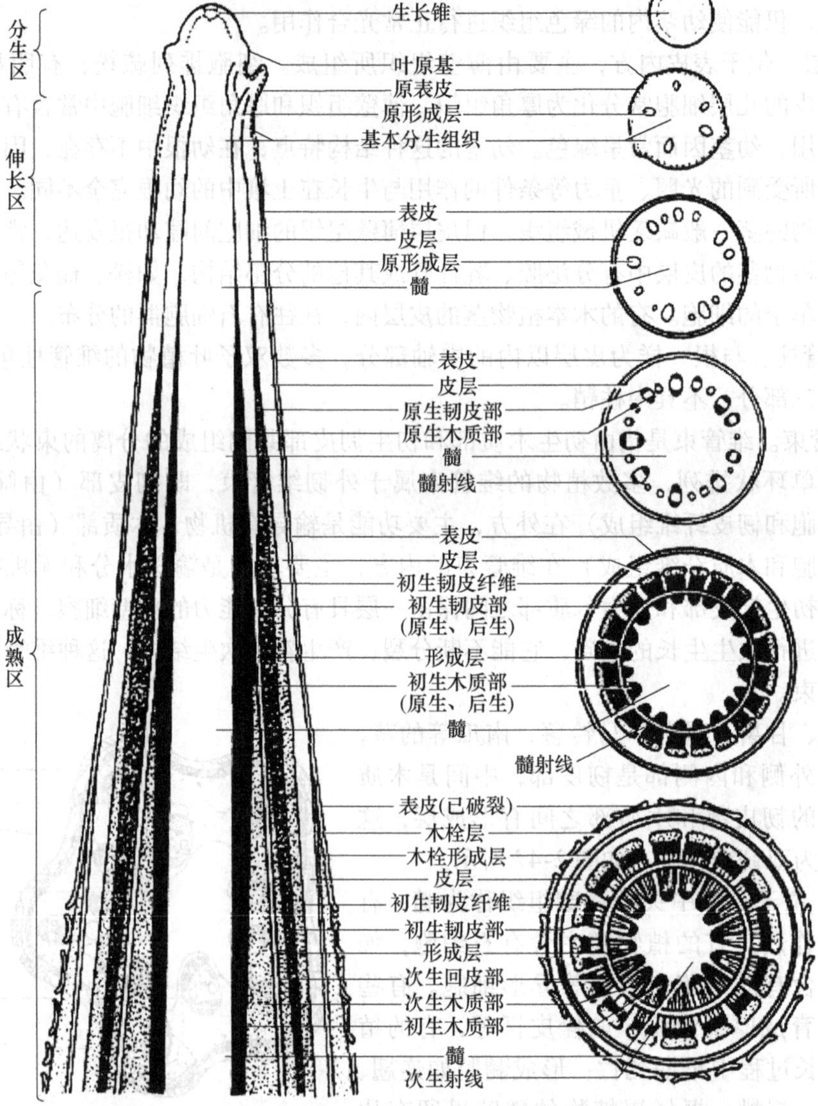

图 2-48　茎初生结构至次生结构的发育过程图

由次生分生组织——形成层和木栓形成层的细胞经分裂、生长和分化，产生次生结构的过程称为次生生长，如图 2-49 所示。茎次生结构的形成与根一样，也是由于形成层和木栓形成层活动的结果。

1）维管形成层的产生及活动。

① 维管形成层的产生。当茎的初生结构形成之后，束中形成层开始活动，此时与束中形成层相连接的髓射线细胞也恢复分裂能力，由薄壁细胞转变为分生细胞，形成束间形成层。束中形成层和束间形成层连成一环，共同构成维管形成层。

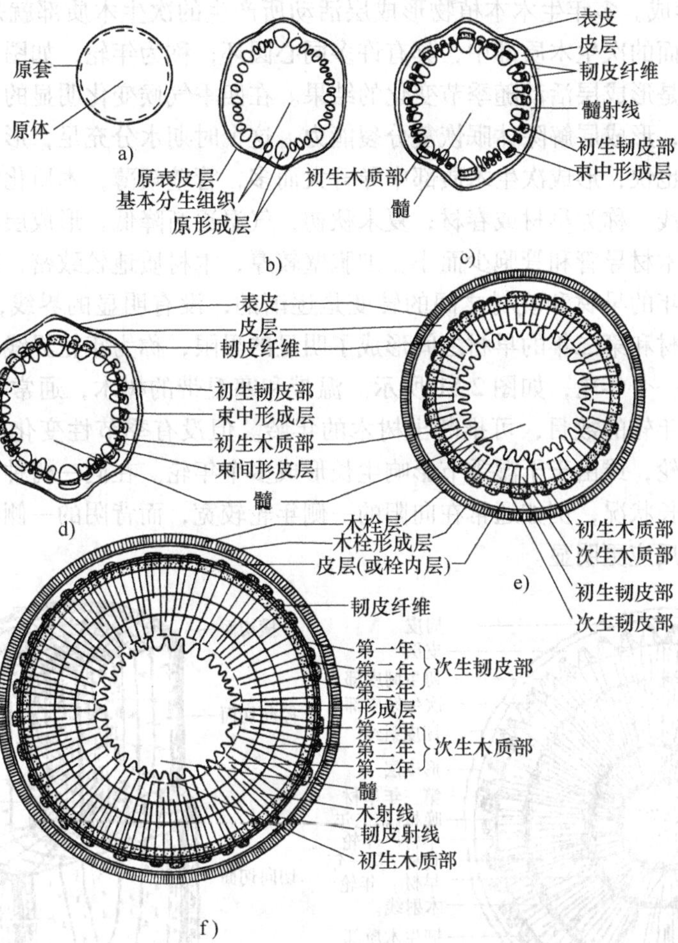

图 2-49 木本植物茎的初生与次生生长过程简图

a）茎生长锥原分生组织部分横切面 b）生长锥下方初生分生组织部分 c）初生结构

d）维管形成层环形成 e）、f）次生生长和次生结构

② 维管形成层的活动。维管形成层产生后细胞不断分裂，进行次生生长形成次生结构。维管形成层向内分裂产生次生木质部，加在初生木质部的外方；向外分裂产生次生韧皮部，加在初生韧皮部的内方。在形成层的分裂过程中，形成的次生木质部的量远比次生韧皮部多，所以木本植物的茎主要由次生木质部占据。树木生长的年数越多，次生木质部所占的比例越大，次生韧皮部分布在茎的周边参与形成树皮而逐渐脱落。束中形成层还能在次生韧皮部和次生木质部内形成数列薄壁细胞，在茎横切面上，呈辐射状排列，称为维管射线，具有横向运输与贮藏养料的功能。

次生韧皮部与次生木质部的组成与其初生结构基本相同，韧皮部以韧皮薄壁细胞及筛管为主要成分。韧皮纤维及石细胞是次生韧皮部的机械组织，如麻栎属及槭属，桑属及椴属则只有韧皮纤维，水青冈属则只有石细胞。木质部中以木纤维及导管为主要成分，在茎的次生构造中，木薄壁组织较少。木纤维是木材中的主要机械组织，茎中木纤维的多少，影响木材的硬度。

③ 年轮的形成。多年生木本植物形成层活动所产生的次生木质部就是木材，在多年生木本植物茎横切面的次生木质部中，具有许多同心圆环，称为年轮，如图 2-50 所示。

年轮的产生是形成层活动随季节变化的结果。在四季气候变化明显的温带和寒温带，春季温度逐渐升高，形成层解除休眠恢复分裂能力，这个时期水分充足，形成层活动旺盛，细胞分裂快，生长也快，形成次生木质部中导管大而多，管壁较薄，木质化程度低，木材质地较疏松，颜色较浅，称为早材或春材；夏末秋初，气温逐渐降低，形成层活动逐渐减弱，直至停止，产生的木材导管和管胞少而小，细胞壁较厚，木材质地较致密，颜色较深，称为晚材或秋材。同一年的早材和晚材之间的转变是逐渐的，没有明显的界线，但经过冬季的休眠，前一年的晚材和第二年的早材之间形成了明显的界限，称为年轮界线，同一年内产生的春材和秋材构成一个年轮，如图 2-51 所示。温带和寒温带的树木，通常一年只形成一个年轮。因此，根据年轮的数目，可推断出树木的年龄。但没有季节性变化的热带、亚热带地区，无明显的年轮，或由于干湿季节影响生长形成多个年轮。在同一树种中，年轮的宽度可以反映植物的生长状况，例如通常在向阳的一侧年轮较宽，而背阴的一侧年轮较窄，这种情况在速生树种中反应更明显。

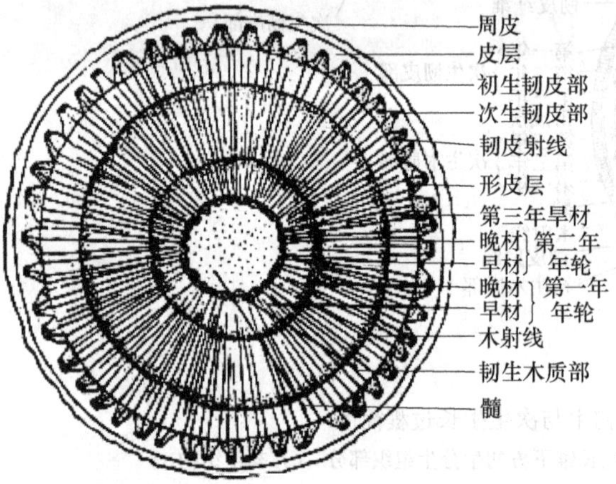

图 2-50　木本植物三生茎横切面图解

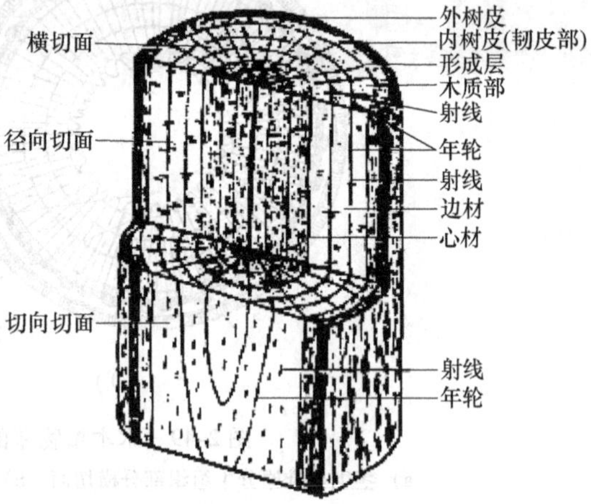

图 2-51　木本老茎三种切面示意图（示边材和心材）

很多树木，随着年轮的增多，茎干不断增粗，靠近形成层部分的木材颜色浅，质地柔软，导管有输导功能，材质较差，称为边材。木材的中心部分，颜色较深，质地较坚硬，材质较好，称为心材。心材是较早形成的木质部，薄壁细胞常从纹孔处侵入导管或管胞腔内，并膨大，同时常被树脂、单宁、油类等物质填充，形成堵塞管腔的突起结构，如图 2-52 所示。心材导管失去了输导功能，但对植物体有较强的支持作用。

心材的数量随着茎的增粗逐年由边材转变而增加。随着形成层不断形成新的次生木质部，增加木材的边材部分，同时，内方的边材也逐渐变为心材，因此心材的直径逐渐加宽，边材则相对的保持一定的宽度。不同树种边材与心材的宽度及比例不同，例如榉树、檫木、刺槐、桑树的边材都较窄，而马尾松、白蜡树的边材比较宽。有些树种没有明显的心材，称为隐心材树种。

2）木栓形成层的产生和活动如图 2-53 所示。

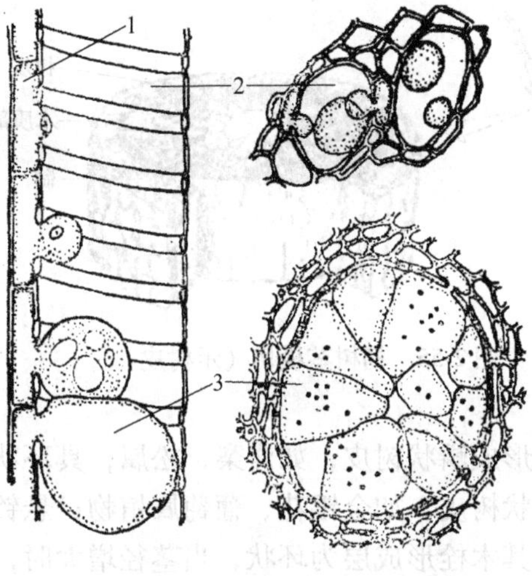

图 2-52 心材的导管细胞被填充

1—薄壁细胞膨大初期 2—导管 3—突起结构

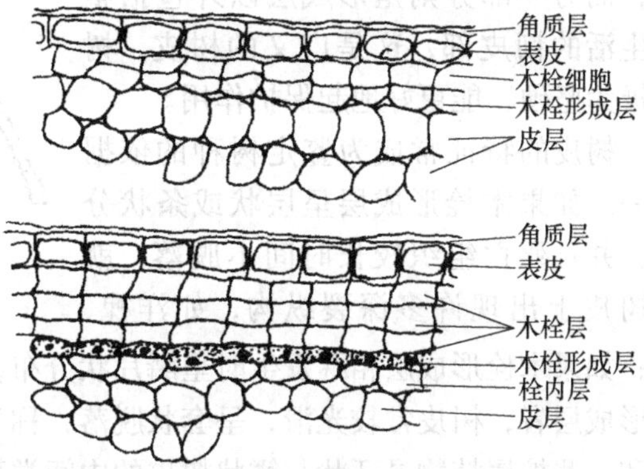

图 2-53 双子叶植物茎木栓形成层的产生和活动

① 木栓形成层的产生。双子叶植物和裸子植物的茎在适应内部直径增大的情况下，外周出现了木栓形成层，并由它产生新的保护组织。

茎中的木栓形成层在不同的植物中，来源不同。多数植物茎的木栓形成层是由紧接表皮的皮层薄壁细胞恢复分裂能力而形成，如杨属、栗属、榆属等；但苹果、夹竹桃、柳等起源于表皮细胞；花生、大豆由厚角组织转变而成；茶属植物在初生韧皮部发生。

② 木栓形成层的活动。木栓形成层主要进行平周分裂，向外分裂形成木栓层，向内形成栓内层。

木栓层层数多，其细胞形状与木栓形成层类似，细胞排列紧密，无细胞间隙，成熟时为死细胞，壁栓质化，不透水、不透气；栓内层层数少，多为 1 ~ 3 层细胞，有些植物甚至没有栓内层。木栓层、木栓形成层和栓内层三者合称为周皮，是茎的次生保护结构。

当木栓层形成后，由于木栓层不透水、不透气，所以木栓层以外的组织，因水分及营养物质的隔绝而死亡并逐渐脱落，木栓层便代替表皮起保护作用。在表皮上原来气孔的位置，由于木栓形成层的分裂，产生一团疏松的薄壁细胞，向外突出，形成裂口，叫皮孔，如图 2-54 所示，具有代替气孔的作用，是茎进行气体交换的通道。

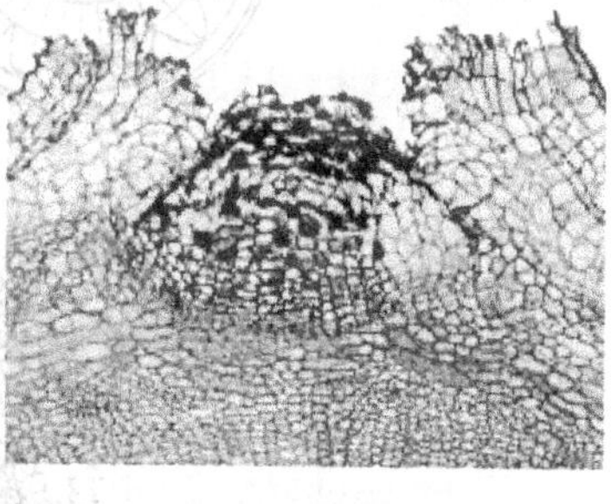

图 2-54 接骨木茎部分横切示皮孔结构

木栓形成层的活动期有限，一般只有一个生长季，第二年由其里面的细胞再转变成木栓形成层，形成新的周皮，这样多次积累，木栓形成层的位置逐渐向内移。在老茎中，木栓形成层可以到达次生韧皮部中发生。新形成的木栓层阻断了其外围组织与茎内部组织之间的联系，使外围组织不能得到水分和养料的供应而死亡。这些失去生命的组织，包括多年的周皮，总称为树皮。在林业生产中，习惯将木材以外的部分称为树皮，如图 2-55 所示，这是因为树皮与韧皮部相连，常易于在形成层处剥离。

实际上树皮包括两部分，一部分是最新形成的木栓形成层以外的真正的树皮，而另一部分则是形成层以外包括整个生活的韧皮部，这是广义的树皮。树皮极为坚硬，能更好地起保护作用。

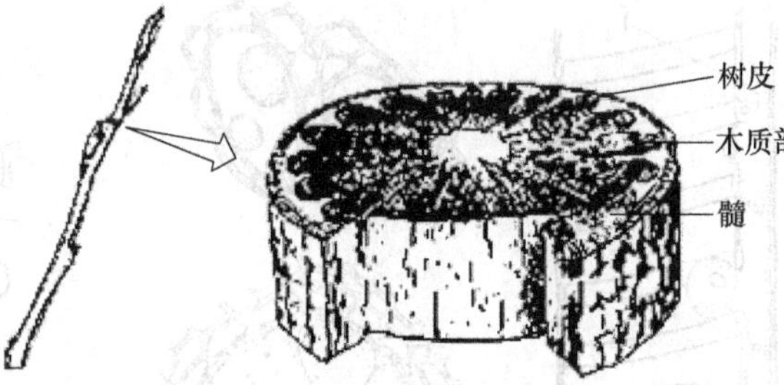

图 2-55　杨树茎横切（示树皮）

树皮的特征常成为鉴定树种的依据之一。如果木栓形成层呈层状或条状分布，并且死亡组织较长时间不脱落，就使树皮上出现许多深裂纵沟，如洋槐、榆；如果木栓形成层相继发生时呈鳞片状分布，就形成鳞状树皮，如洋梨、松属；具环状木栓形成层者，树皮常较光滑，呈套状脱落，称为环状树皮，如金银花、葡萄属植物；悬铃木属和一些桉属植物是环状与鳞状树皮的中间类型，其木栓形成层为环状，当茎径增大时，木栓层扩张，而后破裂，树皮呈大片状脱落，呈现出鳞片状光滑的斑痕。

树皮有重要的工业价值，如栓皮栎所产的栓皮是工业上的绝缘材料；栎属、柳属的树皮可提取单宁；桑树及构树的树皮可以造纸；厚朴和杜仲的树皮可供药用等。

3）双子叶植物茎的次生结构。双子叶植物由于形成层和木栓形成层的产生与活动，在茎内形成大量的次生组织，并形成次生结构。茎的次生结构自外向内依次是：周皮（木栓层、木栓形成层、栓内层）、皮层（有或无）、初生韧皮部、次生韧皮部、形成层、次生木质部、初生木质部、髓。在维管束之间还有髓射线，维管柱内有维管射线，如图 2-56 所示。

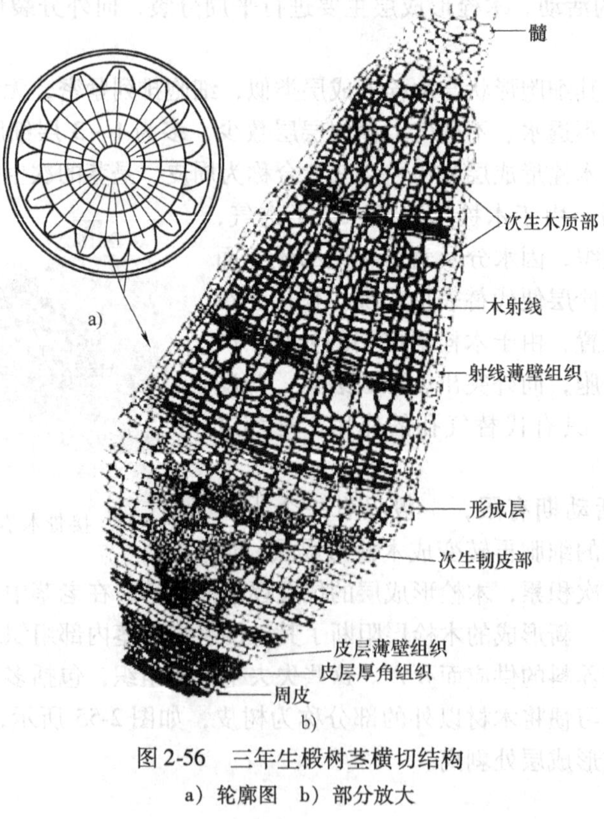

图 2-56　三年生椴树茎横切结构

a）轮廓图　b）部分放大

综上所述，双子叶植物茎的次生结构与根的次生结构有许多相同之处，不但组成成分相同，木质部和韧皮部的排列与比例也相似，而且在较老的材料中，木栓形成层发生的部位也没有区别，在后期都由次生韧皮部形成。

仅在下列方面不同：

① 茎的次生结构中经常可见保留的皮层和初生韧皮部，根由于第一个木栓形成层常由中柱鞘细胞产生，所以不保留有皮层（少数例外）。但茎中的皮层和初生韧皮部可以在次生生长某个阶段减少以至于消失，这要由木栓形成层相继向内发生的情况而定。

② 根的中央有外始式的初生木质部，而茎次生结构的中央仍保留有髓（多年生木本植物的髓后期可木质化，甚至成为心材的一部分）或髓腔，髓的外围是内始式的初生木质部，口径小的螺纹、环纹导管靠近髓的一方，这与根相反。

（2）单子叶植物茎解剖结构的识别　单子叶植物茎尖的结构与双子叶植物相同，但所发育的茎的结构则不同。单子叶植物茎的结构与一般双子叶植物有显著的区别：大多数单子叶植物的茎和根一样，没有形成层，因而只有初生结构，没有次生结构，所以单子叶植物茎的结构比双子叶植物简单。

双子叶植物茎中维管束排列成环状，因而皮层、髓、髓射线各部分界限明显。而单子叶植物茎中的维管束是散生在基本组织中，因而没有皮层、中柱和髓部的界限，射线也不清楚，只能划分为表皮、基本组织和维管束3个基本组织部分，如图2-57、图2-58所示。

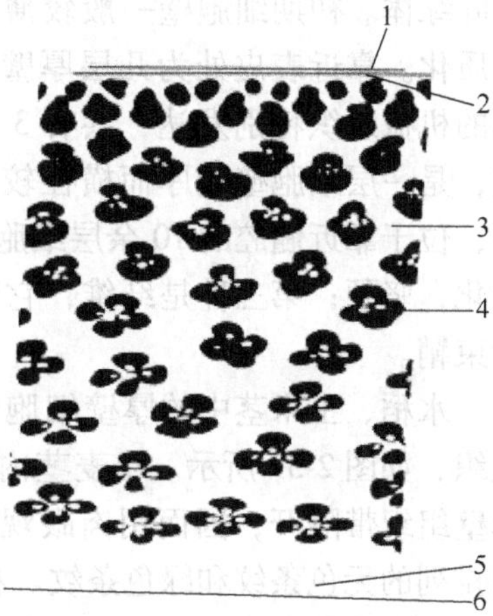

图2-57　毛竹茎横切部分结构
1—表皮　2—下皮　3—基本组织
4—维管束　5—石细胞层
6—髓腔边缘组织

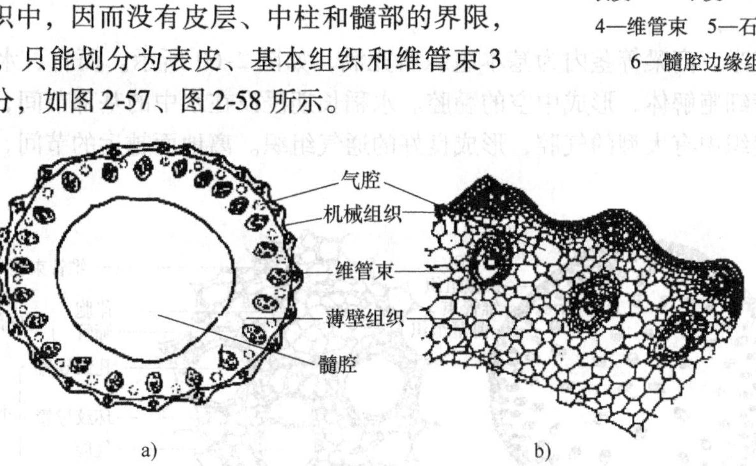

图2-58　水稻茎横切
a）横切面图　b）横切面部分放大图

现以禾本科植物茎的结构为例来说明。

禾本科植物的茎有明显的节与节间的区分。大多数种类的节间中央部分解体萎缩，形成中空的秆，毛竹茎秆的中空部分称为髓腔，其周围的壁称为竹壁。用肉眼观察竹壁，自外而内可分为竹青、竹肉和竹黄三部分。也有的种类茎为实心的结构。

1）表皮。如图2-59所示，茎最外一层生活细胞排列整齐，由长轴形细胞和短轴形细胞纵向相间排列而成，长细胞的细胞壁厚而角质化，其纵向壁常呈波状，是构成表皮的主要成分。短细胞位于2个长细胞之间，排成整齐的纵列，其中一种短细胞具栓质化的细胞壁，称为栓质细胞，另一种是含有大量二氧化硅的硅质细胞。硅酸盐沉积于细胞壁上的数量，与茎秆的挺立强度和对病虫害的抵抗力强弱有关。禾本科植物表皮上的气孔，结构特殊，由一对哑铃形的保卫细胞构成，保卫细胞的两侧还各有1个半球形的副卫细胞。

2）基本组织。表皮以内除维管束外，均为基本组织，由厚壁细胞和薄壁细胞组成。靠近外方的基本组织常含叶绿体，故竹青呈现绿色，位于机械组织以内的基本组织细胞，则不含叶绿体。初期细胞壁一般较薄，随竹龄增加而逐渐增厚并木质化。靠近表皮处为几层厚壁组织，具有支持作用。毛竹茎的机械组织特别发达，共有3种：一种是在表皮内方的下皮，是一层细胞壁较厚而横径较小的细胞；另一种是石细胞层，位于靠近髓腔的10余层细胞，细胞形大而短，壁厚且木质化，坚硬；第三种是纤维，它环绕在维管束四周，称为维管束鞘。

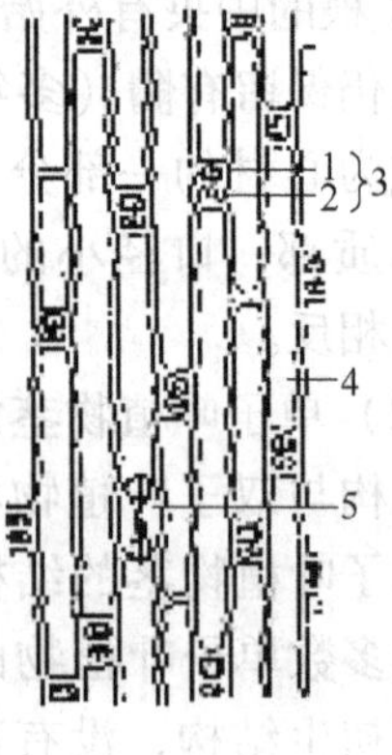

图2-59 玉米茎表皮表面观

1—栓质细胞 2—硅质细胞 3—短细胞 4—长细胞 5—气孔器

水稻、玉米茎中的厚壁细胞连成一环，形成牢固的机械组织，如图2-59所示。小麦茎内也有机械组织环，但被绿色薄壁组织带隔开，因而用肉眼观察小麦茎秆时，可以看到相间排列的无色条纹和绿色条纹。在厚壁组织以内为薄壁组织，充满在各维管束之间。基本组织兼具皮层和髓的功能。有的植物的基本组织的部分细胞中含有叶绿体，呈绿色，能进行光合作用。

甘蔗、玉米、高粱等茎内为基本组织所充满，如图2-60所示。而竹、水稻、小麦等茎内的中央薄壁细胞解体，形成中空的髓腔。水稻长期浸没在水中的基部节间，在两环维管束之间的基本组织中有大型的气腔，形成良好的通气组织。离地面越远的节间，这种通气道越不发达。

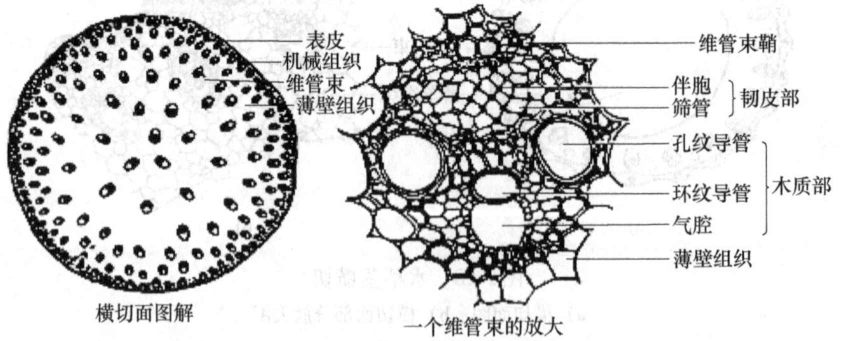

图2-60 玉米茎横切

3）维管束。维管束数目很多，分散在基本组织中。根据排列方式分为两类：

一类如竹、水稻、小麦等，各维管束排列成内、外两环。外环的维管束较小，位于茎的边缘，大部分埋藏于机械组织中；内环的维管束较大，周围被基本组织包围，节间中空，形成髓腔，如图2-61所示。

另一类如玉米、甘蔗、高粱等，维管束分散排列于基本组织中。近边缘的维管束较小，彼此距离较近；靠中央的维管束较大，相距也较远。

每束维管束的外周由厚壁机械组织组成的维管束鞘包围，增强茎的支持作用。在维管束的两端，也有较多的厚壁细胞。维管束的外方为初生韧皮部，内方为初生木质部。初生木质部呈“V”字形，其基部为原生木质部，由一个环纹导管及一个螺纹导管组成，在环纹导管的附近，常有因导管破裂而形成的气腔。“V”字形的两臂各有一个后生的大型纹孔导管。由于维管束内没有形成层，这种维管束称为有限维管束，因此禾本科植物不能进行次生生长，只有初生构造，不能增粗。因此，毛竹茎秆的粗细在笋期已经定型，这是单子叶植物的主要特征之一。

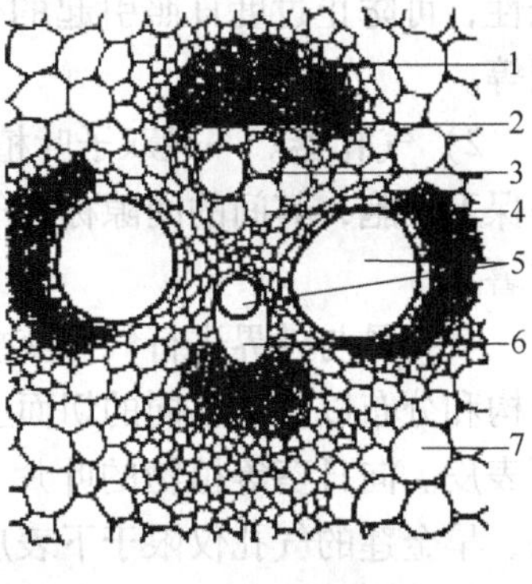

图2-61 毛竹茎内维管束的放大

1—纤维 2—被挤碎的原生韧皮部 3—伴胞 4—筛管 5—导管 6—空腔 7—基本组织

三、叶解剖结构的识别

1. 双子叶植物叶结构的识别

双子叶植物的叶片由表皮、叶肉和叶脉3部分组成，如图2-62所示。

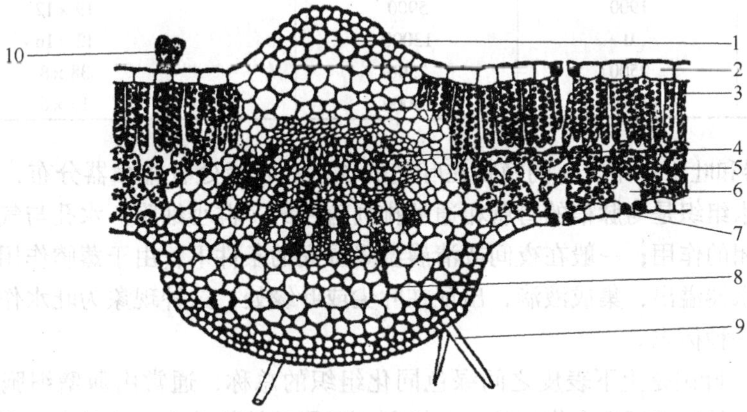

图2-62 双子叶植物叶片通过主脉的横切面

1—厚角组织 2—表皮 3—栅栏组织 4—木质部 5—海绵组织 6—气室 7—气孔 8—韧皮部 9—表皮毛 10—腺毛

（1）表皮 覆盖于叶片的上下表面，故有上、下表皮之分，上表皮较厚，下表皮较薄。表皮是叶的保护组织，由表皮细胞、气孔器、排水器、表皮毛、腺鳞等组成。

1）表皮细胞。通常由一层生活细胞组成，但有的植物叶片由多层细胞组成，称为复表皮，如夹竹桃和橡皮树叶片的表皮细胞为三层。叶片的表皮细胞一般是形状不规则的扁平细胞，侧壁凹凸不齐，彼此紧密嵌合，在横切面上呈长方形或方形，外壁较厚并角质化，形成角质层。有些植物在角质层外，还有一层不同厚度的蜡层。有的还具有表皮毛、腺毛等，一般不具叶绿体。

表皮具有保护作用，可以控制水分的蒸腾，防止病菌的侵入，同时角质层还具较强的折光性，可防止过度日照引起的伤害；表皮还具有吸收能力，可在叶面上喷药或进行根外追肥等。

2）气孔器。一般双子叶植物的气孔器是由两个半月形的细胞围合而成，这两个细胞称为保卫细胞，其间的间隙称为气孔。有些植物在保卫细胞之外，还有较整齐的副卫细胞，如甘薯。

气孔是与外界进行气体交换的通道，也是蒸腾作用的通道。不同植物叶片气孔的形态、结构和分布以及在不同的切面上有着显著的差异。木本双子叶植物如茶、桑等气孔多分布在下表皮。向日葵等植物的叶片上、下表皮都有气孔，但下表皮气孔数目多于上表皮。而苹果、旱金莲的气孔仅限于下表皮。睡莲、莲的气孔仅限于上表皮。沉水植物叶片，如眼子菜等一般没有气孔。

植物叶片的气孔，一般在阳光充足处分布较多，阴湿处分布较少。总之，不同植物的气孔数目、形态结构和分布有着明显的差异，见表2-2。

表2-2　植物叶片表皮上气孔的数目和大小

植物名称	上表皮数目/cm^2	下表皮数目/cm^2	下表皮气孔开启时的大小/$\frac{长 \times 宽}{\mu m \times \mu m}$
小麦	3300	1400	38×7
玉米	5200	6800	19×5
向日葵	8500	15600	22×8
菜豆	4000	28000	7×3
大花天竺葵	1900	5900	19×12
旱金莲	0	13000	12×16
野燕麦	2500	2300	38×8
番茄	1200	13000	13×6

3）排水器和吐水作用。有的植物在叶边的顶端和叶缘处有排水器分布，由水孔和贮水组织构成。贮水组织是与脉梢的管胞相通的排列疏松的一群小细胞。水孔与气孔相似，但没有自动调节开闭的作用；一般在夜间或清晨温暖湿润的条件下，由于蒸腾作用微弱，根部吸入的水分从排水器溢出，集成液滴，出现在叶尖或叶缘处，这种现象为吐水作用，可作为根系正常活动的一种标志。

（2）叶肉　叶肉是上下表皮之间绿色同化组织的总称，通常由薄壁细胞组成，其细胞内富含叶绿体，是叶进行光合作用的主要场所。双子叶植物叶片一般具有上下面的区别，上面（即腹面或近轴面）绿色较深，下面（即背面或远轴面）绿色较浅。由于叶片两面受光情况不同，因而叶片两面的内部结构也不相同，分化为栅栏组织和海绵组织。这种有背腹之分的叶片，称为两面叶或异面叶。

1）栅栏组织。由靠近上表皮的一层或多层，长圆柱形的薄壁细胞组成。细胞纵轴与叶表皮垂直，细胞间隙很小，排列整齐呈栅栏状，细胞中含大量叶绿体，颜色深，主要是进行光合作用。

2）海绵组织。位于栅栏组织和下表皮之间，细胞形状不规则，有发达的细胞间隙，呈海绵状，含叶绿体比栅栏组织少，颜色浅，主要作用是贮藏气体。

叶肉细胞中栅栏组织与海绵组织的发达程度取决于植物的遗传特性及其生理生态类型。

（3）叶脉　叶脉是叶片中的维管束，是茎中维管束的延伸。在茎中，维管束的木质部在内方，韧皮部在外方，进入叶中，维管束的木质部在上方（近轴面），韧皮部在下方（远轴面）。维管束的内部结构，因叶脉的大小而不同。粗大的主脉，由维管束和机械组织组合而成。木质部由导管、管胞、薄壁细胞和厚壁细胞组成。韧皮部由筛管、伴胞、薄壁细胞组成。并且在木质部和韧皮部之间有形成层，其活动期短，因而产生的次生组织不多。维管束外围有由厚角组织组成的机械组织分布，并直接与上下表皮相连，下方的机械组织更为发达，通常在叶背面隆起。所以叶脉不仅有输导作用，还有支撑叶面的作用，可以使叶片舒展在空中，充分接受光照，有利于叶片进行光合作用。

叶脉越细，结构越简单，首先是形成层消失，其次是机械组织逐渐减少直至消失，再次是木质部和韧皮部结构逐渐简化，只有一个螺纹管胞或筛管分子、伴胞，最后完全消失。

2. 单子叶植物叶结构的识别

禾本科作物玉米、高粱、小麦、水稻等叶片的结构也分为表皮、叶肉和叶脉 3 部分。

（1）表皮　位于叶片上下表面，故也有上表皮和下表皮的区分，但与双子叶植物相比，上、下表皮除具有角质层、蜡质层外，细胞还高度硅质化，如水稻形成硅质化乳突，使叶片较坚硬。

表皮由表皮细胞、泡状细胞、气孔器和表皮毛等组成。

1）表皮细胞。包括长细胞与短细胞两种，长细胞为长方形，长径与叶的纵轴方向一致，横切面近于方形，外壁角质化并含有硅质。短细胞又分为硅质化细胞与栓质化细胞两种类型，相间纵向排列成行。这是禾本科植物的主要特征之一。

表皮上，一个长细胞和两个短细胞（一个硅细胞和一个栓细胞）交互排列。

2）泡状细胞。在叶片上表皮的叶脉之间还有几个大小不等的特殊细胞，这些细胞侧壁较薄，外壁较厚，有较大的液泡，能贮藏大量的水分，称为泡状细胞。横切面上可常见有几个细胞在一起，中部的细胞较大，两侧的细胞较小，排列成扇形。泡状细胞吸水膨胀或失水收缩能使叶片舒展或卷曲，故也称为运动细胞。在干旱时，这些泡状细胞因失水而缩小，使叶片向上卷曲成筒状，以减少水分蒸腾；当大气湿润，蒸腾减少时，泡状细胞吸水胀大，使叶片展开恢复正常，此现象在玉米、水稻等植物上表现得非常明显。

3）气孔器。禾本科植物叶的上、下表皮都有气孔器，由一对保卫细胞和一对副卫细胞组成。与双子叶植物气孔的形状不同，保卫细胞为哑铃状，细胞两端壁薄，中部壁特别增厚，气孔的开闭是保卫细胞壁胀缩变化的结果。保卫细胞吸水膨胀时，薄壁的两端膨大，互相撑开，于是气孔开放；缺水时，两端萎缩，气孔闭合。副卫细胞位于保卫细胞两旁，呈半球形。

4）表皮毛。禾本科植物表皮上有柔软的微毛和坚硬的刺毛与刚毛等，可以加强表皮的保护作用。

（2）叶肉　禾本科植物的叶肉，没有栅栏组织和海绵组织的分化，称为等面叶。叶肉细胞排列紧密，如图 2-63 所示，细胞间隙小，但在气孔内方有较大的间隙，称为孔下室。叶肉细胞形状不规则，叶肉细胞壁向内皱褶，形成了具有“峰、谷、腰、环”的结构，如图 2-64 所示，有利于更多的叶绿体排列在细胞的边缘，接受二氧化碳和光照进行光合作用。当相邻叶肉细胞的“峰”、“谷”相对时，可使细胞间隙加大，便于气体交换。

（3）叶脉　叶片中的维管系统，由维管束和其外围的维管束鞘组成。

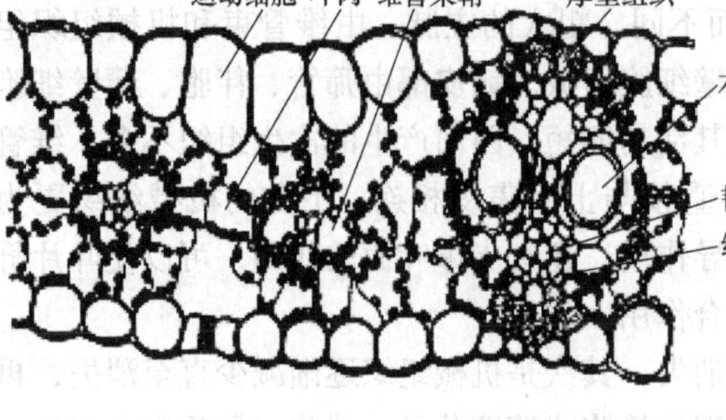

图 2-63 玉米叶片横切部分结构

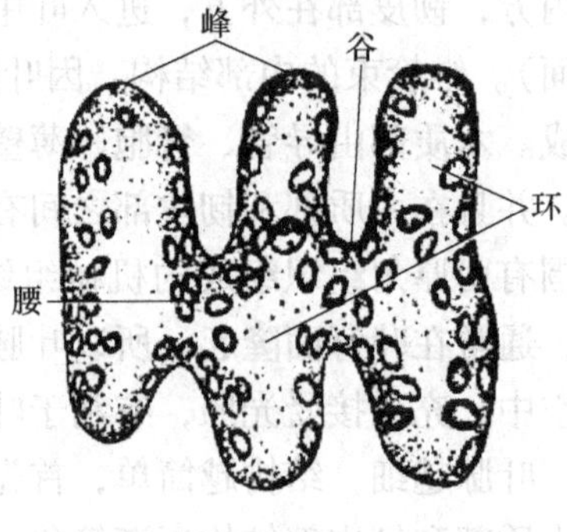

图 2-64 小麦叶肉细胞“峰、谷、腰、环”结构

1）维管束结构与单子叶植物茎的维管束相同，都为有限外韧维管束。由木质部、韧皮部组成，木质部在上，韧皮部在下，维管束内无形成层。

2）维管束鞘。禾本科植物叶脉的维管束鞘有两种类型：一类是由单层薄壁细胞组成，如玉米、高粱、甘蔗等，细胞较大，排列整齐，内含有较大的叶绿体，在显微结构上，这些叶绿体比叶肉细胞所含的叶绿体大，没有或仅有少量基粒，但积累淀粉的能力却超过叶肉细胞中的叶绿体，而且在维管束周围紧密连接着一圈叶肉细胞，组成了“花环形”结构，其结构光合速率高，这种解剖结构是 C_4 植物叶的特征；另一类是由两层细胞组成，如小麦、水稻等，其外层细胞壁薄，细胞较大，所含叶绿体较叶肉细胞的小而少，内层细胞壁厚，细胞较小，不含叶绿体，没有“花环”结构，并且维管束鞘细胞中叶绿体较叶肉细胞少，其结构光合速率低，这是 C_3 植物叶的特征。

实训 7 根的解剖结构的观察

一、目的

区别根尖各区结构，认识双子叶植物根初生结构和单子叶植物根结构特征，熟练使用显微镜。

二、用具与材料

显微镜、放大镜、培养皿、滤纸、盖玻片、载玻片、镊子、刀片、植物学盒、1%番红溶液、间苯三酚、盐酸。

玉米（或小麦、水稻）的籽粒、蚕豆（或大豆、棉花）的种子、小麦（或洋葱）根尖纵切片、蚕豆幼根横切片。

三、方法与步骤

1. 根尖及其分区

（1）材料的培养　在试验前 5～7d，用几个培养皿（或搪瓷盘），内铺滤纸，将玉米（或小麦、水稻）籽粒浸入水后均匀地排在潮湿滤纸上，并加盖。然后放入恒温箱中或温暖的地方，温度保持 15～25℃，使根长到 1～2cm，即可观察。

（2）根尖及其分区的观察　选择生长良好且直的幼根，用刀片从有根毛处切下，放在载玻片上（片下垫一张黑纸），不要加水，用肉眼或放大镜观察它的外形和分区。

（3）根尖分区的内部结构　取小麦（或洋葱）根尖纵切片，在显微镜下观察。由根尖向上辨认各区，比较各区的细胞特点。

2. 根的初生结构

（1）双子叶植物根的初生结构 在试验前10d左右，将蚕豆（或大豆）种子和玉米籽粒进行催芽处理，待幼根长到1~2cm时，在根毛区做徒手横切，制成临时装片并加一滴番红溶液染色，盖片观察其初生结构：表皮、皮层与中柱（初生木质部与次生木质部）。

如用向日葵或棉幼根做徒手横切片并染色观察时，可看到根中央被导管占据，这是典型的双子叶植物的初生结构。

（2）单子叶植物根的初生结构 用玉米根毛区的上部制作徒手横切切片，加一滴番红溶液，先在低倍镜下区分出表皮、皮层和中柱三大部分，再用高倍镜由外向内观察，识别构造特征：表皮、皮层、中柱。

3. 根的次生结构

取向日葵老根横切片，先在低倍镜下观察其各个结构所在的部位，然后转换高倍镜详细观察其各部分结构：周皮、韧皮部、形成层、木质部。

四、作业

1）绘出根尖纵切面及横切面构造的部分图，注明各部分名称。

2）简述所观察到的双子叶及单子叶植物根的构造特征。

3）绘向日葵（或其他双子叶植物）老根横切面图（约1/6扇形图），注明各部分结构名称。

实训8 茎的解剖结构的观察

一、目的

认识双子叶植物和单子叶植物茎的构造特征及双子叶植物茎的次生结构。

二、用具与材料

显微镜、刀片、镊子、载玻片、盖玻片、5%间苯三酚（用95%酒精配制）、盐酸、红墨水。

棉花或向日葵幼茎及幼茎横切制片，水稻（或小麦、玉米）幼茎及幼茎横切制片，双子叶植物茎的次生构造横切片。

三、方法与步骤

1. 双子叶植物茎的初生结构

取向日葵（或大豆、棉花、蚕豆）幼茎做徒手横切片，用红墨水染色，即在载玻片上点一滴红墨水，放入切片材料，盖上盖片（不要冲洗）。由于各部分组织对红墨水附着能力不同，因此镜检时，在低倍镜下就可以清楚地看出各部分分布情况及特点。也可用向日葵或大豆茎的初生结构横切片观察表皮、皮层与中柱（维管束、髓射线与髓）。

2. 单子叶植物茎的初生结构

（1）玉米茎的结构 取玉米幼茎，在节间做横切徒手切片，将切片材料置于载玻片上，加一滴盐酸，2~3min后，吸去多余盐酸，再加一滴5%间苯三酚，几秒钟后，可见材料中有红色出现，盖上盖玻片观察。由于用间苯三酚染色分色清楚，木质化细胞被染成红色，其余部分均不着色。玉米茎结构可分表皮、厚壁组织、薄壁组织、维管束几部分。

（2）小麦（或水稻）茎的结构 取小麦（或水稻）茎横切片，置于镜下观察。也可选择拔节后的小麦秆，取正在伸长的节间以下的一个节间，自它的上部（最先分化成熟部分）做横切徒手切片，和（1）的方法相同，用5%间苯三酚染色，制片。小麦（或水稻）茎在显微镜下能看到以下部分：表皮、厚壁组织、薄壁组织与髓腔。

3. 双子叶植物茎的次生结构

取向日葵或大豆茎横切片，置于显微镜下观察，从外到内观察下列各部分：周皮、皮层、韧皮部、形成层、木质部、髓及髓射线。

四、作业

1）绘向日葵（或大豆、棉花）幼茎横切面图，并注明各部分结构名称。

2）绘玉米茎横切面图，注明各部分结构名称。

3）绘小麦（或水稻）横切面图，注明各部分结构名称。

4）简要描述向日葵（或棉花、大豆）老茎横切面中的结构。

实训9　叶的解剖结构的观察

一、目的

观察双子叶植物和单子叶植物叶的结构，区分两者之间的不同点。

二、用具与材料

显微镜、植物试验盒、刀片、镊子、载玻片、解剖针。

大豆、棉花、小麦或水稻叶片，水稻、小麦、玉米叶横切片，大豆叶横切片。

三、方法与步骤

1. 表皮和气孔

撕取大豆或棉花叶下表皮一部分，做成装片，置于显微镜下观察。可看到表皮细胞不规则，细胞之间凸凹镶嵌，互相交错，紧密结合，其中有许多由两个半月形的保卫细胞围合成的气孔。撕取小麦或水稻表皮一小部分，做成装片，置于显微镜下观察，可看到水稻或小麦的表皮细胞呈长方形，表皮上的气孔是由两个哑铃形的保卫细胞围合而成的。

2. 双子叶植物叶片结构

将大豆或棉花叶夹在两块马铃薯（或胡萝卜）片之间做徒手切片，或用大豆、棉花及其他双子叶植物叶横切片，置于显微镜下依次观察表皮、叶肉与叶脉。

3. 单子叶植物叶片的结构

用小麦或水稻叶做徒手切片，或用水稻、小麦或玉米叶横切片，在显微镜下观察，并与双子叶植物叶的结构对比。

四、作业

1）绘双子叶植物叶的结构图，注明各部分。

2）绘单子叶植物叶的结构图，注明各部分。

任务3　植物生殖器官解剖结构的识别

被子植物从种子萌发到形成幼苗，经过营养生长阶段后，进入生殖生长阶段，形成花芽，然后开花、传粉、结果、产生种子。花、果实和种子与被子植物的繁殖有关，所以称为繁殖器官。

果实和种子是被子植物有性生殖的产物，同时也是许多园林植物、作物、果树和蔬菜的主要利用器官，所以研究种子植物生殖器官的发育和结构，在园林育种和生产实践中都有十分重要的意义。

一、雄蕊的发育与结构

雄蕊是种子植物的雄性生殖器官，由花丝和花药两部分组成。花丝一般细长，由一层角质化的表皮细胞包围着花丝的薄壁组织，其中央是维管束。花丝的功能是支持花药，使花药在空间伸展，便于传粉，同时把营养物质输送到花药部分，供其生长发育利用。

花药是雄蕊产生花粉的主要部分，由花粉囊和药隔组成。多数被子植物的花药有 4 个花粉囊，分为左右两半，中间由药隔相连，药隔中央有维管束，它与花丝维管束相通。花粉囊是产生花粉粒的场所，花粉粒成熟时，花药壁开裂，散出花粉粒进行传粉。

1. 花药的发育与结构

（1）花药的发育　雄蕊在花芽中最初出现时是一个微小的突起，称为雄蕊原基。从雄蕊原基进而形成的花药原始体在结构上十分简单，外有一层表皮，表皮层之内是一群形状相似、分裂活跃的分生组织细胞。以后由于原始体在 4 个角隅处的细胞分裂较快，使原始体呈现四棱形，在 4 个角隅处的表皮内形成一个或几个体积较大的细胞，这些细胞的细胞核大于周围其他细胞，细胞质也较浓，称为孢原细胞。孢原细胞进行平周分裂，形成 2 层细胞，外层叫周缘细胞，也叫壁细胞，内层为造孢细胞。周缘细胞再经分裂，由外向内形成纤维层、中层和绒毡层，与表皮共同组成花粉囊的壁。以后，随花粉母细胞和花粉粒的发育，中层和绒毡层逐渐解体，成为营养物质被吸收。在周缘细胞分化的同时，造孢细胞也进行分裂，形成大量花粉母细胞，每个花粉母细胞经过减数分裂产生 4 个子细胞，每个子细胞染色体数目是花粉母细胞的一半。这 4 个子细胞最初连在一起，叫四分体。不久便彼此分离，发育为单核花粉粒，进一步发育为成熟花粉粒。花药中部的细胞逐渐分裂，分化形成维管束和薄壁细胞，构成药隔，如图 2-65 所示。

（2）花药的结构

1）纤维层。药室内壁通常仅有 1 层细胞，初期常贮藏大量物质。花药成熟时，细胞径向扩展，贮藏物质消失，除外切向壁外，均发生多条斜纵向条纹状的纤维素次生加厚，故称为纤维层。药室内壁在形成纤维层时，常在 2 个相邻花粉囊交接处留下一条狭长的薄壁细胞裂口。

2）中层。由一至数层较小的细胞组成，初期可贮存淀粉等营养物质，后期细胞被挤压逐渐解体和被吸收，所以，在成熟的花药中已消失。

3）绒毡层。细胞较大，初期为单核，但在花粉母细胞开始减数分裂时，形成双核或多核。该层细胞质浓，细胞器丰富，含较多的 RNA 及蛋白质，并含有丰富的油脂和类胡萝卜素等营养物质，对花粉粒的发育或形成起着重要的营养和调节作用，之后逐渐退化。绒毡层能合成和分泌胼胝质酶，分解花粉母细胞和四分体的胼胝质壁，使单核花粉粒分离。绒毡层还合成蛋白质，通过运转到达花粉粒的外壁上，是一种识别蛋白。

花粉粒成熟后，纤维层细胞失水，所产生的机械力使花药在裂口处断开，花粉粒从裂口处散出。花粉囊壁因绒毡层的解体而消失，或仅存痕迹，只剩表皮及纤维层。

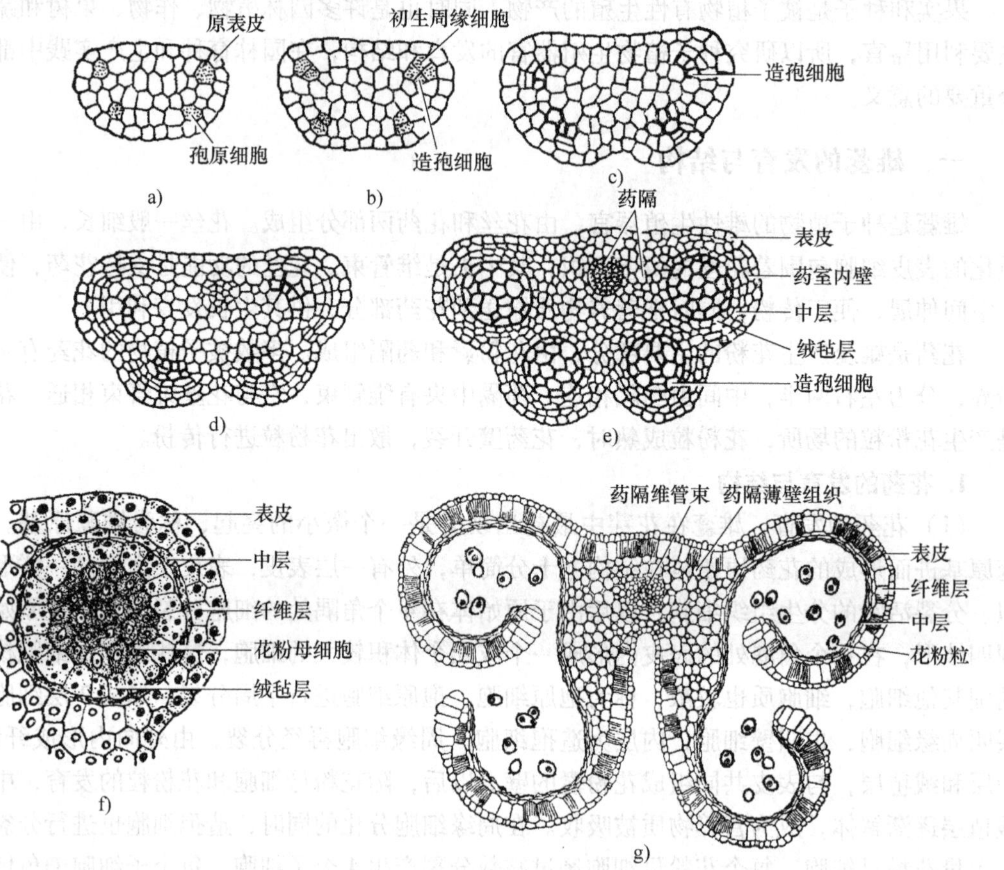

图 2-65　花药的发育和构造

a）～e）花药的发育过程　f）一个花粉囊放大（示花粉母细胞）　g）已开裂的花药（示花药的构造）

2. 花粉粒的发育与形态结构

（1）花粉粒的发育　经过减数分裂产生的单核粒，细胞壁薄，含浓厚的原生质，核位于细胞中央。它们从绒毡层细胞中不断吸取营养，细胞体积也不断增大，随着体积逐渐增大，细胞中产生液泡并逐渐形成中央大液泡，使细胞核由中央位置移向细胞一侧。接着进行一次不均等的有丝分裂，形成大小不等的两个细胞，大细胞叫营养细胞，小细胞叫生殖细胞。营养细胞中含有部分细胞质、淀粉、脂肪等贮藏物质，为花粉管的形成与生长提供营养。生殖细胞为纺锤形，核大，只有少量的细胞质，游离在营养细胞和细胞质中。成熟花粉粒中只含营养细胞和生殖细胞的花粉粒，称为二核花粉粒，如图 2-66 所示。被子植物中约有 70% 的植物是这种类型，如锦葵科、蔷薇科、山茶科、杨柳科、芸香科、百合科等。另一些被子植物的花粉粒，形成生殖细胞后，接着再进行一次有丝分裂，形成 2 个精细胞后成熟、散粉，这样的花粉粒在成熟时有 1 个营养细胞和 2 个精子细胞，这类花粉粒，称为三核花粉粒，被子植物中约有 30% 的植物是这种类型，如十字花科、禾本科等植物的花粉粒。

花药的结构与花粉粒的发育过程如图 2-67 所示。

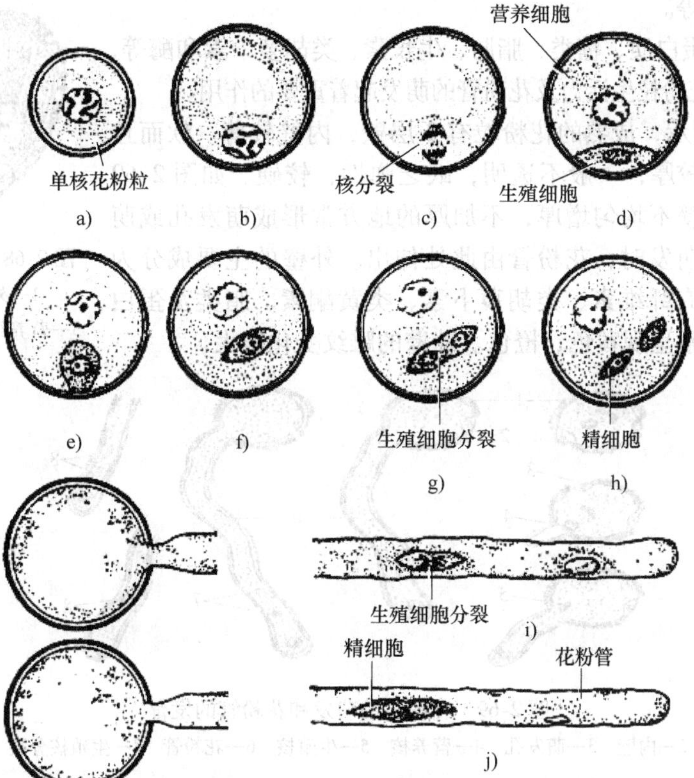

图 2-66　被子植物花粉粒的发育与花粉管中精细胞的形成

a）新形成的单核花粉粒　b）单核花粉粒的后期阶段，产生液泡，细胞核移到近细胞壁的位置上　c）单核花粉粒的核分裂　d）分裂结束，二细胞时期（示营养细胞和生殖细胞）　e）生殖细胞开始与细胞壁分离　f）生殖细胞游离在营养细胞的细胞质中　g）、h）生殖细胞在花粉粒中分裂，形成精细胞　i）、j）生殖细胞在花粉管中分裂，形成精细胞

花药
- 药隔
- 花粉囊
  - 表皮
  - 孢原细胞 $(2n)$
    - 壁细胞（囊壁）
      - 纤维层…与花药开裂有关
      - 中层…很早就消失
      - 绒毡层…花粉粒成熟后消失
    - 孢原细胞 $(2n)$ → 花粉母细胞 $(2n)$ —减数分裂→ 花粉粒 (n)
      - 营养细胞 (n)
      - 生殖细胞（两个精子）(n)

图 2-67　花药的结构与花粉粒的发育过程

（2）花粉粒的形态结构和寿命

1）花粉粒的形态结构。成熟花粉粒外壁表层常呈固定的形状和花纹，不同植物的花粉粒在大小、形状、颜色、花纹和萌发孔的数目与排列上各不相同，可作为鉴别植物的依据。一般植物花粉粒的大小为 15～60μm，最小的为高山勿忘草，仅 2～4μm，属于微型花粉粒，最大的如紫茉莉为 250μm，属于巨型花粉粒。桃、柑橘、南瓜、棉花、紫云英、水稻、小麦、玉米等禾谷类作物的花粉粒为球形，黄色，其上一般只有一个萌发孔；棉花花粉粒为乳白色，其上有 8～10 个萌发孔，外壁具有钝刺状突起。茶为三角形，梨、苹果、桑、油菜、

蚕豆等为椭圆形等。

花粉粒含有蛋白质、糖类、脂肪、生长素、类胡萝卜素和酶等，这些物质对保持花粉粒生活力及花粉管的萌发起着重要的作用。

如图 2-68 所示，成熟的花粉粒有 2 层壁，内壁较薄、软而且具有弹性，外壁较厚，一般不透明，缺乏弹性，较硬。如图 2-69 所示，花粉粒外壁不均匀增厚，不加厚的地方常形成萌发孔或萌发沟，当花粉粒萌发时，花粉管由此处伸出。外壁的主要成分为孢粉素，此外还有纤维素、类胡萝卜素、类黄酮素、脂类及蛋白质，所以花粉粒常呈现黄色、橙色。外壁的雕纹变化很大。

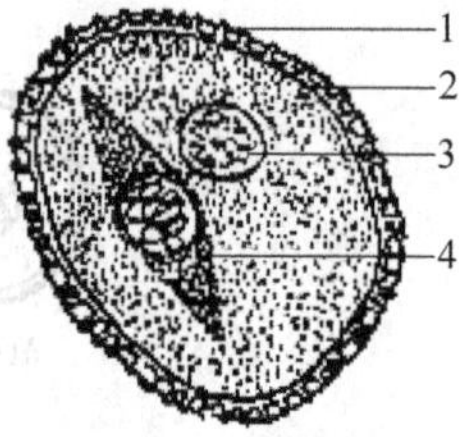

图 2-68　花粉粒的结构

1—外壁　2—内壁

3—营养细胞　4—生殖细胞

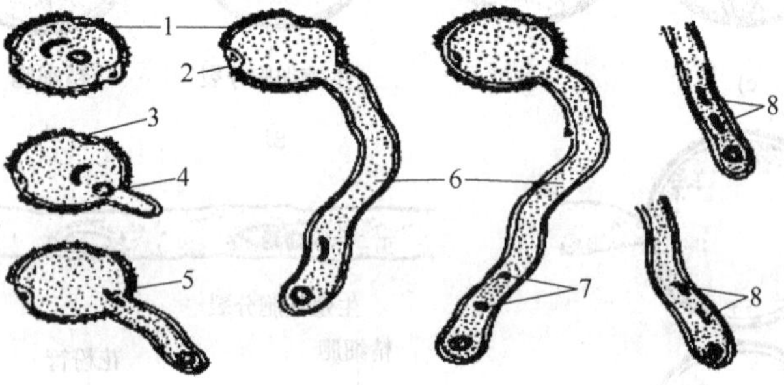

图 2-69　花粉粒的萌发和花粉管的发育

1—外壁　2—内壁　3—萌发孔　4—营养核　5—生殖核　6—花粉管　7—生殖核分裂　8—精子

2）花粉粒的寿命。花粉粒的生活力与生产特别是与育种和栽培有着密切的关系，在生产和杂交育种时，常需要采集和贮藏花粉粒，进行人工辅助授粉和杂交授粉，以提高结实率或获得优良的杂交组合。因此，研究花粉粒的寿命（生活力）及其贮藏条件有着重要的实际意义。花粉粒寿命的长短，既决定于植物的遗传性，又受环境因素的影响。花粉粒寿命的长短随物种而异，在自然条件下，大多数植物的花粉粒从花药中散出后只能存活几个小时、几天或几个星期。一般情况下，二核花粉粒的寿命比三核花粉粒长，木本植物的花粉粒寿命比草本植物长，如在干燥凉爽的条件下，苹果的花粉粒能存活 10 ~ 70d，柑橘为 40 ~ 50d，樱桃为 30 ~ 100d，麻栎的花粉粒可存活 1 年；草本植物中，棉花花粉粒生活力在当天下午就显著降低，第二天上午基本失去生活力。多数禾本科植物的花粉粒生活力不超过一天，在田间条件下，玉米花粉粒寿命只有一天左右。小麦花粉粒在田间条件下放置 5h，传粉结实率降低 6.4%。水稻的花粉粒经过 3min 就有 50% 失去生活力。

影响花粉生活力的主要环境因素有：温度、相对湿度和气体，可人为的调节控制这些因素，以最大限度降低花粉粒的代谢水平，使花粉粒进入休眠状态，则可延长花粉粒的寿命。例如，水稻花粉粒在 12℃和相对湿度 85% 时，可以存活 24h；玉米和甘蔗的花粉粒，在 4 ~ 5℃和相对湿度为 90% 的条件下，可存活 8 ~ 10d。近年来，利用超低温、-192℃的液态空气或 -196℃的液态氮、真空、降低氧分压、快速冷冻、干燥等技术保存花粉粒，可大幅度地延长花粉粒的寿命。如小麦的某些品种，经一年后授粉，结实率达 50% ~ 60%，苹果的花粉粒经两年后，仍如新鲜花粉粒一样。

3. 花粉败育和雄性不育

（1）花粉败育　花药成熟后，一般都能散放出正常的花粉粒，但是由于诸多因素的影响，有时花药散出的花粉粒没有经过正常的发育，不能起到生殖的作用，这一现象，称为花粉败育。花粉败育的原因有很多，主要与环境条件有关，如温度过低，或严重干旱等。

1）花粉母细胞不能正常进行减数分裂。如花粉母细胞互相黏连在一起，成为细胞块或出现多极纺锤体，或多核仁相连，也有产生的四个孢子大小不等，因而不能形成正常发育的花粉。

2）减数分裂后，花粉停留在单核或双核阶段，不能产生精细胞。

3）营养不良，影响花粉正常发育。如在花粉形成过程中，绒毡层细胞不仅没有解体，反而继续分裂，增大体积，使绒毡层细胞的作用丧失，不能提供花粉粒发育所需的营养，从而造成花粉败育。

（2）雄性不育　有时在正常的自然条件下，由于内在生理、遗传的原因，个别植物的花药或花粉也不能正常发育，从而使植物的花药畸形或完全退化，不能正常发育，这一现象称为雄性不育。雄性不育的植物，雌蕊照样可以正常发育。所以雄性不育这一特性，对农业生产有着重要意义，在进行杂种优势的育种工作中，可免去人工去雄的操作过程，节约大量人力和时间。

二、雌蕊的结构与发育

1. 雌蕊的结构

雌蕊是种子植物的雌性生殖器官，由心皮组成，可分化为柱头、花柱和子房三部分。子房内部着生胚珠。胚珠是孕育雌配子体的场所。

（1）柱头　柱头有湿型和干型两种类型。

1）湿型柱头。此类型柱头传粉时柱头表面分泌粘液，如苹果、梨、烟草、茄等植物的柱头。分泌的粘液含有水分、糖类、脂类、氨基酸、蛋白质、酚类、激素和酶等，可粘附花粉，并为花粉粒萌发提供水分和其他物质。脂类有助于粘住花粉粒，减少柱头失水；蛋白质参与花粉粒和柱头的识别反应；酚类化合物有助于防止病虫对柱头的侵害，可以有选择地促进或抑制花粉粒的萌发；糖类主要是作为花粉粒萌发及花粉管生长时的营养物质。

2）干型柱头。此类型柱头在开花时其表面不产生分泌物，干柱头的外表存在蛋白质薄膜，具有亲水性，可以通过其下层角质膜的不连续处吸收水分，使得花粉萌发和花粉管生长。如柿、石竹、油菜、棉及禾本科植物的柱头。

（2）花柱　如图2-70所示，花柱从结构上可分空心型花柱、实心型花柱和半封闭型花柱三种类型。

1）空心型花柱。在花柱的中央有一条至数条纵行的沟道，称为花柱道，自柱头通向子房，如豆科植物和油菜等。沟道的表面为高度腺性的花柱道细胞，产生的粘性分泌物释放到花柱道的表面。传粉后，花粉粒萌发所形成的花粉管沿着花柱道吸收、利用花柱道表面的分泌物营养自身而

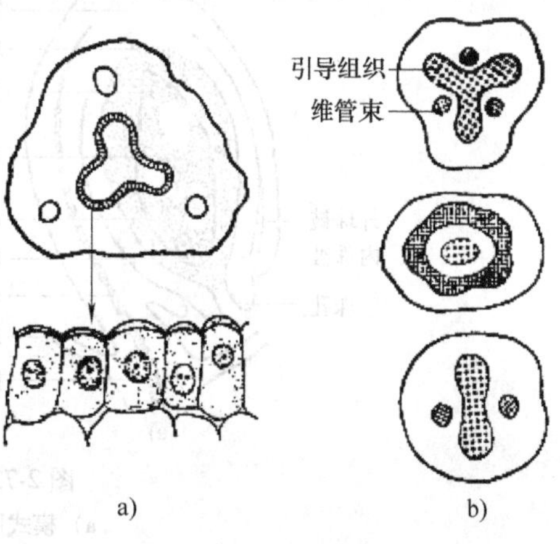

图2-70　花柱横切面图
a）中空花柱道及其内表皮的通道细胞
b）实心花柱及各种组织

进一步生长、穿行。

2）实心型花柱。中央没有中空的花柱道，但细胞排列较疏松，细胞间隙大，内含大量的分泌物。中央充满着一种具有分泌功能的引导组织，如棉花、烟草、荠菜、芝麻等大多数双子叶植物，花粉管则在引导组织的细胞间隙中伸长。在花柱的横切面上，引导组织细胞多呈圆形、细胞间隙大，其中充满果胶质、蛋白质等分泌液。传粉后，多数植物的花粉管是在引导组织的胞间物质中通过。但水稻、小麦等的实心花柱无引导组织，花粉管通常在花柱中央的薄壁细胞间隙中穿过。

3）半封闭型花柱。花柱中也有中空的花柱道，但其周围是由2~3层退化的引导组织的腺性细胞组成，也能向外分泌粘液，如仙人掌等植物。

（3）子房　子房是雌蕊基部膨大的部分，由子房壁、子房室、胚珠和胎座等部分组成，如图2-71所示。子房壁位于子房外围，分为外层、中层和内层。

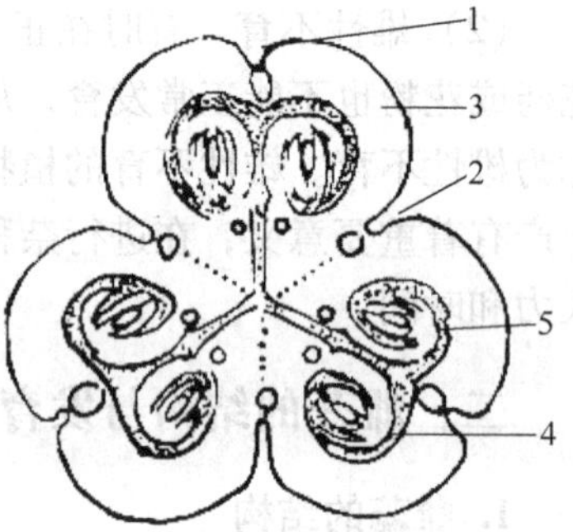

图2-71　百合成熟子房横切面
1—背缝线　2—腹缝线　3—子房壁
4—子房室　5—胚珠

外层表皮上有气孔和表皮毛，中层具多层薄壁细胞及维管组织系统，内层与外层相近，但气孔和外壁上的角质层分化不完全。子房室是子房内的空腔，子房室内着生胚珠，胚珠是种子的前体，是种子植物在进化过程中产生的适应有性生殖的独特结构，被子植物的胚珠常着生于子房内的腹缝线上，胚珠着生的部位叫胎座。胚珠受精后发育为种子，子房发育为果实，子房壁发育为果皮。

子房的室数和胚珠数因植物种类而异，如桃花具有1个心皮、1个室、1个胚珠，亚麻具有5个心皮、5个室，每室具有2个胚珠，而棉花的子房则由3~5个心皮构成。

2. 胚珠的结构、发育与类型

（1）胚珠的结构　一个成熟的胚珠由珠心、珠被、珠孔、珠柄及合点等部分组成，如图2-72所示。

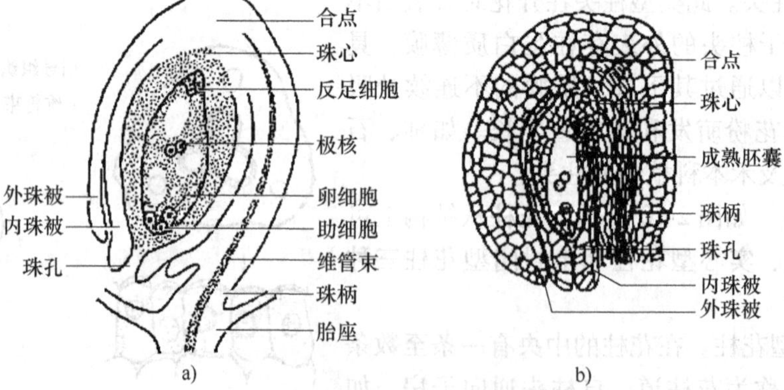

图2-72　成熟胚珠的结构
a）模式图　b）百合胚珠结构图

（2）胚珠的发育　胚珠是随着雌蕊的发育，在子房内壁胎座上产生一团突起，称为胚珠原基，其前端发育形成珠心，珠心是胚珠中最重要的部分，由其进一步发育成胚囊。由于珠心基部的细胞分裂速度较快，产生一环状突起，并逐渐向上扩展将珠心包围中央，这一组织称为珠被，珠被仅在顶端留一个小孔，称为珠孔。胡桃、向日葵、辣椒等具有一层珠被，而百合、小麦、水稻、油菜等有 2 层珠被，内层为内珠被，外层为外珠被。胚珠原基的基部部分细胞发育成为柄状结构，与胎座直接相连，称为珠柄。在珠心基部，珠被、珠心、珠柄连合的部位称为合点。

（3）胚珠的类型　胚珠在生长、发育过程中，由于珠柄和其他各部分的生长速度不均等，使胚珠在珠柄上着生方式也不同，因而形成了不同的胚珠类型，如图 2-73 所示，常见的有：直生胚珠、横生胚株、弯生胚珠、倒生胚珠，此外还有基生胚珠和顶生胚珠等。

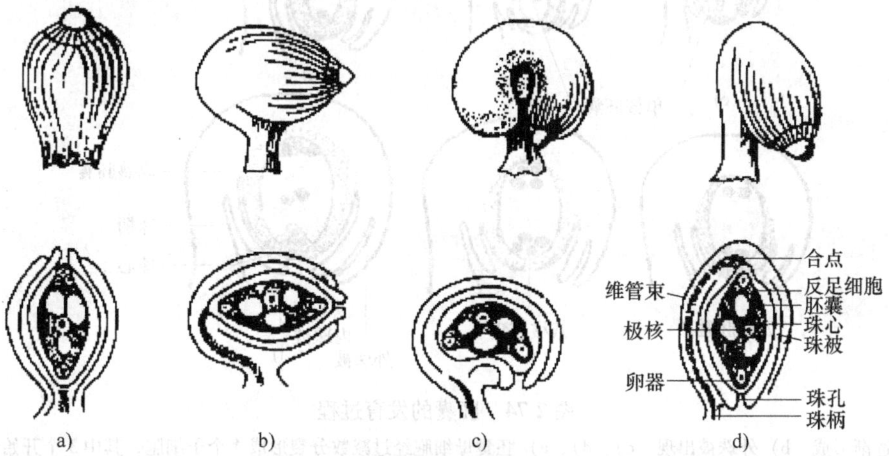

图 2-73　成熟胚珠的类型及结构

a）直生胚珠　b）横生胚珠　c）弯生胚珠　d）倒生胚珠

1）直生胚珠。胚珠直立，珠孔、珠柄、合点、和珠柄排列成一直线，珠孔位于珠柄相对立的一端，如胡桃、荞麦等。

2）横生胚珠。胚珠全部横向弯曲，合点与珠孔在一条直线上，二者的连接线与珠柄垂直，如梅、锦葵、花生等。

3）弯生胚珠。珠孔向下，但合点和珠孔的连线呈弧形，珠心和珠被弯曲，如柑橘、蚕豆、油菜、芸苔、苋、豌豆等。

4）倒生胚珠。胚珠呈 180°倒转，珠孔向下，接近胎座，珠心与其几乎平行，并且珠柄与靠近它的珠被贴生，如百合、向日葵、小麦、水稻、瓜类等，是被子植物中最普遍的形式。

3. 胚囊的结构及发育

（1）胚囊的结构　胚囊是被子植物的雌配子体，由卵细胞、助细胞、极核和反足细胞组成。

（2）胚囊的发育　胚囊发生于珠心组织中，胚珠发育的同时，珠心内部也发生变化。最初珠心是一团相似的薄壁细胞，之后，在靠近珠孔端的表皮下，有一个细胞迅速增大，细胞质浓、细胞核大，称为孢原细胞。孢原细胞的发育形式随植物而异，棉花等植物的孢原细胞经分裂形成 2 个细胞，靠近珠孔的是周缘细胞，内侧的称为造孢细胞。周缘细胞继续进行平周分裂，以增加珠心细胞层次；造孢细胞长大进一步发育成为胚囊母细胞，如图 2-74

所示。

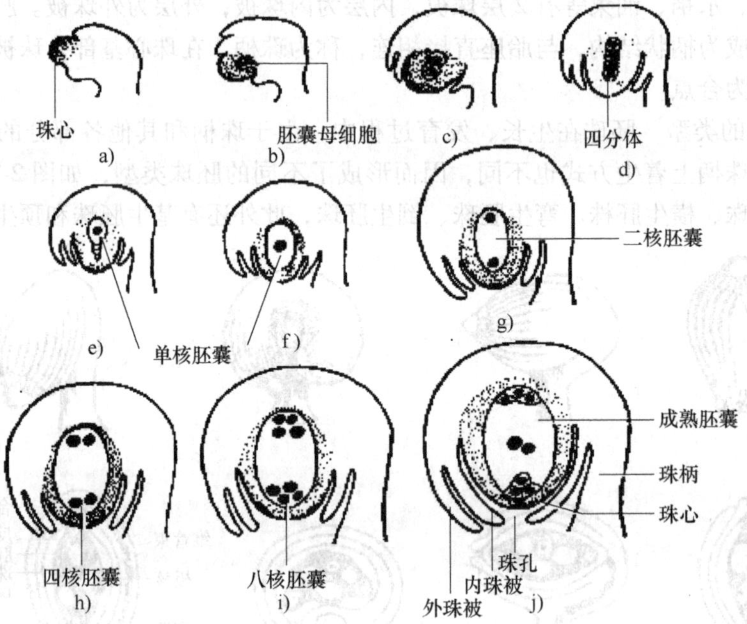

图 2-74　胚囊的发育过程

a）内珠被逐渐形成　b）外珠被出现　c）、d）、e）胚囊母细胞经过减数分裂形成 4 个子细胞，其中 3 个开始消失，1 个发育成胚囊　f）单核胚囊　g）二核胚囊　h）四核胚囊　i）八核胚囊　j）成熟胚囊

如图 2-75 所示，百合、水稻、小麦等，其孢原细胞直接长大形成胚囊母细胞。胚囊母细胞形成后，随即进行减数分裂，形成四分体，其染色体数目减半。由于减数分裂中，第一次分裂和第二次分裂都形成横的分隔壁，结果四分体排成一纵行，其中靠近珠孔的 3 个子细胞逐渐退化消失，仅合点端的 1 个发育为单核胚囊。然后，单核胚囊连续进行 3 次有丝分裂，第一次分裂形成 2 个子核，分别移向胚囊两极，再各自分裂 2 次，结果胚囊两端各有 4 个核。接着，两极各有 1 个核向胚囊中部靠拢，这 2 个核称为极核。近珠孔端的 3 个核，形成 3 个细胞，中间较大的 1 个是卵细胞，两边较小的 2 个是助细胞，靠近合点端的 3 个核也形成 3 个细胞，叫反足细胞。至此，由单核胚囊发育成为具有 7 个细胞或 8 个核的成熟胚囊，成熟的胚囊为雌配子体。胚囊的发育过程如图 2-76 所示。

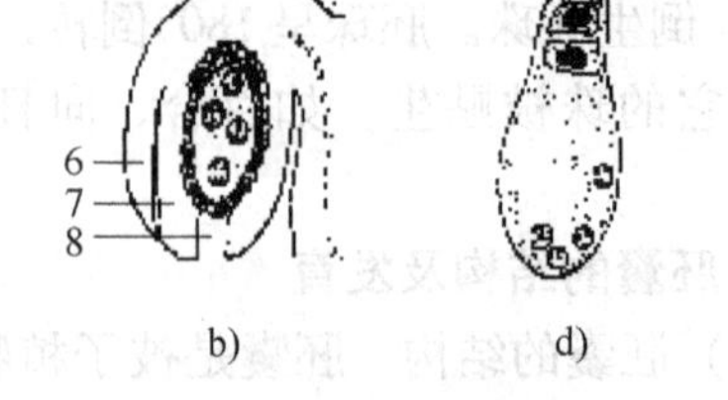

图 2-75　百合胚囊的发育

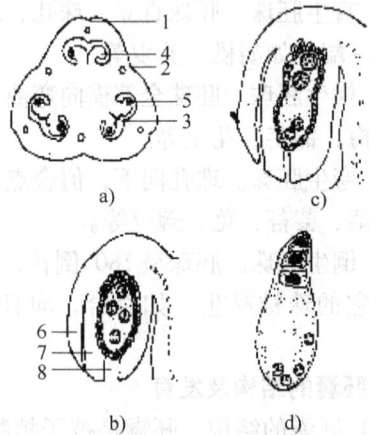

a）胚囊母细胞　b）四分体时期　c）四核胚囊　d）八核胚囊

1—背缝线　2—腹缝线　3—子房室　4—胚珠　5—胚囊母细胞　6—外珠被　7—内珠被　8—珠孔

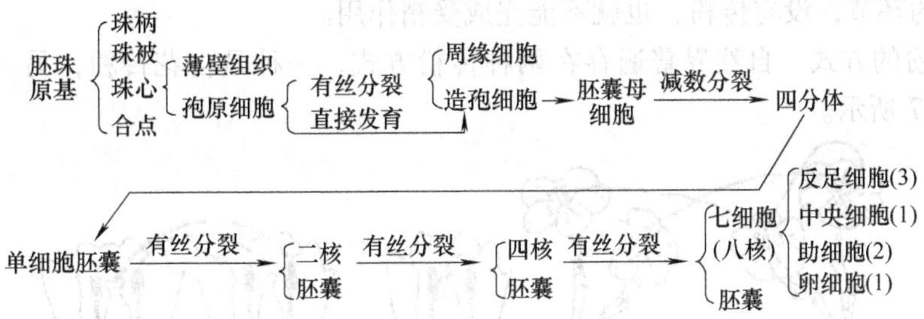

图 2-76　胚囊的发育过程

三、开花、传粉与受精

1. 开花

（1）开花的概念　当雄蕊中的花粉和雌蕊中的胚囊已经成熟，或二者之一已经发育成熟时，花萼和花冠即行开放，露出雄蕊和雌蕊，这一现象称为开花。开花是被子植物生活史上的一个重要阶段，除少数闭花授粉的植物外，开花是绝大多数植物性成熟的标志。

（2）植物开花的习性　不同的植物有着不同的开花习性，一般一、二年生植物，生长几个月后即能开花，一年中仅开花一次，花后结实产生种子，植株就枯萎死亡。多年生植物在达到开花年龄后，每年按时开花，延续多年。一般的木本植物，一年也开花一次，如榆叶梅、梅花、树锦鸡儿等，而茉莉、四季桂、凤尾兰、枣树等一年可开花多次。也有少数多年生植物，一生只开一次花，开花后便死亡，如竹子。多年生草本植物的开花年龄短，木本植物则比较长，如桃树要 3～5 年，桦属植物需 10～12 年，椴属植物为 20～125 年。

大多数植物先展叶后开花，如月季、石榴、牡丹、桃树、夹竹桃、荷花等，而在冬季和早春开花的植物，是先开花后展叶，如梅花、腊梅、玉兰、迎春、连翘等，或花叶同时开放，如杜仲、大岛樱花等。

（3）开花期　一株植物，从第一朵花开放直至最后一朵花开完所经历的时间，称为开花期。在某一地区，各种植物都有其相对稳定的开花期。长江中、下游地区一年十二个月都有代表性的花木开花，如正月梅花、二月杏花、三月桃花、四月牡丹、五月石榴、六月荷花、七月凤仙、八月桂花、九月芙蓉、十月菊花、十一月腊梅、十二月水仙等（均以农历为准）。掌握植物的开花习性，不但能巧妙地布置园林植物，达到四季开花的目的，而且在杂交育种中也有重要的指导意义。

各种植物的开花期长短不同，这与植物本身的特性和所处的环境条件有关。如小麦为 3～6d，梨、苹果为 6～12d，油菜为 20～40d，棉花、花生和番茄等的开花期可持续 1 至几个月。

一朵花开放时间的长短，也因植物的种类而异。如小麦只有 5～30min，水稻为 1～2min，番茄为 4d。大多数植物开花都有昼夜周期性。在正常条件下，水稻在上午 7～8 时开花，小麦在上午 9～11 时和下午 3～5 时开花，玉米在上午 7～11 时开花。研究掌握植物的开花习性，有利于在栽培上采取相应的技术措施，提高其产品的数量和质量，也有助于进行人工杂交，创建新的品种类型。

2. 传粉

成熟的花粉粒从雄蕊的花粉囊借助外力传到雌蕊柱头上的过程，称为传粉，是有性生殖过程中重要的环节，没有传粉，也就不能完成受精作用。

（1）传粉的方式　自然界普遍存在两种传粉方式，一种是自花传粉，另一种是异花传粉，如图2-77所示。

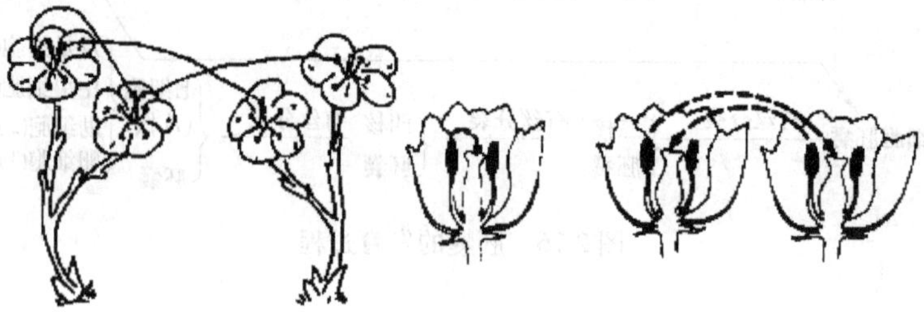

图2-77　自花传粉和异花传粉示意图

a）异花传粉　b）自花传粉　c）异花传粉

1）自花传粉。花粉粒从花粉囊散出后，落到同一朵花柱头上的过程称为自花传粉。但在生产上，常把作物同株异花间的传粉和果树同品种异株间的传粉，也称为自花传粉。如小麦、水稻、棉花、大豆、番茄等都以自花传粉为主，而凤仙花属、酢浆草属、堇菜属等植物及落花生、大麦、豌豆、花生等是典型的自花传粉，花被未开放之前就已经完成了传粉过程，其花粉粒直接在花粉囊中萌发，产生花粉管，穿过花粉囊的壁，经柱头、花柱，进入子房，完成受精。这样的自花传粉方式称为闭花传粉，可避免花粉粒被昆虫吞食或被雨水淋湿而遭到破坏，是对不良环境条件的适应现象。

自花传粉植物的花，在结构和生理上产生了许多适应于自花传粉的特点：

① 两性花。花的雄蕊常常围绕雌蕊着生，而且二者挨得很近，所以花粉粒容易落在本花的柱头上。

② 雄蕊的花粉囊和雌蕊的胚囊必须是同时成熟。

③ 雌蕊的柱头对于本花的花粉粒萌发和花粉管中雄配子的发育没有任何阻碍。

2）异花传粉。一朵花的花粉粒落在另一朵花的柱头上的过程，称为异花传粉。但在生产上常把不同植株各花之间的传粉或不同品种间的传粉称为异花传粉，如油菜、向日葵、玉米、瓜类、苹果、梨等。

在自然界中，异花传粉植物比较普遍，而且在生物学意义上比自花传粉优越。因为异花传粉的精、卵细胞分别来自不同的花朵或不同的植株，它们所处的环境条件差异较大，遗传性差异也较大，相互融合后，其后代具有较强的生活力和适应性。所以，在长期的进化过程中，成为大多数植物的传粉方式。而自花传粉的精、卵细胞来自同一朵花，所产生的环境条件基本相似，其遗传性差异较小，形成的后代生活力和适应性都较差。如果栽培作物长期连续进行自花传粉，将衰退成为没有栽培价值的品种。虽然自花传粉可引起后代衰退，但可使基因型纯合，在育种工作中，利用自花传粉培育两个自交系，进而配制杂交种，具有显著的增产效益。

异花传粉植物的花，在结构和生理上产生了许多适应于异花传粉的特点：

① 单性花。具有单性花的植物必然是异花传粉，如雌雄同株的玉米、瓜类，雌雄异株的桑、菠菜、杨、柳等。

② 雌、雄蕊异熟。有些植物的花虽然为两性花，但花中雌蕊和雄蕊成熟时间不同，花期不遇。有的雄蕊先成熟，如含羞草、莴苣、玉米等，或雌蕊先成熟，如木兰、车前、玄

参、马兜铃、甜菜等。

③ 雌、雄蕊异长。如图2-78所示，有的植物花虽然为两性花，但在同一株上的花中雌、雄蕊的长度各不相同，造成自花授粉困难，更有利于进行异花传粉，如荞麦有2种花，一种是雌蕊花柱高于雄蕊，另一种是雌蕊花柱短而雄蕊长，传粉时，常是长花丝的花粉传到长柱头上或短花丝的花粉落到短花柱的柱头上才能受精，这样会减少或避免自花传粉的机会。

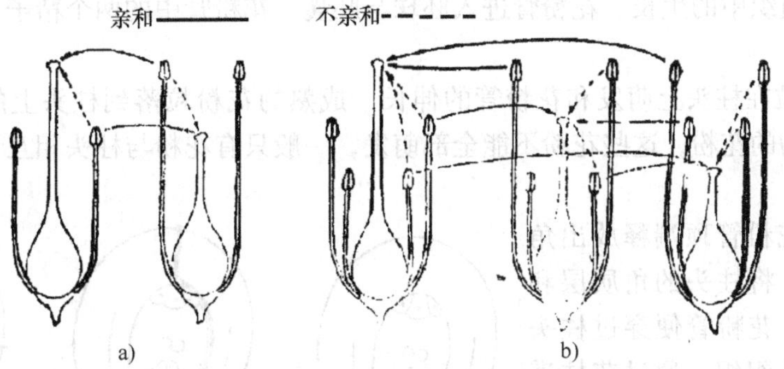

图2-78　雌、雄蕊异长花的种内不亲和图

a）二型花柱　b）三型花柱

④ 雌、雄蕊异位。有些植物的花虽然为两性花，但花中雌蕊和雄蕊的空间排列不同，也可避免或减少自花传粉的机会。

⑤ 自花不孕。花粉粒落到同一朵花的柱头上不能结实。自花不孕有2种情况，一种是花粉粒落到同花的柱头上，根本不能萌发，如向日葵、荞麦等；另一种是花粉粒能萌发，但花粉管生长缓慢，不能完全发育以达到子房进行受精，如番茄。

（2）传粉的媒介　植物进行异花传粉，必须依靠各种外力的帮助，才能把花粉粒传播到其他花的柱头上去。传送花粉的媒介有风、昆虫、鸟和水等，最为普遍的是风和昆虫。各种不同外力传粉的花，往往产生一些特殊的适应性结构，使传粉得到保证。

异花传粉植物根据传媒不同可分为以下几种类型：

1）风媒花。依靠风力传送花粉的方式称为风媒，借助于这类方式传粉的花，称为风媒花，靠风进行传粉的植物称为风媒植物，大部分禾本科植物、杨、柳、桦木、核桃等都是风媒植物。

风媒花一般花被小或退化，颜色不鲜艳，也无香味，但常具柔软下垂的花序或雄蕊花丝细长，易为风吹摆动散布花粉。每朵花产生的花粉粒多，小而轻，外壁光滑干燥，适于随风远播。雌蕊的柱头大，呈羽毛状，有利于接受花粉粒。

2）虫媒花。依靠昆虫进行传送花粉的方式称为虫媒，借助这类方式传粉的花，称为虫媒花，靠昆虫进行传粉的植物称为虫媒植物，多数被子植物依靠昆虫传粉，如油菜、向日葵和各种瓜类等。常见的传粉昆虫有蜂类、蝶类、蛾类等。这些昆虫来往于花丛之间，或是为了在花中产卵，或是采食花粉、花蜜作为食物，因而不可避免地与花接触，同时也把花粉传送出去。

虫媒花一般花大并具有鲜艳的色彩和特殊的气味，常具有蜜腺，能产生蜜汁，花粉粒较大、外壁粗糙而有花纹，有粘性，容易黏附在昆虫体上。虫的大小结构及蜜腺位置一般与传粉昆虫的体型、行为都十分吻合，有利于传粉。

根据植物传粉规律，在生产上有效地利用和控制传粉，可大幅度提高植物产量和品质。

如在花期不遇或雌雄蕊异熟的情况下可通过人工辅助授粉弥补授粉不足，提高结实率。

3. 受精

精细胞与卵细胞相互融合的过程，称为受精作用。被子植物的卵细胞位于雌蕊子房内胚珠的胚囊中，而精子在花粉粒中，因此，精子必须依靠花粉粒在柱头上萌发，形成花粉管向下传送，经过花柱进入胚囊后，受精作用才有可能进行。受精包括花粉粒在柱头上的萌发、花粉管在雌蕊组织中的生长、花粉管进入胚珠与胚囊、花粉管中的两个精子与卵细胞和中央细胞受精等。

（1）花粉粒在柱头上萌发和花粉管的伸长　成熟的花粉粒落到柱头上的很多，有本种的也有异种植物的花粉，这些花粉不能全部萌发，一般只有花粉与柱头相互识别亲和的花粉粒，才能萌发。

萌发后的花粉管顶端释放出角质酶和果胶酶，将柱头的角质层和纤维素壁溶解，花粉管便穿过柱头乳突，进入柱头组织，通过花柱道或引导组织，花粉管吸收其中的营养，不断生长到达子房。花粉管进入子房到达胚珠的方式有 3 种：珠孔受精、合点受精和中部受精，如图 2-79 所示。多数植物为珠孔受精，如油菜等，部分植物为合点受精，如核桃、榆树等，少数植物为中部受精，如南瓜等。

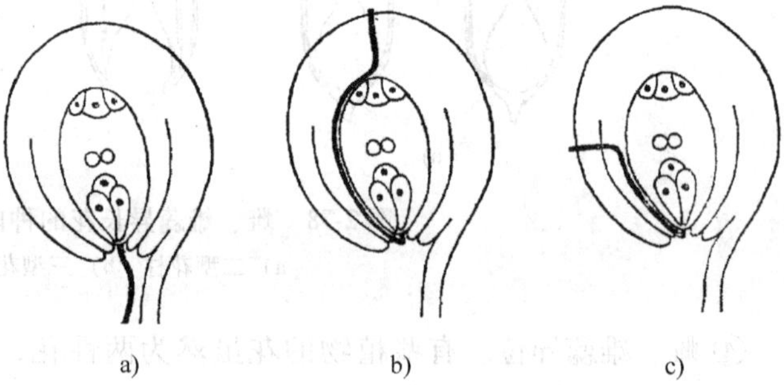

图 2-79　花粉管进入子房到达胚珠的方式

a）珠孔受精　b）合点受精　c）中部受精

（2）被子植物双受精过程及其生物学意义

1）被子植物双受精过程。花粉管进入胚囊后，花粉管顶端破裂，营养核逐渐解体，2 个精子进入胚囊，其中的 1 个精子和卵细胞融合，形成合子（或称受精卵），将来发育成胚。另 1 个精子与 2 个极核（或 1 个中央细胞）融合，形成三倍体的初生胚乳核，以后发育成胚乳。花粉管中的两个精子分别和卵细胞及极核融合的过程，称为双受精作用。

2）被子植物双受精作用的生物学意义。双受精是被子植物有性生殖的特有现象，在生物学上具有重要意义。

① 精细胞与卵细胞的融合，形成一个二倍体的合子，恢复了各种植物体原有的染色体倍数，保持了物种的相对稳定性。

② 精、卵融合将父、母本具有差异的遗传物质重新组合，形成具有双重遗传性的合子。由合子发育的新一代植株，往往会发生变异，出现新的遗传性状，如对优良性状进行选择、培育使其稳定，即可培育成新的优良品种，使子代的生活力更强，适应性更广。

③ 精子与极核融合形成三倍体的初生胚乳核，同样兼有父母本的遗传性，生理活性更强，形成胚乳后为胚的发育提供营养物质，播种后利于出苗和幼苗生长。所以双受精作用是植物界有性生殖中最进化、最高级的形式，也是被子植物在植物界数量最多、分布最广的重要原因之一。

4. 影响传粉和受精的外界条件

植物一般要在完成受精之后，子房连同其内部的胚珠才能发育成果实和种子。这个时期和减数分裂一样，对外界环境条件很敏感，只要在全过程中的某一环节受到影响，就不能受精，子房不能发育，最后导致空粒、秕粒、落花和落果等现象，产量下降。

影响传粉和受精的因素包括内因和外因。内因是由于雄性不育和雌蕊与花粉粒之间的遗传不亲和性以及植株营养不良等。外因主要是气候条件及栽培措施等。

（1）温度　外界环境条件中，以温度的影响最大。水稻传粉和受精的最适温度为26～30℃，如日平均温度在20℃以下，最低温度在15℃以下，对水稻传粉和受精就有妨碍。因为低温不仅使花粉粒萌发和花粉管生长减慢，甚至使花粉管不能到达胚囊。低温还使卵细胞和中央细胞的退化现象逐渐加重，精细胞接近卵细胞和中央细胞的过程受到抑制，精细胞与卵细胞接触时间延长，精核不能在卵核膜上展开或两性细胞核融合所需时间延长等。所以，在我国双季稻地区，早播的早熟品种如在传粉、受精期间，遇到低温、多雨的侵袭，就会产生大量的空粒、秕粒。同样，高温干旱对传粉、受精也不利，在38℃高温时，水稻的花药开裂减少，花粉粒也不能在柱头上萌发，同样会形成空粒、秕粒。在35℃以上高温，久旱无雨时，会严重影响花的开放，传粉和受精不能进行，造成落花、落荚现象，产量降低。

（2）湿度　水稻开花时，对大气的相对湿度要求为40%～95%，最适相对湿度为70%～80%，这时如果遇上干旱高温天气，会同玉米一样，不仅花粉萌发力很快丧失，而且柱头干枯，不利于花粉管生长，故水稻抽穗开花期，稻田要保持一定的水层，不仅因为此时植株需水量最大，而且可提高田间小气候的相对湿度，有利于传粉和受精。大雨和长期阴雨，往往增加作物的空率、秕率，降低果树结果率。因为花粉被雨水浸润，吸水后很易破裂，而且柱头上的分泌物会被雨水冲洗或稀释，不适合花粉萌发，长时间的阴雨也会妨碍传粉昆虫的活动等，从而造成作物的结实率降低。

此外，光照强度、土壤肥料等也对传粉、受精有直接或间接的影响。所以，生产上根据当地的气候条件，选用生育期合适的优良品种，适当调整栽种季节，加强管理和保护等措施，以保证各种植物在传粉、受精期间避免或减少不良环境条件的影响。人为利用和控制传粉规律，培育优良品种，也可提高产量和品质。

四、种子的结构和发育

被子植物经过双受精以后，合子发育成胚，初生胚乳核发育成胚乳，珠被发育成种皮，胚珠发育成种子，子房发育成果实。大部分植物的珠心部分，在种子形成过程中被吸收利用并且消失，也有少数植物的珠心继续发育，直到种子成熟后发育成外胚乳。

1. 种子的结构

虽然种子的形态存有差异，但是种子的基本结构却是一致的。种子一般都由胚、胚乳和种皮三部分组成，少数种类的种子还具有外胚乳结构。

（1）胚　胚是构成种子的主要部分，是下一代植物的雏体，由胚根、胚芽、胚轴和子叶四部分组成，胚根、胚芽和胚轴形成胚的中轴。

1）胚根、胚芽和胚轴。胚根和胚芽的体积都很小，胚根一般为圆锥形，胚芽常呈现雏叶的形态。胚轴介于胚根和胚芽之间，同时又与子叶相连，一般极短，不明显。

胚根和胚芽的顶端有生长点，由胚性细胞组成，这些细胞体积小、细胞壁薄、细胞质浓厚、核相对比较大、没有或仅有小液泡。当种子萌发时，这些细胞能很快分裂、长大，使胚根和胚芽分别伸长，突破种皮，长成新植物的主根和茎、叶。同时，胚轴也随着一起生长。

2）子叶。子叶是植物体最早的叶片，不同植物种子的子叶的数目、生理功能不同。子叶的数目是植物比较稳定的遗传性状，因此根据子叶的数目，种子植物可分为三大类：胚内具有两片子叶的植物，称为双子叶植物。具有一片子叶的植物，称为单子叶植物。裸子植物子叶的数目通常在两片，如桧柏、侧柏，银杏，或两片以上，如松、云杉、冷杉等，称为多子叶植物。有些植物种子的子叶里贮有大量养料，供种子萌发和幼苗成长时利用，如大豆、落花生的种子。有些种子的子叶在种子萌发后露出土面，进行短期的光合作用，如陆地棉、油菜等植物种子。还有一些种子的子叶成薄片状，在种子萌发时分泌酶物质，以消化和吸收胚乳的养料，再转运到胚里供胚利用，如小麦、水稻、蓖麻等种子。

（2）胚乳　胚乳位于种皮和胚之间，一般为肉质，是种子内贮藏营养物质的部分，为种子萌发时胚的生长提供营养物质。有些种子的胚乳在种子形成过程中，胚乳的养料被胚吸收后转入子叶中贮存，所以成熟的种子无胚乳，或仅残存干燥的薄层，包围在胚的外面，如豆科植物田菁种子，没有贮藏营养的作用。种子植物中的兰科、菱科等植物，种子在形成时不产生胚乳。有些种子内虽无胚乳，但在成熟种子中，形成类似胚乳的组织，称为外胚乳，其功能与胚乳相同，如苹果、梨、甜菜等植物种子。也有胚乳和外胚乳并存的，如睡莲科植物。另外，也有少数植物种类以下胚轴为营养物质贮存处，如水生植物中的眼子菜、慈姑等。

许多植物种子的胚乳和子叶所贮藏的营养物质是人类食物的主要来源，如麻栎、板栗种子的子叶及梧桐的胚乳含有大量的淀粉，胡桃科植物种子的子叶含有大量的脂肪，大豆的子叶富含蛋白质等。

（3）种皮　种皮是种子外面的保护层，保护种子不受外力机械损伤和防止病虫害入侵，由1～2层细胞组成。种子表皮细胞内，一般含有有色物质，使种皮具有各种不同的颜色。

两层种皮分内种皮和外种皮，内种皮一般薄、软；外种皮一般厚、硬，通常有光泽。有的种皮还有花纹，如橡胶树和蓖麻等种子；或有其他附属物，如乌桕的种皮附着蜡被；有些种子的外种皮扩展为翅状，如油松、马尾松、泡桐、糖槭等；也有一些种子的外种皮附生长毛，如楸树种皮上的纤维毛；有些外种皮外面还包有一层肉质的被套，称为假种皮，如荔枝、龙眼、卫矛等。种皮的花纹、颜色、茸毛等特征，是鉴别种子类型的依据。

成熟种子的种皮上，常可看到一些由胚珠发育成种子时残留下来的痕迹，如蚕豆种子较宽一端的种皮上，可以看到一条黑色的眉状条纹，称为种脐，是种子珠柄脱离果实时留下的痕迹；在种脐的一端有一个不易察见的小孔，称为种孔，是胚珠的珠孔留下的痕迹，是种子萌发时吸收水分和胚根伸出种皮的通道。

有些植物的种子成熟后一直包在果实内，由坚韧的果皮起着保护种子的作用，这类种子的种皮比较薄弱，成薄膜状或纸状，如桃、落花生等植物的种子。有些植物的果实成熟后即行开裂，种子散出，裸露于外，这类种子一般具坚厚的种皮，有发达的机械组织，有的为革质，如蚕豆、大豆；也有的成为硬壳，如茶的种子；小麦、水稻等植物的种子，种皮与外围的果皮紧密结合，成为共同的保护层，因此种皮很难分辨出来，组成种皮的细胞，常在种子成熟时死去。坚厚种皮的表皮层细胞，壁部常有木质化或角质化等变化。

2. 不同类型种子结构的识别

根据种子成熟后有无胚乳和子叶的片数可将种子分为两种类型：

（1）有胚乳种子的结构　大多数单子叶植物、许多双子叶植物和裸子植物的种子都是此类型，这类种子由种皮、胚和胚乳三部分组成。胚乳占有较大比例，胚较小。

1）双子叶有胚乳种子。双子叶植物中的油桐、柿、橡胶树、桑、蓖麻、茄、辣椒等小部分植物的种子，属于双子叶有胚乳种子类型。

蓖麻种子外种皮坚硬，内有一层白色膜质的内种皮。胚乳发达，乳白色，内含有大量油脂。种子的胚成薄片状包埋在胚乳的中央，胚由胚芽、胚根、胚轴和子叶组成。子叶两片，大而薄，有明显脉纹。子叶的基部与较短的胚轴相连，胚轴下方是胚根，上方是胚芽，胚芽夹在两片子叶的中间，如图 2-80 所示。

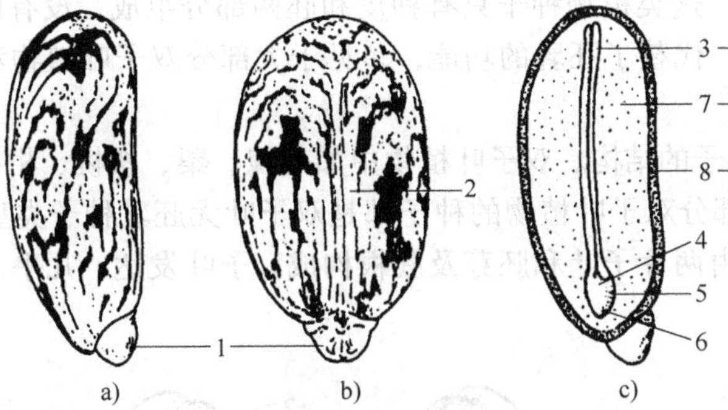

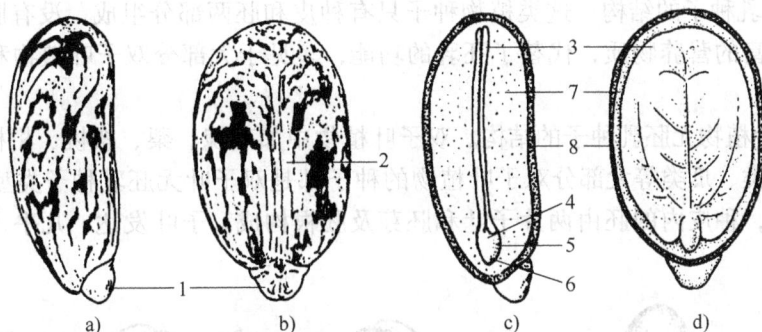

图 2-80 双子叶有胚乳（蓖麻）种子的形态结构

a）种子外形的侧面观 b）种子外形的腹面观 c）与子叶面垂直的正中纵切 d）与子叶面平行的正中纵切

1—种阜 2—种脊 3—子叶 4—胚芽 5—胚轴 6—胚根 7—胚乳 8—种皮

2）单子叶有胚乳种子。单子叶植物中的竹类、小麦、玉米、水稻、高粱等禾本科和百合科植物的种子，都属于单子叶有胚乳种子类型。

小麦籽粒外围的保护层，并不单纯是种皮，而是由较厚的果皮和较薄的种皮共同组成，二者互相愈合，不易分离，因此小麦的籽粒是果实，称为颖果。

如图 2-81 所示，从籽粒的纵切面上可以看到胚和胚乳的相对位置，胚乳占有籽粒的大部分，而胚处于籽粒基部的一侧，仅占很小的部分。

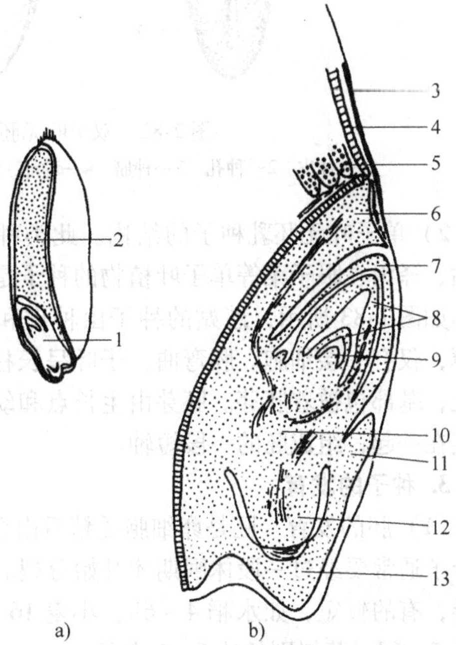

图 2-81 单子叶有胚乳（小麦）颖果的形态结构

a）颖果纵切面 b）胚的纵切面

1—胚 2—胚乳 3—果皮与种皮的愈合层 4—糊粉层 5—淀粉贮藏细胞 6—盾片 7—胚芽鞘 8—幼叶 9—胚芽生长点 10—胚轴 11—外胚叶 12—胚根 13—胚根鞘

胚乳由两部分细胞组成，一部分细胞组成糊粉层，只是一层细胞，含蛋白质、脂肪等有机物质，包围在胚乳外周，与种皮紧贴。另一部分是含淀粉的胚乳细胞。

胚芽和胚根由极短的胚轴上下连接，胚芽位于胚轴的上方，由顶端的生长点和周围数片幼叶组成，幼叶外被胚芽鞘包围。胚根在胚轴下方，由顶端的生长点、根冠和包在外面的胚根鞘组成。胚芽鞘和胚根鞘均起保护作用。

胚轴的一侧与一片盾状的子叶相连，所以子叶也称为盾片，盾片的另一侧紧靠胚乳，所以盾片夹在胚乳和胚轴之间。盾片在与胚乳相接近的一面，有一层排列整齐的细胞，称为上皮细胞或柱形细胞。当种子萌发时，上皮细胞分泌酶到胚乳中去，把胚乳内贮藏的物质加以分解，然后由上皮细胞吸收，并转运到胚的生长部位。在胚轴的另一侧与盾片相对处，还有一片薄膜状突起，称为外胚叶。

（2）无胚乳种子的结构　这类植物种子只有种皮和胚两部分组成，没有胚乳，肥厚的子叶贮存了丰富的营养物质，代替了胚乳的功能，多见于大部分双子叶植物和部分单子叶植物。

1）双子叶植物无胚乳种子的结构。双子叶植物中如刺槐、梨、核桃、柑橘类、茶、花生、棉花、豆类、瓜类等大部分双子叶植物的种子都是双子叶无胚乳种子类型。如图 2-82 所示菜豆种子，种皮内的胚由两片子叶和胚芽及胚根构成。子叶发达，几乎占据了种子的全部。

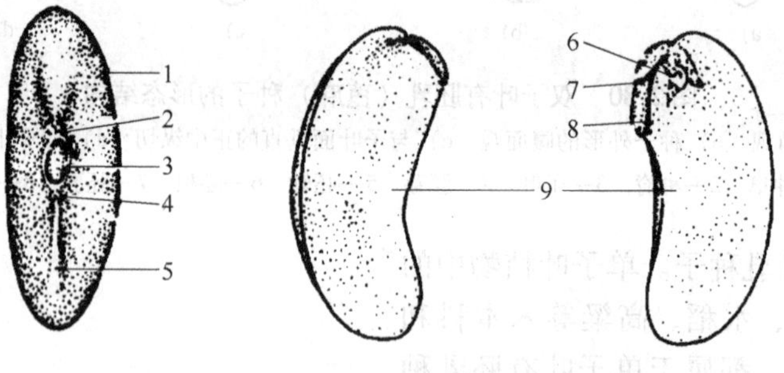

图 2-82　双子叶无胚乳（菜豆）种子的形态结构

1—种皮　2—种孔　3—种脐　4—种瘤　5—种脊　6—胚芽　7—胚轴　8—胚根　9—子叶

2）单子叶无胚乳种子的结构。此类种子较少，水生植物如慈姑、泽泻、眼子菜等单子叶植物的种子是单子叶无胚乳种子。

如图 2-83 所示，慈姑的种子由种皮和胚两部分组成。种皮很薄，仅有一层细胞。胚弯曲，子叶呈长柱形，一片，着生在胚轴上，基部包被着胚芽。胚芽由生长点和幼叶组成。胚根和下胚轴连在一起，组成胚的一段短轴。

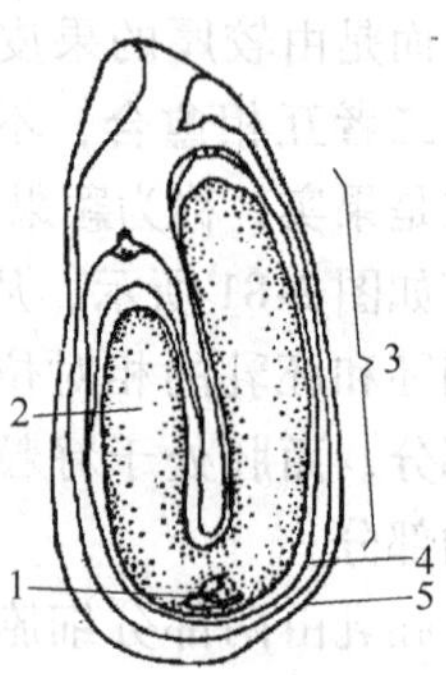

图 2-83　单子叶无胚乳（慈姑属）种子的结构

1—胚芽　2—子叶

3—胚轴和下胚轴

4—种皮　5—果皮

3. 种子的发育

（1）胚的发育　胚是卵细胞受精后由合子发育而来，受精后的合子通常要经过一段休眠期才开始分裂。合子休眠期长短因种而异，有的较短，如水稻 4 ~ 6h，小麦 16 ~ 18h；有的较长，如苹果 5 ~ 6d，茶树则长达 5 ~ 6 个月。

1）双子叶植物胚的发育（以荠菜为例）。如图 2-84 所示，荠菜胚的发育是从合子的分裂开始。合子横分裂为两个异质细胞，近珠孔端的一个较大，称为基细胞（柄细胞），近合点端的一个较小，称为顶细胞（胚细胞）。顶细胞进行多次有丝分裂形成胚体。基细胞分裂主要形成胚柄，或者部分也参加胚体的形成。胚柄能将胚体推入胚乳，有利于从胚乳中吸收养分，它也能从外围组织中吸收养分和加强短途运输，此外胚柄还能合成激素。

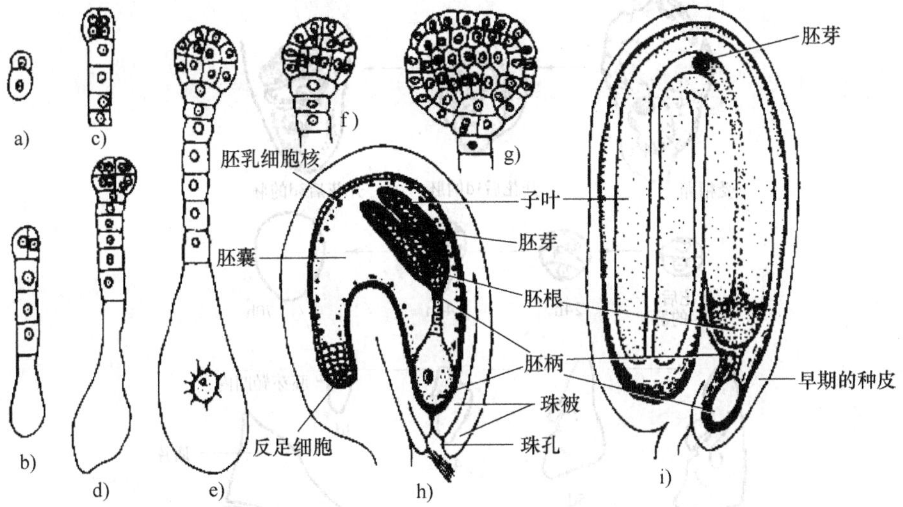

图 2-84 荠菜胚的发育

a）合子的第一次分裂，形成两个细胞，上为顶细胞，下为基细胞 b）、c）、d）、e）基细胞发育为胚柄（包括一列细胞），顶细胞经多次分裂形成球形胚的过程 f）、g）胚继续发育 h）胚在胚珠中已初步发育完成，出现胚的各部分结构 i）胚和种子初步形成，胚乳消失

顶端细胞首先进行两次相互垂直的纵向分裂（第二次的分裂面与第一次的垂直），形成4个细胞，即四分体时期；然后每个细胞又各自进行一次横向分裂，形成8个细胞的球状体，即八分体时期。此后，八分体经过各方向的连续分裂，形成了多细胞的球形原胚。球形原胚以后的发育特点是顶端部位两侧细胞分裂生长较快，形成2个突起，使胚呈心形，称为心形胚，这2个突起以后发育成2片子叶，在2片子叶中间的凹陷部分逐渐分化成胚芽。与此同时，球形胚体基部细胞和与它相接的胚柄细胞，不断分裂生长，一起分化为胚根。胚根与子叶间的部分即为胚轴，此时完成幼胚分化。随着幼胚不断发育，胚轴伸长，子叶沿胚囊弯曲，最后形成马蹄形的成熟胚，胚柄逐渐退化消失。这样一个具有子叶、胚芽、胚轴和胚根的胚就形成了。

2）单子叶植物胚的发育（以水稻为例）。单子叶植物和双子叶植物胚的发育有共同之处，但也有很多不同，如图2-85所示。现以禾本科的水稻为例来说明单子叶植物胚的发育过程，水稻受精卵经过4~6h的休眠后，便进行细胞分裂。其第一次分裂一般为横向分裂，也有斜向分裂的，形成了2个细胞。靠近珠孔端的细胞为基细胞，而远离珠孔端的细胞为顶细胞。接着，顶细胞进行一次纵向分裂，基细胞进行一次横向分裂，形成4细胞原胚。以后原胚继续分裂，体积增大，进一步形成棒槌状，称为棒槌状胚。之后，随着细胞分裂和细胞生长的继续，在棒槌胚的一侧（腹面）出现一个凹陷，此凹陷处形成胚芽。胚芽上面的一部分胚体发育成盾片（内子叶），由于这一部分生长较快，所以很快突出在胚芽之上。在以后的发育中胚分化形成胚芽鞘、胚芽（它包括茎端原始体和几片幼叶）、胚根鞘和胚根。在胚上还有一外胚叶（外子叶），位于与盾片相对的一面。有的禾本科植物如玉米的胚，不存在外胚叶。一般情况下，水稻胚发育所需要的时间约14d，但10d左右的胚已具备了发芽能力。小麦胚的发育过程与水稻相似，但整个发育时间较水稻长。冬小麦胚的发育成熟约

16d，而春小麦胚的发育成熟一般需要22d左右的时间。

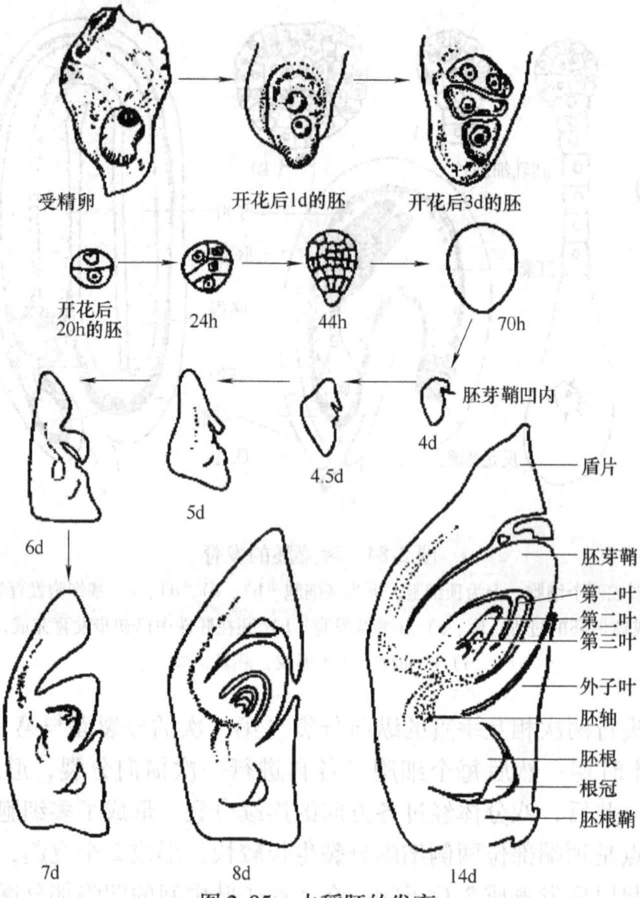

图 2-85　水稻胚的发育

（2）胚乳的发育　胚乳是被子植物种子贮藏养料的部分，由初生胚乳核发育而来，常具3倍染色体。初生胚乳核一般不经休眠，很快开始分裂和发育，比胚的发育要早一些，为胚的发育提供营养。胚乳的发育主要有核型、细胞型和沼生目型3种方式。

1）核型胚乳的发育。核型胚乳的发育方式在单子叶植物以及双子叶离瓣花类植物中普遍存在，如图2-86所示，是被子植物中最普遍的胚乳发育方式，约占60%。

初生胚乳核第一次分裂和以后的核分裂均不伴随细胞壁的形成，各胚乳核呈游离态分布在胚囊中。随着核数目的增加和液泡的扩大，胚乳核被挤到胚囊的四周。胚乳核发育到一定阶段，在胚囊周围的游离核之间先形成细胞壁，此后由外向内进行细胞质的分隔，逐渐形成胚乳细胞，整个组织称为胚乳。

不同植物形成胚乳游离核的数目，有较大的差异，如咖啡的初生胚乳核仅分裂2次，即四核阶段便形成胚乳细胞壁。苹果、柑橘、水稻等形成几百个。而石刁柏、棉等形成上千个的游离核后才逐渐形成细胞壁。

2）细胞型胚乳的发育。细胞型胚乳的发育和核型胚乳发育的区别是初生胚乳核第一次分裂后就伴随周围细胞质的分裂和细胞壁的形成，即形成胚乳细胞。以后进行的分裂全是细胞分裂，所以胚乳自始至终是细胞的形式，没有游离核时期，整个胚乳为多细胞结构，大多数双子叶合瓣花植物的胚乳发育属于此类型，约占40%。如图2-87所示。

3）沼生目型胚乳的发育。沼生目型胚乳的发育方式是介于核型与细胞型之间的中间类型，其发育过程是：受精极核第一次分裂后，将胚囊分隔成 2 个室，即珠孔室和合点室。珠孔室比较大，这一部分的核进行多次核分裂而成为游离核状态。合点室的核分裂次数较少，并一直为游离核状态。以后，珠孔室的游离核之间形成细胞壁而进行胞质分裂，如图 2-88 所示。

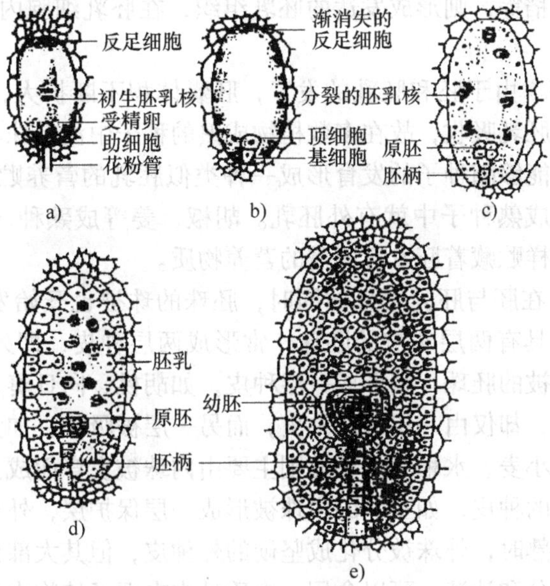

图 2-86　双子叶植物核型胚乳发育过程

a）初生胚乳核开始分裂　b）继续分裂，在胚囊周边产生许多游离核，同时受精卵开始发育
c）游离核更多，由边缘逐渐向中部分布　d）由边缘逐渐向中部逐渐产生胚乳细胞
e）胚乳发育完成，胚仍在继续发育中

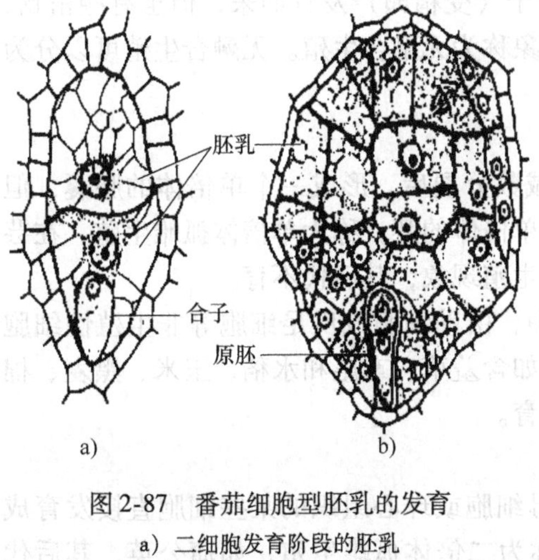

图 2-87　番茄细胞型胚乳的发育

a）二细胞发育阶段的胚乳
b）多细胞发育阶段的胚乳

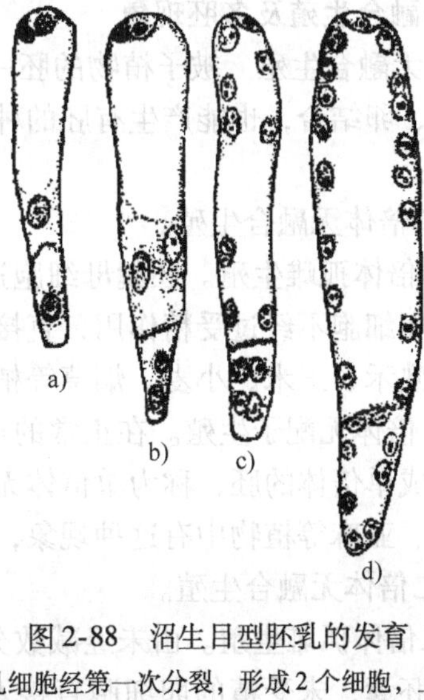

图 2-88　沼生目型胚乳的发育

a）胚乳细胞经第一次分裂，形成 2 个细胞，上端一个已产生 2 个游离核　b)、c)、d）上端与下端的 2 个细胞的核均进行核分裂，产生多个游离核

这种类型的胚乳，多限于单子叶植物中的沼生目种类，如刺果泽泻、慈姑等，但少数双子叶植物，如虎耳草属、檀香属等植物也属于这种类型。

有些种类植物种子，如柑橘、茶、豆类、瓜类、油菜等在发育过程中极核虽也经过受精作用，但受精极核不久就退化消失，并不发育为胚乳，所以种子内不存在胚乳结构。而桑、蓖麻、番茄、小麦、水稻等，则形成发达的胚乳组织，在胚乳细胞内贮藏大量的营养物质，形成有胚乳种子。

（3）外胚乳的发育　由于胚和胚乳的发育，胚囊体积不断扩大，胚囊外围的珠心组织受到破坏，最后被胚和胚乳吸收，故在多数植物成熟的种子中没有珠心组织。但少数植物的珠心组织始终存在，并能够随种子的发育形成一种类似胚乳的营养贮藏组织，称为外胚乳。如咖啡、菠菜、甜菜等成熟种子中就有外胚乳。胡椒、姜等成熟种子中既有胚乳又有外胚乳。胚乳和外胚乳也同样贮藏着胚发育所需的营养物质。

（4）种皮的发育　在胚与胚乳发育的同时，胚珠的珠被也开始发育形成种皮，包被于种子外面起保护作用。具有两层珠被的胚珠，常形成两层种皮，即外种皮和内种皮，如油菜、蓖麻。具有一层珠被的胚珠，则形成一层种皮，如胡桃、向日葵、番茄等。但也有一些植物虽然具有两层珠被，却仅由一层形成种皮，而另一层被吸收，如大豆、南瓜的种皮主要由外珠被发育而来。而小麦、水稻等的种皮则主要由内珠被发育而成。

有的植物具有肉质的种皮，如玉兰的内珠被形成一层保护层，外珠被则变成朱红色的肉质外种皮。石榴种子成熟时，外珠被分化成坚硬的外种皮，但其大部分表皮细胞呈辐射状延长成为囊状体，内含糖分和汁液，可以食用。肉质种皮在裸子植物中更为常见，如银杏、苏铁等植物种子。

有的植物的种皮外面还有假种皮，假种皮由珠柄或胎座等部分发育而成。如荔枝、龙眼的肉质可食部分是珠柄发育而来的假种皮，白色肉质，为可食部分。番木瓜和苦瓜的种子外也有假种皮。有的植物在种子一端有呈海绵状的附属物，称为种阜，如蓖麻。

4. 无融合生殖及多胚现象

（1）无融合生殖　被子植物的胚一般都是由合子（受精卵）发育而来，但也有些植物，不经过精、卵结合，也能产生有胚的种子，这种现象称为无融合生殖。无融合生殖可以分为两种方式：

1）单倍体无融合生殖。

① 单倍体孤雌生殖。胚囊母细胞进行正常的减数分裂后，形成一个单倍体的胚囊，但胚囊中的卵细胞不经过受精作用，直接发育成一个单倍体的胚，称为单倍体孤雌生殖。在芸薹属、早熟禾、玉米、小麦、烟草等植物中有这种生殖现象，其后代不育。

② 单倍体无配子生殖。在正常的单倍体胚囊中，由助细胞或反足细胞等非生殖性细胞直接发育成单倍体的胚，称为单倍体无配子生殖，如含羞草、鸢尾和水稻、玉米、黑麦、棉花、辣椒、亚麻等植物中有这种现象，其后代也不育。

2）二倍体无融合生殖。

① 二倍体孤雌生殖。由未经减数分裂的胚囊母细胞或珠心组织的某些细胞直接发育成二倍体的胚囊，未受精的卵细胞直接发育成胚，称为二倍体孤雌生殖，如蒲公英，其后代可育。

② 二倍体无配子生殖。由胚囊以外的其他细胞，如反足细胞或助细胞形成胚，称为二

倍体无配子生殖，如葱、含羞草、鸢尾等植物有这种现象，其后代可育。

③ 无孢子生殖。有的是由珠心或珠被细胞直接发育成胚，如柑属植物，称为无孢子生殖，这种胚的形成与胚囊无关，称为不定胚，通常为二倍体，后代可育。不定胚与胚囊中的合子胚可以同时发育，结构也相同。如柑橘种子内的数个胚中，只有一个是合子胚，其他均为无孢子生殖的不定胚（珠心胚）。

（2）多胚现象　通常被子植物的胚珠只产生一个胚囊，每个胚囊也只有一个卵细胞，所以受精后只能发育成一个胚。但有的植物种子中往往有一个以上的胚，称为多胚现象。在柑橘中，多胚现象较常见，多由珠心形成不定胚。由于珠心胚无休眠期，比合子胚发育早，出苗快，优先利用种子的营养物质，因此，由珠心胚发育的珠心苗比较健壮，并且能保持母株的遗传特性，故优良品种的珠心苗在生产上广为利用。但在有性杂交育种上，则必须剔除珠心胚形成的早期苗，因为它不是杂交的后代。

产生多胚现象的原因很多，主要有以下几个方面。

1）非卵配子受精。双受精时，由于多精子现象的存在，不仅卵细胞受精，有时助细胞或反足细胞也和精细胞受精，从而形成多个合子，发育成多个胚。

2）无配子生殖。助细胞或反足细胞与受精卵各自都发育成胚。

3）无孢子生殖。除合子胚外，珠心或珠被细胞还形成不定胚。

4）裂生多胚现象。胚胎发育早期，原胚分裂成独立的几个部分，随着胚胎的发育，其每一部分将逐渐发育形成一个胚，这样就形成了多胚现象。

5）多胚囊现象。胚珠中通常只有一个胚囊，但有些植物的胚珠中却有两个或两个以上的胚囊，而且每个胚囊都形成胚，则成多胚。

实训10　花药、子房解剖结构的观察

一、目的

观察认识花药和子房的构造特征。

二、用具与材料

显微镜、植物学盒、百合花药和子房横切制片。

三、方法与步骤

1. 花药结构的观察

取百合花药横切制片，先在低倍镜下观察，可见花药呈蝶状，其中有四个花粉囊，分左右对称两部分，其中间有药隔相连，药隔中有一维管束，称为药隔维管束。换高倍镜仔细观察一个花粉囊的结构，由外至内有下列各层：表皮、纤维素、中层与绒毡层。

在低倍镜下观察可看到每侧花囊间药隔已经消失，形成大室，因此花药在成熟后仅具有左右二室，注意观察在花药两侧的中央，由表皮细胞形成几个大型的唇形细胞，花药由此处开裂，内有许多花粉粒。

2. 子房结构的观察

取棉花或其他植物的子房，作横切面徒手切片制成临时装片在镜下观察。也可取百合子房横制片，在低倍镜下观察，可看到由3个心皮围合形成3个子房室，胎座为中轴胎座，在每个子房室里有2个倒生胚珠，它们背靠背生在中轴上。

移动载玻片，选择一个完整而清晰的胚珠，进行观察，可以看到胚珠具有内、外两层珠

被、珠孔、珠柄及珠心等部分，珠心内为胚囊，胚囊内可见到1或2个核或4个核或8个核（成熟的胚囊有8个核，由于8个核不是分布在一个平面上，所以在切片中，不易全部看到）。

四、作业

1）绘出花药的横切面图，并标注各部分的名称。

2）绘子房横切面图，标出子房壁、子房室和胚珠，以及珠孔、珠柄、珠心、胚囊等部分。

思 考 题

1. 单子叶、双子叶植物根的构造有何异同？
2. 双子叶植物根的次生结构是如何形成的，包括哪些结构？
3. 比较单子叶植物与双子叶植物茎结构的差异？
4. 比较异面叶和等面叶结构的异同点。
5. 夹竹桃叶的形态结构与生态条件的关系如何？
6. 试比较双子叶植物茎与根的初生结构。
7. 茎的次生结构是如何形成的，包括哪些结构？
8. 年轮是如何形成的，包括哪些结构？
9. 单子叶植物的内皮层为什么存在通道细胞？其功能是什么？
10. 以小麦、水稻、玉米为例，说明禾本科植物根、茎的结构，并比较异同。
11. 列表说明双子叶植物茎的次生结构，并指出各属于哪种组织？
12. 为什么大部分禾本科植物的根与茎增粗有限？
13. 什么是周皮？为什么说周皮和树皮是两个完全不同的部分？
14. 双子叶植物木质茎与草质茎的次生构造有何异同点？
15. 简述雄蕊的发育与结构。
16. 简述胚囊的发育与结构。
17. 什么叫双受精？双受精有何意义？

项目三 常见植物的主要科识别

学习目标

通过本项目的学习，要求掌握植物种的概念、植物分类的方法、植物分类基本单位和阶元系统、植物的命名、植物检索表的编制及应用、植物标本的采集和制作、种子植物主要科的特征、识别常见的园林植物。能熟练应用植物检索表进行植物鉴定。

任务1 植物的分类

一、植物分类的基本方法

现在生存在地球上的植物，估计有50万种以上。面对众多形态千差万别的物种，要进行研究、开发和利用，首先就得对其分门别类，否则无从入手。根据人类对植物的利用和科学技术的发展水平，植物分类经历了两个时期，人为分类时期和自然分类时期。

1. 人为分类系统

人类对植物的研究和认识，已有较长的历史。回顾植物分类发展史，大体上可以把植物分类分成林奈以前和林奈以后两个大的时期。林奈以前时期由于生产力水平很低，科学技术水平也很低，而且受到“神创论”、“不变论”的形而上学唯心论思想统治，这一时期植物分类方法基本上为人为分类方法。其基本特征是根据植物的用途，或仅根据植物的一个或几个明显的特征进行分类，而不考虑植物种类彼此间的亲缘关系和在系统发育中的地位。如古希腊的亚里士多德将植物分为乔木、灌木和草本3大类；我国明代李时珍所著《本草纲目》将所收集的1000余种植物分为草、谷、菜、果、木五部，和山草、芳草等30类。代表这一时期分类思想顶峰的为瑞典的林奈（1707—1778），他选择了植物的生殖器官如雌蕊和雄蕊的数目和形态为特征，即依据雄蕊的特征作为纲的分类标准，依据雌蕊的特征作为目的分类标准，依据果实的特征作为属的分类标准，依据叶子的特征作为种的分类标准，撰写了《植物种志》，将植物分为24纲。

人为分类方法对人类的生产和生活等实际应用起了重要作用，并为科学的分类积累了丰富的资料和经验。但这些方法是不够科学的，不能反映植物间的亲缘关系，其结果可能会给植物分类带来混乱。

2. 自然分类系统

林奈以后的时期为植物分类发展的第二个时期。这个时期最大的变化是逐步由人为分类方法发展到自然分类方法。自然分类方法就是从形态学、解剖学、细胞学、遗传学、生物化学、生态学、古生物学等综合学科进行分类，特别依据最能反映亲缘关系和系统演化中的主要性状进行分类。自然分类方法是最接近进化理论，最能反映植物亲缘关系和系统发育的方法。

林奈以后已有许多学者提出了显著进步的分类法，有代表性的是达尔文提出的《物种起源》、恩格勒分类系统、塔赫他间分类系统和克朗奎斯特系统。我国著名分类学家胡先啸也曾于1950年提出了一个被子植物的多元系统。这些分类系统虽然距离一个较完备的自然进化系统相差很远，而且这些系统间还有很多相反的理论和观点，但它们比起人为分类系统显然是一个质的飞跃。

二、植物分类的基本单位和阶层系统

植物分类的单位主要为界（kingdom）、门（division）、纲（class）、目（order）、科（family）、属（genus）、种（species）。其中界是最大的分类单位，而种是最基本的分类单位。

种（species）是生物分类的基本单位，它是具有一定的自然分布区和一定的形态特征和生理特性的种群。同一种中的各个个体具有相同的遗传性状，而且彼此交配可以产生后代。

植物的分类单位也称为阶元，各分类单位都有相应的拉丁词和一定的拉丁词尾，但属和种无固定的拉丁词尾，表3-1所示。将各个分类阶元按照高低和从属关系排列起来，即为植物分类的阶层系统。每一种植物在这个系统中都可以明确地表示它的分类。

表3-1　植物分类单元（等级、阶元）和阶层系统

分类的单位（等级、阶元）				植物举例	
中文	英文	拉丁文	词尾	中文	拉丁文
植物界	Vegetable kingdom	Vegnum vegetable		植物界	Regnum vegetable
门	Division，phylum	Division	－phyta	被子植物门	Angiospermae
亚门	Subdivision	subdivision	－phytina		
纲	Class	Classis	－opsida，－eae	双子叶植物纲（木兰纲）	Dicotyledoneae (Magnoliopsida)
亚纲	Subclass	Subclassis	－idea	蔷薇亚纲	Rosidae
目	Order	Ordo	－ales	伞形目	Apiales，umbellales
亚目	Suborder	Subordo	－ineae		
科	Family	Familia	－aceae	伞形科	Apiaceae，umbelliferae
亚科	Subfalimy	Subfamilia	－oideae	芹亚科	Apioideae
族	Tribe	tribus	－eae	胡萝卜族	Dauceae
亚族	Subtribe	Subtribus	－inae		
属	Genus	Genus	－a，－um，－us	胡萝卜属	Daucus
亚属	Subgenus	Subgenus			
组	Section	Sectio			
亚组	Subsection	Subsectio			
系	Series	Series			
种	Species	Species		野胡萝卜	*Daucus carota*
亚种	Subspecies	Subspecies			
变种	Variety	Varietas		胡萝卜	*Daucuscasrota* var. *sativa*
变型	form	forma			

三、植物的命名

无论是对植物进行研究，还是进行开发利用，首先必须给它一个名称。但是由于国家、地域、民族的差异，往往出现同物异名或同名异物现象的出现。为了便于各国学者的学术交流，必须统一的按一定规则对植物进行命名。现行的植物命名采用双命名法（binomial system）。

所谓的双命名法就是指用拉丁文给植物的种起名字，每一种植物的种名，都由两个拉丁词或拉丁化形式的字构成，第一个词是属名，相当于“姓”；第二个词是种加词，相当于名。一个完整的学名还需要加上最早给这个植物命名的作者名，故第三个词是命名人。“属名 + 种加词 + 命名人”是一个完整学名的写法。例如，银月季为 *Rosa chinensis* Jacq. 植物的属名和种加词，都有其涵义和来源以及具体规定。

属名：一般采用拉丁文的名词，书写时第一个字母一律大写，且要斜体，如 *Rosa*。

种加词：大多为形容词，少数为名词的所有格或为同位名词，书写时要小写，也要斜体，如 *chinensis*。

命名人：命名人通常以其姓氏的缩写来表示，并置于种加词后面。命名人要拉丁化，第一个字母要大写，缩写时一定要在右下角加省略号“.”，如 Linnaeus（林奈）缩写为 L.。

双命名法对植物学的发展具有极大的意义，不仅可以消除植物命名中的混乱现象，还可以大大地推动国际交流。

四、植物分类检索表的编制和应用

植物分类检索表是鉴定植物种类或所属类群的重要工具之一，因为通过查阅检索表能比较迅速地查对和鉴定欲知植物的名称或归属类群。植物志、植物手册等工具书均有植物的分科，分属及分种检索表。

根据植物分类级别的不同，植物分类检索表可分为分门检索表、分纲检索表、分目检索表、分科检索表、分属检索表、分种检索表。以门为基本单位，用来查对门的检索表叫分门检索表，依此类推。其中常用的主要是分科检索表、分属检索表和分种检索表。

根据植物分类检索表编制形式的不同，植物分类检索表分为定距检索表、平行检索表和连续检索表 3 种，其中常用的是定距检索表和平行检索表。

1. 定距检索表

定距检索表又称为等距检索表。在这种检索表中，相对立的特征，编为同样号码，且在书页左边同样距离处开始描写。如此继续下去，描写行越来越短，直至追寻到检索表的最低单位为止。它的优点是将相对性质的特征都排列在同样距离处，一目了然，便于应用，缺点是如果编排的种类过多，检索表势必偏斜而浪费很多篇幅。现将植物分门定距检索表举例如下。

1. 植物体无根、茎、叶分化，不产生胚。
　2. 植物体不为藻、菌共生体。
　　3. 有叶绿素，自养植物 ………………………………………… 藻类（Algae）
　　3. 无叶绿素，异养植物 ………………………………………… 菌类（Fungi）
　2. 植物体为藻、菌共生体 ………………………………………… 地衣门（Lichenes）
1. 植物体有根、茎、叶分化，产生胚。
　　4. 有茎、叶分化，无真正根 ………………………… 苔藓植物门（Bryophyta）

4. 有茎、叶分化，并出现真正根。

5. 不产生种子，用孢子繁殖 …………………… 蕨类植物门（Pteridophyta）

5. 产生种子，用种子繁殖。

6. 种子或胚珠裸露 ……………………………… 裸子植物门（Gymnospermae）

6. 种子或胚珠包被在果皮或子房中………………… 被子植物门（Angiospermae）

2. 平行检索表

在平行检索表中，每一相对性状的描写紧紧相接，便于比较，每一行末，或为一学名，或为一数字。如为数字，则另起一行重新写，与另一相对性状平行排列。如此直至终了为止。左边数字均平头写，为平行检索表特点。例如：

1. 植物无花，无种子，以孢子繁殖 ………………………………………………………… 2

1. 植物有花，以种子繁殖 ………………………………………………………………… 3

2. 小型绿色植物，结构简单，仅有茎、叶之分，有时仅为扁平的叶状体；不具真正的根和维管束 ……………………………………………………… 苔藓植物门（Bryophyta）

2. 通常为中型或大型草本，很少为木本植物，分化为根、茎、叶，并有维管束 ………………………………………………………………………… 蕨类植物门（Pteridophyta）

3. 裸露，不包于子房内 ……………………………… 裸子植物门（Gymnospermae）

3. 胚珠包于子房内…………………………………… 被子植物门（Angiospermae）

植物检索表是鉴定植物的重要工具。当鉴定一种不知名的植物时，先找一本检索表。运用书中各级检索表，查出该植物所属的科、属和种，在检索时必须同时核对是否符合该科、属、种的特征描述。若发现有疑问时，应反复检索，直至完全符合时为止。

利用检索表鉴定植物时，可以从科一直检索到种，不但要有完整的检索表资料，而且还要有性状完整的检索植物标本，另外，对检索表中使用的各种形态学术语及检索对象形态特征，应该比较熟悉，否则，容易出现偏差。

实训 11　植物标本的采集和制作

一、目的

1）初步掌握植物标本的采集和压制方法。

2）初步掌握植物蜡叶标本制作方法。

二、用具与材料

标本夹、采集箱、吸水纸、枝剪、小铁镐、野外采集记录本、酒精、消毒盘、缝衣针、线、标本台纸、放大镜、镊子、单面刀片、胶水、胶带、小纸带、采集标签、鉴定标签、蜡叶标本。

三、方法与步骤

1. 标本的采集与记录

采集一份好的植物标本有三个要求：① 采集标本应当完整，尽可能具有较多的器官（根、茎、叶、花、果实和种子）。② 标本尽量保持原样。③ 详细记录植物标本的生境特征及形态特征。

1）木本植物标本的采集：木本植物包括乔木、灌木和木质藤本类。在采集时要选取生长正常、无病虫害、有花和果实的植株，用枝剪剪取长约 35cm 的二年生枝条。把枝条末端剪成斜口，以便观察髓部。枝条剪下后，先作简单的修整，将过多的叶去掉，以便压制。采集木本植物标本时一般不需要挖取根部和剥取树皮，但当根或树皮比较特殊或有特殊经济价值时，可采集一部分附于标本上。

2）草本植物标本的采集：草本植物一般应采集地上部分和地下部分。

3）采集记录：采集使用的表格，各单位不尽相同，但一般包括下列表格所列内容：

（单位名称）植物标本采集记录

采集号：____________ 年 ________ 月 ________ 日

产　地：____________ 省 ________ 市 ________ 县

生　境：____________________________

______ 多度 ________ 海拔 ________ 米

形态性状：________ 高度 ________ 胸径 ________

根 ____________________________

茎 ____________________________

叶 ____________________________

花 ____________________________

____

果 ____________________________

俗名 ____________ 科名 ____________

学名 ____________________________

用途及其他 ________________________

采集人：____________________________

2. 标本的压制与干燥

采集到植物标本后应及时压制干燥，其基本步骤如下：

（1）整理标本　若植物体上的枝叶过于密集，去除植物体上的一部分枝叶，保证压制后标本上的枝叶不至重叠太多，尤其不能使花、果实等部分重叠。然后把标本剪成长约30cm，宽约25cm大小，以便能放在台纸上。若根部泥土过多，应洗净晾干后再压制。

（2）压制　把整理后的植物标本置于放有吸水纸的一扇标本夹上，将其枝叶展开，并使其中一部分小枝或叶片反折铺平，从而在同一标本上即能看到叶的正面又能看到叶的背面。然后，在标本上放2～3张吸水纸。就这样把标本与吸水纸相间重叠摆放。当重叠到一定高度时，在最上面放5～10张吸水纸，把另一扇标本夹放在上面，用绳子将标本夹扎紧，使标本夹的四角大致相平。

（3）换纸　把植物标本从湿纸上取出轻轻放在准备的干燥吸水纸上，换完后仍按上述方法将标本夹扎好。新压制的植物标本和含水量较多的植物标本最开始3天应每天换纸3～5次，当植物标本基本干时可一天换一次或隔天换一次纸，直到标本全部干燥为止。

3. 标本的消毒

从野外采集、压制干燥后的植物标本常带有真菌、虫和虫卵，在贮藏过程中会使标本发霉、腐烂和蛀食。因此，经压制干燥后的植物标本在装订到台纸上之前，一定要消毒。植物标本消毒就是用物理的、化学的方法杀死标本上的微生物、虫和虫卵，从而使标本能长期保存的过程。植物标本消毒最常用的方法是高温消毒法和化学消毒法。

(1) 高温消毒法　这种消毒方法所需设备简单，操作方便常用于标本量较少时消毒。把要消毒的植物标本连同吸水纸一起放到恒温箱中，加温到60°，恒温保持6～8h，即可达到消毒目的。

用高温消毒法应注意三点：首先，植物标本一定是经压制干燥后的标本，未经压制的标本会因失水过快而收缩变形。其次，烘箱的温度要缓缓加温。第三，消毒后要等到标本自然冷却并恢复原样后再轻轻取出，因为经高温消毒后的植物标本非常脆，很容易折断。

(2) 化学消毒法　化学消毒法就是用酒精、苯酚和樟脑等化学物质配成的消毒液杀死标本上的微生物、虫和虫卵的过程。这是目前应用最广的一种植物标本消毒方法。其特点是消毒彻底，但操作过程长，工作量大，且化学物质会污染环境。

4. 标本装订

把植物标本装订到台纸上的过程称为标本装订。植物标本的装订方法简述如下：将白色台纸（长约39cm、宽约27cm）平整地放在桌面上，然后把消毒好的植物标本放在台纸上，摆好位置，在右下角和左上角都要留出贴鉴定标签和野外采集标签的位置。这时便可沿标本主枝两侧用小刀在台纸上切出数个小纵口，再用具有韧性的纸条由纵口穿入，从背面拉紧，并用胶水在背面粘牢。对于小枝和某些叶片，可在其下方涂少量胶水，让其粘贴在台纸上。装订后的植物标本再附上采集标签、采集号和鉴定标签，一份完整的蜡叶标本就做成了。

四、作业

每人采集校园内的一种观赏植物，并做成蜡叶标本。

任务2　种子植物主要科的识别

一、裸子植物

裸子植物是介于蕨类植物和被子植物之间的一类种子植物。它是保留着颈卵器，具有维管束，能产生种子的一类高等植物。

1. 裸子植物的主要特征

(1) 孢子体发达　裸子植物孢子体特别发达，全部为高大的乔木或灌木，无草本。

1) 具发达的直根系。

2) 大多数为单轴分枝，常具长枝与短枝之分。

3) 真中柱，具有形成层和次生生长；木质部大多数只有管胞，极少有导管；韧皮部具筛胞，无伴胞。

4) 叶多为针形、条形或鳞形，极少为扁平的阔叶；叶在长枝上螺旋状排列，在短枝上簇生枝顶；叶常有明显的多条排列成浅色的气孔带（stomatal band）。

(2) 胚珠裸露　孢子叶大多数聚生成球果状，称为孢子叶球。小孢子叶（雄蕊）聚生成小孢子叶球（雄球花），每个小孢子叶下面生有贮满小孢子（花粉）的小孢子囊（花粉囊）。大孢子叶（心皮）丛生或聚生成大孢子叶球（雌球花）。胚珠不为大孢子叶所形成的心皮所包被，因此呈裸露状态。大孢子叶常变态为珠鳞（松柏类）、珠领（银杏）、珠托（红豆杉）、套被（罗汉松）、盖被或羽状大孢子叶（铁树）。而被子植物的胚珠则被心皮所包被，这是被子植物与裸子植物的重要区别。

（3）具有颈卵器的构造　裸子植物除百岁兰属、买麻藤属外，均具颈卵器。配子体完全寄生于孢子体上。雌配子体上近珠孔端产生颈卵器，结构简单，具2～4个颈壁细胞，颈卵器中具1个卵和1个腹沟细胞，无颈沟细胞。

（4）传粉时花粉直达胚珠　花粉粒借风力（少数例外）传播，经过珠孔直接进入胚珠，在珠心上方（花粉室）萌发，形成花粉管，进入胚囊，使其内的精子与卵结合。从传粉到受精这个过程，在裸子植物中需经历较长的时间。

（5）具多胚现象　大多数裸子植物都具有多胚现象，这是由于1个雌配子体上的几个或多个颈卵器的卵细胞同时受精形成多胚，称为简单多胚现象，或者由一个受精卵在发育过程中，胚原组织分裂为几个胚，为裂生多胚现象。

2. 裸子植物的分类

裸子植物发生发展的历史悠久，最早起源于古生代的泥盆纪，历经古生代的石炭纪、二叠纪，中生代的三叠纪、侏罗纪、白垩纪，新生代的第三纪、第四纪。现代裸子植物的种类分属于5纲9目12科71属，近800种。我国是裸子植物种类最多、资源最丰富的国家，有11科41属，236种。有不少是第三季的孑遗植物，或称“活化石”植物。银杏、水杉、塔柏、雪松等裸子植物是重要的园林观赏树种，应用较为广泛。

根据大孢子叶，裸子植物通常分为5个纲：铁树纲（Cycadopsida），大孢子叶羽状分裂；银杏纲（Ginkgopsida），大孢子叶变态为珠领；松柏纲（Coniferopsida），大孢子叶变态为珠鳞；红豆杉纲（Taxopsida），大孢子叶变态为珠托（红豆杉）、套被（罗汉松）；买麻藤纲（Gnetopsida），大孢子叶变态为盖被。

3. 裸子植物主要科的基本特征

（1）铁树科（Cycadaceae）　常绿木本植物，茎秆粗壮不分枝。侧根具有特化的菌根。叶二型，营养叶、鳞叶螺旋状排列，羽状深裂，集生于树干顶端，幼时被鳞叶保护，脱落后在茎上留下永存的痕迹，称为甲胄；鳞叶小，密被褐色绒毛。雌雄异株，小孢子叶在长轴上螺旋状排列，形成小孢子叶球（棒状）；大孢子叶丛生于茎顶，两侧有数个橘红色的大胚珠。

我国仅有1属8种。其中铁树（*Cycas revolute* Thunb.）为著名园林观赏树种，如图3-1～图3-3所示。

图3-1　苏铁大孢子叶及胚珠

图3-2　苏铁雄株

图3-3　苏铁雌株

（2）银杏科（Ginkgoaceae） 落叶乔木，枝条有长、短之分。叶扇形，先端2裂或波状缺刻，长枝上螺旋状散生，多为2裂，短枝上簇生，多为波状缺刻。叶脉分叉开放。雌雄异株，小孢子叶柄状，顶端着生2个（3、4或7）小孢子囊；大孢子叶球基部有一长柄，柄端有2个环形的大孢子叶，称为珠领，各生1个直生胚珠，但仅一个发育成种子，称为白果。种子核果状，具3层种皮：外种皮，肉质，并含有油脂及芳香物质；中种皮，白色，骨质；内种皮，红色，纸质。种子可炖肉、做羹汤和制蜜饯、甜食（多食易中毒）；同时也可入药，有润肺、止咳、强壮等功效。

本科仅1属1种植物，为我国特产。银杏（*Ginkgo biloba* L.）为著名的孑遗植物，现广泛栽培于世界各地，为著名街道树及园林绿化树种，如图3-4～图3-7所示。

图3-4　银杏小孢子叶球

图3-5　银杏大孢子叶球

图3-6　银杏种子

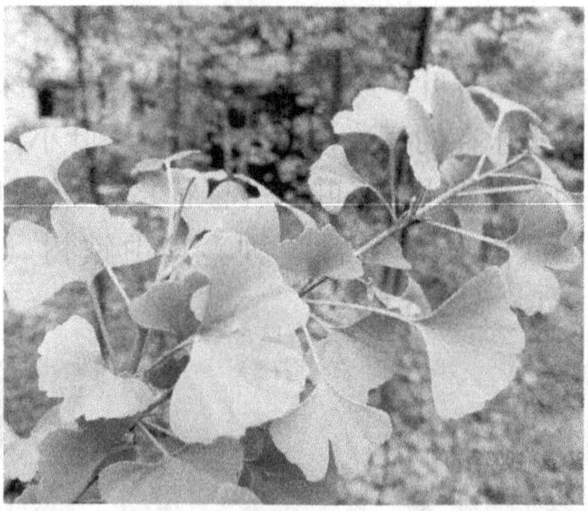

图3-7　银杏枝条及叶子

（3）松科（Pinaceae） 乔木，稀灌木，多为常绿。叶条形或针形，在长枝上螺旋状着生，在短枝上簇生；针形叶2～5针成束，基部包有叶鞘。孢子叶球单性同株，每个小孢子叶有2个小孢子囊，小孢子有多数气囊；大孢子叶基部着生两枚胚珠，以后发育为种子，种子通常有翅。

松科是松柏纲植物中最大且在经济上最重要的1科，有10属，230余种。我国有10属，113种，分布于全国。

其中，马尾松（*Pinus massoniana* Lamb.），雪松（*Cedrus deodara*（Roxb.）G. Don），金

钱松（*Pseudolarix amabilis*（Nelson）R.），黑松（*Pinus thunbergii* Parl.）等为著名园林绿化树种，如图 3-8～图 3-10 所示。

图 3-8　马尾松雄球花及球果

图 3-9　雪松

图 3-10　金钱松

（4）杉科（Toxodiaceae）　乔木，叶螺旋状排列。孢子叶球单性同株，小孢子叶螺旋状排列，小孢子无气囊；大孢子叶基部有 2～9 枚胚珠。球果当年成熟，木质或革质，种子周围或两侧有窄翅。

本科 10 属，16 种。我国产 5 属，7 种，分布于长江流域及秦岭以南各省区。其中杉木（*Cunninghamia lanceolata*（Lamb.）Hook.）、水杉（*Metasequoia glyptostroboides* Hu et Cheng）、柳杉（*Cryptomeria fortunei* Hooibrenk ex Otto et Dietr.）等为常见园林绿化树种，如图 3-11～图 3-13 所示。

图 3-11 杉木小孢子叶球及球果

图 3-12 水杉

图 3-13 柳杉

（5）柏科（Cupressaceae） 常绿乔木或灌木。叶交互对生或轮生，鳞形或刺形。孢子叶球单性，同株或异株。小孢子叶交互对生，小孢子无气囊，大孢子叶基部有 1 至多枚胚珠；球果通常圆球形，种鳞盾形，木质或肉质。种子两侧具窄翅或无翅。

本科 22 属，约 150 种，我国产 8 属，29 种，分布于全国。塔柏（*Sabina pingii*（Cheng ex Ferre）cv. *Pyramidalis*）、侧柏（*Platycladus orientalis*（Linn.）Franco）、龙柏（*Sabina pingii*（Cheng ex Ferre）cv. *Kaizuca*）、柏木（*Cupressus funebris* Endl.）等为著名园林绿化树种，如图 3-14 ~ 图 3-16 所示。

（6）罗汉松科（Podocarpaceae） 常绿乔木或灌木。叶常为条形、披针形，螺旋状散生，稀近对生。孢子叶球单性异株，稀同株；小孢子叶多数，螺旋状排列，各有 2 个小孢子囊，小孢子通常无气囊；大孢子叶球单生叶腋，基部具有 1 枚胚珠，为囊状的套被所包围。种子核果状，成熟时，套被变成肉质的假种皮。

本科 8 属，约 130 种。我国产 2 属，14 种，分布于长江以南各省区。其中罗汉松（*Podocarpus macrophyllus*（Thunb.）D. Don）为常见园林观赏树种，如图 3-17、图 3-18 所示。

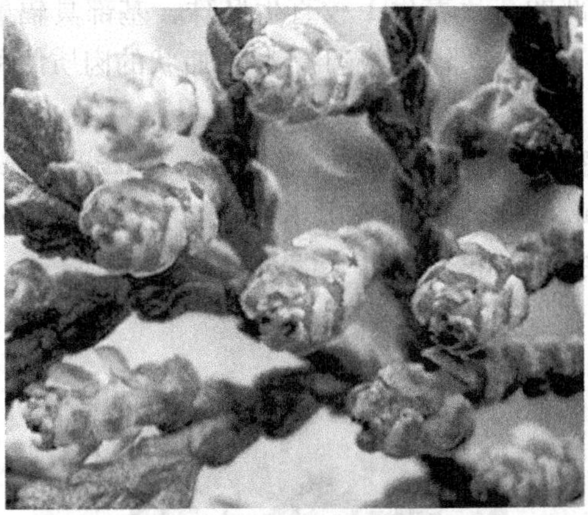

图 3-14　侧柏雄球花

图 3-15　侧柏雌球花

图 3-16　柏科塔柏

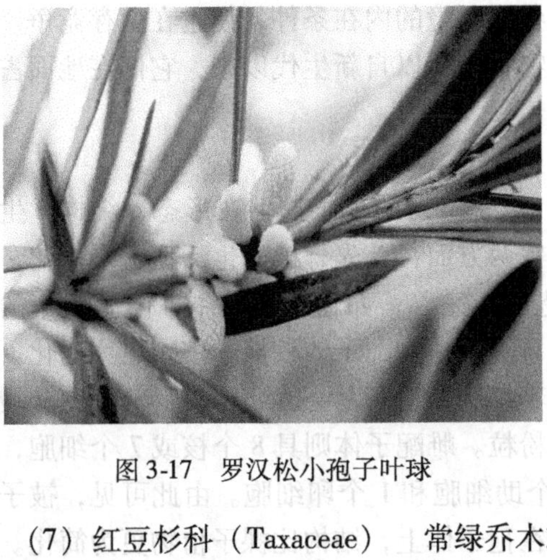

图 3-17　罗汉松小孢子叶球

图 3-18　罗汉松套被（红色）和种子（淡白色）

（7）红豆杉科（Taxaceae）　常绿乔木或灌木。叶线形或线状披针形，螺旋状散生或交叉对生。球花单性，雌雄异株，罕同株；雄球花单生或成短穗状球花序，生于枝顶，雄蕊多数，每雄蕊有花 3 ~9 朵；雌球花单生叶腋，顶部的苞片着生 1 枚直生胚珠，基部具辐射对称的盘装或漏斗状珠托。种子当年或次年成熟，全包或部分包被于环状或瓶状的肉质假种皮中，胚乳丰富，子叶 2 枚。

本科 5 属，23 种。我国有 4 属，12 种，1 变种及 1 栽培变种。红豆杉（*Taxus chinensis*（Pilger）Rehd）、南方红豆杉（*Taxus chinensis* var. *mairei* Cheng et L. K）、穗花杉（*Aemntotaxus argetaenia*（Hance）Pilger）为常见园林观赏树种，如图 3-19、图 3-20 所示。

图 3-19　红豆杉

图 3-20　南方红豆杉

二、被子植物

被子植物是植物界最高级的类群，已知的被子植物有 1 万多属，20 多万种。按美国学者克朗奎斯特提出的分类系统，被子植物称为木兰植物门，分为木兰纲（双子叶植物）和百合纲（单子叶植物），前者包括 6 个亚纲，64 目，318 科，后者包括 5 亚纲，19 目，65 科，合计 11 亚纲，83 目，383 科。我国有被子植物 2700 多属，约 3 万种。被子植物能有如此众多的种类，有其广泛的适应性，这和它的结构复杂化、完善化分不开，特别是繁殖器官的结构和生殖过程的特点，提供了它适应、抵御各种环境的内在条件，使它在生存竞争、自然选择的矛盾斗争中，不断产生变异，产生新的物种。所以自新生代以来，它们在地面占绝对优势，是现存的最重要的类群。

1. 被子植物一般特征

（1）孢子体高度发达，配子体进一步退化　被子植物的孢子体，在形态、结构、生活型等方面，比其他各类裸子植物更为发达，表现在两方面：首先，植株生活型更多样化，从而适应复杂多样的生态环境。营养器官解剖构造更加完善，如输导组织中，由高效率的导管、筛管分别取代了低效率的管胞、筛胞。其次，被子植物配子体较裸子植物更为退化。雄配子体仅具 2 或 3 细胞的花粉粒，其中 1 个为营养细胞，1 个为生殖细胞，生殖细胞分裂产生 2 个精子，所以发育成熟的雄配子体为 3 核花粉粒。雌配子体则具 8 个核或 7 个细胞，颈卵器作为一种结构已消失，其残余为卵器——2 个助细胞和 1 个卵细胞。由此可见，被子植物的雌雄配子体均无独立生活的能力，终生寄生在孢子体上，结构比裸子植物更为简化。

（2）具真正的花，尤其是具雌蕊　花的出现及花在形态上极其多样的变化，使被子植物的传粉方式多样化，传粉效率大为提高。雌蕊包括子房、花柱和柱头三部分。子房壁使胚珠得到保护，避免了昆虫的咬噬和水分的丧失。子房受精后发育为果实，果实具有不同的色、香、味，多种开裂方式；果皮上常具有各种钩、刺、毛。果实的这些特点对于保护种子成熟、帮助种子散布起着重要作用。不同种或同一种不同个体花柱的长短变化适应特定的传粉。柱头形态的多样性也与对传粉的适应有关。尤其是柱头与花粉间的识别反应，常可避免近亲繁殖，从而使后代具更多的变异性和更具活力，有利于植株适应环境和物种进化。

（3）具双受精现象　双受精现象即两个精细胞进入胚囊以后，1个与卵细胞结合形成合子，另一个与两个极核结合，形成3n染色体，发育为胚乳。幼胚以3n染色体的胚乳为营养，使新植物体内的矛盾增大，因而具有更强的生活力。所有被子植物都有双受精现象，是它们有一个共同祖先的证据。

2. 花程式与花图式

花是进行植物分类学研究最主要的依据。花的构造可用花程式和花图式作简要描述。因此，学习花程式和花图式有益于植物分类的学习。

（1）花程式　花程式（花公式）用符号和数字来表示花的各部分的组成、排列、位置及彼此间的关系。书写顺序是性别、整齐与否、花被（花萼和花冠）、雄蕊群、雌蕊群。

通常用K代表花萼（Kalyx）；用C代表花冠（Corolla）；用A代表雄蕊（Androecium）；用G到表雌蕊（Gynoecium）；用P代表花被（Perigonium）；花各部分的数目可用数字来表示，如果该部分缺少时就用“O”来表示，数目很多就用“∞”来表示，并把它们写于代表各字母的右下角处。如果某一部分在一轮以上时就用“+”来表示；如果某一部分其个体相互连合就用“（ ）”表示；子房的位置可以在表示雌蕊的字母下边加一横线表示子房上位，在上面加一横线表示子房下位，上下各加一道横线表示子房半下位。同时，在心皮数目的后面用“:”号隔开的数字表示子房室的数目。

辐射对称花用“＊”表示；两侧对称花用“↑”表示；♀表示单性雌花，♂表示单性雄花，书写在花程式的前边。

（2）花图式　花图式是以花的横切面为依据的图解式。为了便于观察与理解，用固定的符号表示花各部分的数目、形态及其在花托上的排列方式等。各部分所处位置的顺序与其在花托上的位置一致，但各部分的相对大小与实际情况并不一定相似。

如图3-21所示，上方的小圆圈表示花序轴位置。在花序轴相对一方黑色带棱的弧线表示苞片，其内侧由斜线组成带棱的新月形符号表示萼片。空白的新月形符号表示花瓣，雄蕊和雌蕊分别用花药和子房横切面表示。

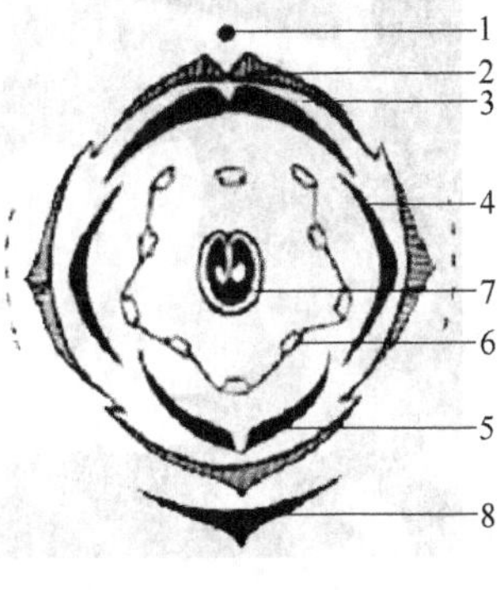

图3-21　蚕豆花图式

1—花轴　2—花萼　3—旗瓣　4—翼瓣　5—龙骨瓣　6—雄蕊　7—雌蕊　8—苞片

花程式和花图式各有优缺点，花图式不能表示子房与花托的相关位置，而花程式不能表示各轮花部的相互关系及花被卷迭情况，二者结合利用，才能全面反映花的特征。

3. 被子植物主要科的识别

（1）木兰科（Magnoliaceae）

1）主要特征。

① 茎和叶：木本。单叶互生，全缘，稀分裂（鹅掌楸属）；托叶大，包被顶芽，早落，在节上留下环状托叶痕。

② 花：$*P_{6\sim15}A\infty\underline{G}\infty$

花大，单生，常两性，虫媒。雄蕊与雌蕊均多数、离生、螺旋状排列。花丝短，花药长。花托柱状，如图3-22所示。

③ 果实和种子：聚合蓇葖果，稀为具翅坚果（鹅掌楸属）。种子大，如图3-23所示。

图3-22 二乔玉兰花解剖

图3-23 荷花玉兰示聚合蓇葖果

2）代表植物。荷花玉兰（*Magnolia grandiflora* L.）、二乔玉兰（*Magnolia soulangeana* Soul. - Bod.）、含笑（*Michelia figo*（Lour.）Spreng.）、鹅掌楸（*Liriodendron chinense*（Hemsl.）Sarg.）等，如图3-24、图3-25所示。

图3-24 含笑

图3-25 二乔玉兰

（2）蜡梅科（Calycanthaceae）

1）主要特征。

① 茎和叶：落叶或常绿灌木、小枝皮孔明显，有纵棱，有油细胞。单叶对生、羽状脉，全缘或具不明显锯齿；具短柄；无托叶。

② 花：$* P\infty A_{5\sim6}\underline{G}\infty$。花两性，单生，芳香。花被片多数、螺旋状排列。雄蕊 4 至多数，雌蕊退化，花药外向。

③ 果实和种子：聚合瘦果，种子无胚乳，胚大，子叶席卷状。

2）代表植物。蜡梅（*Chimonanthus praecox*（Linn.）Link）、亮叶蜡梅（*Chimonanthus nitens* Oliv.）等，如图 3-26 所示。

图 3-26　蜡梅植株及果实

（3）樟科（Lauraceae）

1）主要特征。

① 叶：单叶互生，多为全缘，少数分裂。三出脉或网状脉。

② 花序和花：$* P_{3+3}A_{3+3+3+3}\underline{G}_{(3:1)}$。通常为圆锥花序，常有第四轮退化雄蕊；花丝基部有腺体。

③ 果实：浆果，3 心皮 1 心室；核果，1 心皮 1 心室，无胚乳，如图 3-27 所示。

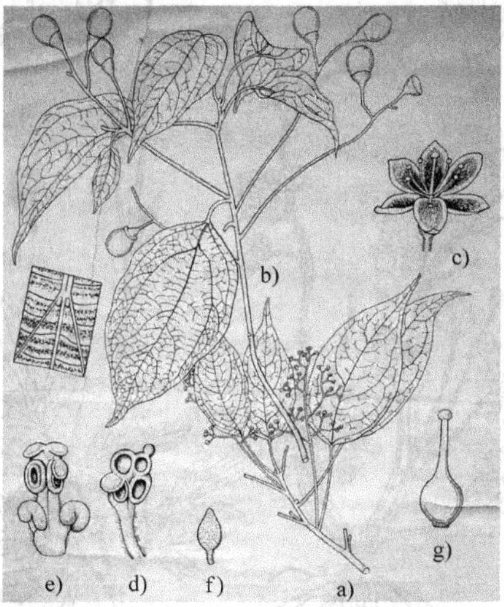

图 3-27　樟树花序及花结构

a）花枝　b）果枝　c）花的全形　d）第 2 轮雄蕊　e）第 3 轮雄蕊　f）雄蕊　g）雌蕊

2）代表植物。樟（*Cinnamomum camphora*（L.）Presl）、天竺桂（*Cinnamomum japonicum* Sieb.）、银木（*Cinnamomum septentrionale*（Diels）Allen）、毛叶木姜子（*Litsea mollifolia* Chun）、桢楠（*Phoebe zhannan* S. Lee et F. N. Wei）等，如图 3-28、图 3-29 所示。

图 3-28　樟

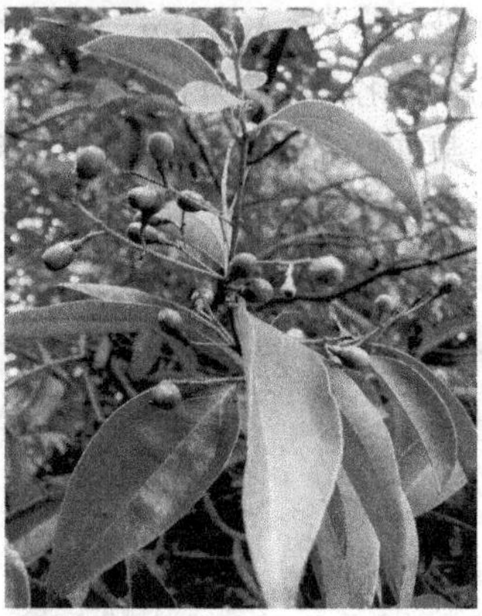

图 3-29　天竺桂

（4）毛茛科（Ranunculaceae）

1）主要特征

① 茎和叶：一般为草本，稀草质藤本（铁线莲属）。叶互生，稀对生（铁线莲属），分裂或为复叶。全株常含各种生物碱，根部尤多，有毒，可供药用。

② 花：$*\uparrow K_{3\sim\infty}C_{3\sim\infty,0}A\infty \underline{G}_{\infty\sim1}$。雄蕊和雌蕊多数、离生、螺旋状排列于膨大的花托上。

③ 果实：聚合瘦果或聚合蓇葖果，如图 3-30 所示。

图 3-30　扬子毛茛和植株、花及果实

a）植株　b）花　c）花瓣　d）、h）果　e）基生叶　f）植株上部　g）聚合果

注：a）～d）为扬子毛茛，e）～h）为长嘴毛茛

2）代表植物。毛茛（*Ranunculus japonicus* Thunb.）、扬子毛茛（*Ranunculus sieboldii* Miq.）、粗齿铁线莲（*Clematis grandidentata*（R. et W.）W. T. WANG）、小木通（*Clematis armandii* Fr.）等，如图3-31、图3-32所示。

图3-31　粗齿铁线莲

图3-32　小木通

（5）杨柳科（Salicaceae）

1）主要特征。

① 茎和叶：木本。单叶互生，有托叶。

② 花：$* ♂ : K_0C_0A_{2\sim\infty}$ $♀ : K_0C_0\underline{G}_{(2:1)}$。花单性，雌雄异株，无花被。葇荑花序，常先叶开放。如图3-33、图3-34所示。

③ 果实：蒴果，2～4瓣裂，如图3-35所示。

图3-33　毛白杨雄花序

图3-34　毛白杨雌花序

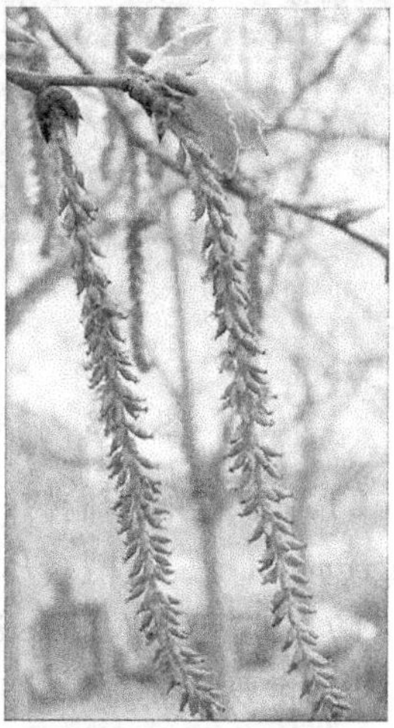

图3-35　毛白杨果实

2）代表植物。垂柳（*Salix babylonica* L.）、小叶杨（*Populus simonii* Carr.）、银白杨（*Populus alba* L.）、毛白杨（*Populus tomentosa* Carr.）等，如图3-36、图3-37所示。

图 3-36　垂柳

图 3-37　银白杨

（6）榆科（Ulmaceae）

1）主要特征。

① 茎和叶：木本。单叶，互生，叶缘常有锯齿，基部常不对称；托叶早落。

② 花和花序：$*K_{4\sim8}C_0A_{4\sim8}\underline{G}_{(2:1)}$。花小，单生、簇生、短的聚伞花序或总状花序，如图 3-38 所示。

③ 果实：翅果、坚果或核果，如图 3-39 所示。

图 3-38　榆树

图 3-39　榆树果实

2）代表植物。榆树（*Ulmus pumila* Linn.）、朴树（*Celtis sinensis* Pers.）、黑弹树（*Celtis bungeana* Bl.）、青檀（*Pteroceltis tatarinowii* Maxim.），如图 3-40 所示。

（7）小檗科（Berberidaceae）

1）主要特征。

① 茎和叶：灌木或多年生草本；落叶或常绿。叶互生，单叶或复叶；托叶有或无。

② 花和花序：$*K_{3+3+3}C_{3+3}A_6\underline{G}_{1,\infty}$。花两性，辐射对称。单生或成总状、穗状、圆锥状及聚伞花序；萼片、花瓣常相似，离生，花瓣常具蜜腺；花丝短，花药瓣裂或纵裂。

③ 果实：浆果或蒴果。种子胚小，胚乳丰富。

图3-40　榆科朴树

2）代表植物。十大功劳（*Mahonia fortunei*（Lindl.）Fedde）、阔叶十大功劳（*Mahonia bealei*（*Fort.*）Carr）、南天竹（*Nandina domestica* Thunb）等，如图3-41、图3-42所示。

图3-41　十大功劳

图3-42　南天竹

（8）金缕梅科（Hamamelidaceae）

1）主要特征。

① 叶：乔木或灌木，单叶，互生；常有托叶。

② 花序和花：$*K_{(4\sim5)}C_{4\sim5,0}A_{\infty,4\sim5}\underline{G}_{(2:2)}$。花小两性或单性同株，常成头状花序。

③ 果实：蒴果2裂，外果皮木质或革质，内果皮常为角质。

2）代表植物。枫香（*Liquidamber formosana* Hance）、金缕梅（*Hamamelis mollis* Oliv）、檵木（*Loropetallum chinense*（R. Br.）Oliv）、杨梅叶蚊母树（*Distylium myricoides* Hemsl）红花檵木（*Lorpetalum chindensevar* Rubrum），如图3-43、图3-44所示。

图 3-43　红花檵木

图 3-44　杨梅叶蚊母树

（9）胡桃科（Juglandaceae）

1）主要特征。

① 叶：落叶，稀常绿乔木。芽常叠生。奇数稀偶数羽状复叶，互生，无托叶。

② 花：♂：$*P_{3\sim6}A_{8\sim10}$ ♀：$P_{3\sim5}G_{(2:1)}$。花单性，单被或无被，雌雄同株；雄花为葇荑花序，生于去年枝叶腋或新枝基部；雌花为葇荑花序或穗状，生于枝顶。

③ 果实：果实为核果或坚果。种子1粒，无胚乳。

2）代表植物。胡桃（*Juglans regia* Linn）（又名核桃），枫杨（*Pterocarya stenoptera* C. DC.）等，如图 3-45、图 3-46 所示。

图 3-45　核桃

图 3-46　枫杨

（10）紫茉莉科（Nyctaginaceae）

1）主要特征。

① 茎和叶：乔木、灌木、草本或有刺藤本。单叶对生或互生，无托叶。

② 花：$*K_{(5)}A_{1,\infty}\underline{G}_{(1:1)}$。花两性稀单性，辐射对称，排成聚伞花序、聚伞圆锥花序、伞房花序或伞形花序；花基部常有具颜色的苞片；萼片合生，花冠状，瘦果。

③ 果实：种子有胚乳。

2）代表植物。紫茉莉、九重葛（三角梅、叶子花）（*Bougainvillea glabra* Choisy.）等，如图3-47所示。

图3-47　叶子花

（11）海桐花科（Pittosporaceae）

1）主要特征。

① 茎和叶：常绿乔木或灌木。单叶互生或对生，叶片多为革质，全缘，无托叶。

② 花：$*K_5C_5A_5G_{(3:\infty)}$。花单生或成伞形、花房或圆锥花序，花两性。

③ 果实：蒴果或浆果，种子多数，生于黏质的果肉中。

2）代表植物。海桐（*Pittosporum tobira* (Thunb.) Ait.）、海金子（*Pittosporum illicioides* Mak. ），如图3-48、图3-49所示。

图3-48　海桐

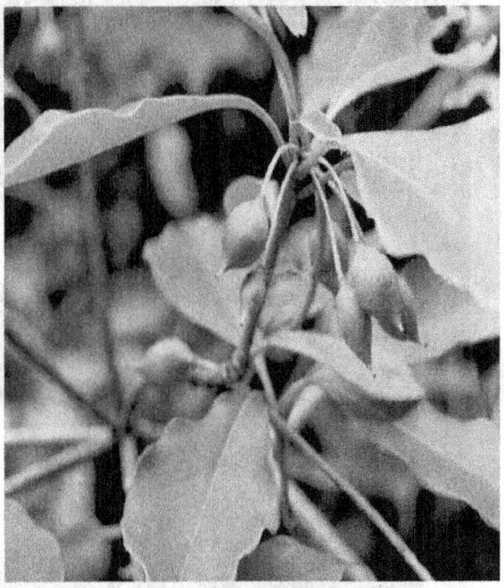

图3-49　海金子

（12）虎耳草科（Saxifragaceae）

1）主要特征。

① 茎和叶：多为草本。叶常互生，无托叶。

② 花：$*P_{4\sim5}C_5A_{5\sim10,\infty}G_{(2:\infty)}$。花两性或单性，辐射对称。

③ 果实：蒴果，种子有胚乳。

2）代表植物。虎耳草（*Saxifraga stolonifera* Curt.）、草绣球（*Hydrangea macrophylla*）、山梅花（*Philadelphus incanus* Koehne）、太平花（*Philadelphus pekinensis* Rupr.）等，如图3-50、图3-51所示。

（13）蔷薇科（Rosaceae）

1）主要特征。

① 茎和叶：木本或草本。单叶或复叶，常互生，成对托叶常附生于叶柄上，或无托叶。

图 3-50　太平花

图 3-51　草绣球

② 花：$* K_{(5)} C_{(5)} A_{\infty} \underline{G}_{\infty \sim 1, (5 \sim 2:5 \sim 2)}$。花被与雄蕊基部常愈合，形成萼筒（花托筒），如图 3-52 ~ 图 3-55 所示。

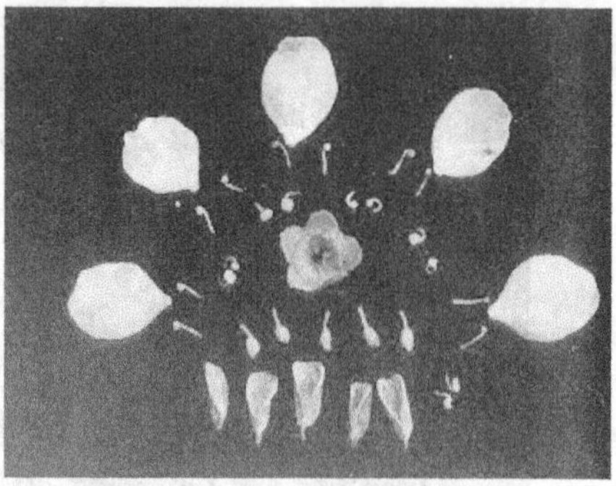

图 3-52　珍珠绣线菊花解剖

图 3-53　野蔷薇花解剖

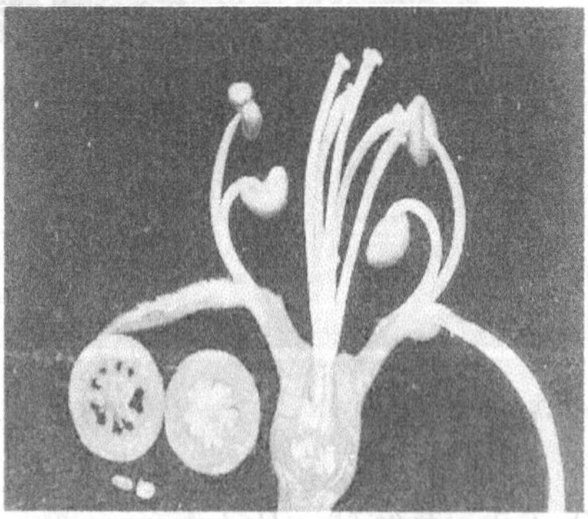

图 3-54　沙梨花纵切，子房横切

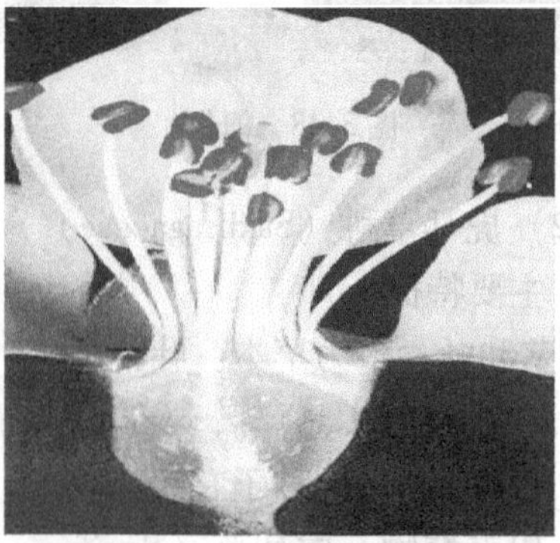

图 3-55　桃花纵切

③ 果实：有蓇葖果、瘦果、梨果、核果等 4 种类型。

2）代表植物。月季花（*Rosa chinensis* Jacq.）、沙梨（*Pyrus pyrilolia*（Burm. f.）Nakai）、火棘（*Pyracantha fortuneane*（Maxim.）Li）、红叶李（*Prunus cerasifera* Ehrh.）、苹果（*Malus pumila* Mill.）等，如图 3-56 ~ 图 3-59 所示。

图 3-56　月季花

图 3-57　火棘

图 3-58　桃

图 3-59　苹果

（14）壳斗科（Fagaceae）

1）主要特征。

① 茎和叶：常绿或落叶乔木，稀灌木。单叶互生，革质，托叶早落。

② 花和花序：＊♂：$K_{4\sim8}C_0A_{4\sim20}$，♀：$K_{(4\sim8)}C_0G_{(3\sim6:3\sim6:2)}$。雌雄同株。雄花多排成葇荑花序（许多无柄或具短柄的单性花生于花轴上，花序轴多柔软下垂，但也有直立的，常于开花后整个花序脱落）。雌花 1～3 朵生于总苞内，如图 3-60 所示。

③ 果和种子：坚果半包或全包于壳斗内（由总苞发育而成）。壳斗为壳斗科特有，如图 3-61所示。

2）代表植物。栗（板栗）（*Castanea mollissima* Bl.）、栓皮栎（*Quercus variabilis* Bl.）、白栎（*Quercus fabric* Hance）、槲栎（*Quercus aliena* Bl.）等，如图 3-62、图 3-63 所示。

图 3-60　板栗葇荑花序

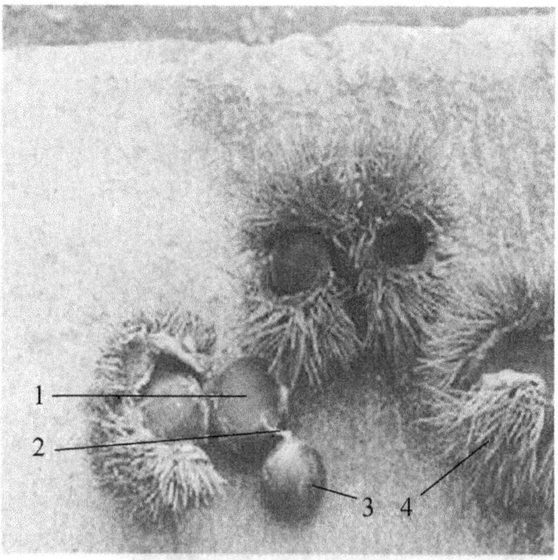

图 3-61　板栗壳斗与坚果

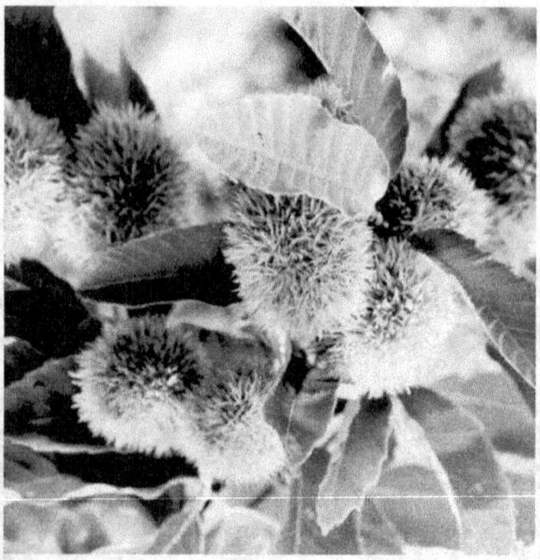

图 3-62　栗

图 3-63　栓皮栎

（15）桑科（Moraceae）

1）主要特征。

① 茎和叶：木本。常具乳汁，具钟状体。单叶互生；托叶明显，早落。

② 花：♂：$*K_{4\sim5}C_0A_{4\sim6}$，♀：$*K_{4\sim6}C_{4\sim6}C_0\underline{G}_{(2:1)}$。花小，单性，雌雄同株或异株；聚伞花序常集成头状，穗状，圆锥状花序或隐于密闭的总花托中而成隐头花序；花单被；雄花萼4裂，雄蕊4，如图3-64、图3-65所示。

③ 果实和种子：坚果或核果，有时被宿存之萼所包，并在花序中集合为聚花果，如桑椹果，构果，榕果等，如图3-66、图3-67所示。

2）代表植物。黄葛树（*Ficus virens* Ait. var. *sublanceolata*（Miq.）Corner）、小叶榕（*Ficus microcarpa* L. f.）、构树（*Broussonetia papyifera*（L.）L'Her. ex Vent.）、薜荔（*Ficus pumila* L.）、无花果（*Ficus carica* L.）等，如图3-68、图3-69所示。

图 3-64　构树雄花序

图 3-65　桑树雄花序

图 3-66　小叶榕榕果

图 3-67　桑树桑葚果

图 3-68　小叶榕

图 3-69　构树

（16）山茶科（Theaceae）

1）主要特征。

① 茎和叶：乔木或灌木。单叶互生，常革质，无托叶。

② 花：$*K_{4\sim\infty}C_{5,(5)}A_{\infty}\underline{G}_{(2\sim8:2\sim8)}$。花两性，稀单性，辐射对称，单生于叶腋；花瓣5，雄蕊多数，子房上位，中轴胎座，如图3-70所示。

③ 果实和种子：蒴果或浆果，种子略具胚乳，往往含油质，如图3-71所示。

图3-70　油茶花

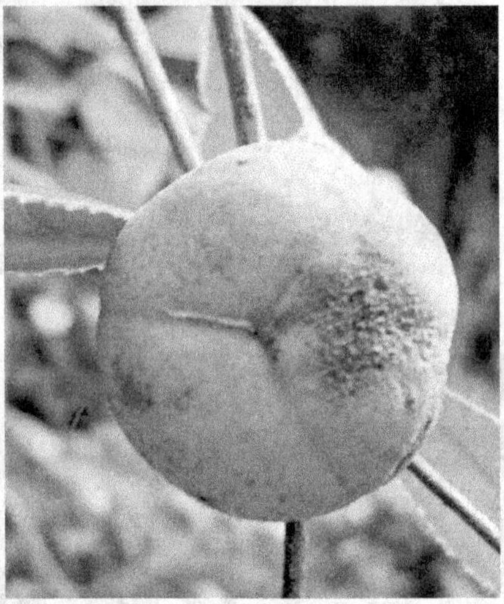

图3-71　油茶果实

2）代表植物。山茶（*Camellia japonica* Thunb.）、木荷（*Schima superba* Gardn. et Champ.）、细枝柃（*Eurya loquiana* Dunn）、瘤果茶（*Camellia tuberculata* Chien）等，如图3-72、图3-73所示。

图3-72　山茶

图3-73　木荷

（17）豆科（Leguminosae）

1）主要特征。

① 茎、根、叶：木本或草本，常有根瘤。叶互生，有托叶，叶柄基部特别膨大。

② 花和花序：$*K_5C_5A_{10}\underline{G}_{1:1}$，$\uparrow K_5C_5A_{(9)+1}\underline{G}_{1:1}$。头状花序（图 3-74）、蝶形花冠（图 3-75）、假蝶形花冠（图 3-76）；花两性，5 基数，1 心皮。

③ 果实：荚果，如图 3-77 所示。

图 3-74　合欢（头状花序）

图 3-75　菜豆（蝶形花冠）

图 3-76　双荚决明（假蝶形花冠）

图 3-77　菜豆果实（荚果）

2）代表植物。双荚决明（*Cassia bicapsularis* L.）、合欢（*Albizia julibrissin* Durazz.）、刺槐（*Robinia pseudoacacia* L.）、云实（*Caesalpinia decapetala*（Roth）Alston）、皂荚（*Gleditsia sinensis* Lam.）、龙爪槐（*Sophora japonica* var. *japonica* f. *pendula*）、常春油麻藤（*Mucuna seppervirens* Hemsl.）等，如图 3-78～图 3-80 所示。

（18）木犀科（Oleaceae）

1）主要特征。

① 茎和叶：木本。叶对生，单叶或复叶，无托叶。

图 3-78　云实

图 3-79　龙爪槐

图 3-80　刺槐

② 花：$*K_{(4)}C_{(4)}A_{2}\underline{G}_{(2:2:1\sim3)}$。圆锥花序或聚伞花序，如图 3-81 所示。

③ 果实：浆果、核果、蒴果或翅果，如图 3-82 所示。

图 3-81　女贞（圆锥花序）

图 3-82　桂花果实（核果）

2）代表植物。桂花（*Osmanthus fragrans*（Thunb.）Lour.）、女贞（*Ligustrum lucidum* Ait.）、小叶女贞（*Ligustrum quihoui* Carr.）、小蜡（*Ligustrum sinensis* Lour.）等，如图3-83～图3-85所示。

图3-83 桂花

图3-84 小蜡

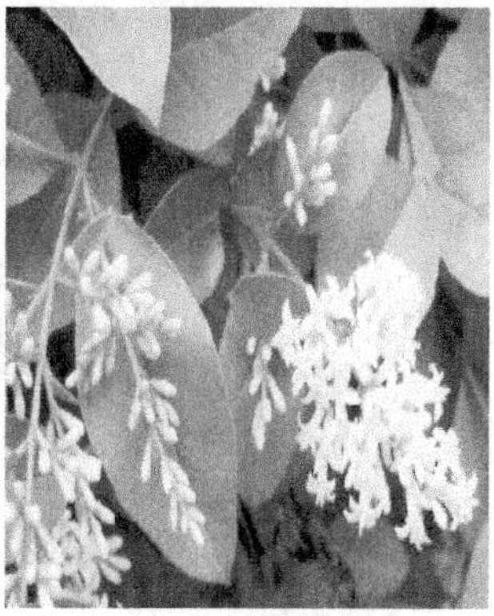

图3-85 小叶女贞

（19）禾本科（Poaceae，Gramineae）

1）主要特征。

① 茎：草本（禾亚科）或木本（竹亚科）。秆（地上茎）有显著的节和节间，节间多中空。

② 叶：单叶互生，2列。叶分叶鞘、叶片、叶舌和叶耳四部分。叶鞘包秆，一侧开裂。叶片狭长，叶片与叶鞘交接处内方有叶舌（膜质或毛状或完全退化），两侧常有叶耳（耳状突起），如图3-86所示。

③ 花与花序：$* P_{2\sim3} A_{3,3+3} \underline{G}_{(2\sim3:1:1)}$。花小多两性，花被特化成2或3枚肉质透明的浆片。雄蕊3或6，花丝长，丁字药。雌蕊柱头羽毛状或扫帚状，心皮2或3。小花有2稃片（内稃和外稃），2颖片（内颖和外颖）。颖片相当于总苞片，小穗为一穗状花序。小穗进一步排成穗状、总状、圆锥状或指状，如图3-87所示。

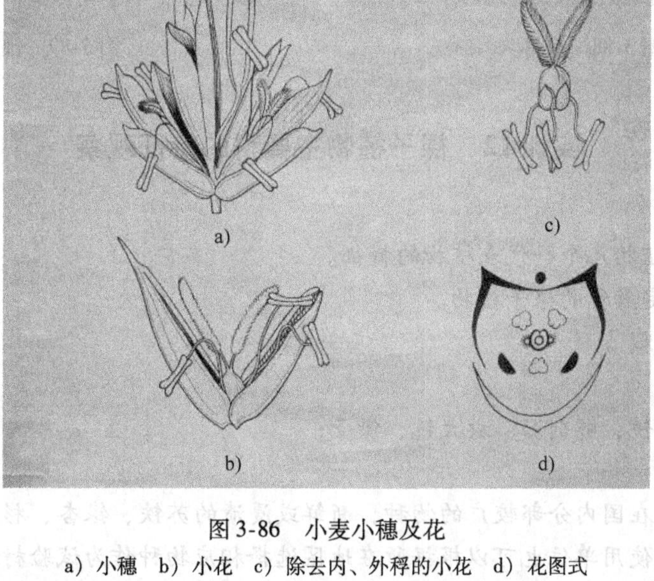

图3-86 小麦小穗及花

a）小穗 b）小花 c）除去内、外稃的小花 d）花图式

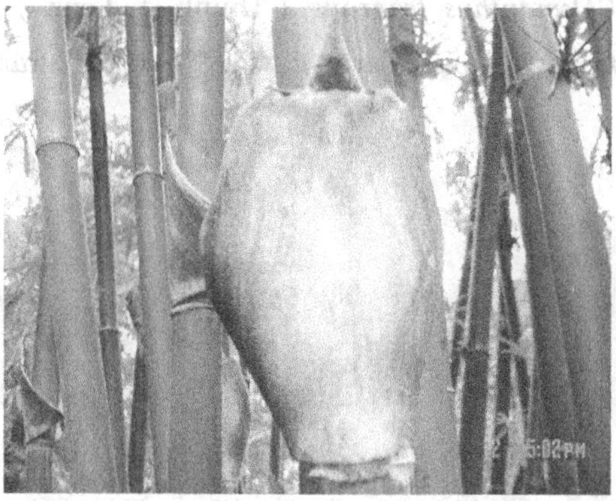

图 3-87　慈竹箨叶

④ 果实：颖果。

2）代表植物。毛竹（*Phyllostachys heterocycla*（Carr.）Mitford var. *pubsecens*（Mazel）Ohwi）、黄金间碧玉竹（*Bambusa vulgaris* Schrad. ex Wendl var. *vitata* C. A. et C. Riviere）、佛肚竹（*Bambusa ventricosa* McClure）、慈竹（*Neosinocalamus affinis*（Rendle）Keng. f.）、孝顺竹（*Bambusa multiplex*（Lour.）Raeuschel）等，如图 3-88、图 3-89 所示。

图 3-88　毛竹

图 3-89　佛肚竹

实训 12　裸子植物主要科的特征观察

一、目的

1）弄清裸子植物几个科代表植物的特征。

2）能识别一定数量的裸子植物。

二、用具与材料

1. 试验器材

显微镜、解剖镜、解剖器、放大镜、镊子；

2. 试验材料

建议选用各科在国内分部较广的物种，新鲜或浸渍的苏铁、银杏、杉木、塔柏、罗汉松营养枝和生殖枝。使用单位也可以根据所在地区选择相应物种作为试验材料。

三、方法与步骤

1. 苏铁科

以苏铁为代表植物，观察其一般特征：

（1）营养叶形态　常绿木本植物，叶簇生于枝顶，为大型羽状叶，羽片通常100多对，条形，坚革质，有光泽。叶轴和羽轴背面常被毛，边缘反卷。

（2）小孢子叶球　小孢子叶球叫雄球花，生于雄株顶端，呈圆柱形；小孢子叶螺旋状排列于轴上，近楔形；小孢子囊遍布于小孢子叶的远轴面。用镊子取一枚小孢子叶，用手持放大镜即可看清小孢子囊分布情况。

（3）大孢子叶球　大孢子叶球叫雌球花，生于雌株顶端；大孢子叶扁平，密被黄褐色绒毛，叶柄基部着生2～8枚胚珠。

2. 银杏科

以银杏为代表植物，观察其一般特征：

（1）营养枝　也叫长枝，因其节间较长得名。叶在其上互生，叶片扇形，边缘常二裂，叶脉二叉状并列。

（2）生殖枝　因节间短，叫短枝。叶簇生其上，叶缘常有波状缺刻。雌球花、雄球花都在短枝上，所以叫生殖枝。

（3）雄球花　生于雄株短枝顶端，呈葇荑花序状。

（4）雌球花　生于雌株短枝叶腋，在大孢子叶长柄顶端长出二叉，每叉顶部膨大成珠座，每个珠座上生一枚直生胚珠，但只有一个能发育成种子。

解剖观察种子：种子核果状，椭圆状球形，外种皮肉质，中种皮骨质，白色，内种皮纸质，红色。取一粒种子，小心剖开中种皮，再剥去内种皮，观察内部结构。

3. 松科

以马尾松为代表植物，观察其一般特征：

（1）观察枝条　取新鲜的马尾松枝条，观察其长枝和短枝的形态特征，及两者的关系。

（2）观察营养叶　取一根健全的新鲜叶，用刀片分别从叶的上1/3处切断，手持放大镜依次观察各个横断面上的形态结构。主要是叶的横断面轮廓，维管束数目、形状、位置等。

（3）观察小孢子叶球　马尾松小孢子叶球生于当年生枝的基部。观察小孢子叶球的整体外形、颜色以及在枝上着生的部位等。用镊子小心取下一枚完整的小孢子叶，在解剖镜下观察其结构。

（4）观察大孢子叶球　大孢子叶球着生于当年生枝近顶部。选取一个较幼嫩的大孢子叶球纵向切开，观察大孢子叶与胚珠间的位置关系。

（5）观察成熟的马尾松球果　选取一个成熟马尾松球果，先看外形，然后由下至上，逐片掰开种鳞，观察种子着生的部位及其外形。

4. 杉科

以杉木为代表植物，观察其一般特征：

（1）观察枝条和叶　取一根杉木枝条，观察叶形，叶的排列方式；取下一片叶，用放大镜看两面的气孔线，再看叶缘的细锯齿。杉木叶缘的细锯齿用肉眼看不清，但用手指沿叶缘从上往下摸，可以清楚地感觉到。

(2) 观察杉木小孢子叶球和大孢子叶球　杉木小孢子叶球簇生枝顶，大孢子叶球着生在枝顶。可以参照观察马尾松法进行观察。

(3) 观察成熟杉木球果　从外形上观察杉木球果形状，观察木质化种鳞腹面着生种子位置。

5. 柏科

以柏木为代表植物，观察其一般特征：

(1) 观察柏木枝叶　观察叶的着生方式，弄清柏木两型叶（刺形叶和鳞片叶）各自的形态特征。

(2) 观察柏木小孢子叶球　柏木小孢子叶球单生于枝顶，体积小，不显眼。在解剖镜下，借助于解剖针和镊子，观察小孢子叶的数量和着生方式。

(3) 观察柏木大孢子叶球　柏木大孢子叶球也是单生于枝端。观察大孢子叶上的胚珠树目、着生方式、形态。

(4) 观察柏木的球果　取一枚成熟完整的柏木球果，逐块掰开种鳞，观察成熟种子的树木和形态。

6. 罗汉松科

以罗汉松为代表植物，观察其一般特征：主要观察罗汉松叶形、叶的排列方式、种子和假种皮形状及颜色。

四、作业

1）简述裸子植物的主要特征。

2）列表简述铁树科、松科、杉科、柏科等科特征及代表植物。

实训 13　被子植物主要科的特征观察

一、目的

1）弄清被子植物中主要科代表植物的特征。

2）能识别一定数量的被子植物。

二、用具与材料

1. 试验器材

显微镜、解剖镜、解剖器、放大镜、镊子。

2. 试验材料

建议选用各科在国内分部较广的物种，如玉兰、樟、扬子毛茛、垂柳、加拿大杨、朴树、月季、悬钩子、沙梨、桃、栗（板栗）、黄葛树、茶、合欢、紫荆、蚕豆、桂花和慈竹的花枝和果枝。使用单位也可以根据所在地区选择相应物种作为试验材料。

三、方法与步骤

1. 木兰科

以玉兰为代表植物，观察其一般特征：

(1) 观察玉兰新鲜枝叶　观察枝的颜色、形态、叶序、叶表面的光滑程度，特别要观察"托叶痕"。

(2) 观察花　取一朵玉兰花，从外到内依次解剖花被、雄蕊群和雌蕊群，观察花被片的轮数、排列方式及数目。用同样的方式观察雌蕊群和雄蕊群。

（3）观察雌蕊和雄蕊构造　在解剖镜下观察雌蕊和雄蕊构造。

2. 樟科

以樟为代表植物，观察其一般特征：

（1）观察枝叶　观察新鲜香樟叶的叶脉（离基三出脉），叶脉基部有两个腺体。

（2）观察花和果实　取一花序，说明其类型。然后取一朵盛开的花，置于解剖镜下观察花的结构。可以观察到，花被片6枚，发育雄蕊9个，每3个成一轮。核果卵球形，成熟时紫黑色。

3. 毛茛科

以扬子毛茛为代表植物，观察其一般特征：

（1）观察植株整体外观　观察其根系为直根系还是须根系，有无附属物。观察茎叶附属物形态；叶序、叶形和毛的形态；着生花的部位，与叶的相对位置关系。

（2）观察花和果实　观察扬子毛茛的花，原则上仍可参照解剖观察玉兰花的方法。观察花萼、花冠、雄蕊数目和排列方式；取一枚花凋谢后的心皮，即幼果，在解剖镜下观察胚珠数目和着生位置。

4. 杨柳科

以柳树为代表植物，观察柳属植物一般特征：

（1）观察枝叶　取一柳树枝条，观察茎、叶形态特征。

（2）观察花　取雌雄花各一朵，置解剖镜下，观察苞片形态、雄蕊数目、雄蕊和苞片的相对位置。

以加拿大杨为代表植物，观察杨属植物一般特征：取一加拿大杨花枝，观察有无顶芽、叶形，花的构成及各部分的特征等。

5. 榆科

以朴树为代表植物，观察其一般特征：取一朴树花枝和果枝，观察叶形、叶缘、叶基和叶脉，尤其是叶的基部是否对称，叶的正面质地如何。观察花序类型，果实形态。

6. 蔷薇科

（1）以月季花为代表植物，观察其一般特征　取一枝月季花枝，观察叶形、托叶、小叶片叶缘形态，茎和叶轴上的皮刺。解剖花时须从正中作纵切，观察"壶状花托"或"坛状花托"。

（2）以悬钩子为代表植物，观察其一般特征　取一枝悬钩子花枝，观察叶形、托叶、小叶片叶缘形态，茎和叶轴上的皮刺。重点观察花托形态，并分别和月季花相比较。

（3）以沙梨为代表植物，观察其一般特征　沙梨为落叶乔木，单叶互生。重点观察花冠、雄蕊与子房的位置关系及子房数，沙梨果实结构。

（4）以桃为代表植物，观察其一般特征　桃为落叶乔木，单叶互生。解剖花的要领与解剖沙梨花相同。观察花冠、雄蕊与子房的位置关系及子房数目，桃的果实结构。

7. 壳斗科

以栗为代表植物，观察其一般特征：

（1）观察枝叶　取新鲜栗一枝，观察枝的颜色、形态、叶序、叶形、叶缘等。

（2）观察雄花序　雄花序通常生于当年生枝基部。用镊子取一朵雄花，置解剖镜下观察花被片形态、数目等，再将花翻转过来，花心向上，观察雄蕊数目、着生位置、花药形态等。

(3) 观察雌花序　雌花序也着生于当年生枝基部，一花序中有1~3朵小花，被一总苞托住，总苞片鳞片状，覆瓦状排列，雌花花被片通常为6。

(4) 观察果实　栗果实为坚果，卵球形，壳斗全包被坚果。

8. 桑科

以桑为代表植物，观察其一般特征：

(1) 观察枝叶　取一新鲜桑枝，观察其形态、颜色。折断末端，会发现什么？观察叶序、叶色、叶形，有无托叶，叶片两面有无毛。摘下一片叶，看叶柄端会出现什么现象。

(2) 观察雌雄花序　取一雄花序，观察其整体形态，花在花序轴上排列的顺序。取下一朵花，置于解剖镜下，观察花被的片数、雄蕊数目、雄蕊与花被裂片的相对位置。取一雌花序，观察其外形。然后选取一朵小花，置于解剖镜下，用解剖针逐片剥开花被，露出雌蕊，观察雌蕊柱头的数目和形态。

以黄葛树为代表植物，观察其一般特征：

(1) 观察枝叶　取一枝黄葛树树枝，观察枝条颜色、形态、叶序、叶形。用小刀切断枝条，在断口处会观察到什么现象？折断一片叶，在折断面上又会看到什么现象？

(2) 观察隐头花序　取一个新鲜的花序，在解剖镜或放大镜下观察顶孔结构。用刀片从正中纵切花序，从切面可以看清花序顶孔苞片的层数。分别从果序的上部、中部和下部选取小花观察，找出雄花、雌花和虫瘿花，观察其各自的形态特征。

9. 山茶科

以茶或山茶为代表植物，观察其一般特征：茶为落叶灌木或小乔木，叶薄革质，阔披针形至狭倒卵形，急尖或钝，有短锯齿。花白色，1~4朵集成聚伞花序；萼片5~6；花瓣7~8，雄蕊多数，外轮花丝合生成短管，并与花冠多少有点连合；子房3室，柱头三裂，蒴果3室。

重点观察萼片、花瓣数目，外轮花丝的连合程度，蒴果开裂方式。

10. 豆科

豆科分为含羞草亚科、云实亚科和蝶形花亚科3个科，通过对这3个亚科代表植物结构的观察，初步建立这3个亚科主要特征的直观印象。

(1) 解剖观察含羞草亚科代表植物合欢　合欢是落叶乔木。叶互生，二回羽状复叶，脱落后在茎上留下明显的叶痕。头状花序2~3个簇生于枝上部叶腋，或多个排成顶生的伞房状花序。

观察小叶形态、数量和着生方式，较特殊的特点是小叶片不对称，中脉偏向一边。由于花萼、花冠、子房都相当小，雄蕊多，且又细又长，解剖观察一定要细心。除观察花的常规内容外，重点观察花丝连合部分与分离部分的长度比例、子房形态、子房与花柱的分界线等。

(2) 解剖观察云实亚科代表植物紫荆　紫荆为落叶灌木或小乔木。单叶互生，托叶早落。生长季节先花后叶，4~8朵花簇生于老枝上，粉红色，花瓣上升覆瓦状排列，果实为荚果。

解剖一朵新鲜的紫荆花，重点观察花瓣排列顺序和子房与花柱的位置。

(3) 解剖观察蝶形花亚科代表植物蚕豆　蚕豆为一年生草本。羽状复叶，花2~3朵腋生或排成总状花序；花冠白色而带红晕和紫斑。果实为荚果。

解剖一朵新鲜或浸渍的蚕豆花，重点观察花瓣排列顺序，并同紫荆花结构相比较。解剖菜豆果实，观察种子着生部位。通过观察，分别弄清边缘胎座和荚果的涵义。

11. 木犀科

解剖观察木犀科代表植物桂花。

桂花为常绿灌木或小乔木，茎上有皮孔。叶对生，革质，叶缘有锯齿。花序聚伞状生于叶腋，花小，黄白色。核果椭圆形，紫黑色。

取一桂花花枝，重点观察叶的着生方式，花萼、花冠、雄蕊数目，果实类型。

12. 禾本科

解剖观察禾本科代表植物慈竹。

慈竹为常绿木本植物，节间中空，节上有显著的箨环，秆基部箨环常有白色绒毛环生；每节上的枝可多达20条以上，偏生于秆的一侧，排成半轮。叶片近三角形，边缘粗糙而内卷；箨鞘较箨叶厚，箨叶与箨鞘交界处内面有具流苏的箨舌。花枝下垂，无叶，每节常生小穗2~4个，棕黄色，每小穗含花4~5朵；每个小穗具2枚或更多的颖片，外稃宽卵形，顶端具小尖头，边缘有纤毛；与外稃边缘靠合的另一片膜状物是内稃，内外稃之间便是鳞被。每一片外稃和内稃之间就是一朵花。

慈竹分布广泛，既有栽培，也有野生。但慈竹花并不易得，因为竹子通常几十年才开花一次，材料得来不易，实验时节约使用材料。

禾本科植物花序以小穗为单位，小穗体积小，组成小穗各层结构如颖片、稃片等没有鲜艳的颜色，只有很淡的颜色，看起来层次不易分清，解剖操作难度很大，解剖时一定仔细认真。观察后如实描述所观察到一朵花的组成结构。

四、作业

1）解释花程式与花图式。

2）简述被子植物主要特征。

3）根据对各科代表植物的观察，按分类学术语，分别描述各科及代表植物特征。

4）识别所在校园园林植物，并根据所学知识及相关分类学工具书，将植物归入相应的科。

思 考 题

1. 所在地区的校园、小区、公园种植有许多园林绿化树种，请根据所学知识，设计一个园林植物调查方案。

2. 根据所学植物标本采集和制作知识，采集5个科园林植物，每个科采集制作1份蜡叶标本。

3. 选定一个小区或校园某类群园林植物，随机采集或拍摄几种园林植物，根据相关植物检索进行种类鉴定，再将植物种类编制成相应检索表。

4. 选择一个附近熟悉的校园或小区，结合所学植物分类学知识，选择一定种类园林树木，并进行园区植物配置。

5. 根据所学植物分类学知识，调查所在校园园林绿化植物种类。在此基础上，制作植物牌并给植物挂上牌子。

项目四 植物重要生理性状及测定

学习目标

植物和动物一样是有生命的有机体，因而植物的生命活动遵循着一定的生理生化规律。通过本项目的学习，要求掌握植物的水分生理、矿质营养生理、光合作用、呼吸作用等植物生命活动现象的基本原理；了解水分、矿质养料、光合作用、呼吸作用对植物生长发育的重要性；以及合理灌溉、合理施肥、提高光合作用效率、调控呼吸速率的相关技术，进而利用这些理论知识指导实践；同时掌握一些基本技能：小液流法测定植物组织的水势、质壁分离法测定渗透势、溶液培养法确定植物的必需元素和缺素症、改良半叶法测定光合速率、滴定法测定呼吸速率。

任务1 植物的水分生理及合理灌溉

一、植物含水量及水分在植物生活中的重要性

水是植物生存所必需的。植物的一切生命活动都必须在有水的状况下才能进行，对于大多数植物来说，干旱是致命的。

1. 植物的含水量

植物体都含有一定数量的水分。但是植物的含水量并不是均一和恒定不变的，因为植物含水量的多少与植物种类、器官和组织本身的特性以及植物所处环境条件有关。

不同种类的植物含水量有很大不同。例如水生植物（如水浮莲、满江红）的含水量可达鲜重的90%以上，在干旱环境中生长的低等植物（如地衣、藓类）则仅占6%左右，草本植物的含水量占其鲜重的70%～85%，木本植物的含水量稍低，占鲜重的50%以上。

同一种植物在不同的生活环境，含水量也有很大差异。生长在荫蔽、潮湿环境里的植物含水量比生长在向阳、干燥环境中的要高一些。

同一种植物在不同的生长发育时期，甚至同一种植物的不同器官和组织，含水量都有很大差异。例如根尖、嫩梢、幼苗和绿叶的含水量为60%～90%，树干为40%～50%，休眠芽为40%，风干种子仅为10%～14%。一般来说生命活动旺盛的部分，水分含量都较高。

2. 植物体内水分存在的状态

水分在植物生命活动中的作用，不但与数量有关，也与它的存在状态有关。植物体内的水分有两种存在状态，即自由水和束缚水。

自由水是指能自由移动并起溶剂作用的水。自由水可直接参加各种代谢活动，其数量决定植物的代谢强度。束缚水是指被原生质胶体颗粒紧密吸附或存在于大分子结构空间的水。

它们不能自由移动，不起溶剂作用，不参加代谢活动，与植物的抗逆性有关。束缚水和自由水之间有时没有明显界限。

植物体内自由水和束缚水的相对含量影响原生质胶体的存在状态，也影响植物的代谢状态。自由水相对含量高，束缚水相对含量低，即自由水与束缚水的比值较高时，则原生质呈溶胶状态，代谢活跃，但抗逆性差；反之，当自由水与束缚水的比值较低时，则原生质呈凝胶状态，代谢弱，但抗逆性强。例如休眠的种子、休眠芽、越冬植物等自由水含量极低，原生质呈凝胶状态，代谢微弱，抗逆性极强。

3. 水在植物生活中的作用

水在植物生命活动中起着重要作用，除了水可直接或间接参与植物生理生化变化外，还由于水的物理化学特性为植物的生活提供了有利条件。

（1）水是原生质的重要组成成分　原生质的含水量一般在70% ~90%左右，使原生质呈溶胶状态，保证了旺盛的代谢活动。当含水量降到一定程度时，原生质呈凝胶状态，生命活动就大大减弱。如果原生质失水过多，可能导致原生质结构受损甚至破坏，细胞也将趋于死亡。

（2）水是某些代谢过程的原料和参与者　水是光合作用的原料，参与碳水化合物的合成。此外，在很多生物化学反应（如呼吸作用的许多环节以及有机物质的分解等）过程中，都需要水分子的直接参与。

（3）水是植物对物质吸收和运输的溶剂　一般来说，植物不能直接吸收固态的无机物和有机物，这些物质只有溶解在水中才能被植物吸收。植物体内的各种生理生化过程都是在水溶液中进行的。同样，各种物质在植物体内的运输，也要溶解在水中才能进行。

（4）水能使植物维持挺拔的姿态　植物细胞含有大量水分，维持了细胞和组织的紧张度，使植物枝叶挺立，便于接受光照和交换气体，进行正常的生理活动。同时在开花时使花瓣展开，有利于授粉。

（5）水可以调节植物体的体温　水的比热大，富含水分的植物不致因环境温度的骤变而变化；水的汽化热高，在植物散失水分过程中，水由液态变为气态需要大量吸收热量，可使植物体温下降，免于受强烈日照而灼伤。同时水的导热性好，使得整株植物的各个部位温度维持平衡。

（6）水有重要的生态意义　可利用水的物理化学特性（高比热、高汽化热等），用水调温、调湿和改善土壤与大气的温度条件等来调节植物的生态条件。例如多年生园林植物在越冬前，可以灌水减少冻害；高温干旱时可通过灌水来调节植物周围的温度和湿度，改善局部小气候。在园林植物栽培和养护中，利用水分来调节小气候是一种行之有效的措施。例如北方的家庭养花者，在养护原产于热带雨林和阴湿山谷中的龟背竹、绿萝、竹芋等天南星科花木，还有鹿角蕨、蜈蚣草、铁线蕨等蕨类植物以及中国兰花、鸭跖草时必须经常用小型喷雾器向植株四周喷雾，来提高空气湿度。如不采取上述技术措施，花木生长不良，甚至死亡。

二、植物对水分的吸收

一切生命活动都是以细胞为单位进行的，就植物体而言，茎、叶虽可以吸水，但吸水量较少，植物吸水的主要部位是根系。因此讨论植物吸水问题包括细胞吸水和根系吸水两个方面。

1. 植物细胞对水分的吸收

植物细胞吸水有三种方式：吸胀吸水——未形成液泡的细胞主要靠吸胀作用吸水；渗透性吸水——具中央大液泡的细胞主要靠渗透作用吸水；代谢性吸水——与呼吸作用有关，需直接消耗能量。在这三种吸水方式中，渗透性吸水是主要方式。

(1) 吸胀吸水 一般来说，细胞在未形成液泡之前的吸水主要靠吸胀作用，亲水胶体吸水膨胀的现象称为吸胀作用。吸胀吸水是指通过吸胀作用而进行的吸水过程。

例如，干燥种子萌发时的吸水以及无液泡的分生组织细胞的吸水，是因为细胞的原生质、细胞壁、淀粉粒和蛋白质等都呈凝胶状态，其中细胞壁里面还有大大小小的缝隙，水分子会迅速以扩散或毛细管作用进入凝胶内部，使细胞膨胀。

原生质凝胶的吸胀作用大小与凝胶物质亲水性有关，蛋白质、淀粉和纤维素三者的亲水性依次递减，所以含蛋白质较多的豆类种子吸胀现象非常显著。

(2) 渗透性吸水 成熟的植物细胞都有液泡结构，具液泡的植物细胞的吸水是一个复杂的过程，既有物理化学作用，又有生理作用。所以讨论细胞的渗透性吸水，首先要引入几个基本概念。

1) 水势。和自然界中的其他物质一样，水分的移动也需要能量。水势可通俗地理解为水分移动的趋势（比较专业的解释是：水势是指每偏摩尔体积的水在一个系统中的化学势与纯水在相同温度压力下的化学势之差）。水势单位为帕（Pa），一般用兆帕（MPa）来表示。纯水的水势最高，指定为零，其他溶液的水势与纯水相比。因为溶液中的溶质颗粒降低了水势，所以溶液的水势比纯水低，溶液水势就成负值，溶液越浓水势越低。水分的移动趋势是由水势高处流到水势低处。

2) 扩散和渗透作用。扩散是指物质分子从高浓度区域向低浓度区域转移，直至均匀分布的现象。扩散速度与物质的浓度梯度成正比。

渗透作用是一种特殊的扩散，如图 4-1 所示。

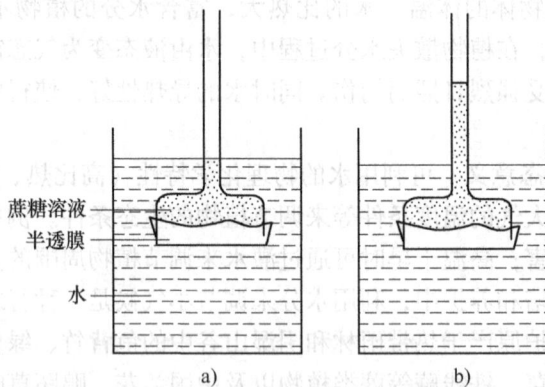

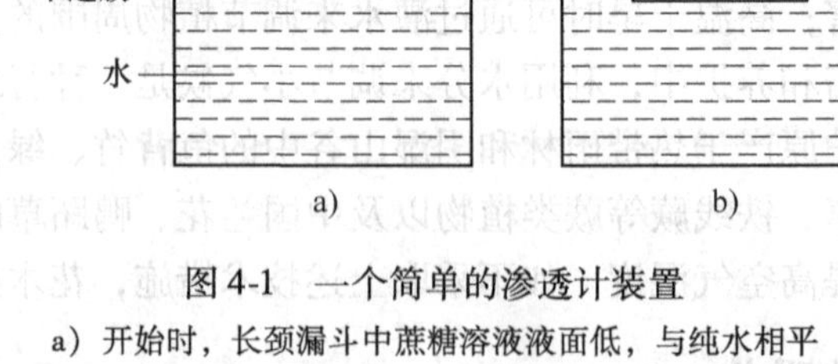

图 4-1 一个简单的渗透计装置

a）开始时，长颈漏斗中蔗糖溶液液面低，与纯水相平

b）一段时间后，长颈漏斗液面上升，上升高度与蔗糖溶液的浓度呈正相关，

半透膜的作用是只允许水分子通过，溶质分子（蔗糖分子）不易通过

由此试验可知，产生渗透现象必须是在一个系统中用半透膜将浓度不同的两种溶液隔开。把水分从水势高的系统通过半透膜向水势低的系统移动的现象称为渗透作用。

成熟的植物细胞是一个渗透系统。细胞内部有大液泡可以看做是细胞的内在液体环境，包围在液泡外的液泡膜、原生质和质膜合称为原生质层，它允许水分子和一些小分子物质自由通过，但其他物质则不能或不易通过，所以原生质层具有相对的半透性。当把植物细胞置于清水或溶液中时就会发生渗透现象。水分能否进入细胞取决于细胞的水势与周围溶液的水势之差。

证明成熟的植物细胞是一个渗透系统的典型试验——质壁分离及质壁分离复原，如图 4-2 所示。植物细胞由于液泡失水而使原生质体和细胞壁分离的现象称为质壁分离。如果把发生了质壁分离现象的细胞浸在水势较高的稀溶液或清水中，外面的水分便进入细胞，液泡变大，使整个原生质体慢慢恢复原来状态，这种现象叫做质壁分离复原。

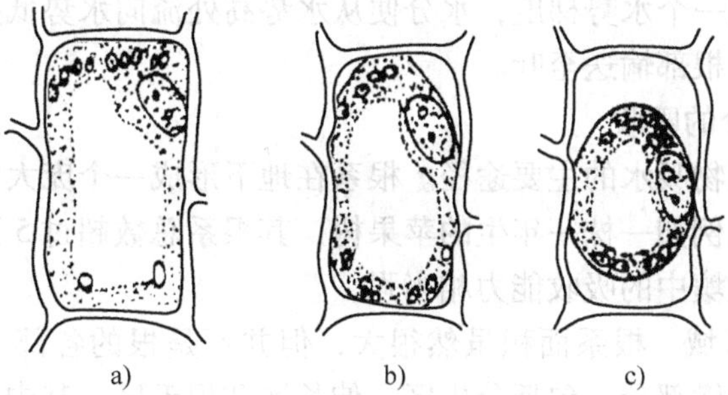

图 4-2　植物细胞的质壁分离现象

质壁分离现象可以解决如下几个问题：可说明原生质体是半透膜；可判断细胞死活，只有活细胞的原生质体才是半透膜能发生质壁分离现象，如细胞死亡，原生质体结构破坏，半透膜性质消失，不能产生质壁分离现象；可用于测定渗透势，将植物组织或细胞置于一系列已知水势的溶液中，那种恰好使细胞处于初始质壁分离状态的溶液的水势值与该组织或细胞的渗透势相等；可观察物质透过原生质层的难易程度，利用质壁分离复原的速度来判断物质透过细胞的速度，同时可以比较原生质黏度大小。

3）植物细胞的水势。典型的植物细胞水势（Ψ_w）由三个组分组成：溶质势（Ψ_s）、压力势（Ψ_p）和衬质势（Ψ_m），它们的关系：$\Psi_w = \Psi_s + \Psi_p + \Psi_m$。

溶质势也称为渗透势（Ψ_s）是由于溶质颗粒的存在而使水势降低的部分，呈负值。溶质越多，溶质势越低，其数值也越负。植物细胞中含有大量的溶质，主要是存在于液泡中的无机离子、糖类、有机酸、色素、酶类等。胞液所具有的溶质势是各种溶质势的总和。溶质势表示了溶液中水分潜在的渗透能力的大小，因此又称为渗透势。

压力势（Ψ_p）是外界压力使体系水势改变的值。植物细胞吸水膨胀时会对细胞壁产生一种压力称为膨压，细胞壁受膨压的作用产生反作用力，作用于原生质体，提高了细胞的水势。压力势通常呈正值，只有在特殊情况下，例如蒸腾强烈时，压力势才可能为负值。

衬质势（Ψ_m）是指细胞胶体物质的亲水性和毛细管对自由水的束缚而使水势降低的部分。衬质势呈负值。

具有液泡的细胞，其衬质势很小，细胞水势的公式可简化为：$\Psi_w = \Psi_s + \Psi_p$。

无液泡细胞（如干燥的种子或分生组织细胞）的水势：$\Psi_w = \Psi_m$。

（3）代谢性吸水　利用植物细胞呼吸作用释放的能量，使水进入细胞的过程称为代谢性吸水。不少试验证明，当通气良好引起细胞呼吸速率加剧时，细胞吸水增强；相反减少氧气或以呼吸抑制剂处理时，细胞呼吸速率降低，细胞吸水也减少。由此可见，原生质代谢过程与细胞吸水有密切关系，但这种吸水方式的机制尚不清楚。

（4）水分移动方向　植物细胞吸水与否取决于细胞与周围溶液之间的水势差。当细胞水势低于外液水势时，细胞就吸水；当细胞水势高于外液水势时，细胞就失水；当细胞水势与外液水势相等时，水分保持动态平衡。

两个相邻细胞间水分的移动方向也取决于两个细胞间的水势差，遵循从高水势的细胞向低水势的细胞移动的规律。当多个细胞连在一起时，如果一端的细胞水势高，另一端水势低，顺次下降，就形成一个水势梯度，水分便从水势高处流向水势低处。植物体的水分就是沿着这样的水势梯度从根部输送至叶。

2. 植物根系对水分的吸收

根系吸水是陆生植物吸水的主要途径。根系在地下形成一个庞大的网状结构，其总面积是地上部分的几十倍，例如一株一年生的苹果树，其根系总数超过5万条，而地上部分不过数十条。因此根系在土壤中的吸收能力相当强。

（1）根系吸水的区域　根系面积虽然很大，但并不是根的各部分都能吸水。根系吸水的主要部位是根尖的幼嫩部分，包括分生区、伸长区和根毛区。其中分生区和伸长区原生质浓厚，输导组织不发达，对水分移动阻力大，吸水能力较弱。而根毛区的特点是：有大量根毛，大大增加了吸收面积（5～10倍）；根毛细胞壁的外层由果胶质覆盖，黏性较强，亲水性好，有利于与土壤胶体颗粒黏着并吸水；根毛区的输导组织发达，对水移动的阻力小，所以根毛区的吸水能力最强，是根系吸水的主要区域。苗木移栽时，宜带土移栽，可避免损伤根尖，提高成活率。

（2）根系吸水的方式及动力　根系吸水方式按其吸水动力不同可分为两类：主动吸水和被动吸水。

1）主动吸水。由于植物根系本身的生理活动而引起的根系吸水过程称为主动吸水。主动吸水的动力是根压，所谓根压是指植物根系生理活动促使液流从根部上升的压力。伤流和吐水两种现象可证实根压的存在。

从受伤或折断的植物组织伤口处溢出液体的现象称为伤流。例如把丝瓜茎在近地面处切断，伤流现象可持续数日。从伤口流出的汁液叫伤流液，主要成分有大量水分、各种无机盐、有机物和植物激素等。伤流液的数量和成分可作为根系活动能力强弱的生理指标。如果在切口处套上橡皮管，并与压力计相连接，还可以测出根压的大小。如图4-3所示。

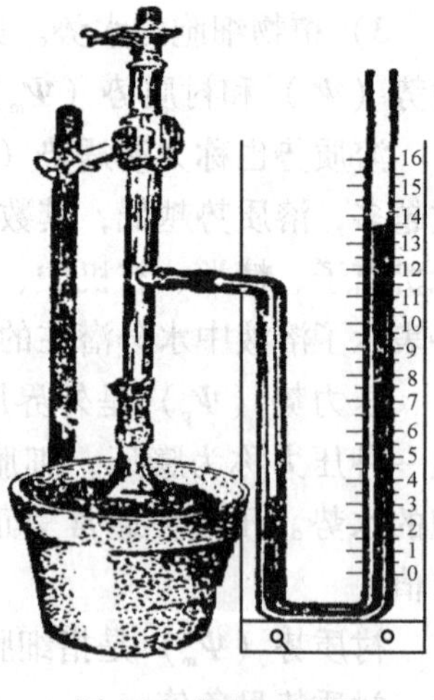

图4-3　根压示意图

生长在土壤水分充足、空气潮湿环境中的植株叶片尖端或边缘的水孔向外溢出液滴的现象称为吐水。植物生长健壮，根系活动较强，吐水量也较多。因此吐水现象可以作为根系生理活动的指标，判断幼苗长势的强弱。一些草本植物如金莲花、倒挂金钟、凤仙花、番茄和草莓等，还有许多禾本科植物都具有吐水现象，有些园林树木如柽柳、稠李、山杨和柳树等吐水现象也较显著，如图4-4所示。

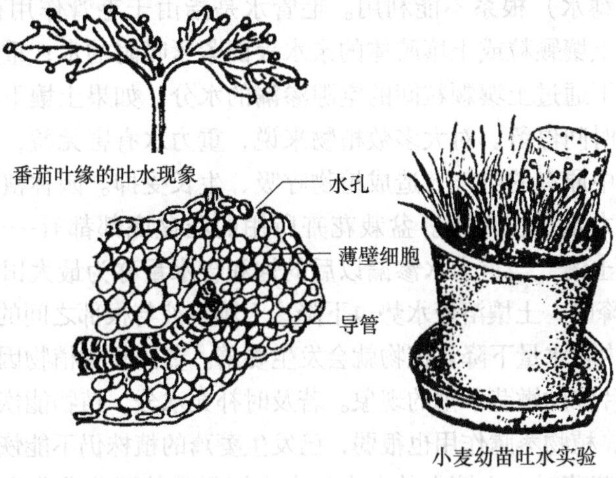

图4-4　吐水现象

2）被动吸水。因植物叶片蒸腾作用而引起的吸水过程称为被动吸水。被动吸水的动力是蒸腾拉力。所谓蒸腾拉力是指因叶片蒸腾作用而产生的一系列水势梯度使导管中水分上升的力量。

当叶片蒸腾时，气孔下腔周围细胞的水以水蒸气形式扩散到水势很低的大气中，导致叶片细胞水势下降而产生一系列相邻细胞间的水势的梯度，从而茎部、根部导管的水被拉向枝叶，并促使根部的细胞从周围土壤中吸收水分。蒸腾着的枝叶可通过被麻醉或死亡的根吸水，甚至没有根的切条也可以吸水，根似乎只是水分进入植物体的被动吸收表面。花木用枝条进行扦插繁殖、鲜嫩的切花进行插花水养都是在没有根系的情况下依靠枝条的切口吸收水分来维持生命的，如图4-5所示。

主动吸水和被动吸水在植物吸水过程中所占比重，因植物生长状况、植株高度、特别是蒸腾速率的强弱而异。通常蒸腾强烈的高大植株以被动吸水为主。只有幼苗期的植株、春季叶片未展开的落叶树木以及蒸腾速率很低的植株，才以主动吸水作为主要吸水方式。

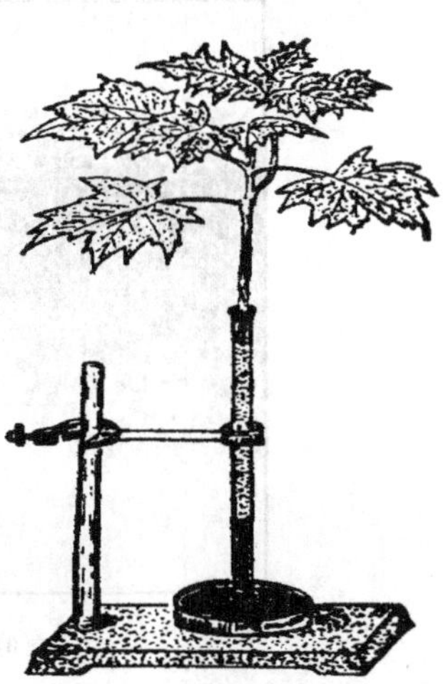

图4-5　蒸腾拉力示意图

（3）影响根系吸水的环境因素　影响植物根系吸水的因素有根系自身因素（如根系木质部溶液的渗透势、根系发达程度、根系对水的透性程度和根系呼吸速率等）和环境因素。这里主要叙述环境因素。影响根系吸水的环境因素主要有土壤因素及大气因素。其中大气因素主要通过蒸腾作用间接影响植物的被动吸水，这将在蒸腾作用一节中讨论。这里主要讨论土壤因素。

1）土壤水分状况。植物主要通过根系从土壤中吸收水分，土壤水分状况是影响根系吸水的首要因素。根系能否从土壤中吸水决定于根系水势与土壤水势的差值，只要土壤溶液的水势高于根系水势，根系就能顺利吸水。

土壤中的水分对植物来说并不是都能利用的。植物主要利用土壤中的毛管水，土壤中的重力水和吸湿水（束缚水）根系不能利用。毛管水是指由于毛管作用存留在土壤孔隙之间的水分；束缚水是指土壤颗粒或土壤胶体的亲水表面紧紧吸附的水；重力水是指水分饱和的土壤中，在重力作用下通过土壤颗粒间的空隙渗漏的水分。如果土壤下层无不透水层，则重力水不会在土壤中长时间停留。对大多数植物来说，重力水有害无益，因为它占据了土壤中的大空隙，排出了其中原有的空气，造成植物呼吸、生长受抑。园林植物栽培中要求土壤排水良好，就是要使重力水尽快流失。盆栽花卉所用的花盆底部都有一个小洞，也是这个道理。在自然环境中的土壤，当重力水渗漏以后的饱和含水量称为最大田间持水量。

当土壤含水量下降时，土壤溶液水势也下降，土壤溶液与根部之间的水势差减小，根部吸水减慢，引起植物体内含水量下降，植物就会发生萎蔫。萎蔫是指植物因水分亏缺，细胞失去紧张状态，表现为叶片和幼嫩茎下垂的现象。若及时补充水分，植物能恢复正常状态称为暂时萎蔫。若补充了水分，植物蒸腾作用也很弱，已发生萎蔫的植株仍不能恢复正常状态，则称为永久萎蔫。发生永久萎蔫时，土壤中的含水量占土壤干重的百分数称为永久萎蔫系数。

土壤水分对根系吸水的影响，主要表现在土壤含水量的两个极端：当含水量在永久萎蔫系数以下，土壤溶液受土壤胶体颗粒束缚，水势极低，根系不能吸水；土壤含水量过高，超过最大田间持水量时，土壤中的空隙大多数被重力水所填满，虽然水势很高，但因为通气条件差，根系缺氧，也影响根系的正常吸水。

只有当田间持水量最适宜时，即土壤中既有较大的水势，又有良好的通气条件，对根系的吸水才最有利。一般来说，当土壤含水量为最大田间持水量的70%左右时，最适宜耕作。因此可根据土壤可用水分的状况，制定灌溉措施，适时适量灌水。

另外，水分供给方式会影响植物根系的生长，进而影响对水分的吸收。如图4-6所示，是用草坪草进行浇水试验的结果，在总供水量相近的前提下，一次性浇足量的水，每次浇水间隔较长时间，比少量多次浇水对草坪草生长有利。

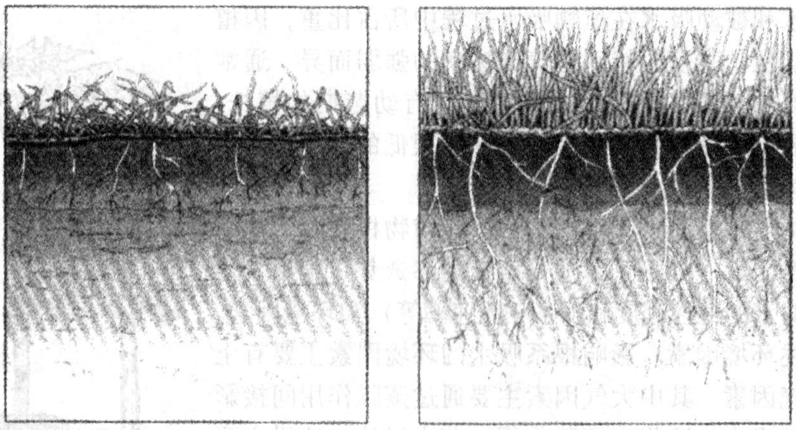

a)　　b)

图4-6　草坪草不同供水方式对根系生长的影响

a）频繁少量浇水　b）间隔较长时间的足量浇水

2）土壤温度。土壤温度会直接影响根系的生理活动和根系的生长，所以对根系吸水影响很大。在一定范围内，随土壤温度升高，根系吸水加快；温度过高或过低，对根系吸水均不利。

低温影响根系吸水的原因：原生质粘滞性增大，对水的阻力增大，水不易透过生活组织，根系吸水减弱；根系代谢活动减弱，生长受抑，吸收面积减少；呼吸速率降低，离子吸收减弱，影响根系吸水。夏季炎热的中午，若骤然用冷水灌溉，因土壤温度突然下降，根系功能下降促使吸水困难，而地上部分蒸腾失水强烈，导致植物体内水分平衡失调，引起植株萎蔫或造成落花落果。

高温影响根系吸水的原因：加速根的老化过程，使根的木质化部位几乎到达根尖端，吸收面积减少，吸水速度也下降；同时温度过高也使酶钝化，代谢紊乱，原生质流动缓慢甚至停止，丧失吸水功能。因此，进行温室、塑料大棚栽培及温床育苗时，必须采取适当措施，使土壤温度适宜。

3）土壤通气状况。在通气良好的土壤中根系吸水性强；土壤通气状况差则吸水受抑制。土壤通气状况不良造成根系吸水困难的主要原因是：根系环境内O_2缺乏、CO_2积累，呼吸作用受到抑制影响根系吸水；如果长时间缺氧，则根部细胞进行无氧呼吸，产生并积累较多的乙醇（酒精），根系中毒受伤，吸水更少；另外土壤此时处于还原状态，加上土壤微生物的活动，产生一些有毒物质，这对植物生长和发育都是不利的。

植物受涝，反而表现出缺水症状其主要原因就是因为土壤通气状况不良，抑制根部的吸水。在盆花栽培中，经常出现因浇水过勤，而导致植物死亡的现象，其原因就在于此。因此植物一旦遭受水涝，必须及时开沟排水，保证根系及时得到充足的氧气。

不同植物对土壤通气不良的忍受能力差异很大，长期生活在沼泽地带或水分饱和土壤中的植物，在结构和生理功能上形成一套适应机制。例如荷花、睡莲等水生花卉，在它们的叶片中央与叶柄相连处有一个器官叫“荷鼻”，新鲜的氧气可以通过“荷鼻”进入叶柄中的孔道，再通过地下根状茎“莲藕”中的孔道将氧气送达根系。一旦因池水过深将叶片淹没，植株便会死亡。

4）土壤溶液浓度。土壤溶液含有一定盐分，具有水势。根系要从土壤中吸水，根部细胞水势必须低于土壤溶液水势。一般情况下，土壤溶液浓度较低，水势较高，根系可以顺利吸水。但当施用化肥过多或过于集中时，可使根部土壤溶液浓度急速升高，阻碍了根系吸水，甚至会导致根系水分外流，而产生“烧苗”现象。盐碱地上的植物生长发育不良，也主要是因为土壤溶液浓度太高。

三、植物体内水分的散失——蒸腾作用

陆生植物根系从土壤吸收的水分，只有一小部分（约1%）用作植物的组成成分及代谢反应，余下部分全部散失到体外。

水分从植物体内散失到外界去的方式有两种：一种是以液体状态排出体外，例如吐水现象；另一种是以气体状态散失到体外，即蒸腾作用。蒸腾作用是植物体内水分散失的主要方式。

1. 蒸腾作用的概念及生理意义

（1）蒸腾作用的概念 蒸腾作用是指植物体内的水分以气态方式从植物表面向外散失

的过程。

(2) 蒸腾作用的生理意义

1) 蒸腾作用失水所造成的水势梯度是植物吸收和运输水分的主要驱动力，即蒸腾拉力。

2) 蒸腾作用能够降低植物体和叶片温度。叶片在吸收光辐射进行光合作用的同时吸收了大量热能，通过蒸腾作用散热，可防止叶温过高，避免热害。

3) 蒸腾作用引起木质部液流上升，有助于根部吸收的无机盐以及根中合成的有机物转运到植物体的各部分。

4) 蒸腾作用进行时，气孔是开放的，有利于 CO_2 的吸收和同化，促进了光合作用的进行。

可见，在其他条件适宜的情况下，蒸腾作用可以促进植物生长发育。但也不可避免的引起植物体内水分的大量散失，所以在水分不足时，会给植物造成伤害。适当降低蒸腾速率，减少水分消耗，在园林植物栽培上具有重要意义。

2. 蒸腾作用的部位及方式

(1) 蒸腾作用的部位　植物体的各部分都有潜在的对水分的蒸发能力。当植株幼小时，暴露在地面的部分都能进行蒸腾；木本植物长成以后，只有茎枝上的皮孔可以蒸腾，但蒸腾量很少；植物的蒸腾作用绝大部分是通过叶片的角质层和气孔进行的。

(2) 蒸腾作用的方式　蒸腾作用的方式有三种：通过茎枝上的皮孔进行的皮孔蒸腾；通过角质层进行的角质蒸腾；通过气孔进行的气孔蒸腾。

通过皮孔蒸腾的量很少，仅占总蒸腾量的0.1%左右。角质层本身虽不透水，但角质层在形成过程中有些区域夹杂有果胶，同时角质层也有孔隙，可使水汽通过。生长在潮湿环境中的植物，角质蒸腾往往超过气孔蒸腾；水生植物的角质蒸腾也很强烈；遮阴叶子和幼嫩叶子的角质蒸腾达到总蒸腾量的1/3～1/2。一般植物的成熟叶片，角质蒸腾仅占总蒸腾量的5%～10%，因此，气孔蒸腾是植物蒸腾作用的主要形式。

气孔是蒸腾作用中水蒸气从体内排到体外的主要出口。水分经过气孔的蒸腾速率要比同面积自由水面的蒸发速率快50倍以上。其原因在于水蒸气通过小孔的扩散速率并不与面积成正比，而是与孔的边缘长度即周长成正比，称为气体扩散的小孔定律，也称为小孔扩散率。气孔细小，正符合小孔扩散现象。又因为任何蒸发面上的气体分子除经表面向外扩散外，还沿边缘向外扩散。由于边缘扩散的分子相互碰撞机会少，所以从边缘扩散的速率比中央部分要快得多，这种效应称为边缘效应。当一定面积的蒸发面被划分为许多小的蒸发面（小孔）时，尽管二者的总面积相等，但这些小孔的边缘效应远比一个大孔强得多，因此蒸发速率远远大于同面积的自由水面，如图4-7所示。

3. 蒸腾作用指标

蒸腾作用强弱可以在一定程度上反应植物的水分代谢状况。衡量蒸腾作用强弱常用的指标有：

(1) 蒸腾速率　蒸腾速率又称为蒸腾强度，是指植物在单位时间内，单位叶面积上散失的水量，常用 $g \cdot m^{-2} \cdot h^{-1}$ 表示。大多数植物白天的蒸腾速率为 $15 \sim 250g \cdot m^{-2} \cdot h^{-1}$，夜间的蒸腾速率为 $1 \sim 20g \cdot m^{-2} \cdot h^{-1}$。

(2) 蒸腾比率　蒸腾比率又称为蒸腾效率，是指植物每蒸腾1kg水所生产干物质的克

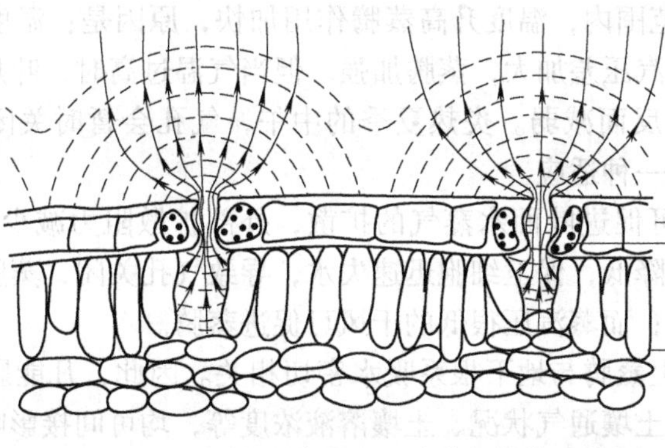

图 4-7 气孔蒸腾中，水蒸气扩散途径图解

注：水蒸气扩散途径以实线箭头表示，相等的水蒸气界面以虚线表示。

数，常用 $g \cdot kg^{-1}$ 表示。一般植物的蒸腾效率为 $1 \sim 8g \cdot kg^{-1}$。

（3）蒸腾系数 蒸腾系数又称为需水量，是指植物制造 1g 干物质所消耗的水量。它是蒸腾比率的倒数。一般植物的蒸腾系数为 125～1000g。通常草本植物蒸腾系数高于木本植物，例如草本植物玉米的蒸腾系数为 370g，小麦的蒸腾系数为 540g；木本植物白蜡树的蒸腾系数为 85g，松树的蒸腾系数为 40g。蒸腾系数越小，表示植物利用水分的效率越高。

4. 影响蒸腾作用的因素

（1）内部因素

1）气孔构造特征是影响气孔蒸腾的主要内部因素。气孔下腔容积大，内蒸发面积大，水分蒸发快，可使气孔下腔保持较高的相对湿度，因而提高了扩散力，蒸腾较快。有些植物（如苏铁、印度橡皮树等）气孔内陷，气体扩散阻力增大；也有些植物内陷的气孔还有表皮毛，更增大了气孔阻力，有利于降低气孔蒸腾。

2）叶片内部面积的大小。叶片内部面积（指内部细胞间隙的面积）增大，细胞壁中的水分变成水蒸气的面积就增大，细胞间隙充满水蒸气，叶内外蒸汽压差大，有利于蒸腾。一般来说，蒸腾旺盛的旱生植物的叶片内部面积是外部面积的 20～30 倍，中生植物是 12～18 倍，阴生植物则仅为 8～10 倍。

3）叶面蒸腾强弱与根系生长状况有关。根系发达，深入地下，吸水就容易，供给地上部分的水就充分，间接影响蒸腾作用。

（2）环境因素

1）光照。光照对蒸腾起着决定性的促进作用。太阳光是供给蒸腾作用的主要能源，叶片吸收的辐射能，只有一小部分用于光合作用，大部分是用于蒸腾。另外，光直接影响气孔开闭，大多数植物，气孔在黑暗中关闭，故蒸腾减少；光照下气孔开放，减少内部阻力，蒸腾加强。光照还可提高叶片温度，使叶内外的蒸汽压差增大，水蒸气分子的扩散力加强，蒸腾加快。

2）大气湿度。通常情况下，大气湿度约为 50%，而叶肉细胞间隙的相对湿度接近 100%。空气的相对湿度直接影响叶内外大气和气孔下腔间的蒸汽压梯度。当空气中的相对湿度大时，叶面与大气间的蒸汽压差较小，蒸腾速率下降。所以植物在阴雨天气的蒸腾作用较晴干天气低得多。

3）大气温度。在一定范围内，温度升高蒸腾作用加快，原因是：温度升高，水分子的汽化扩散加快，叶内外的蒸汽压差加大，蒸腾加强。但当气温过高时，叶片过度失水，影响光合作用，气孔关闭，蒸腾反而减弱。炎热夏季的中午，气孔会暂时关闭，减少水分的散失，这是植物对外界环境的一种适应。

4）风。风速较小时，可促进叶面水蒸气的扩散，外部扩散阻力减少，蒸腾作用加快；风速过大时，叶面温度明显降低，保卫细胞迅速失水，导致气孔关闭，蒸腾减弱；另外含水蒸气较多的湿风可降低蒸腾；而蒸汽压很低的干风可促进蒸腾。

5）土壤条件。植物地上蒸腾与地下根系吸水密切相关。因此，凡能影响根系吸水的各种土壤条件，如土壤温度、土壤通气状况、土壤溶液浓度等，均可间接影响蒸腾作用。

影响蒸腾作用的因素不是孤立的，而是相互影响，共同作用于植物体。

5. 降低蒸腾速率的途径

在植物栽培与养护中，应尽量维持植物体内的水分平衡。为此，除了要促进根系的生长，加强植物吸水能力外；还可以采取措施降低蒸腾速率，以免蒸腾强度过大，水分供应不上而使植物枯萎，这在干旱环境中尤为重要。

减慢蒸腾速率的途径总的来说包括两个方面：一方面是栽培管理方面的措施，在干旱地区尽量选择抗旱能力较强的品种；栽植密度要适当，保持适宜的叶面积系数，果树等要适当修剪，保持合理的株形；炎热的夏季，苗木、花卉要注意适当遮阴、覆盖及喷水降温。另外移栽树木时要尽量保护根部，适当去掉一部分枝叶，并注意浇水和遮阴。上述措施都可不同程度的降低蒸腾速率，有利于保持植物体内的水分平衡。

另一方面是化学调控。近年来，人们发现一些能降低蒸腾速率而对植物的生长和光合作用影响不太大的化学物质，这些阻碍蒸腾作用的物质被称为抗蒸腾剂。抗蒸腾剂按其作用方式可分为三类：一类是薄膜性物质，喷洒于叶面可形成单分子薄膜，以遮断水分的散失途径，例如乳胶和石蜡等喷后抑制蒸腾可达25%～40%；另一类是气孔开度抑制剂，例如黄腐酸、甲草胺（拉索）和二硝基酚（DNP）等，喷后可使气孔关闭或减小气孔开度，从而降低蒸腾速率。第三种是反射性物质，例如高岭土、石灰粉等，喷洒后可对阳光起反射作用，降低叶面温度，减少蒸腾失水。

四、植物体内水分的运输

1. 水分运输的途径

（1）根系吸水的途径　植物根部吸收的水分主要通过根毛、皮层、内皮层，再经中柱薄壁细胞进入根的导管。水分在根内的径向转运有两条途径：质外体途径和共质体途径（含越膜过程），如图4-8所示。

质外体途径是指水分在由细胞壁、细胞间隙、胞间层及导管的空腔组成的质外体空间移动，不越过任何膜，移动阻力小，移动速度快。但根中的质外体是不连续的，它被内皮层的凯氏带分隔成为两个区域：一是内皮层以外，包括根毛、皮层的胞间层、细胞壁和细胞间隙，称为外部质外体；二是内皮层以内，包括成熟的导管和中柱各部分细胞壁，称为内部质外体。因此，水分由外部质外体进入内部质外体时必须通过内皮层细胞的共质体途径才能实现。

共质体途径是指水分依次从一个细胞的细胞质经过胞间连丝进入另一个细胞的细胞质的

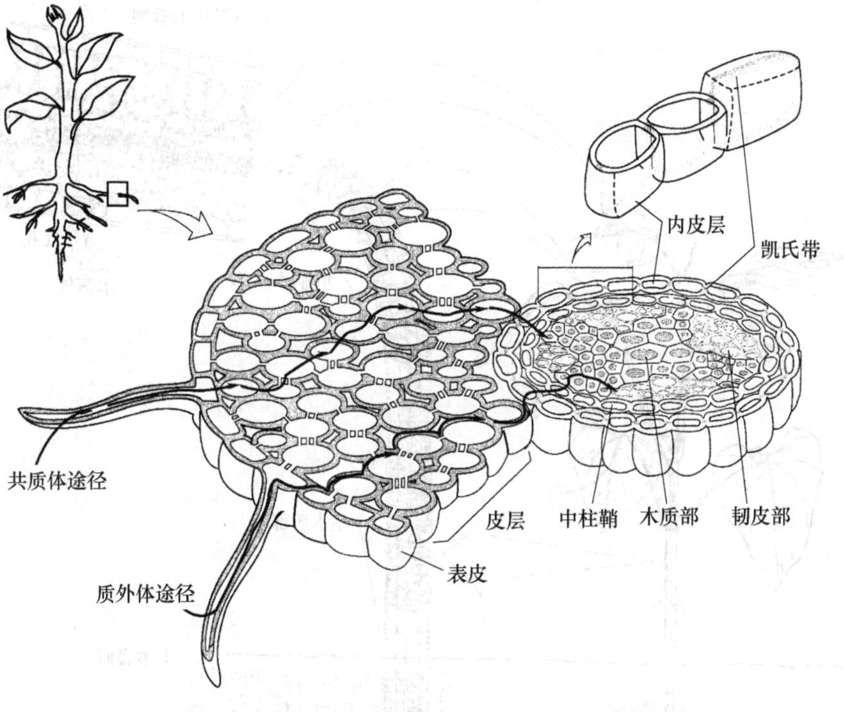

图 4-8　植物根系吸水途径示意图

移动过程。在此途径中，水分不仅要经过原生质，还要越过细胞膜，所以运输阻力大，速度慢。

（2）水分在茎、叶中的运输途径　水分在茎、叶中的运输是在细胞中进行的。运输途径也有两条：

一种是经过死细胞，导管和管胞都是中空无原生质体的长管状死细胞，细胞与细胞之间都有孔，特别是导管细胞的横壁几乎消失殆尽，对水分运输的阻力很小，适于长距离运输。运输距离可由几厘米到几百米。

另一种是经过活细胞，水分由叶脉到气孔下腔附近的叶肉细胞，都是经过活细胞。这部分在植物体内的长度不过几毫米，距离很短，但因细胞内有原生质体，加上又以渗透方式运输，所以阻力很大，运输速度非常慢，不适于长距离运输。没有真正输导组织的植物（例如苔藓和地衣）不能长得很高，而进化过程中出现了管胞（蕨类植物和裸子植物）和导管（被子植物），才有可能出现高达几米甚至几百米的植物，道理就在于此。

（3）水分在整个植物中的运输途径　综上所述，陆生植物根系从土壤中吸收水分，通过茎转运到叶片及其他器官，除少部分参与代谢和构建植物体外，绝大部分通过蒸腾作用，以水蒸气状态散失到外界大气中。水分在整个植物体内的运输途径为：土壤→根毛→根的皮层→根的中柱→根部导管（或管胞）→茎的导管（或管胞）→叶的导管（或管胞）→叶肉细胞→叶细胞间隙→气孔下腔→气孔→大气中。由此可见，土壤—植物—空气三者之间的水分构成一个开放的连续系统，如图 4-9 所示。

水分在植物体除由下向上的运输外，还有沿维管射线进行的横向运输，以及沿着导管或管胞的壁孔进行切向运输，但这些运输速度都很慢，不是主要途径。

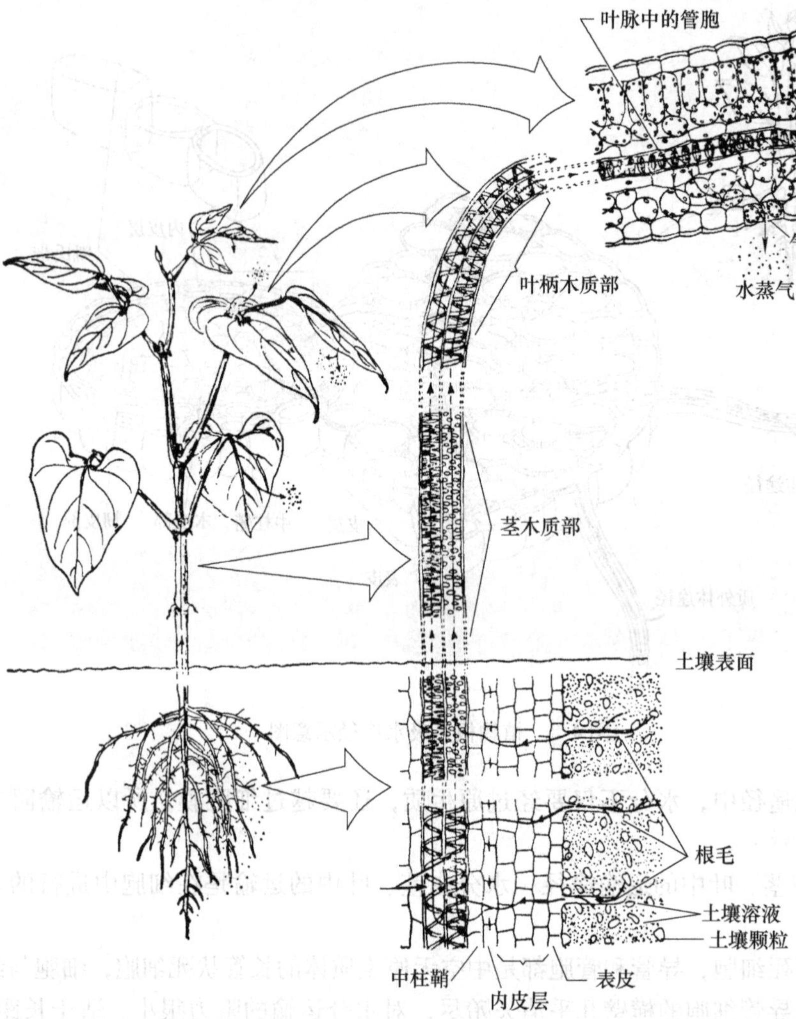

图 4-9　水分在植物体内的运输途径

2. 水分长距离运输的动力

在导管或管胞中，水分的转运依然是由导管或管胞两端的水势差决定的。由于叶片蒸腾作用不断失水，水势下降，叶片与根系之间形成水势梯度，即形成所谓的蒸腾拉力，在水势梯度的推动下，水分源源不断地沿导管上升。蒸腾作用越强，水势梯度越大，则水分转运也越快。因此蒸腾拉力是水分上升的主要动力。

水分沿导管上升的另一动力是根压。但因根压数值较小，所以只有在土壤温度较高、土壤水分充足、空气湿度较大以及蒸腾作用很弱，或是早春幼苗、芽、叶未展开时，根压对水分上升才起较大作用。

五、合理灌溉的生理基础及合理灌溉技术

1. 植物的水分平衡

在正常情况下，植物不断的从土壤中吸收水分，同时另一方面蒸腾失水，这样就在植物

生命活动中形成了吸水和失水的连续运动过程。一般把植物吸水、用水、失水三者之间的和谐关系叫做水分平衡。

植物对水分的吸收和散失是相互联系的矛盾统一过程。例如当蒸腾失水小于吸水时，可能出现吐水现象，或阴雨连绵的情况下，植物体内水分达到饱和状态，容易造成植物徒长或倒伏。而当蒸腾失水大于吸水时，植物体内出现水分亏缺，组织含水量下降，叶片萎缩下垂，呈现萎蔫状态，体内各种代谢活动如光合、呼吸、有机物的合成、矿质的吸收与转化等都受到影响，植物的生长受到抑制。

只有植物吸水与失水维持动态平衡时，植物才能进行旺盛的生命活动。但一般情况下，植物体内的水分平衡是有条件的、暂时的和相对的，而不平衡是经常的和绝对的。因为在正常的情况下，植物吸水往往落后于蒸腾，原因是蒸腾产生的吸水动力，由叶片传到根尖需要一个相当长的时间，如表现缺水的植物充分供给水分后，常需半个小时以上才能恢复正常的紧张状态；另外水分在根部运输所受到的阻力比在叶片运输所受阻力大，叶片输导系统呈网状，分布在叶肉细胞之间，输导系统末端距离气孔下腔很近，水分容易蒸发到气孔下腔。而根部水分运输受内皮层限制运输速度较慢。

维持植物的水分平衡，一般从两方面着手：增加吸水和减少蒸腾。通常以前者为主，因为任何减少蒸腾的方法都会降低植物的光合作用，从而影响植物的生长和产量。但是在特殊情况下，减少蒸腾也还是可取的方法，例如移栽苗木时的搭棚遮阴，减去一部分枝叶，以及在傍晚或阴天移栽，施用化学药剂促使气孔关闭等都是通过减少蒸腾以利于苗木存活的措施。

增加吸水的措施有灌溉、蓄水（防止渗漏和径流）、保墒（防止蒸发）、除草（防止无益消耗）以及经济用水（适时适量）等。其中最有力的措施就是灌溉，灌溉的基本要求是用最少量的水取得最大的效果。如果灌水太少或不及时灌水，则满足不了植物的需要；相反的，灌水太多，不仅浪费水分，甚至可能导致许多不良后果。要进一步发挥灌溉的作用，就要深入地了解植物对水分的需要规律，进行合理灌溉。

2. 植物的需水规律

（1）不同植物对水分的需求量不同　例如，在花卉栽培上，根据不同花卉对水分的需求，将其分为旱生花卉（如仙人掌科、景天科的植物）、中生花卉（如月季、山茶花、牡丹、芍药等）、湿生花卉（如兰花、马蹄莲、竹芋、杜鹃花等）、水生花卉（如荷花、睡莲、千屈菜、慈姑等）。在栽培管理上，旱生花卉要掌握“宁干勿湿”的原则，中生花卉要掌握“干透浇透”的原则，湿生花卉要掌握“多湿少水”的原则，而水生花卉则必须依附水中或沼泽中才能生存。

（2）同一植物不同生育期对水分的需要量不同　植物从种子萌发到开花结实，在其不同生育期对水分的需求情况不同。种子发芽浸泡需足够的水分。种子萌发后在苗期需控水，这种现象称为“蹲苗”，有利于根系的生长。营养生长旺盛期需水量最多，增加细胞的分裂和细胞的伸长以及各个组织器官的形成。生殖生长期需水偏少，控制生长速度和顶端优势，有利于花芽分化。孕蕾期和开花期，需水偏少，延长观花期。坐果期和种子成熟期，需水偏少，延长挂果观赏期和种子成熟期。

观果植物栽培过程中如果空气湿度过大，往往使花卉的枝叶徒长，容易造成落蕾、落花和落果。观叶植物则需要较高的空气湿度，增加枝叶的亮度和色泽。

(3) 植物的水分临界期　植物对水分缺乏最敏感、最易受伤害的时期称为水分临界期。一般而言，植物的水分临界期多处于花粉母细胞四分体形成期，这个时期一旦缺水，就会使性器官发育不正常，对产量影响较大。

3. 合理灌溉指标

合理灌溉的首要问题是确定最适宜的灌溉时期。决定灌溉时期可依据气候特点、土壤墒情以及植物的形态、生理性状等加以判断。

(1) 土壤含水量指标　植物是否需要灌溉，依据土壤墒情决定灌溉时期是一种较好的方法。一般来说，适宜植物正常生长的根活动层（0～9cm）土壤含水量为田间持水量的60%～80%，如果低于此含水量，就应及时灌溉。这种方法具有一定的参考意义，但是由于灌溉的真正对象是植物，而不是土壤，要使灌溉符合植物生长发育的需要，最好以植物本身情况为依据。

(2) 植物形态指标　根据植物在缺水条件下外部形态发生的变化来确定是否进行灌溉。植物缺水的形态表现为：幼嫩的茎叶在中午前后发生萎蔫；生长速度下降；叶、茎颜色由于生长缓慢，叶绿素浓度相对增大，而呈现暗绿色；茎、叶颜色有时变红，这是因为干旱时碳水化合物的分解大于合成，细胞中积累较多的可溶性糖，会转化为花青素，花青素在弱酸性条件下呈红色。

形态指标易于观察，但当植物在形态上表现出受旱或缺水症状时，其体内的生理生化过程早已受到水分亏缺的危害，这些形态症状只不过是生理生化过程改变的结果。

(3) 灌溉的生理指标　植物缺水时，生理指标可以比形态指标更及时、更灵敏的反应体内水分状况。目前常用的生理指标有：叶片水势、细胞汁液浓度或渗透势以及气孔开度。其中叶片是反映植物体生理变化最敏感的部位，当植株缺水时，叶片水势迅速下降，随之细胞汁液浓度升高，渗透势下降，气孔开度减小甚至关闭。当有关生理指标达临界值时，就应及时进行灌溉。必须指出，不同地区、不同植物、不同品种在不同生育期、不同部位的叶片，其灌溉的生理指标都是有差异的。因此，实际应用时，须事先做好具体准备工作，结合当地的实际情况找出适宜的灌溉生理指标。

4. 合理灌溉增产的原因

合理灌水对植物的正常发育和生理生化过程有着重要影响。当发生大气干旱或土壤干旱时，及时灌水可以使植株保持旺盛的生长和光合作用，同时还可消除光合午睡现象；促使茎叶输导组织发达，提高水分和同化产物的运输速率，改善光合产物的分配利用，提高产量。

灌溉不但防止土壤干旱，满足植物正常的生理需水，还能改善栽培环境的土壤条件和气候条件，如降低株间气温，提高相对湿度，这对植物正常生长是极为有利的。植物良好的生长对环境水分条件的这种需要称为“生态需水”，它与维持正常生理活动的“生理需水”一样重要。盐碱地灌水还有洗盐压碱的作用。旱田施肥后灌水，可起到溶肥的作用。

5. 节水灌溉技术

我国是一个人多地少，水资源相对紧缺的国家，随着社会经济的发展，城镇工业和生活用水量不断增加，农业可用水量逐步减少，且我国农业灌溉用水效率低下和用水浪费的问题普遍存在，全国灌溉水的利用率只有43%，大大低于发达国家灌溉水的利用率70%～80%的水平，为保证我国农业稳产、高产，并缓解水资源供需矛盾，大力发展节水灌溉已势在必行。

节水灌溉与传统的大水漫灌相比，具有“节水、节能、省地、增产”的特点。据试验，喷灌可节水30%～50%，滴灌可节水50%～70%，喷灌可减少渠道占用耕地10%～20%，增产20%～30%，所以喷灌、微灌是现代农业灌溉技术发展的方向。

喷灌是指借助动力设备把水喷到空气中形成水滴落到植物和土壤上。这种方法可解除大气干旱和土壤干旱，保持土壤团粒结构，防止土壤盐碱化，节约用水。但喷灌也有一定的局限性，例如作业受风影响，高温、大风天气不易喷洒均匀，喷灌过程中的蒸发损失较大等，而且喷灌的投资高于一般的地面灌水。

目前对于经济植物更倾向于发展微灌，因为微灌比喷灌更节水，灌水量更能精确控制。微灌包括滴灌、微喷灌、涌泉灌和地下渗灌。它是根据植物的需水要求，通过管道系统与安装在末级管道上的灌水器，将植物生长所需的水分和养分以较小的流量均匀、准确地直接送到根部附近的土壤表面或土层中，水的有效利用程度更高，但微灌的工程投资也高，一般只适用于水果、蔬菜和花卉等产值高、收益高的经济植物，对于大田粮食作物，则不太适合。

20世纪90年代以来，随着全球定位系统（GPS）、地理信息系统（GIS）、农业电子技术和植物栽培有关模拟模型以及生产管理决策支持系统（DDS）技术研究的发展，“精准农业”已成为合理利用农业资源，提高植物产量，降低生产成本，改善生态环境的一种重要现代农业生产形势。采用精准灌溉，根据不同植物不同生育期间土壤墒情和植物需水量，实施适时精量灌溉，可以大大节约水资源，提高水资源的有效利用率。

实训14　植物组织水势的测定（小液流法）

一、目的

学会用小液流法来测定植物组织水势。

二、原理

当植物组织浸入外界溶液中时，若植物的水势小于外液的水势，则细胞吸水，使外液浓度变大；反之，植物细胞失水，外液浓度变小；若细胞和外液的浓度相等，则外液浓度不发生变化。溶液浓度不同其比重也不同，不同浓度的两溶液相遇，稀溶液比重小而会上升，浓溶液比重大而会下降。根据此理，把浸过植物组织的各浓度液滴滴回原相应浓度的各溶液中，液滴会发生上升、下降或基本不动的现象。如果液滴不动，说明外液在浸过组织后浓度未变，那么就可根据该溶液的浓度计算出其水势，此水势值也就是待测植物组织水势。小液流法就根据这个原理，把植物组织浸入一系列不同浓度的蔗糖液中，由于比重发生了变化，通过观察滴出小液滴在原相应浓度中的反应而找出等渗浓度，从而计算出溶液的水势。

三、用具与材料

指管木架、指形管（带软木塞）、弯头毛细吸管（带橡皮头）、小镊子、移液管、温度计、穿孔器、不同浓度的蔗糖液（0.2～0.6mol·L^{-1}）、亚甲蓝（亚甲基蓝）、叶片

四、方法与步骤

1）取洗净烘干的指形管10个，分成两组，各按糖液浓度编记2、3、4、5、6号，插在指管架上，排成两排，使同号相对。在一排管中，分别注入对应0.2～0.6mol·L^{-1}的蔗糖液各5mL；另一排管内分别注入对应浓度糖液各1mL，两者管口均塞上软木塞。

2）选取有代表性的植物叶子1至数片，用打孔器打取叶圆片40片。用小镊子把圆片放入1mL糖液指形管中，每管8片，再塞上软木塞。每隔数分钟轻轻摇动，使叶片全部浸入

糖液中，利于叶内外水分更好的移动。

3）30～60min后，打开软木塞，向装叶的每一管中投入亚甲蓝小结晶1～2粒（可用针或火柴杆等挑取亚甲蓝粉少许，要求每管用量大致相等），摇动均匀，使糖液呈蓝色（便于观察）。

4）用干净毛细管吸取有色糖液少许，轻轻插入同浓度5mL糖液内，在糖液中部轻轻挤出有色糖液一小滴，小心抽出毛细吸管，不能搅动溶液，并观察有色糖液的升降情况，分别作记录。毛细吸管不能乱用，一个浓度只能用一只，既要干净，又要干燥。

找出使有色糖液不动的浓度，即为等渗浓度。如果找不出静止不动的浓度，则可找液滴上升和下降交界的两个浓度，取其平均值，即可按公式计算出该植物的水势。

5）计算根据找到的溶液浓度换算成溶液渗透压，可按下列公式计算：

$$\Psi_s = -P \quad P = iCRT$$

式中 Ψ_s——溶质势；

P——渗透压；

i——渗透系数（表示电解质溶液的渗透压为非电解质溶液渗透压的倍数，如蔗糖$_i$=1、$NaCl_i$=1.8、KNO_{3i}=1.69）；

C——液体的摩尔浓度（即所求的等渗浓度）；

R——气体常数，R=0.082；

T——绝对温度，即实验时液温+273。

所求得的P值，即为该溶液的渗透压，用大气压表示，换算成Pa（1大气压=1.013×10^5Pa），其负值即为该溶液的溶质势，也就是被测植物组织的水势（因植物组织处于等渗溶液中，组织的水势等于外液的溶质势）。

五、作业

1）记录试验结果。

2）将记录结果代入公式，算出植物组织水势。

实训15 质壁分离法测定渗透势

一、目的

通过试验学会用质壁分离测定植物组织或细胞的渗透势。

二、原理

植物细胞是一个渗透系统，如果将其放入高渗溶液中，细胞内水分外流而失水，细胞会发生质壁分离现象，若细胞在等渗或低渗溶液中则无此现象。细胞处在等渗溶液中，此时细胞的压力势为零，那么细胞的渗透势就等于溶液的渗透势，即为细胞的水势。

当用一系列梯度的糖液观察细胞质壁分离时，细胞的等渗浓度介于刚刚引起初始质壁分离的浓度和与其相邻的尚不能引起质壁分离的浓度之间的溶液浓度，代入 $\Psi_s = -iCRT$ 公式，即可算出其渗透势（即水势）。

三、用具与材料

显微镜、载玻片、盖玻片、培养皿（或试管）、镊子、刀片、表面皿、试管架、小玻棒、吸水纸、0.2～0.6mol·L^{-1}的蔗糖、0.03%中性红、小麦叶片（最好为含有色素的植物材料，如带色的洋葱表皮、紫鸭跖叶片等）。

四、方法与步骤

1）取干燥洁净的培养皿5套，贴上标签编号，依次倒入不同浓度的糖液（0.2～0.6mol·L^{-1}），使其成一薄层，盖好皿盖。

2）以镊子撕取叶表皮或洋葱鳞茎内表皮放入装有中性红的表面皿内染色5～10min（有色材料不染色），取出后用水冲洗，并吸干植物材料表面的水分，然后依次放入不同浓度糖液中，经过20～40min后（如温度低，适当延长），依次取出放在载玻片上，用玻棒加一滴原来浓度的糖液，盖上玻片，在显微镜下，观察质壁分离情况，确定引起50%左右细胞初始质壁分离时的那个浓度（即原生质从细胞角隅分离的浓度）作为等渗浓度。

3）试验结果做记录（表4-1）

表4-1 质壁分离法测定渗透势试验记录表

蔗糖溶液浓度/mol·L^{-1}	0.2	0.3	0.4	0.5	0.6
渗透势质壁分离细胞所占百分数					

五、作业

1）记录试验结果。

2）算出所测植物组织的渗透势。

任务2 植物的矿质营养生理及合理施肥

绿色植物在其自养生活中，必须不断地从周围环境中吸收无机营养物质，包括水、CO_2和各种矿质元素。关于水的生理在任务1已讨论，CO_2对植物的作用将在任务3中讲述，本任务主要讨论矿质元素。矿质元素中有的作为植物体的组成成分，有的具有调节生理代谢的功能，也有的两种功能兼有，因此矿质元素对植物来说是非常重要的。

一般来说植物所需的矿质营养都可从土壤中获得。但在农业生产中，植物的连年种植会使土壤养分逐渐匮乏，因此研究植物矿质营养生理和合理施肥技术，可协调植物生理机能，改善植物营养，促进植物生长发育，达到高产、稳产、优质和低耗的目的。

一、植物必需的矿质元素

1. 研究植物矿质营养的方法

（1）灰分分析 灰分分析是采用物理和化学手段对植物材料中干物质燃烧后的灰分进行分析的方法。先将一定量的新鲜植物材料在105℃烘箱中烘干至恒重，则植物体所减少的质量是其含水量（约占植物组织鲜重的10%～95%），剩下的物质即干物质（约占鲜重5%～90%）。将干物质充分燃烧（600℃高温下烘烤），则其中所含的C、H、O、N和部分S会以CO_2、H_2O、N_2、NO_2、SO_2、H_2S等气态分子形式挥发到空气中去。所剩的不能挥发的灰白色残烬即为灰分（约占干物质的5%～10%）。灰分系混合物，构成灰分的元素称为灰分元素，又因这些元素直接或间接来自土壤矿质，故灰分元素也被称为矿质元素。氮未存在于灰分中，但因氮和灰分元素一样都是从土壤中吸收的，所以通常将氮归于矿质元素一起讨论。

通过灰分分析，便可了解植物体内有哪些矿质元素及其含量。目前，在不同的植物体中至少发现 70 多种矿质元素。

应该指出，植物体内矿质元素的含量及种类会因植物种类、器官或部位不同而有很大差异，年龄和生境也会影响到植物体内矿质元素的含量及种类。老龄植株和老龄细胞的含灰量较幼嫩植株和幼嫩细胞高；在气候干燥的地方及通气良好、盐分含量高的土壤中生长的植物，含灰量通常较高；禾本科植物含很多硅，十字花科和伞形科植物富含硫，豆科植物富含钙和硫，马铃薯块茎富含钾，盐生植物含较多的钠，海藻中含大量的碘、溴等。

（2）溶液培养法　要确定植物体内各种元素是否是植物所必需的，只根据灰分分析得到的数据是不够的，因为有些元素在植物生活中不太需要却在体内大量积累，相反的有些元素在植物体内较少，却是植物必需的。用传统的土壤栽培法来研究这个问题也有困难，因为天然土壤的成分十分复杂，很难进行人为控制。自从萨克斯（Sachs）等人用溶液培养体系培养植物获得成功后，这一问题便迎刃而解。

溶液培养法又称为水培法，是在含有矿质元素的营养液中培养植物的方法。营养液用若干含植物所需矿质元素的无机盐配制而成。这样可以对配置营养液的某些元素进行添加或除去，观察分析植物生长发育的变化情况，从而判断植物所必需矿质元素的种类和数量。营养液配方很多，表 4-2 为最常用的 Hoagland 营养液配方。

表 4-2　Hoagland 营养液配方

药　　品	浓度 /($mmol\cdot L^{-1}$)	无机盐质量浓度 /($mg\cdot L^{-1}$)	元　　素	元素质量浓度/($mg\cdot L^{-1}$)
KNO_3	6.0	606	K	235
$Ca(NO_3)_2\cdot 4H_2O$	4.0	944	N (NO_3^-) Ca	196 160
$NH_4H_2PO_4$	1.0	115	N (NH_4^+) P	14 31
$MgSO_4\cdot 7H_2O$	2.0	493	Mg S	49 64
$MnCl_2\cdot 4H_2O$	0.009	1.7	Mn Cl	0.5 0.6
H_3BO_3	0.046	2.8	B	0.5
$ZnSO_4\cdot 7H_2O$	0.0008	0.23	Zn	0.05
$CuSO_4\cdot 5H_2O$	0.0003	0.08	Cu	0.02
$H_2MoO_4\cdot H_2O$	0.0001	0.02	Mo	0.01
Fe-EDTA*				

注：* 分别溶解 5.57g $FeSO_4\cdot 7H_2O$ 和 7.45g Na_2 EDTA 于 200ml 蒸馏水中，加热 Na_2 EDTA 溶液，加入 $FeSO_4\cdot 7H_2O$ 溶液，不断搅拌。冷却后定容到 1L，作为贮备液。使用时每升营养液加 1ml 贮备液。

典型的溶液培养法为纯溶液培养，即将植物栽植在营养液中，此营养液无其他介质。除纯溶液培养外，在科研与生产实践中，溶液培养法还衍生出砂基培养法、气栽法、营养膜法等，如图 4-10 所示。

砂基培养法是将洗净的石英砂、珍珠岩或蛭石作为支持物或介质加入营养液栽培植物的

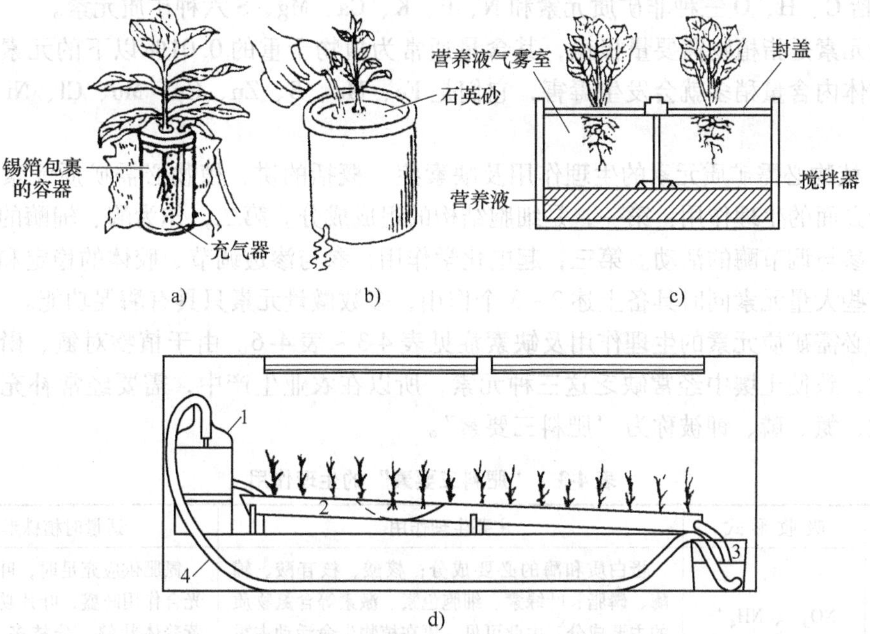

图 4-10　溶液培养法的几种类型

a）水培法　b）砂培法　c）气栽法　d）营养膜法

方法。气栽法是将植物根系置于营养液气雾中栽培植物的方法。近年来推广的无土栽培法实际上就是溶液培养的综合技术（无土栽培的相关知识见课后知识拓展）。

在植物的溶液培养中应注意以下事项：要保证营养液通气良好，否则会导致根系缺氧；盛放溶液的容器不宜透光，否则可能会引起藻类生长；必须保证所用试剂、容器、介质、水等十分纯净，这一点在微量元素测定时尤为重要；应经常更换或补充营养液，因为在培养过程中，植物对离子的选择性吸收会导致溶液的成分即 pH 不断变化，这些变化最终会影响到植物对营养物的吸收；对于种子较大的植物应注意种子内部原有营养物的影响；种子应严格消毒，以防微生物感染。

2. 植物必需的矿质元素及其生理作用

（1）植物必需元素的标准　植物的必需元素是指植物正常生长发育必不可少的元素。国际植物营养学会规定，植物必需的矿质元素必须具备三个条件：

1）缺少该元素，植物生长发育受到限制，不能完成生活史。

2）缺少该元素，植物会表现出专一的病症（缺素症），提供该元素可预防或消除此病症。

3）该元素在植物营养生理中的作用是直接的，而不是因土壤、培养液或介质的物理化学性质或微生物条件所引起的间接结果。

（2）植物必需元素的种类　根据上述标准，并通过溶液培养法等分析手段，现已确定有 17 种元素是植物的必需元素。根据植物对必需元素的需要量将它们分为两类即大量元素和微量元素。

大量元素是指植物需要量较大，其含量通常为植物体干重的 0.1% 以上的元素。一共有

9种：包括C、H、O三种非矿质元素和N、P、K、Ca、Mg、S六种矿质元素。

微量元素是指植物需要量极微，其含量通常为植物干重的0.01%以下的元素。这类元素在植物体内含量稍多就会发生毒害，它们是Fe、Mn、B、Zn、Cu、Mo、Cl、Ni等八种矿质元素。

（3）植物必需矿质元素的生理作用及缺素症　概括的讲，植物必需矿质元素在植物体内有三个方面的生理作用：第一，是细胞结构的组成成分。第二，作为酶、辅酶的成分或激活剂等，参与调节酶的活动。第三，起电化学作用，参与渗透调节、胶体的稳定和电荷的中和等。有些大量元素同时具备上述2～3个作用，多数微量元素只具有酶促功能。

各种必需矿质元素的生理作用及缺素症见表4-3～表4-6。由于植物对氮、磷、钾的需要量较大，致使土壤中经常缺乏这三种元素，所以在农业生产中，需要经常补充这三种元素，因此，氮、磷、钾被称为“肥料三要素”。

表4-3　“肥料三要素”的生理作用

元素种类	吸收形式	主要生理作用	适量时植株形态
氮(N)	NO_3^-、NH_4^+	蛋白质和酶的必要成分；核酸、核苷酸、辅酶、磷脂、叶绿素、细胞色素、激素等含氮物质的主要成分。由此可见，氮在植物生命活动占重要地位被称为“生命元素”	氮肥供应充足时，叶大而鲜绿，光合作用旺盛，叶片功能期延长，营养体壮健，分枝多，花多，产量高
磷(P)	$H_2PO_4^-$、HPO_4^{2-}	细胞质和细胞核的组成成分，如磷脂、核酸、核蛋白；磷在代谢中起重要作用，磷参与形成ATP、FMN、NAD、NADP、FAD、CoA等与代谢有关的物质；促进糖类的运输	磷肥供应充足时，可促进各种代谢正常进行，植株生长良好，同时提高作物的抗寒性和抗旱性，提早成熟
钾(K)	K^+	作为酶的激活剂参与植物体内重要的代谢，钾是60多种酶的活化剂；促进蛋白质、糖类的合成，也能促进糖类运输；增加原生质的水合程度，降低黏性，使细胞保水能力增强，抗旱性提高；影响细胞的溶质势和膨压，可参与细胞吸水、气孔运动等生理过程	钾肥供应充足时，植株茎秆坚韧，抗倒伏；钾能促进糖分转化和运输，使光合产物迅速运输到块根、块茎或种子中，增产显著

表4-4　“肥料三要素”的缺素症

元素种类	缺素症	过多症	再度利用情况
氮(N)	缺氮时，有机物质合成受阻；植株矮小，枝纤细；老叶先全叶均匀退绿变黄或发红，表现缺绿症；花少，籽粒不饱满，产量降低	氮素过多，则叶色深绿，枝叶徒长，茎部机械组织不发达，易倒伏；成熟期延迟；植株抵抗不良环境能力差，易受病虫害侵害。但对叶菜类植物多施氮肥是有益的	可再利用，缺素症先表现在老叶
磷(P)	缺磷时，分蘖、分枝减少，植株矮小；叶小，叶色暗绿色或紫红色；果小，成熟迟，果肉易褐变；种子小而轻，产量降低。如水稻的缺磷僵苗（发根受阻，分蘖少而迟，叶片直笃不披，叶色暗绿）	磷过量时，会增强呼吸作用，消耗大量有机物质，使无效分蘖和空秕粒增加，产量降低；叶肥厚密集，繁殖器官过早发育，引起植株早衰；影响对氮、钾、铁、锌和铜的吸收，植物呈现缺锌或缺铜症状	可再利用，缺素症先表现在老叶

（续）

元素种类	缺素症	过多症	再度利用情况
钾(K)	缺钾时，植株茎秆柔弱易倒伏，抗旱性和抗寒性均差；叶片细胞失水，蛋白质解体，叶绿素破坏，叶片变黄，表现为叶缘枯焦，生长缓慢，而中部生长较快，整片叶子形成杯状弯卷或皱缩	钾过量时，阻碍氮、镁和钙等元素的吸收，引起缺镁症状；叶片坏死；果实显著粗皮如甜橙；影响苹果产量、硬度和贮藏寿命	可再利用，缺素症先表现在老叶

表 4-5 大量元素钙、镁、硫的生理作用及缺素症

元素种类	主要吸收形式	主要生理作用	缺素症	再度利用情况
钙(Ca)	Ca^{2+}	细胞壁果胶钙的成分；有丝分裂时纺锤体的形成需要钙，因此钙与细胞分裂有关；钙具有稳定生物膜的作用；肉质植物体内的有机酸过多对植物有毒害，钙与有机酸结合形成不溶性的钙盐，可起解毒作用；钙是一些酶的激活剂	缺钙时，分生组织受害最早，因细胞壁形成受阻，因此生长受抑制，严重时幼嫩器官（根尖、茎尖）溃烂坏死	不易再度利用，缺素症首先出现在幼嫩组织
镁(Mg)	Mg^{2+}	叶绿素的成分；光合作用及呼吸作用中许多酶的激活剂；蛋白质和核酸合成过程中需镁参与	缺镁时，叶绿素不能合成，叶脉仍绿，叶脉之间变黄，严重时形成褐斑坏死	易再度利用，缺素症出现在老叶
硫(S)	SO_4^{2-}	含硫氨基酸是所有蛋白质的构成成分；硫是CoA、硫胺素、生物素的构成成分	硫不足时，蛋白质含量显著减少，叶绿素合成受阻，植株叶片呈黄绿色	不易再度利用

表 4-6 微量元素的生理作用及缺素症

元素种类	主要吸收形式	主要生理作用	缺素症	再度利用情况
铁(Fe)	Fe^{2+}、Fe^{3+}	作为酶的组成成分；合成叶绿素所必需	缺铁时，叶绿素分解，叶绿体解体，缺绿症出现在幼叶叶脉间，叶脉仍绿，呈现黄叶病	不易转移，缺素症出现在幼叶
锰(Mn)	Mn^{2+}	许多酶的激活剂，如糖代谢中的许多酶，硝酸还原酶；光合作用中水光解有锰参与；叶绿体的结构成分	缺锰时，叶绿体结构会破坏、解体。叶脉间失绿褪色，叶脉仍绿，继而出现坏死斑点	不易转移，缺素症出现在幼叶
硼(B)	H_3BO_3、$B(OH)_3$	参与糖类的运输及代谢；对生殖过程有影响；有抑制有毒酚类化合物形成的作用	缺硼时，花药和花丝萎缩，绒毡层组织破坏，花粉发育不良	不易转移，缺素症出现在幼叶
锌(Zn)	Zn^{2+}	吲哚乙酸生物合成所必需的；某些酶的组分或激活剂，如谷氨酸脱氢酶、超氧化物歧化酶、碳酸酐酶等	缺锌时，会导致植物体内吲哚乙酸合成受阻，并最终使植株幼叶和茎的生长受阻，产生“小叶病”和丛叶症	易再度利用，缺素症出现在老叶
铜(Cu)	Cu^{2+}、Cu^{+}	某些氧化酶的组分，如细胞色素氧化酶；存在于叶绿体的质蓝素中	缺铜时，顶端生长不良，幼叶缺绿	不易再度利用，集中在幼叶

（续）

元素种类	主要吸收形式	主要生理作用	缺素症	再度利用情况
钼(Mo)	MoO_4^{2-}	硝酸还原酶的组成元素；豆科作物根瘤菌的组成元素	缺钼时，影响 N_2 的固定，较老叶片先出现黄色到黄绿色斑块，叶缘卷曲坏死，不能成花或花早落	不易再度利用
氯(Cl)	Cl^-	光合作用的水光解中起激活剂作用	缺氯时，叶片失绿易萎蔫	
镍(Ni)	Ni^{2+}	脲酶的必需组分；提高过氧化物酶的活性	缺镍时，尿素会积累，对植物产生毒害	

（4）植物缺乏必需矿质元素的诊断

1）化学分析诊断法。一般都以叶片为材料来分析病株体内的化学成分，与正常植株的化学成分进行比较。如果某种矿质元素在病株体内的含量比正常的显著减少时，这种矿质元素可能就是植株致病的原因。

2）病症诊断法。缺少任何一个必需的矿质元素都会引起特有的生理病症。植物缺乏必需元素的病症对判断施肥的种类和适当时期颇有用处。但是必须注意：每种植物的病症不一，缺乏元素的程度不同，表现程度也不同。不同元素之间相互作用，使得病症诊断更复杂。例如，虽然土壤中有适当的锌存在，但大量施用磷肥时，植株吸锌少，呈现缺锌病症；同样，根际磷酸盐浓度高，植株呈现缺铁病症；重施钾肥，植株吸收锰和钙少，呈现缺锰和缺钙病症。元素与元素之间相互作用的原因是多方面的：栽培管理不善，某些元素（最常见的是微量元素）在土壤中呈不易利用状态；两种元素在质膜上的吸收位置相同，相互竞争。此外，植株产生异常现象，还可能是受病虫害和不良环境（例如水分过多过少，温度过高过低，光线不足，土壤有毒物质等）的影响。因此，应充分调查，深入分析，具体试验，综合考虑，才能得到一个较正确的结论。植物缺乏必需矿质元素的病症检索表见表4-7。

表4-7 植物缺乏必需矿质元素的病症检索表

A 较老的器官或组织先出现病症
- B 病症常遍布全株，长期缺乏则茎短而细
  - C 基部叶片先缺绿，发黄，变干时呈褐色 …… 氮
  - C 叶常呈红或紫色，基部叶发黄，变干时呈绿色 …… 磷
- B 病症常局限于局部，基部叶不干焦但杂色或缺绿
  - C 叶脉间或叶缘有坏死斑点，或叶成卷皱状 …… 钾
  - C 叶脉间坏死斑点大并蔓延至叶脉，叶厚，茎短 …… 锌
  - C 叶脉间缺绿（叶脉仍绿）
    - D 有坏死斑点 …… 镁
    - D 有坏死斑点并向幼叶发展，或叶扭曲 …… 钼
    - D 有坏死斑点，最终呈青铜色 …… 氯

A 较幼嫩的器官或组织先出现病症
- B 顶芽死亡，嫩叶变形或坏死，不呈现叶脉缺绿

（续）

C 嫩叶初期呈典型钩状，后从叶尖和叶缘向内死亡 ……	钙
C 嫩叶基部浅绿，从叶基起枯死，叶捻曲，根尖生长受抑 ……	硼
B 顶芽仍活	
C 嫩叶易萎蔫，叶暗绿色或有坏死斑点 ……	铜
C 嫩叶不萎蔫，叶缺绿	
D 叶脉也缺绿 ……	硫
D 叶脉间缺绿但叶脉仍绿	
E 叶淡黄色或白色，无坏死斑点 ……	铁
E 叶片有小的坏死斑点 ……	锰

3）加入诊断法。根据上述方法初步诊断植株所缺乏的元素后，补充加入该元素，经过一段时间，如症状消失，就能确定致病原因。大量元素可以作肥料施下，固体肥料可施到土壤（注意土壤环境的状态，如 pH、通气状况、毒物有无），液态的可施到土壤或作根外追肥。微量元素可以根外追肥或用浸入法。浸入法是沿主脉减去病株叶片一部分，把留下的叶片和主脉立即浸入预先准备好的溶液中，让溶液浸到病叶中去。溶液浓度约 0.1% ~0.5%，浸两个小时左右，将叶片取出，数天后看看病症有无消失。

二、植物对矿质元素的吸收

1. 植物吸收矿质元素的部位

植物生长于土壤中，除从土壤中吸收水分以外，还必须从土壤中吸收各种矿质营养。虽然叶面也可吸收某些营养元素，但植物吸收矿质营养的主要器官是根系。根系吸收矿质营养的部位主要在根尖，而根尖的根毛区是吸收矿质元素最活跃的区域。这是因为根毛区的吸收面积大，其表皮细胞未栓质化，透水性好，并且该区域又有发达的输导组织，被吸收的矿质元素能很快地进入导管运走。

2. 根系吸收矿质元素的特点

（1）对矿质元素和水分的相对吸收　由于植物主要吸收溶于水中的矿质元素，因此人们以前总认为矿质元素和水分成正比例一起进入植物体。后来研究发现事实并非如此。例如生长在潮湿环境中的植物，蒸腾速率低，吸水也少，但并不出现矿质营养不足的现象；还有试验表明，植物吸水增强时吸收矿质元素也多，但并不成一定比例。如甘蔗白天吸水速率比晚上高几十倍，但白天吸磷速率只比晚上高一些而已，又如菜豆吸收水量增大约一倍时，硝酸、钾、磷酸和钙等离子的吸收量只增加 0.1 ~0.7 倍，不同离子的增加量也不同。

实际上，植物对矿质元素的吸收和对水分的吸收是相对的，它们既相互联系，又各自独立。相关性表现在：矿质元素必须溶解在水中才易被根系吸收；进入根部后，又随水以集流方式进入根部自由空间（导管、管胞）；根系对盐分的吸收又降低根部水势，有利于水分进入根部。独立性表现在：根系吸收水分和吸收盐分的机制不同。根部吸水以蒸腾作用所引起的被动吸水为主，而对盐分的吸收则以消耗代谢能量的主动吸收为主，有选择性和饱和效应，需要载体。

（2）对离子的选择性吸收　离子的选择性吸收是指植物根系吸收离子的数量与溶液中

离子的数量不成比例的现象。具体表现在两个方面。

1）植物对同一溶液中的不同离子的吸收不一样。例如，水稻可以吸收较多的硅，但却以较低的速率吸收钙和镁。而番茄却以很高的速率吸收钙和镁，但几乎不吸收硅。

2）植物对同一种盐的正、负离子的吸收不同。

例如供给 $(NH_4)_2SO_4$时，根系对 NH_4^+的吸收远远多于对 SO_4^{2-}的吸收，这样，在交换吸附过程中，便有更多的 H^+从根表面进入土壤溶液，从而使土壤溶液变酸。故这类盐被称为生理酸性盐。绝大多数铵盐属于此类盐。

当供给 $Ca(NO_3)_2$或 $NaNO_3$时，根系对 NO_3^-的吸收多于对 Ca^{2+}或 Na^+的吸收，NO_3^-在体内还原过程中会形成 OH^-，为保持细胞内电荷平衡和交换吸附，便有较多的 OH^-和 HCO_3^-从根系进入土壤溶液，同时由于土壤环境中的 Ca^{2+}或 Na^+的积累，溶液变碱。故这类盐被称为生理碱性盐。大多数硝酸盐属于此类盐。

如供给的是 NH_4NO_3，则根系对 NH_4^+和 NO_3^-的吸收速率基本相同，土壤溶液的酸碱性不发生变化，这类盐被称为生理中性盐。

显然，生理酸性盐和生理碱性盐是矿质离子选择性吸收的结果，与此类盐在化学上的酸碱性完全无关。了解根对离子的选择性吸收，在植物栽培中就应当注意肥料类型的合理搭配，不宜长期单独施用某一盐类，以免导致土壤酸碱度的变化，破坏土壤结构；对于水培法栽培的植物，也必须经常更换培养液。

（3）单盐毒害、离子拮抗和平衡溶液　单盐溶液是指只含一种盐分（即溶液盐分中的金属离子只有一种）的溶液。将植物培养在单盐溶液中，植物不久就会呈现不正常状态，最后死亡，这种现象称为单盐毒害。能够导致单盐毒害的盐分中，阳离子的毒害作用明显，阴离子的毒害作用不显著。无论单盐溶液中的盐分是否为植物所必需，单盐毒害都会发生，即使单盐溶液浓度很低，也不例外。如将海生植物放在与海水的 NaCl 浓度一样（甚至只有海水 NaCl 浓度的 1/10）的纯 NaCl 溶液中，也是会发生单盐毒害。

在单盐溶液中若加入少量含其他金属离子的盐类，单盐毒害现象就会减弱或消除，离子间的这种作用叫做离子拮抗。金属离子间的拮抗不是随意的，一般在元素周期表中不同族金属元素的离子之间才会有拮抗作用，例如 Na^+或 K^+可以拮抗 Ca^{2+}或 Ba^{2+}。

选择几种含植物必需矿质元素的盐分，按一定浓度和比例配制成混合溶液，植物便可以生长良好，这种对植物生长无毒害的溶液称为平衡溶液。前文中提到的营养液就是平衡溶液；对海藻来说，海水是平衡溶液；对陆生植物来说，土壤溶液一般也是平衡溶液。

3. 根系吸收矿质元素的过程

根部吸收矿质元素大致经过四个步骤：

（1）矿质元素向根表面的转移　土壤中的养分到达根表面有两种机制。

一是根对土壤养分的主动截获。截获是指根从所接触的土壤中直接获取养分而不通过土壤中的运输。截获所得的养分实际是根系所占据的土壤容积中的养分，它主要决定于根系容积（或根表面积）大小和土壤中有效养分的浓度。

二是在植物生长与代谢活动（如蒸腾作用、吸收作用等）影响下，土壤养分向根表面的迁移。包括土壤溶液中的养分随着水流向根表迁移，称为质流；以及土壤养分顺浓度梯度向根表转移，称为养分的扩散作用。

在植物的养分吸收量中，通过根系截获的数量很少，尤其是大量元素。因而大多数情况下，质流和扩散是植物根系获取养分的主要途径。

(2) 把离子吸附在根部细胞表面　根部细胞进行呼吸作用释放出 CO_2 和 H_2O，由它们生成的 H_2CO_3 解离成 H^+ 和 HCO_3^-，这些离子吸附在根细胞表面，并与土壤中的无机盐离子进行“同荷等价”交换。由于细胞吸附离子具有交换性质，故称为交换吸附。

根系所吸收的矿物质主要来自土壤，对于土壤溶液中的矿物质，根部细胞表面的 H^+ 和 HCO_3^- 可迅速的与其中的阳离子和阴离子进行交换吸附，即土壤溶液中的阴阳离子被根细胞表面吸附，而 H^+ 和 HCO_3^- 留在土壤溶液中。这种交换吸附是不消耗代谢能量的，吸附速度快，当吸附表面形成单分子层即达到极限。吸附速度与温度无关。

对于被土壤胶体吸附着的矿物质，根部细胞可通过两种方式进行交换吸附。一是通过土壤溶液间接进行。根部呼吸释放出的 CO_2 与土壤中的 H_2O 形成 H_2CO_3，H_2CO_3 从根表面逐渐接近土粒表面，土粒表面吸附的阳离子（如 K^+）与 H_2CO_3 的 H^+ 进行离子交换，H^+ 被土粒吸附，K^+ 被根细胞吸附，如图 4-11 所示。在此过程中，土壤溶液好似“媒介”将根细胞与土粒之间的离子交换联系起来。二是直接交换。根部和土壤颗粒表面的离子是在吸附位置上不断振动着的。如果根部和土壤颗粒之间的距离小于离子振动的空间，土壤颗粒上的阳离子和根表面的 H^+ 便可以不通过土壤溶液而直接进行交换，根部从而得到阳离子。这种交换方式也称为接触交换。如图 4-12 所示。

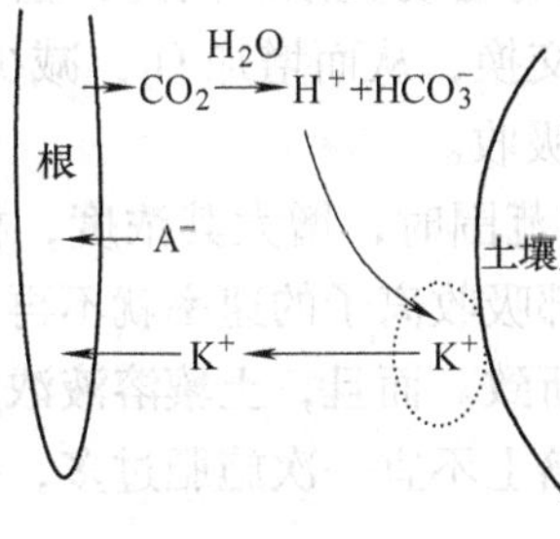

图 4-11　离子交换吸附示意图

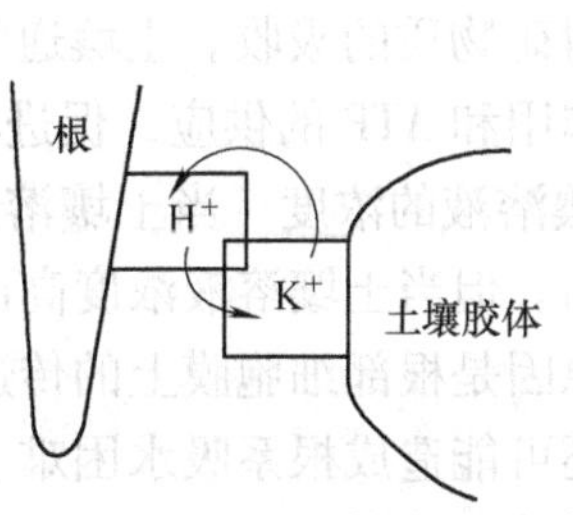

图 4-12　接触交换示意图

至于难溶性的盐类，根系可通过呼吸释放出的 CO_2 遇水所形成的碳酸，或者向外分泌的柠檬酸、苹果酸等有机酸来溶解它们，并进一步加以吸收。岩缝中生长的树木、岩石表面的地衣等植物就是通过这种方式获取矿质营养的。

(3) 离子进入根内部　上述被根表面吸附的离子可通过质外体和共质体途径进入根的内部。

质外体途径：质外体是指植物体内由细胞壁、细胞间隙、导管等构成的允许矿物质、水分和气体自由扩散的非细胞质开放性连续体系，又称为非质体或表观自由空间。矿物质在质外体内的运输速度快。离子通过质外体扩散，当到达内皮层时，由于内皮层上存在凯氏带，离子与水分都被其阻挡而不能通过。这样离子和水分最终必须转入共质体才能继续向内运送至导管。凯氏带的存在，使离子转运时必须通过共质体，这就使根系可以有选择地吸收离子，保证正常的生理状况。

共质体途径：共质体是指植物体内细胞的原生质通过胞间连丝和内质网等膜系统相连而成的整体。离子由质膜上的载体或离子通道运入细胞质，通过内质网在细胞内移动，也可由胞间连丝进入相邻细胞。

溶质经过质膜进入共质体的方式主要有主动吸收、被动吸收及胞饮作用，其中主动吸收是主要方式。主动吸收是指细胞利用呼吸释放的能量做功而逆着电化学势梯度吸收矿物质的过程，故又称为代谢吸收。主动吸收是植物吸收矿质元素的一种主要形式。被动吸收是指通过简单扩散或其他促进扩散的物理过程而进行的物质顺浓度梯度或电化学势梯度的吸收方式，因无需消耗代谢能量，又称为非代谢吸收。胞饮作用是指吸附在细胞膜上的物质，通过膜的内折形成囊泡而被转移至胞基质或液泡的过程。

（4）离子进入导管　离子经共质体途径最终从导管周围的薄壁细胞进入导管，其机理尚不明确。

4. 外界条件对根系吸收矿质元素的影响

植物对矿质元素的吸收是一个与呼吸作用密切相关的生理过程。因此，凡能影响呼吸作用的外界因素，均能影响根系对矿质元素的吸收。

（1）土壤温度　土壤温度过高或过低，都会使根系吸收矿物质的速率下降。温度过高会使酶钝化，影响根部代谢，也使细胞透性加大而引起矿物质被动外流。温度过低，代谢减弱，主动吸收慢，细胞质黏性也增大，离子进入困难，同时土壤中离子扩散速率降低。只有当土壤温度在合适的范围内，才有利于根系对矿物质的吸收，并且随着温度的升高，酶活性高，呼吸作用加快，吸收速率也提高。

（2）土壤通气状况　根部吸收矿物质与呼吸作用有密切关系。因此，土壤通气状况能直接影响根对矿物质的吸收。土壤通气好可加速气体交换，从而增加 O_2，减少 CO_2 的积累，增强了呼吸作用和 ATP 的供应，促进根系对矿物质的吸收。

（3）土壤溶液的浓度　当土壤溶液的浓度在一定范围时，增大其浓度，根部吸收离子的量随之增加。但当土壤溶液浓度高出此范围时，根部吸收离子的速率就不再与土壤溶液的浓度有关。原因是根部细胞膜上的传递蛋白数量有限所致。而且，土壤溶液浓度增大，土壤水势降低，还可能造成根系吸水困难。因此，植物栽培上不宜一次施肥过多，否则不仅造成浪费，还会导致“烧苗”现象发生。

（4）土壤溶液的 pH　土壤溶液的 pH 对根部吸收矿物质的影响主要表现在以下几个方面：一是直接影响根系的生长。不同的植物对土壤酸碱度的要求不同，大多数植物在微酸性（pH5.5 ~ pH6.5）的环境中生长良好，也有一些植物（如甘蔗、甜菜）的根系适于在较为碱性的环境中生长；二是影响土壤中矿物质的可利用性。这方面的影响是最大的。土壤溶液的 pH 可引起溶液中矿物质溶解性的改变。土壤溶液的 pH 较低时有利于岩石的风化和 K^+、Mg^{2+}、Ca^{2+}、Mn^{2+} 等的释放，也有利于碳酸盐、磷酸盐、硫酸盐等的溶解，从而有利于根系对这些矿物质的吸收。但 pH 较低也有不利的一面，如降雨时，磷、钾、钙、镁等来不及被植物吸收就可能被雨水冲走（南方酸性的红壤土往往缺乏上述元素就是这个道理）。另外，在酸性环境中，铝、铁、锰等的溶解度增大，植物过度吸收这些元素会造成毒害。相反，当土壤溶液 pH 增高时，铁、磷、钙、镁、铜、锌等会逐渐形成不溶物，植物能够利用的量就会减少。

（5）土壤中水分的含量　土壤中水分的多少对土壤溶液的浓度和土壤的通气状况有显著影响，对土壤温度、土壤 pH 等也有一定影响，从而影响到根系对矿物质的吸收。不同性质的土壤含水情况不同。在园林植物栽培中以团粒结构的壤土为好，这种土壤能较好地解决保水与通气之间的矛盾。

（6）土壤中离子间的相互作用　试验证明溶液中某一离子的存在会影响另一离子的吸收，如溴和碘的存在会使氯的吸收减少。其原因可能是有关离子对载体的结合部位发生竞争。相反，离子间也表现有促进作用，即一种离子的存在能促进另一离子的吸收和利用。植物栽培上施用磷肥以增加氮肥的吸收及利用，即所谓的“以磷增氮”，其原因可能就是蛋白质的合成需要 ATP 和核酸。

5. 植物地上部分对矿质元素的吸收——根外营养

（1）根外营养的概念　前面讲的植物吸收矿物质的过程，主要指通过根部的吸收。除此以外，植物地上部分也可以吸收矿质养料，这个过程称为根外营养。又因地上部分吸收矿物质的器官主要是叶片，所以也称为叶片营养。根外营养一般通过根外追肥或叶面施肥，即在叶面上喷洒营养液的施肥方式来实现。

（2）叶片对矿质养分的吸收　要使叶片吸收营养元素，首先要保证溶液能很好地吸附在叶片上。有些植物叶片很难附着溶液，有些植物叶片虽能附着溶液但很不均匀。为了克服这种困难，可在溶液中加入减低表面张力的物质（表面活性剂或沾湿剂），如吐温（是 TWEEN 的音译，也叫吐温型乳化剂，是山梨醇脂肪酸和环氧乙烷的缩合物，为一类非离子型去污剂）、三硝基甲苯，也可用较稀的洗涤剂代替。大面积使用时，一定要使滴液微细，才比较容易吸附在叶面上。

叶面营养的有效性还取决于营养物质能否从叶表面到达表皮细胞（或保卫细胞）的细胞质，否则叶片还是无法利用。研究表明，溶液并非通过气孔进入叶片，而是通过叶片的角质层进入叶片内部。角质层是多糖和角质（脂类化合物）的混合物，它分布在叶表皮的外表面或浸渗在叶表皮的外侧壁中，不易透水。但角质层有裂缝，呈微细的孔道，可让溶液通过。溶液经角质层孔道到达表皮细胞外侧壁后，经过细胞壁中的外连丝到达表皮细胞的质膜，再被转运到细胞内部，此过程与根部吸收离子相似，最后到达叶脉韧皮部。外连丝是表皮细胞外侧细胞壁的通道，它从角质层的内表面延伸到表皮细胞的质膜，外连丝里充满表皮细胞原生质的液体分泌物，如图 4-13 所示。

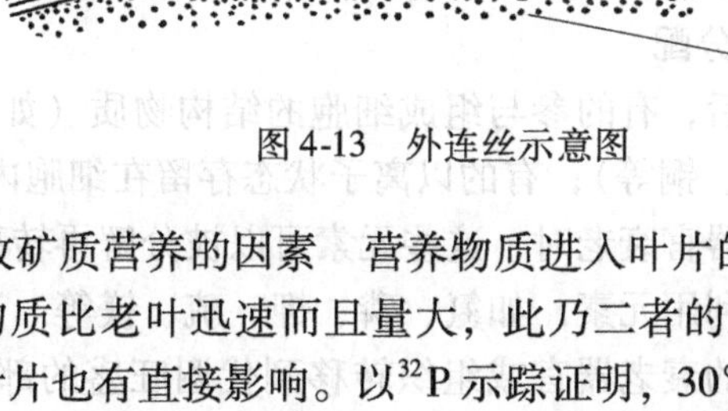

图 4-13　外连丝示意图

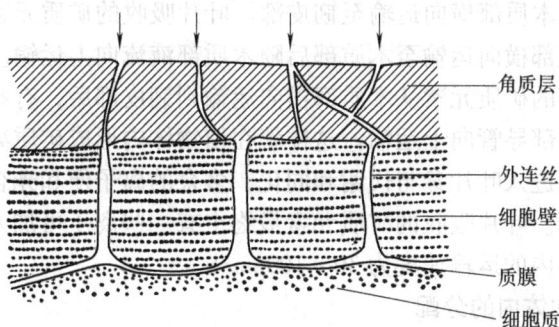

（3）影响叶片吸收矿质营养的因素　营养物质进入叶片的数量与叶片的内外因素有关。首先，嫩叶吸收营养物质比老叶迅速而且量大，此乃二者的表层成分和生理活性所致。其次，温度对物质进入叶片也有直接影响。以 ^{32}P 示踪证明，30℃、20℃和 10℃时叶片吸收 ^{32}P 的相对速率分别是 100、71 和 53，可见温度下降叶片吸收养分也慢；另外用呼吸抑制剂（如氰化钾）抑制呼吸作用的同时，吸收 ^{32}P 的速率也被抑制，由此可见叶片营养也是一个

与代谢相关的过程。

由于叶片只能吸收液体，如果溶液蒸发干，固体物质是不能透入叶片的。所以溶液在叶面上停留时间越长，吸收矿物质的数量就越多。凡是能影响液体蒸发的外界环境因素如风速、气温、大气湿度等，都会影响叶片对营养元素的吸收量。因此根外追肥的时间以傍晚（下午 16 时以后）或阴天较为理想。溶液浓度（质量百分数）以 2.0% 以下为宜。

（4）根外营养的特点及应用　根外施肥的优点是：速效、高效。除某些植物（如柑橘类）叶片角质层较厚，叶面施肥效果稍差些外，大多数植物采用根外施肥效果都很好，特别是在植物迅速生长时期（营养临界期）、植物生育后期根部吸肥能力减退时，采用根外施肥可有效补充营养；某些肥料（如磷肥）易被土壤固定，根外喷施则无此毛病，且用量较少；根外施肥还是补充微量元素的一种好方法，效果快，用量省。

植物栽培中喷施内吸性杀虫剂、杀菌剂、植物生长调节剂、除草剂和抗蒸腾剂等，都是根据叶片营养原理进行的。可见叶片营养在植物栽培中的应用范围是很广的。

三、矿质元素在植物体内的运输与分配

根部吸收的矿质元素，有一部分留存在根内，大部分运输到植物体的其他部分。叶片吸收的矿质元素也是如此。

1. 矿质元素在植物体内的运输

（1）运输形式　根部吸收的氮素，大部分在根内转化成有机氮化合物再运往地上部。有机氮化合物包括氨基酸（主要是天冬氨酸，另外还有丙氨酸、蛋氨酸等）和酰胺（主要是天冬酰胺和谷氨酰胺）。还有少量以硝酸根的形式向上运输。根部吸收的磷元素，主要以正磷酸盐形式运输，但也有一些在根部转变为有机磷化合物（如甘油磷酰胆碱、己糖磷酸酯等）再向上运输。硫元素主要以硫酸根离子形式向上运输，少数以蛋氨酸及谷胱甘肽等形式运送。大部分金属元素以离子形式向上运输。

（2）运输途径和速度　根部吸收的矿质元素经质外体和共质体途径进入导管后，随蒸腾向上运输，也可以从木质部横向运输至韧皮部。叶片吸收的矿质元素可通过韧皮部向下或向上运输，也可从韧皮部横向运输至木质部后随木质部液流向上运输。

事实上，根部吸收的矿质元素从木质部横向运输到韧皮部后，有些可通过筛管再往下运输至根部，然后又由根部导管向上运输。这样就在植物体内形成矿质离子循环。由根部上运输的矿质离子，大部分进入叶片参与代谢和同化，多余的离子便和光合产物通过筛管向下运输而参与到离子循环中。叶片吸收的矿质元素最终也有一些离子可加入到离子循环中。

矿质元素在植物体内的运输速度为 30～100cm/h。

2. 矿质元素在植物体内的分配

矿质元素进入植物体内以后，有的参与组成细胞的结构物质（如氮、磷、硫等）；有的参与一些基本代谢（如氮、磷、铜等）；有的以离子状态存留在细胞内（如钾和一部分磷）；也有些形成不稳定化合物。当器官衰老时，这些元素可以被分解再转移到其他需要的器官中去，即再次被利用，称为可再利用元素，如氮、磷、钾、硫、镁等。当植物体缺乏这些元素时，它们可以从代谢活动较弱的衰老器官或组织转移到代谢旺盛的部位，如生长点、幼叶、花蕾、幼果等。因此，这些元素的缺素症都发生在老叶。

另外，还有一些元素如钙、铁、硼、锰等在细胞内形成难溶性的稳定的化合物，因此很

难再度利用。这些元素被植物地上部分吸收后即被固定而不能移动，不参与体内离子循环，称为非再利用元素。这些元素的缺素症最早出现在幼叶上。

矿质元素除在植物体内进行运转和分配外，也可从体内排出。叶片中的养分（矿物质、糖类等）可因雨、雪、雾、露而损失。这种现象多发生在植物衰老时期或衰老器官中。在植株生长末期，根系也可向土壤中排出矿物质和其他物质。被淋洗或被排出到土壤中的物质，又可被植物重新吸收利用。这种循环有一定生态意义。

四、合理施肥的生理基础与意义

在农业生产和园林植物栽培中，植物的连年种植必然会使土壤中的养分逐渐匮乏，施肥就成为提高植物产量和质量的一个重要手段。合理施肥，就是根据矿质元素在植物中的生理功能，并结合植物的需肥规律进行的施肥。要做到适时、适量、少肥高效。

1. 植物需肥规律

（1）不同植物对矿质元素的需要量和比率不同　例如从栽培目的来说，以茎、叶为收获目的的植物，如用材林木、叶菜类、茶、桑、麻和羽叶甘蓝、银边翠、红甜菜等观叶花卉，为了使叶子嫩绿，叶片肥大，应多施氮肥；以花、果、种子为栽培目的的植物，如观赏花卉、果树、果用蔬菜和金柑、佛手、石榴、冬珊瑚等观果植物，宜多施磷肥和钾肥，以利植物早开花结果，同时也使花、果颜色更鲜艳；以地下根、茎为栽培目的的植物，如块根、块茎类作物和球根类花卉，为促进地下部分能够积累较多的糖类，则应多施钾肥。

（2）同一植物在不同生育期对矿质元素的吸收情况不同　植物生长与矿质元素吸收量之间一般是平行的。种子萌发期间，因种子本身贮藏有养分，故不需要吸收外界肥料。随着幼苗的长大，吸肥量渐增。到开花结实期，吸收肥料的量最大，以后，随着长势减弱，吸收下降，至成熟期则停止吸收。衰老时甚至有部分矿质元素排出体外。

必须指出，植物吸收肥料较少的时期并不一定对矿质元素缺乏不敏感。一般植物生长初期对矿质元素的需要量虽不大，但对元素的缺乏却很敏感。若此时缺乏某些必需元素就会显著影响生长，且难以补救。通常将植物对矿质元素缺乏最敏感的时期称为需肥临界期（或营养临界期）。

植物在不同生育阶段，各有明显的生长中心，其特点是：代谢强，生长旺盛，对养分竞争力强。养分一般优先分配到生长中心，所以不同生育期施肥（包括肥料的种类和用量），对生长的影响不同。其中，有一个时期施肥效果最好，这个时期被称为最高生产效率期（或营养最大效率期）。一般以种子和果实为收获对象的作物，其营养最大效率期是生殖生长时期。

2. 合理施肥的指标

植物在营养最大效率期对肥料的利用率最高，但这并不是说只需在这个时期施肥。植物对矿质元素的吸收是随其生长发育而变化的，因此一般应在充足基肥的基础上分期追肥，以及时满足植物不同生育期的需要。具体施肥时要分析土壤养分、植物生长发育和生理变化等情况，并以此作为合理施肥的指标和依据。

（1）土壤肥力指标　通过土壤分析可以了解土壤肥力，即土壤中全部养分和有效养分的贮存量。土壤肥力可为配施基肥提供依据。但土壤分析无法了解植物从土壤中吸收养分的实际数量，所以还应结合植株生长情况，对植株进行诊断。

(2) 施肥的形态指标 能够反映植物需肥情况的植株外部形态称为施肥的形态指标。主要有植物的长相和叶色。

长相：一般来说，氮肥多，植株生长快，叶片大，叶色浓，株型松散；氮肥不足，生长慢，叶短而直，叶色变淡，株型紧凑。

叶色：叶色也是很好的形态指标。首先，叶色是反映植物体内的营养状况（特别是氮素水平）的最灵敏的指标。功能叶的叶绿素含量与其含氮量的变化基本上是一致的。叶色深，说明氮和叶绿素含量高；叶色浅，则二者含量均低。所以栽培上常以叶色作为施用氮肥的指标。其次，叶色是反映植株体内代谢类型的良好指标。叶色深，体内蛋白质合成多，以氮代谢（扩大型代谢）为主；叶色浅，体内蛋白质合成少，糖类合成多，植株以碳代谢（贮藏型代谢）为主。再次，叶色反应比较灵敏。施用无机氮肥3～5日后，叶色即发生变化，比生长反应还快。

这些追肥的形态指标直观、易懂，也很实用，但因各种环境因素的影响，有时不易判断准确，另外依据形态指标的判断有时还有滞后的缺点，因此仅靠形态指标有时是不够的。

(3) 施肥的生理指标 能够反映植株需肥情况的生理生化变化称为施肥的生理指标。一般以功能叶作为测定对象。

叶中元素含量：叶片营养元素诊断是一种应用较广的植物营养分析方法。该方法就是在不同施肥水平下，分析不同植物或同一植物的不同组织、不同生育期中营养元素的浓度（或含量）与植物产量之间的关系。通过分析，可在严重缺乏与适量浓度之间找到临界浓度，即植物获得最高产量时组织中营养元素的最低浓度。组织中养分浓度低于临界浓度，就预示着应及时补充肥料；组织中养分浓度在适量或以上，则不必施肥，否则反而浪费甚至有害。具体使用叶片元素诊断时，需绘制系列曲线，找出不同情况下的临界浓度，才能对施肥起到指导作用。

酰胺含量：植物能够以酰胺的形式将体内过多的氮素贮存起来。顶叶内含酰胺，表示氮素营养充足；若不含酰胺，说明氮素营养不足。这一指标特别适合作为水稻等施用穗肥的依据。

酶活性：一些矿质元素可作为某些酶的激活剂或组成成分，当缺乏这些元素时，相应的酶活性就会下降。如缺铜时抗坏血酸氧化酶和多酚氧化酶的活性下降；缺钼时硝酸还原酶活性下降；缺锌时碳酸酐酶和核糖核酸酶活性减弱；缺锰时异柠檬酸脱氢酶活性下降；缺铁时过氧化氢酶和过氧化物酶活性下降等。还有些酶在缺乏相关元素时其活性上升。根据这些酶活性的变化，便可以推测植物体内的营养水平，从而指导施肥。

3. 合理施肥的意义

合理施肥是通过无机营养来改善有机营养（即光合作用等），从而增加干物质积累，提高产量。因此通过施肥导致增产的原因是间接的。

首先，合理施肥可改善光合性能。具体表现在：增大光合面积（氮肥可使叶面积增大）；提高光合能力（氮、镁等可提供叶绿素组分或光合过程中的活性物质）；延长光合时间（氮肥可延缓叶片衰老）；促进光合产物的分配利用（磷、钾肥可加强光合产物的运输）等。当然施肥不当则会引起减产。如氮肥过多引起徒长，使光照、通气条件恶化，光合作用减弱，呼吸作用增强，最终导致减产。

其次，合理施肥还能改善栽培环境（特别是土壤条件）。例如施用石灰、石膏、草木灰等能促进有机肥分解，也有利于土壤增温；酸性土壤中施用石灰可降低酸性；施用有机肥则营养全面，肥效长，还能改善土壤物理结构，使土壤通气、温度和保水状况得到改善。

4. 提高肥效的途径

为了充分发挥合理施肥的增产效果，还需要配合以下措施。

（1）肥水结合　水是植物吸收和转运矿物质的介质，又能显著的影响生长。因此，缺水会直接或间接地影响植物对矿物质的吸收和利用。

（2）适当深耕　适当深耕能使土壤容纳更多水分和肥料，而且又能促进根系生长，扩大吸收面积，因而提高了肥效。

（3）改善光照条件　施肥增产主要是光合性能改善的结果，所以要充分发挥肥效，就必须改善光照条件。为此，在合理施肥的前提下，还应合理密植，保证田间通风透光。

（4）调控土壤微生物的活动　例如土壤中的硝化菌能使 NH_4^+ 氧化为 NO_2^- 和 NO_3^- 而随水流失，而反硝化细菌则可使 NH_4^+、NO_2^-、NO_3^- 转化为 N_2 而挥发。将氮肥增效剂 2-氯-6-（三氯甲基）-吡啶与氮肥一起施用，可抑制硝化菌的作用，减少氮肥的流失。又如，有机肥经过腐熟再施用，可通过微生物的分解而增加有机肥的有效性。

（5）改进施肥方式　根外施肥是经济施肥的方式之一，这在前文中已经讲过。传统的表层施肥存在肥料的剧烈氧化、铵态氮的转化、硝态氮及钾肥的流失、某些肥料的挥发、磷素易被土壤固定等情况，肥效较低。而深层施肥时，肥料施于植物根系附近的土层，可避免上述情况的发生，另外根系生长有趋肥性，肥料深施可促使根深扎，增强根系吸收活力。

（6）平衡施肥　由于不同植物营养特性各异，要达到各种养分的均衡供应，平衡施肥非常重要。将氮、磷、钾等大量元素与微量元素配比适当施用，可以显著提高施肥效果，是植物获得高产、稳产、优质的有效措施。

此外，通过合理使用生长调节剂可消除或减轻逆境的影响，促使植物生长发育良好，也有助于植物对肥料的利用，达到高产的目的。

实训 16　植物的溶液培养和缺素症状的观察

一、目的

学习溶液培养的方法，证实氮、磷、钾、钙、镁、铁诸元素对植物生长发育的重要性和缺素症状。

二、原理

植物在必需的矿物元素供应下正常生长，如缺少某一元素，便会产生相应的缺乏症。用适当的无机盐制成营养液培养植物，能使植物正常生长，称为溶液培养。如果用缺乏某种元素的缺素溶液培养，植物就会呈现缺素症状而不能正常生长发育。将所缺元素加入培养液中，该缺素症状又可逐渐消失。

三、用具与材料

玉米、棉花、番茄、油菜等的种子；培养缸（瓷质、玻璃、塑料均可）、试剂瓶、烧杯、移液管、量筒黑纸、塑料纱网、精密 pH 试纸（pH5 ~6）、天平、玻璃管、棉花（或海绵）、通气装置；硝酸钙、硝酸钾、硫酸钾、磷酸二氢钾、硫酸镁、氯化钙、磷酸二氢钠、硝酸钠、硫酸钠、乙二胺四乙酸二钠、硫酸亚铁、硼酸、硫酸锌、氯化锰、钼酸、硫酸铜。

四、方法与步骤

1. 育苗

选大小一致、饱满成熟的植物种子，放在培养皿中萌发。

2. 配制培养液（贮备液）

取分析纯的试剂，按表4-8中的用量配制成贮备液。

表4-8　大量元素、微量元素贮备液配制表/$g \cdot L^{-1}$

大量元素贮备液		微量元素贮备液	
$Ca(NO_3)_2$	236	H_3BO_3	2.86
KNO_3	102	$ZnSO_4 \cdot 7H_2O$	0.22
$MgSO_4 \cdot 7H_2O$	98	$MnCl_2 \cdot 4H_2O$	1.81
KH_2PO_4	27	Mn SO_4	1.015
K_2SO_4	88	$H_2MoO_4 \cdot H_2O$ 或 Na_2MoO_4	0.09
$CaCl_2$	111	$CuSO_4 \cdot 5H_2O$	0.08
NaH_2PO_4	24		
Na NO_3	170		
Na_2SO_4	21		
Fe-EDTA* Fe $SO_4 \cdot 7H_2O$ EDTA-Na	7.45 5.57		

注：EDTA-Na（乙二胺四乙酸二钠）是隐蔽剂，能隐蔽其他元素的干扰。

配好贮备液后，再按表4-9配制完全液和缺素液（每1000mL蒸馏水中贮备液用量/mL）

表4-9　完全液和缺素液配制表

贮备液	完全	缺氮	缺磷	缺钾	缺钙	缺镁	缺铁
$Ca(NO_3)_2$	5	—	5	5	—	5	5
KNO_3	5	—	5	—	5	5	5
$MgSO_4$	5	5	5	5	5	—	5
KH_2PO_4	5	5	—	—	5	5	5
K_2SO_4	—	5	1	—	—	—	—
$CaCl_2$	—	5	—	—	—	—	—
NaH_2PO_4	—	—	—	5	—	—	—
Na NO_3	—	—	—	5	5	—	—
Na_2SO_4	—	—	—	—	—	5	—
Fe-EDTA	5	5	5	5	5	5	—
微量元素	1	1	1	1	1	1	1

用精密pH试纸测定培养液的pH，根据不同植物的要求，pH一般控制在5~6之间为宜，如pH>6，则用1%HCl调为所需pH。

3. 水培装置准备

取1~3L的培养缸，若缸通明，则在其外壁涂以黑漆或用黑纸套好，使根系处在黑暗环境中，缸盖上应打有数孔，一个孔用海绵或棉花或软木固定植物幼苗，另一个孔通以橡皮管，使管的另一端与通气泵连接，做根系生长供氧之用。

4. 移植与培养

在以上配置的培养液中各加1200mL蒸馏水，将幼苗根系洗干净，小心穿入孔中，用棉花或海绵固定，使根系浸入培养液中，放在阳光充沛、温度适宜（20～25℃）的地方。

5. 管理、观察

用精密pH试纸检测培养液的pH，用1%盐酸调整至pH5～pH6之间，每三天加蒸馏水一次以补充瓶内因蒸腾损失的水分。培养液每7～10d更换一次，每天通气2～3次或进行连续微量通气，以保证根系充足的氧气。

试验开始后，应随时观察植物生长状况，并做记录，当明显出现缺素症状时，用完全液更换缺素液，观察缺素症是否消失，仍做记录。

6. 结果分析

将幼苗生长情况记录在表4-10中。

表4-10　植物的溶液培养和缺素症观察记录表

处　理	幼苗生长情况
完全液	
缺氮	
缺磷	
缺钾	
缺钙	
缺镁	
缺铁	

五、作业

做一份试验总结报告。

任务3　植物的光合作用及光合速率的提高

碳素营养是植物的生命基础。第一，植物体的干物质中90%是有机化合物，而有机化合物都含有碳素（约占有机化合物重量的45%），因此碳素就成为植物体中含量较多的一种元素；第二，碳原子是组成所有有机化合物（如糖、脂、蛋白质等）的主要骨架。由于碳原子与其他元素有各种形式的结合，因此化合物出现多样性。

按照碳素营养方式的不同，植物可分为两种：一种只能利用现成的有机物来做营养，这类植物称为异养植物，如各种菌类和某些高等植物（如菟丝子、大花草、天麻等）；另一种是可以利用无机碳化合物来做营养，并且将它们合成有机物，这类植物称为自养植物，如绿色植物和某些微生物。自养植物最普遍，而且非常重要，我们将着重讨论。

自养植物吸收CO_2转变成有机物的过程称为植物的碳素同化作用。植物的碳素同化作用包括细菌的光合作用、绿色植物的光合作用和化能合成作用三种类型。在这三种类型中，绿色植物的光合作用最广泛，合成的有机物质最多，与人类关系最密切，因此本任务重点阐述绿色植物的光合作用。

一、光合作用概念及其重要性

1. 光合作用的概念

绿色植物吸收太阳光能，同化CO_2和水，制造有机物质并且释放氧气的过程，称为光合作用。光合作用的总反应方程式可表示为：

$$CO_2 + H_2O \xrightarrow[\text{叶绿体}]{\text{光能}} (C \cdot H_2O) + O_2 \uparrow$$

2. 光合作用的重要意义

（1）将无机物转变为有机物　植物通过光合作用制造有机物质的规模非常巨大。据估计，地球上的自养植物每年约同化2×10^{11}吨碳素，其中40%是浮游植物同化的，余下60%是由陆生植物同化的。人们把绿色植物比喻为庞大的合成有机物质的“绿色工厂”。绿色植物合成的有机物质，直接或间接作为人类和全部动物界的食物，也可以作为某些工业原料。

（2）将光能转变为化学能（蓄积太阳光能）　绿色植物在同化CO_2的过程中，将太阳光能转变为化学能蓄积在形成的有机化合物中。人类利用的各种能源如煤炭、天然气、木材等都是过去或现在的植物通过光合作用形成的。按自养植物每年同化2×10^{11}吨碳素计算，相当于3×10^{21}焦耳能量，这是一个巨大的数字，超过人类所利用的其他能源（如水力发电、原子能等）总和的几倍。因此绿色植物又是一个巨型的“能量转换站”。

（3）环境保护——维持大气中氧气和CO_2的相对平衡　在地球上，由于生物的呼吸和燃烧，每年约消耗3.15×10^{11}吨的氧气，以这样的速度来计算，大气层中所含的氧气将在3000年左右耗尽。然而绿色植物在吸收CO_2的同时每年会释放出5.35×10^{11}吨氧气，所以大气中的氧含量仍然维持在21%。因此绿色植物又被认为是一个自动的“空气净化器”。另外大气中的一部分氧气转化为臭氧（O_3），在大气上层形成一个屏障，滤去太阳光线中对生物有强烈破坏作用的紫外线，使生物可以在陆地上活动和繁殖。

由此可见，光合作用是地球上规模最大的把太阳能转化为可贮存的化学能的过程，也是规模最大的将无机物合成为有机物并释放氧气的过程。目前人类面临着食物、能源、资源、环境和人口五大问题，这些问题的解决都与光合作用有着密切关系，因此深入探讨光合作用的规律，弄清光合作用的机制，研究同化物的运输和分配规律，对于有效利用太阳能，使之更好地服务于人类，具有重大的理论和实际意义。

二、光合作用场所——叶绿体

叶片是光合作用的主要器官，而叶绿体是光合作用的重要细胞器。

1. 叶绿体的形态结构

在光学显微镜下可以看到，高等植物的叶绿体大多数呈椭圆形。一般直径为3～6μm，厚为2～3μm。据统计，每平方毫米的蓖麻叶中就含有3×10^7～5×10^7个叶绿体，这样，叶绿体的总表面积比叶面积大得多，将有利于植物吸收太阳光能和空气中的二氧化碳。

在电子显微镜下可以看到叶绿体的亚显微结构，如图4-14所示，叶绿体由叶绿体膜、类囊体和基质三部分组成。

叶绿体膜为双层膜，具有控制代谢物质进出叶绿体的功能，是一个有选择性的屏障。叶绿体膜以内的基础物质称为基质，其主要成分是可溶性蛋白质（如酶）和其他代谢活跃物

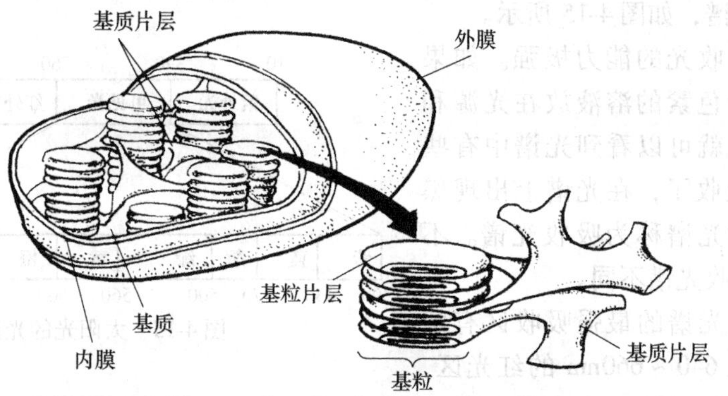

图 4-14　叶绿体结构模式图

质（多种糖类、DNA、RNA 等），呈高度流动状态，光合产物淀粉是在基质中合成和贮藏起来的。

在淡黄色的基质中埋藏着许多浓绿色的颗粒称为基粒。叶绿体的光合色素主要集中在基粒上，光能转变为化学能的过程是在基粒上进行的。在电子显微镜下观察叶绿体的纵切面，可以看到基粒是由许多片层构成的，每个片层由自身闭合的双层膜组成，呈扁平囊状，故称为类囊体。每个基粒是由两个以上类囊体垛叠在一起形成的，构成基粒的片层（类囊体）称为基粒片层（基粒类囊体）。另外还有一种类囊体较大，贯穿在两个或两个以上的基粒之间，这些片层（类囊体）称为基质片层（基质类囊体）。

不论是真核细胞还是原核细胞都具有类囊体。只是原核细胞中类囊体伸展在整个细胞中，而真核细胞的类囊体集中在特定的细胞器中。光合作用的能量转化在类囊体膜上进行，所以类囊体膜也称为光合膜。

2. 光合色素

（1）光合色素种类　叶绿体中的光合色素有三种类型：叶绿素、类胡萝卜素、藻胆素。见表 4-11。

表 4-11　叶绿体中的色素

色素名称		存在场所	颜色
叶绿素	叶绿素 a	所有进行光合作用的植物（细菌除外）	蓝绿色
	叶绿素 b	高等植物和绿藻	黄绿色
类胡萝卜素	胡萝卜素	大部分植物、细菌	橙黄色
	叶黄素	大部分植物、细菌	黄色
藻胆素	藻蓝蛋白	蓝绿藻、红藻	蓝色
	藻红蛋白	红藻、蓝绿藻	红色

（2）光合色素的光学性质　植物在进行光合作用时，其叶绿体中的各种色素对光能的吸收和利用起着重要作用。太阳光不是单一的光，到达地表的光是波长从 300nm 的紫外光到 2600nm 的红外光。其中只有波长在 390 ~ 760nm 的光是可见光。当光束通过棱镜片后，可把白光（可见光）分为红、橙、黄、绿、青、蓝、紫七色连续光谱，如雨后彩虹，这就

是太阳的连续光谱，如图 4-15 所示。

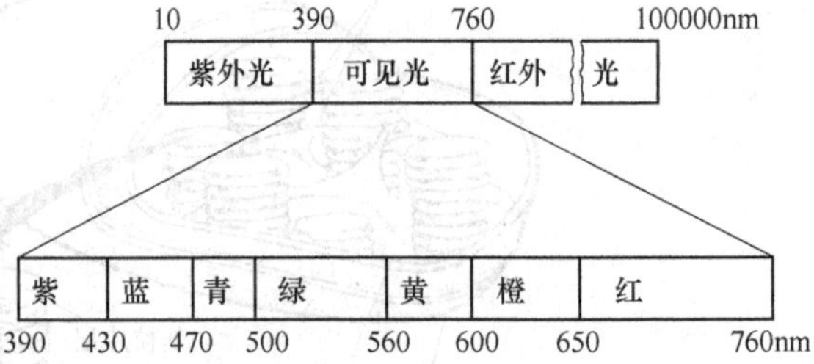

图 4-15　太阳光的光谱

光合色素吸收光的能力极强。如果把含有某种光合色素的溶液放在光源和分光镜的中间，就可以看到光谱中有些波长的光线被吸收了，在光谱上出现黑线或暗带，这种光谱称为吸收光谱。不同光合色素的吸收光谱不同。

叶绿素吸收光谱的最强吸收区有两个：一个在波长 640～660nm 的红光区，另一个在波长 430～450nm 的蓝紫光区。而在光谱的橙光、黄光和绿光区只有不明显的吸收带，尤以绿光的吸收量最少，因此叶绿素的溶液呈现绿色。叶绿素 a 和叶绿素 b 的吸收光谱很相似，但略有不同：首先叶绿素 a 在红光区的吸收光谱略宽些，在蓝紫光区的窄些；而叶绿素 b 在红光区的吸收光谱窄些，在蓝紫光区的宽些。其次，与叶绿素 b 比较，叶绿素 a 在红光区的吸收带略偏向长波方向，而在蓝紫光区则偏向短波方向。所以叶绿素 a 呈蓝绿色，叶绿素 b 呈黄绿色，如图 4-16 所示。

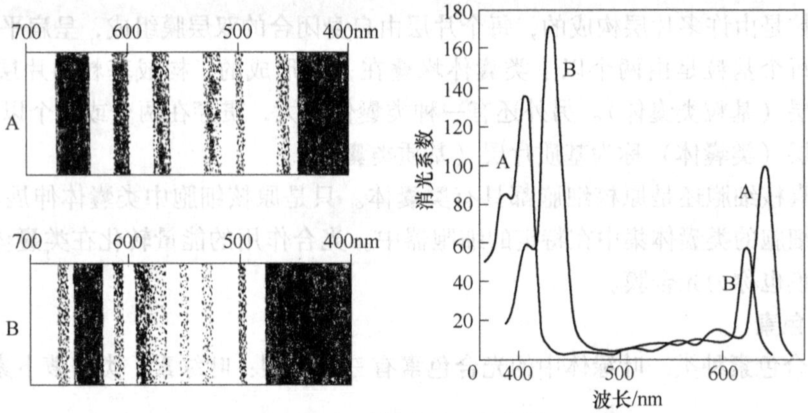

图 4-16　叶绿素的吸收光谱

A—叶绿素 a 的吸收曲线　B—叶绿素 b 的吸收曲线

胡萝卜素和叶黄素的最大吸收带在蓝紫光区，不吸收红光等长光波的光。所以胡萝卜素呈橙黄色，叶黄素呈黄色，如图 4-17 所示。

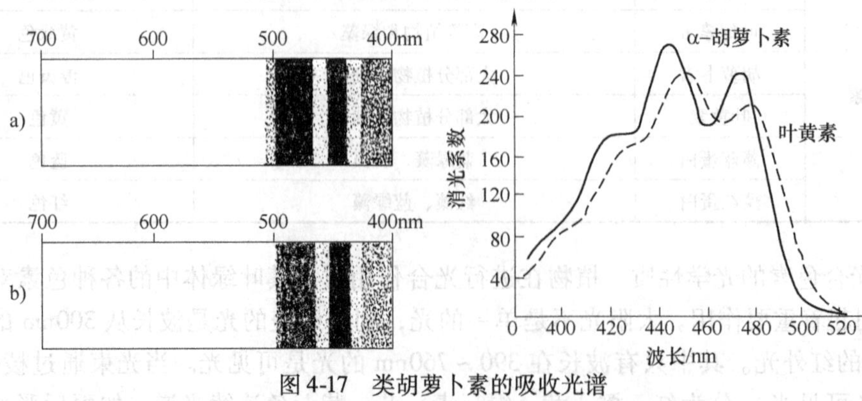

图 4-17　类胡萝卜素的吸收光谱

a）胡萝卜素的吸收光谱　b）叶黄素的吸收光谱

藻胆素的吸收光谱与类胡萝卜素相反，它主要吸收绿光和橙光。具体来说，藻蓝蛋白的最大吸收带在橙红区，所以呈现蓝色。而藻红蛋白的最大吸收带在绿光区，所以呈现红色。

（3）荧光现象和磷光现象　叶绿素溶液在透射光下呈绿色，而在反射光下呈红色的现象叫做荧光现象。荧光现象产生的原因是：叶绿素分子吸收光能后，就由最稳定的、最低能量的基态（常态）提高到不稳定的、高能状态的激发态。由于激发态极不稳定，会发射光波降低能量，迅速由激发态降回基态。此时发射的光波就称为荧光。由于叶绿素分子吸收的光能有一部分消耗于分子内部的振动上，发射出的荧光波长总比吸收的波长要长一些，所以叶绿素溶液在入射光线下呈绿色，而在反射光线下呈红色。

叶绿素在溶液中的荧光现象很强，但在叶片或叶绿体中却不明显。这是因为叶片或叶绿体中吸收的光能，大部分已经被用于光合作用。现在，人们用叶绿素荧光仪能精确测量叶片发出的荧光，而荧光的变化可以反映光合机构的状况。因此，叶绿素荧光被称为光合作用的探针。

叶绿素除了照光时辐射出荧光外，当去掉光源后，还能继续辐射出极微弱的红光，这种现象称为磷光现象。磷光的产生与荧光一样，当叶绿素吸收光能激发后，转变为较不稳定的激发态，当由此状态返回基态时发射的光波，就称为磷光。

叶绿素的荧光和磷光现象都说明叶绿素能被光所激发，而叶绿素分子的激发是光能转变为化学能的第一步。

（4）叶片的颜色　植物叶片呈现的颜色是叶片中各种色素的综合表现，其中主要是绿色的叶绿素和黄色的类胡萝卜素两大色素之间的比率。高等植物叶片所含色素的数量与植物种类、叶片老嫩、生育期及季节有关。一般来说，正常叶片的叶绿素和类胡萝卜素的分子比例约为3∶1。另外，叶绿素a和叶绿素b的分子比例约为3∶1，叶黄素和胡萝卜素的分子比例约为2∶1。

由于绿色的叶绿素比黄色的类胡萝卜素占优势，所以正常叶片总是呈现绿色。在秋季、条件不正常或叶片衰老时，叶绿素较易被破坏或先降解，数量减少，而类胡萝卜素比较稳定，所以叶片呈现黄色。红色叶片的形成则是因为秋季降温，植物体内会积累较多的糖分以适应寒冷，体内可溶性糖多了，就会形成较多的花色素（红色），叶子就呈现红色。枫叶秋季变红，紫云英在冬季寒潮来临后叶茎变红，都是这个道理。

（5）叶绿素的形成及影响因素　叶绿素的形成过程很复杂，且其中的某些过程尚不明确，我们不讨论这个问题，只就影响叶绿素合成的因素做简单分析。

1）光照。光是影响叶绿素合成的首要条件。黑暗中生长的幼苗呈黄白色，遮光或埋在土中的茎、叶也呈黄白色。光线过弱，也不利于叶绿素形成，所以栽培密度过大的植物，上部叶片遮光过多，下部叶片叶绿素分解速率大于合成速率，叶色变黄。一般来说，被子植物的叶绿素合成都需要光照，藻类、苔藓、蕨类和松柏科植物在黑暗中可以合成叶绿素（合成数量比光下少），原因尚不清楚。

2）温度。叶绿素合成过程，绝大部分需酶参与，温度可影响酶活性，也就影响叶绿素的合成。秋季叶片发黄，早春寒潮过后秧苗变白，都与低温抑制叶绿素合成有关。高温下叶绿素的分解大于合成，因而夏季绿叶蔬菜存放不到一天就变黄。但适当的低温条件下，叶绿素分解慢，这是低温保鲜的原因。

3）矿质元素。矿质元素对叶绿素合成的影响也很大。当植株缺乏氮、镁、铁、锰、铜或锌等元素时，不能合成叶绿素，呈现缺绿症。

4）水分。叶绿素形成和水分有密切关系。叶片缺水不但影响叶绿素的合成，而且加速已形成的叶绿素进行分解，造成叶片变黄。

此外，叶绿素的形成还受遗传因素的控制。即使在条件适宜的情况下，水稻、玉米的白化苗以及花卉中的花叶仍不能合成叶绿素。

由于叶绿素的合成受许多条件的影响，所以叶色是反映植物营养状况和健康状况的一个灵敏指标，成为水肥管理和调控植物生长发育的依据之一。

三、光合作用机制

光合作用机制是复杂的，迄今仍然未完全查清楚。研究表明，光合作用包括一系列复杂的光化学反应和酶促反应过程。

早期的研究发现光合作用不是任何步骤都需要光。根据需光与否，将光合作用分为两个反应：光反应和暗反应。光反应是必须在光下进行，由光推动的光化学反应，在类囊体膜（光合膜）上进行；暗反应不需光（光下、暗处均可进行），是由一系列酶催化的化学反应，在叶绿体基质进行。

近年来的研究表明，光反应的过程并不一定都需光，而暗反应过程中的一些关键酶的活性也受光的调节。因此近代资料都将整个光合作用分为三大步骤：①原初反应；②电子传递和光合磷酸化；③碳同化过程。第一、第二个步骤基本属于光反应，第三个步骤属于暗反应。

光合作用是能量转换和合成有机物质的过程，在这个过程中首先是吸收光能并将光能转变为电能，进一步转变为活跃的化学能，最后转变为稳定的化学能贮存在合成的有机物质中。

1. 原初反应

原初反应是指光合色素分子对光能的吸收、传递与转换过程，完成的是光能转变为电能的过程。

（1）光能的吸收与传递　光能的吸收与传递依靠的是类囊体膜上的光合色素。根据光合色素在光合作用中的不同功能，将其分为两类：一类是反应中心色素，少数特殊状态的叶绿素 a 分子属于此类，用 P 表示。它具有光化学活性，既能捕获光能，又能将光能转换为电能；另一类是聚光色素，又称为“天线”色素。它没有光化学活性，只能收集光能并把光能传递到反应中心色素。绝大多数色素都属于聚光色素，包括大多数叶绿素 a 和全部叶绿素 b、胡萝卜素、叶黄素等。

当波长范围为 400～700nm 的可见光照射到绿色植物时，聚光色素收集光能并被激发，因类囊体膜上色素分子排列很紧密，光量子在色素分子之间以共振方式进行传递。聚光色素就像透镜把光束集中到焦点一样，把大量的光能吸收、聚集，并迅速传递到光反应中心色素分子，引起光化学反应。

（2）光化学反应　光化学反应是在光反应中心进行的。光反应中心是指进行原初反应的最基本的色素蛋白复合体，它至少包括一个反应中心色素分子（P）、一个原初电子供体（D）和一个原初电子受体（A），才能导致电荷分离，将光能转换为电能，并且积累起来。

光合作用中原初反应的能量吸收、传递和转化关系总结如图 4-18 所示。

聚光色素分子将光能吸收并传递到光反应中心，使得反应中心色素分子受激发而成为激发态，放出电子给原初电子受体，留下一个电子空位，称为“空穴”。色素分子被氧化带正电荷，原初电子受体被还原带负电荷。由于色素分子有“空穴”，可以从原初电子供体得到电子来填补。这样不断的氧化还原，就不断地把电子传送给原初电子受体，从而完成了光能转化为电能的过程。高等植物的最终电子供体是水，最终电子受体是 $NADP^+$。

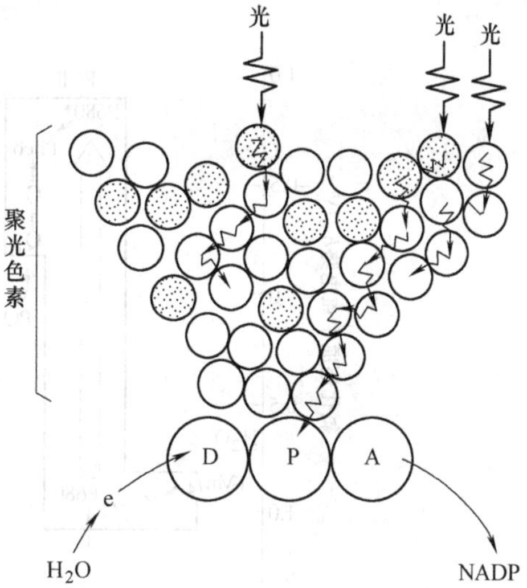

图 4-18　光能的吸收、传递与转化
D—原初电子供体　P—反应中心色素分子
A—原初电子受体

2. 电子传递和光合磷酸化

反应中心色素分子受光激发产生电子并将电子传给原初电子受体，光能转为电能。电子经过一系列的电子传递体，以及水的光解和光合磷酸化，最后形成 ATP 和 NADPH，完成电能到活跃的化学能的转变。

（1）光系统　近代研究证实，光合作用中存在两个光化学反应，分别由两个光系统完成。一个是吸收长波红光（700nm）的光系统Ⅰ（PSⅠ），另一个是吸收短波红光（680nm）的光系统Ⅱ（PSⅡ）。每个光系统都含有聚光色素和反应中心色素。PSⅠ的颗粒小，在类囊体膜的外侧；PSⅡ颗粒较大，在类囊体膜的内侧。二者的组成成分不同。

PSⅠ的光化学反应是长波光反应，反应中心的色素分子的最大吸收高峰值在 700nm，因此称为 P_{700}，主要特征是 $NADP^+$ 的还原。PSⅠ的反应中心色素分子（P_{700}）吸收光能而被激发产生高能电子，电子经一系列传递体传递，最后经 Fd（铁氧还蛋白），在 $NADP^+$ 还原酶的参与下，把 $NADP^+$ 还原成 NADPH。

PSⅡ的光化学反应是短波光反应，反应中心的色素分子的最大吸收高峰值在 680nm，因此称为 P_{680}，主要特征是水的光解和放氧。PSⅡ的反应中心色素分子（P_{680}）吸收光能，把水分解，夺取水中的电子供给 PSⅠ。

（2）光合链　连接着两个光反应的电子传递是由定位在光合膜上的几种排列紧密的物质完成的。各种物质具有不同的氧化还原电位，负值越大表示还原性越强，正值越大表示氧化性越强。电子定向传递，这一系列互相衔接的电子传递体组成的电子传递的总轨道被称为光合链。

现在被广泛接受的光合电子传递途径是“Z”方案，即电子传递是由两个光系统串联进行，其中的电子传递体按氧化还原电位高低排列，使电子传递链呈侧写的“Z”形，如图 4-19 所示。

由图中可以看出，PSⅠ和 PSⅡ以串联方式协同完成电子从 H_2O 向 $NADP^+$ 的传递。由氧化还原电位的高低可以看出，这一电子传递途径不能自发进行，有两处（$P_{680} \rightarrow P_{680}^*$ 和 $P_{700} \rightarrow P_{700}^*$）是逆电势梯度的“上坡”电子传递，需要聚光色素吸收和传递光能来推动。除此之外，电子都是顺能量梯度的自发“下坡”运动。

（3）光合电子传递途径　目前认为，光合电子传递的途径有三条。

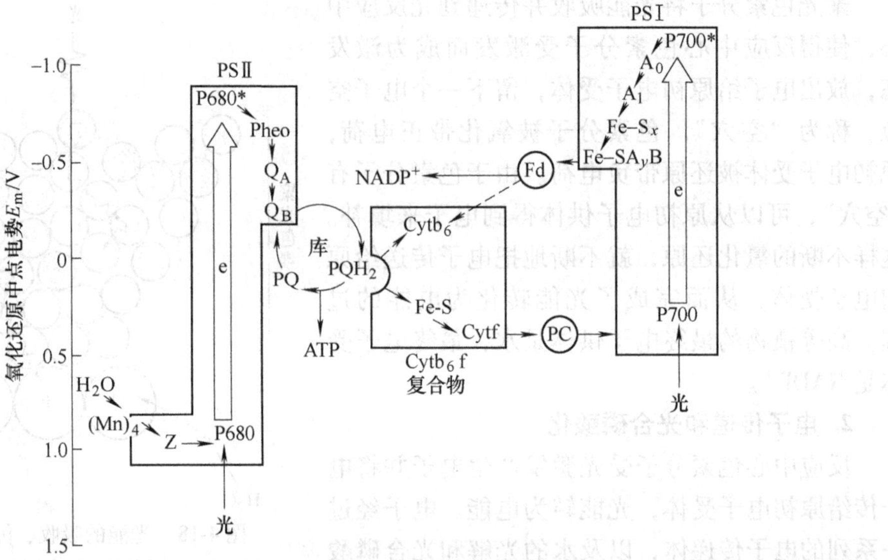

图 4-19 PSⅠ、PSⅡ和光合电子传递链示意图

PSⅡ：Pheo—去镁叶绿素 Q_A、Q_B—质体醌电子传递链：$Cytb_6f$ 复合物（$Cytb_6$—细胞色素 b_6、Cytf—细胞色素 f）
PSⅠ：A_0—原初电子受体 A_1—次级电子受体 Fe-S—铁硫蛋白 PC—质蓝素 PQ—质体醌 Fd—铁氧还蛋白

第一，非环式光合电子传递。水光解释放出的电子经 PSⅡ和 PSⅠ两个光系统，最终传给 $NADP^+$ 的电子传递。

第二，环式电子传递。PSⅠ产生的电子传给 Fd（铁氧还蛋白），再到 $Cytb_6f$ 复合体，然后经 PC 返回 PSⅠ的电子传递。

第三，假环式电子传递。水光解释放出的电子经 PSⅡ和 PSⅠ两个光系统，最终传给 O_2 的电子传递。这一过程往往是在强光照射下，$NADP^+$ 供应不足时发生的。O_2 得到一个电子生成超氧阴离子自由基，它是一种活性氧，叶绿体中的超氧化物歧化酶可清除它。

（4）光合磷酸化 在光下，叶绿体在光合电子传递的同时，使无机磷酸（Pi）与 ADP 合成 ATP 的过程称为光合磷酸化。主要有三种类型：非环式光合磷酸化、环式光合磷酸化和假环式光合磷酸化。

非环式光合磷酸化和假环式光合磷酸化是指 PSⅡ所产生的电子，即水光解释放出的电子，经过一系列传递，在 PQ 和细胞色素之间引起了 ATP 的形成，同时把电子传递给 PSⅠ，进一步提高能位后，使 $NADP^+$ 还原为 NADPH（或传给 O_2）的过程。反应式为：

$$H_2O + NADP^+ + ADP + Pi \xrightarrow{光} NADPH + H^+ + ATP + 1/2\ O_2\uparrow$$

环式光合磷酸化是指 PSⅠ产生的电子经过 Fd（铁氧还蛋白）和细胞色素 b_6f 复合物后，只引起 ATP 的形成，而不释放 O_2，不伴随其他反应，降低了能位的电子经质体蓝素（PC）重新回到原来的起点（即 PSⅠ的反应中心色素分子吸收光能而被激发产生高能电子）。反应式为：

$$ADP + Pi \xrightarrow{光} ATP$$

综上所述，通过电子传递和光合磷酸化将电能转变为活跃的化学能，暂时贮存在 ATP

和 NADPH + H^+中。二者将用于暗反应中 CO_2的同化，这样就将光反应和暗反应联系起来，因此 ATP 和 NADPH + H^+被称为“同化力”。

3. 碳同化过程

二氧化碳同化简称为碳同化，是指植物利用光反应中形成的同化力（ATP 和 NADPH + H^+），将 CO_2转化为糖类的过程。二氧化碳同化在叶绿体基质中进行，是有许多酶参与的酶促反应。高等植物的碳同化有三条途径：C_3途径、C_4途径和 CAM（景天科酸代谢）途径。

（1）C_3途径　C_3途径是指在光合作用过程中，CO_2固定后的最初产物是三碳化合物的二氧化碳同化途径，又称为卡尔文循环、还原磷酸化途径。C_3途径是最基本最普遍（所有高等植物都具有）的碳同化途径，具备合成淀粉等光合产物的能力。C_4途径和 CAM 途径只能起固定、转运 CO_2的作用，不能单独形成淀粉等产物。

只具 C_3途径的植物称为 C_3植物。它们占植物种类的绝大多数，如农作物中的水稻、小麦、棉花、油菜等，蔬菜中的菠菜、萝卜等，木本植物几乎全为 C_3植物。

C_3途径的过程大致可分为三个阶段：羧化阶段、还原阶段和再生阶段，如图 4-20 所示。

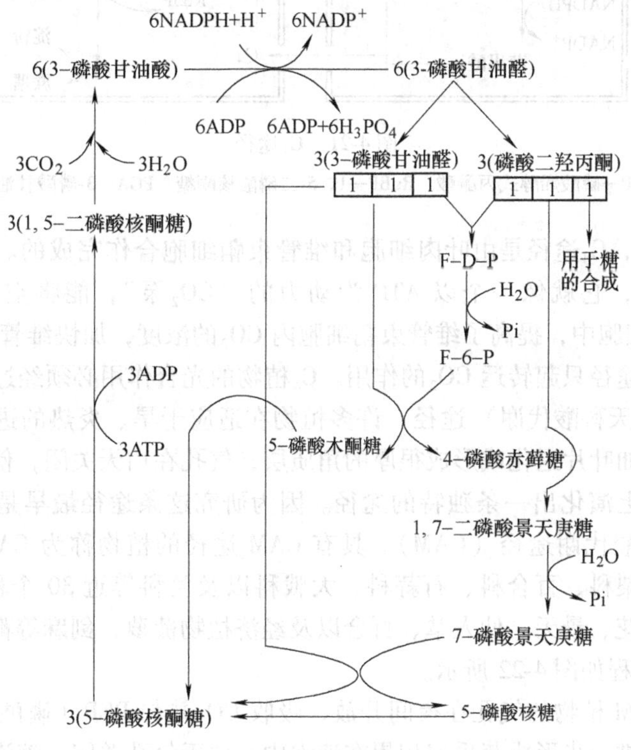

图 4-20　C_3途径

羧化阶段（CO_2固定阶段）：CO_2与受体 1，5-二磷酸-核酮糖（RuBP），在 RuBP 羧化酶催化下，反应生成 3-磷酸甘油酸。

还原阶段：利用光反应阶段的同化力（ATP 和 NADPH），将 3-磷酸甘油酸还原为 3-磷酸甘油醛。

再生阶段：由 5 分子 3-磷酸甘油醛经中间产物丁糖、戊糖、己糖、庚糖再生 3 分子 1，5-二磷酸核酮糖。

结果：C_3途径每循环一次，同化3分子CO_2，消耗9分子ATP、6分子NADPH，生成1分子3-磷酸甘油醛。

（2）C_4途径　C_4途径是指光合作用过程中，CO_2固定后的最初产物是四碳化合物的二氧化碳同化途径。

兼具C_4途径和C_3途径的植物称为C_4植物。这类植物大多起源于热带或亚热带，适宜在高温、强光与干旱条件下生长，主要集中于禾本科、莎草科、菊科、苋科、藜科等20多个科1300多种植物。其中禾本科占75%，大多为杂草。农作物中有玉米、高粱、甘蔗、黍和粟等数种。

C_4途径的过程如图4-21所示。

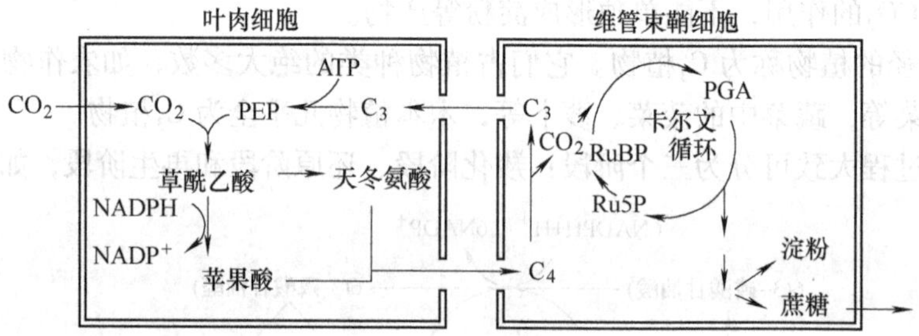

图4-21　C_4途径

PEP—磷酸烯醇式丙酮酸　RuBP—1，5-二磷酸核酮糖　PGA—3-磷酸甘油酸

由图4-21可知，C_4途径是由叶肉细胞和维管束鞘细胞合作完成的。C_4途径固定的CO_2并不直接同化成糖，它就像一个以ATP为动力的"CO_2泵"，能将空气中的CO_2捕获后"泵"入维管束鞘细胞中，提高了维管束鞘细胞内CO_2的浓度，加快维管束鞘细胞内C_3途径的进行。所以，C_4途径只起转运CO_2的作用。C_4植物的光合作用必须经过C_3途径才能完成。

（3）CAM（景天科酸代谢）途径　许多植物在适应干旱、炎热的进化过程中，形成了一些独有的特征。如叶片退化或形成很厚的角质层；气孔在白天关闭，傍晚开放。因此这类植物在光合碳同化上演化出一条独特的途径。因为研究这条途径最早是以景天科植物为材料，故称为景天科酸代谢途径（CAM）。具有CAM途径的植物称为CAM植物，包括景天科、仙人掌科、凤梨科、百合科、石蒜科、大戟科以及兰科等近30个科的1万多种植物，常见的观赏植物兰花、景天、仙人掌、百合以及经济植物菠萝、剑麻等都属于此类植物。

CAM途径的过程如图4-22所示。

由图可知，CAM植物的气孔在夜间开放，吸收CO_2并与PEP（磷酸烯醇式丙酮酸）结合形成草酰乙酸，进一步形成苹果酸积累在液泡中；白天气孔关闭，液泡中的苹果酸便运到细胞质氧化脱羧，生成丙酮酸和释放出CO_2，CO_2进入叶绿体参加C_3途径形成淀粉等产物，丙酮酸则转移到线粒体进一步氧化释放出CO_2后再被利用或者直接形成淀粉。晚上淀粉又运到细胞质，经糖酵解过程形成PEP，进行下一次循环。所以这类植物体在晚上的有机酸含量十分高，而碳水化合物含量下降；相反，在白天酸度下降，而糖分增多。CAM途径有利于植物适应干旱环境，白天气孔关闭，减少蒸腾作用，但植物可利用前一个晚上所固定的CO_2去进行光合作用。

可见，C_4途径和CAM途径基本相同，二者的差别在于C_4植物的两次羧化反应是在空间

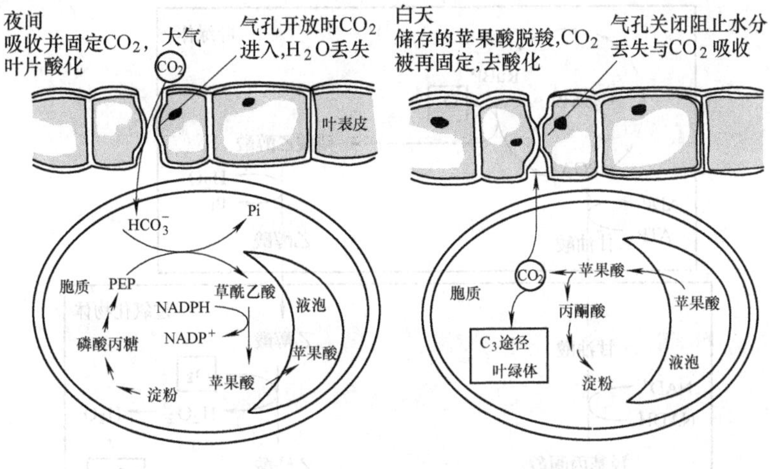

图 4-22 CAM 途径

上（叶肉细胞和维管束鞘细胞）分开的，而 CAM 植物则是在时间上（黑夜和白天）分开的。

综上所述，植物碳同化途径具有多样性，反映了植物对生态环境多样性的适应。C_3途径是最基本的碳同化途径，C_4途径和 CAM 途径可以说是对 C_3途径的补充，起着固定和转运CO_2的作用。

四、光呼吸

1. 光呼吸的概念

植物的绿色细胞在光照下吸收氧气，释放二氧化碳的过程称为光呼吸。这种呼吸是在光照下进行的，与光合作用密切相关。而一般生活细胞的呼吸在光照或黑暗中都可以进行，对光照没有特殊要求，这种呼吸相对的称为暗呼吸（通常所说的呼吸就是指暗呼吸）。

2. 光呼吸的生化历程

光呼吸的全过程需要由叶绿体、过氧化体和线粒体三种细胞器协同完成，是一个环式变化过程。光呼吸实际上是乙醇酸代谢过程，由于乙醇酸是二碳化合物，因此光呼吸又称为乙醇酸循环或 C_2循环。光呼吸的生化历程如图 4-23 所示。

3. 光呼吸的生理功能

从碳素同化的角度看，光呼吸往往将光合作用已固定的 20% ~40% 的碳素变成二氧化碳再释放出去；从能量利用的角度看，光呼吸过程中许多反应都消耗能量。目前公认的光呼吸有 4 种生理功能：

1）消除乙醇酸的毒害。乙醇酸的产生在代谢中是不可避免的。因为 RuBP 羧化酶具有羧化和加氧两种功能，又称为 RuBP-羧化酶/加氧酶。其催化方向主要由 CO_2/ O_2的比值决定。当比值低时，RuBP 羧化酶催化加氧反应生成乙醇酸。光呼吸避免了乙醇酸在植物体内的积累，使细胞免受毒害。

2）维持 C_3途径的运转。在叶片气孔关闭或外界 CO_2浓度降低时，光呼吸释放的 CO_2能被 C_3途径再利用，以维持 C_3途径的运转。

3）防止强光对光合机构的破坏。在强光下，光反应形成的同化力会超过暗反应的需

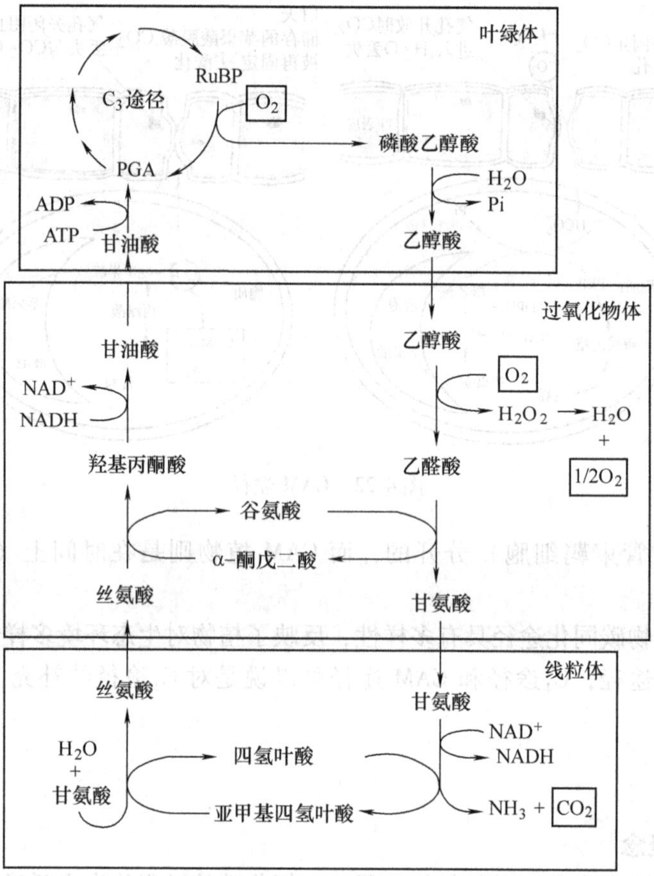

图 4-23　光呼吸的生化历程

要，叶绿体中 NADPH/$NADP^+$的比值增高，最终电子受体 $NADP^+$不足，受激发产生的高能电子会传给 O_2，形成超氧阴离子自由基，超氧阴离子自由基对光合机构具有伤害作用。而光呼吸可消耗过剩的同化力，减少超氧阴离子自由基的形成，保护光合机构。

4）对氮代谢的补充作用。光呼吸代谢中涉及多种氨基酸的形成和转化过程，它对绿色细胞的氮代谢是一个补充。

4. 光呼吸的调节和控制

尽管光呼吸有一定的生理意义，但与其消耗有机物相比就显得微不足道，因此人们试图降低光呼吸。目前提出的方法有：提高二氧化碳浓度、应用光呼吸抑制剂（如 α-羟基磺酸盐、亚硫酸氢钠、2，3-环氧乙烷等）、筛选低光呼吸品种以及改良 RuBP-羧化酶/加氧酶。

五、同化产物的运输及分配

高等植物的所有个体都是由多种器官组成，这些器官既有明确的分工又互相协作，组成一个统一的整体。叶片是进行光合作用合成有机物质的主要器官，所合成的同化物质必须不断地向其他器官输送，为其他器官提供有机物质及能量，供生长所需。可见同化物的运输与分配，直接关系到植物产量的高低和品质的好坏。

1. 光合作用的产物

光合作用的产物主要是碳水化合物，包括单糖（葡萄糖和果糖）、双糖（蔗糖）和多糖（淀粉），其中以蔗糖和淀粉最为普遍。

不同植物的主要光合产物不同。大多数高等植物的光合产物是淀粉，有些植物（如洋葱、大蒜）的光合产物是葡萄糖和果糖，不形成淀粉。现代研究还发现，糖类并不是光合作用的唯一产物，藻类和高等植物的幼龄叶片中，除糖类外还形成较多的蛋白质。另外，光合作用产物的种类与光照强弱、CO_2和O_2浓度高低有关系。强光和高浓度CO_2有利于蔗糖和淀粉的形成；弱光则有利于谷氨酸、天冬氨酸和蛋白质的形成；强光、高浓度O_2、低浓度CO_2可形成较多乙醇酸，如图4-24所示。

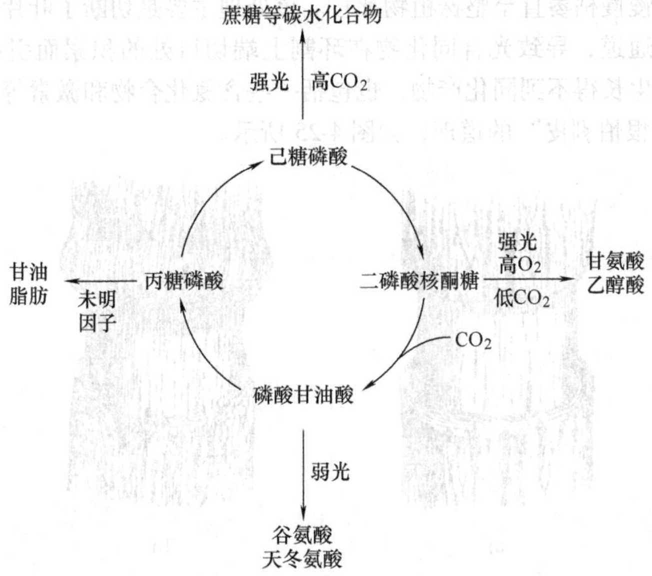

图4-24 环境条件对光合产物形成的影响

2. 同化产物的运输途径

高等植物的同化产物运输不仅包括器官之间的运输，还包括细胞内和细胞间的运输。按照运输距离的长短可分为短距离运输和长距离运输。短距离运输主要是指胞内运输和胞间运输，距离只有几个微米，主要靠扩散和原生质的吸收与分泌来完成；长距离运输指器官之间的运输，需要特化的组织，主要是韧皮部，距离有几个厘米到上百米。

（1）胞内运输 胞内运输是指细胞内、细胞器之间的物质交换。主要方式有物质的扩散作用、原生质环流、细胞器膜内外的物质交换以及囊泡的形成与囊泡内含物的释放等。

（2）胞间运输 胞间运输有共质体运输、质外体运输及共质体—质外体交替运输。

1）共质体运输。共质体运输途径中胞间连丝起着重要作用。胞间连丝是细胞间物质及信息交流的通道。无机离子、糖类、氨基酸、蛋白质、内源激素及核酸等都可通过胞间连丝进行转移。共质体中原生质黏度大，运输阻力大，但共质体中的物质有质膜保护，不易流失。

2）质外体运输。质外体是一个连续的自由空间，它是一个开放系统。同化物在质外体的运输完全是靠自由扩散的被动过程，阻力小速度快。

3）共质体—质外体交替运输。植物组织内的物质运输常不限于某一途径，共质体内的物质可有选择地穿过质膜进入质外体运输，质外体内的物质也可有选择地通过质膜进入共质体运输。这种物质在共质体与质外体间交替进行的运输称为共质体—质外体的交替运输。在共质体—质外体交替运输过程中，常需要经过一种特化细胞——转移细胞。

（3）长距离运输 植物体内担负长距离运输物质的途径有两条：木质部和韧皮部。通过环割试验和同位素示踪法已经证明，韧皮部是植物体内有机物质运输的主要通道。

环割试验是研究物质运输途径的经典试验方法。环割是在植物的枝条或树干近根处环割一圈，深度至形成层为止，剥去圈内的韧皮部。经过一段时间后环割上部的树枝照常生长，并在环割的上端切口处聚集许多有机物，形成膨大的愈伤组织，或形成瘤状物。再过一段时间，地上部分也会慢慢枯萎直至整株植物死亡。该处理主要是切断了叶片形成的光合产物在韧皮部的向下运输通道，导致光合同化物在环割上端切口处的积累而引起膨大，而环割下端，尤其是根系的生长得不到同化产物，也包括一些含氮化合物和激素等，时间一久根系就会死亡，这就是“根怕剥皮”的道理，如图 4-25 所示。

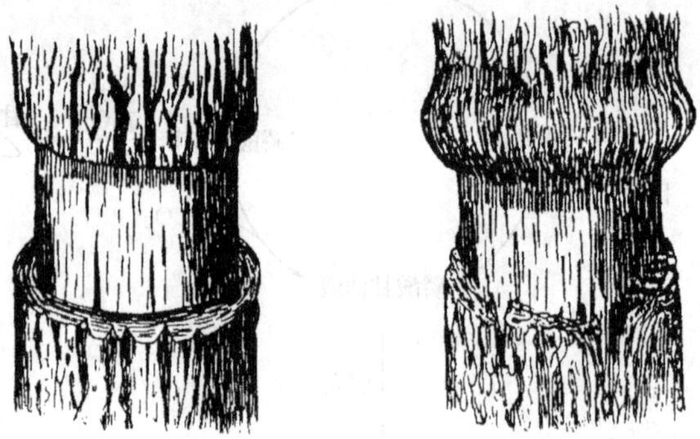

a)　　b)

图 4-25　木本枝条的环割

a）刚经过环割的树干　b）环割一段时间后的树干

同位素示踪法是证明有机物质运输途径的更准确的方法。用$^{14}CO_2$饲喂叶片，追踪光合产物的运输途径，发现在叶柄或茎内含^{14}C的光合产物主要积累在韧皮部。

3. 同化产物的运输方向及形式

（1）同化产物的运输方向 同化物的运输方向取决于制造同化产物的器官（源）与需要同化物的器官（库）的相对位置。总的来说同化产物的运输方向是由源到库，但因库的部位不同，运输方向会不一致。因此，绝大多数有机物质在韧皮部中的运输是非极性的双向运输或纵向的单向运输（长距离向下运输有机物质到根系），另外还可以进行横向运输。

（2）同化产物的运输形式 韧皮部汁液的化学组成和含量因植物种类、发育阶段和生理生态环境等因素的变化有很大差异。一般来说典型的韧皮部汁液中干物质占 10% ~25%。其中糖类占 90% 以上，而蔗糖是糖类中的主要成分，另外有棉籽糖、水苏糖、毛蕊花糖、山梨醇糖等糖类运输形式。韧皮部中有机含氮物质的运输形式主要是氨基酸和肽类，氨基酸主要是天冬氨酸、谷氨酸、丝氨酸和天冬酰胺等，含量一般为 0.03% ~0.5%。其他有机物质还有维生素、核苷酸、脂质、有机酸、某些内源激素和酶类等，还有磷酸盐、硫酸盐以及

K^+、Na^+、Mg^{2+}和Cl^-等无机离子。

4. 同化产物的分配

（1）源与库的概念　人们在研究同化产物分配时提出了源与库的概念。

源是指能制造并输出同化物的组织、器官或部位，主要指绿色植物的功能叶。

库是指消耗或贮藏同化物的组织、器官或部位，如植物的幼叶、根、茎、花、果实、发育的种子等。

源—库单位是指一个源器官与直接接纳其输出同化产物的库器官及它们之间的输导组织所组成的供求单位。

植物体内有多个源器官和库器官，同化产物在源器官和库器官间的运输与分配存在着时间和空间上的调节和分工。例如菜豆某一复叶的同化产物主要供给着生此叶的茎及其腋芽，此功能叶与着生此叶的茎及其腋芽组成一个源—库单位。又如结果期的番茄植株，通常每隔三叶着生一果枝，此果枝与其下三叶便组成一个源—库单位，如图 4-26 所示。

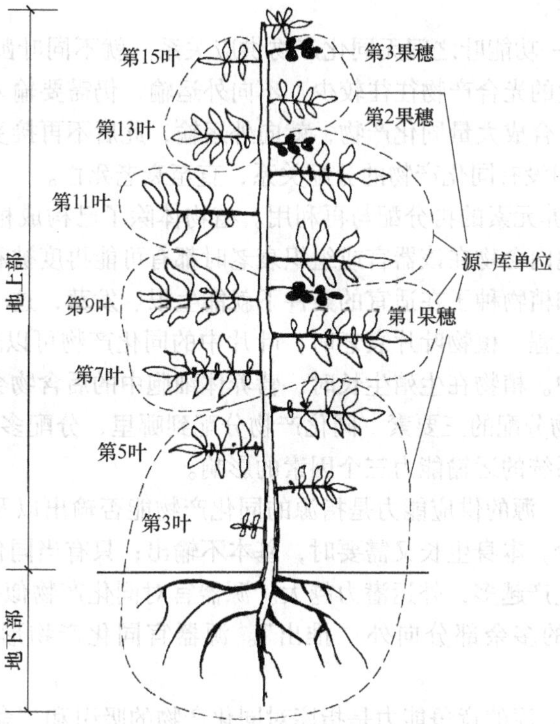

图 4-26　番茄的源—库单位模式图

必须指出源—库单位是相对的，其组成不是固定不变，它会随生长条件而变化，并可人为改变。例如，番茄通常是下部三叶向其果枝输送同化产物，当把此果枝摘除后，这三叶制造的同化产物也可向其他果枝输送。源—库单位不仅在空间上有一定分布，而且在一定发育阶段也有变化。例如成熟叶片在植株营养生长阶段主要向根和茎的分生组织供应同化产物，而当进入生殖生长阶段后，则主要向其生殖器官供应。源—库单位的可变性是整枝、摘心和疏花疏果等栽培技术的生理基础。

源—库单位的形成与维管束走向和距离远近有关，并且决定了同化产物分配的特点。

（2）同化产物的分配规律　植物生长期间体内同化产物的分配是动态的，但有一定规律。同化产物分配的总规律是由源到库，同时还遵循以下几个原则。

1）优先供应生长中心。生长中心是指生长快、代谢旺盛的部位，是主要的库。植物在不同生长时期，生长中心也有不同。营养生长时期，根、茎的顶端生长点是主要的库；而进入生殖生长后，花、果实或种子逐渐成为主要的库。

2）就近供应。植物体内同化产物运输从数量上讲，随运输距离的加大而减少，即近库先分，远库后分。一般上部叶片产生的同化产物主要供应茎端生长点和幼叶及上部其他的生长中心；下部叶片产生的同化产物主要供应其下部器官和根系；中部叶片同时向上、下供应。根据这一规律，要注意保护花、果附近的叶片，并使其有较好的光照条件，促进光合积累以供应较多的同化物。

3）纵向同侧运输。植物上部某方的叶片合成的同化物往往向同侧器官分配较多。这是由植物的解剖结构决定的，因为输导组织主要是纵向分布，同侧维管束相互联系要比横跨茎轴到另一侧要直接得多。

4）相对独立性——功能叶之间无同化产物供应关系。就不同叶龄来说，幼叶光合机构虽已发育成熟，但产生的光合产物往往较少，不向外运输，仍需要输入同化产物，供自身生长用。一旦叶片长成，合成大量同化产物，就向外运输，此后不再接受外来同化产物。即已成为“源”的叶片之间没有同化产物的分配关系，直至衰老死亡。

5）同化产物和营养元素的再分配与再利用。植物体除了已构成植物骨架的细胞壁等成分外，其他的各种细胞内含物在该器官或组织衰老时都有可能再度被利用，即转移到另一些器官或组织中去。例如植物种子在适宜的条件下就能生根、发芽，这一自养过程就是同化产物再分配和再利用的过程。植物叶片衰老时，叶片中的同化产物可以进行“撤退”，转移到其他生长或贮藏组织中。植物在生殖生长时，营养体细胞中的后含物会向生殖体细胞转移。

（3）影响同化产物分配的三要素　同化产物分配到哪里，分配多少，受源的供应能力、库的竞争能力和输导系统的运输能力三个因素的影响。

1）源的供应能力。源的供应能力是指源的同化产物能否输出以及输出多少的能力。当源的同化产物产生较少，本身生长又需要时，基本不输出；只有当同化产物形成超过自身需要时，才能输出，且生产越多，外运潜力越大。源器官对同化产物似乎有一种“推力”，把叶片制造的同化产物的多余部分向外“推出”。源器官同化产物形成和输出的能力称为源强。

2）库的竞争能力。库的竞争能力是指库对同化产物的吸引和“争调”能力。生长速度快、代谢旺盛的部位，对养分的竞争能力强，得到的同化产物就多。库对同化产物似乎有一种“拉力”，代谢强，“拉力”就大。库器官接纳和转化同化产物的能力称为库强。库强多分，库弱少分。果树的库强一般表现为：果实 + 种子 > 梢尖 + 幼叶 > 成长中的叶 > 形成层 > 根。但在有些情况下顺序可能会打乱，果树营养枝过盛，植物发生徒长，则会引起落花、落果，原因就在这里。

3）输导系统的运输能力。输导系统的运输能力与源、库之间的输导系统的联系是直接的还是间接的、输导组织畅通程度以及距离远近有关。源、库之间的联系直接、畅通，且距离又近，则库得到的同化产物就多。

综上所述，有机物质的运输与分配决定于源的供应能力、库的竞争能力和输导系统的运输能力三个因素的综合作用。一般来说，某一部分的同化产物优先满足自身需要，有结余时才外运。同化产物的分配则是优先分配给附近竞争能力最强的库；若竞争能力相差不大，则以就近供应、同侧运输为主。

（4）同化物分配与植物产量的关系　构成植物经济产量的物质有三个方面的来源：一是当时功能叶制造的同化产物，二是某些经济器官（如果实、穗）自身合成的，三是其他器官贮存物质的再利用。其中功能叶制造的同化产物是经济产量的主要来源，植物产量的90%以上是由光合产物构成的，所以同化产物尽量多的向产品器官运输分配是获得植物高产的关键和基础。

根据源库关系，从植物品种特性角度分析，影响植物产量形成的因素有三种类型：

1）源限制型。这种类型的品种特点是源小而库大，源的供应能力是限制植物产量提高的主要因素。

2）库限制型。这种类型的品种特点是库小而源大，库的接纳能力是限制植物产量提高的主要因素。

3）源库互作型。此类型的品种，产量由源、库协同调节，可塑性大。只要栽培措施得当，容易获得较高的产量。

在长期的实践中，人们根据同化产物运输与分配的原理，找到了许多获得高产的生产措施。如选用源库互作型的品种，果树环剥（截断同化产物下运的韧皮部通道），禾谷类植物收割垛存（同化产物的再分配和再利用），薯类植物起垄栽培（调节土温利于同化产物向根系的运输）以及施用植物激素（IAA、GA、CTK 等能增强细胞、组织的呼吸作用，提高生长速率，从而提高库强）等措施。

（5）影响同化物分配的环境因素

1）温度。温度对同化产物的运输速度有显著影响。糖的运输速度在 20 ~ 30℃ 时最快，高于或低于这个温度，运输速度都下降。低温对运输的影响是因为低温降低了呼吸速率，减少了能量供应，另外低温还提高了筛管内含物的黏度。高温对运输的影响是因为高温会使筛板出现胼胝质（多糖类物质，阻塞筛孔），高温还会使呼吸作用加强，消耗增多，温度过高还会引起酶的钝化或破坏。

气温和土温的差异对同化产物的分配方向也有影响。土温高于气温，同化产物向根部运输；反之，当气温高于土温，同化产物向顶部运输。薯类起垄栽培就是依据此理论。

昼夜温差大对同化产物的运输分配也有影响。我国北方小麦产量高于南方，原因之一就是由于北方昼夜温差大，夜间呼吸消耗少，植株衰老缓慢，灌浆期长所致。

2）光照。光照是通过影响光合作用间接影响同化产物的运输和分配。光下光合作用加快，蔗糖浓度升高，合成 ATP 多，运输加快。

3）水分。水分缺乏使光合速率降低，叶片细胞内可运态蔗糖浓度降低，影响同化产物的向外输送。

4）矿质元素。影响同化产物运输的矿质元素主要有氮、磷、钾、硼等。

氮：氮肥过多，较多的糖类用于营养体生长，不利于同化产物的输出，向籽粒的分配减少。氮肥过少，则会引起功能叶早衰。

磷：磷肥促进有机物的运输。磷是 C_3、C_4 途径不可缺少的元素，能促进蔗糖的合成；磷还是 ATP 的重要组分，同化产物的运输离不开能量。

硼：硼能与糖结合成复合物，这种复合物有利于透过质膜，促进糖的跨膜运输。硼还能促进蔗糖的合成，提高可运态蔗糖的浓度。

六、影响光合作用的因素

1. 光合作用指标

光合作用强弱一般用光合速率来表示。光合速率是指每平方米叶片每秒钟吸收的二氧化碳微摩尔数，即 $\mu mol \cdot m^{-2} \cdot s^{-1}$。光合速率的测定方法有改良半叶法、红外线二氧化碳分析法和氧电极法。

2. 内部因素对光合作用的影响

（1）植物种类　在长期进化过程中，每个物种都形成了自己的特异性，如在叶的解剖构造、气孔分布、叶绿素含量、C_3和C_4类型、光呼吸等方面皆存在差别，最后则集中地表现在光合速率的差异上。某些植物的光合速率较高，而另一些则较低，同一植物不同品种间也存在有差异，因此，在育种或选种的过程中，注意选择那些高光合速率的品种具有重要的实践意义。

（2）叶龄　新生的幼叶，叶面积小、叶绿素含量低、光合强度很低，此时叶片制造的光合产物尚不足以供应本身的需要，必须从成叶或其他养分贮存器官获得同化物的供应。随着叶子长成，光合能力逐渐增强，待叶片面积达到最大时，其光合速率达到最大值，以后随着叶片衰老逐渐减弱，最后枯死并脱落。另外，叶片品质是决定叶片光合能力的重要因素，包括叶片厚度、栅栏组织和海绵组织的比例、叶绿体和类囊体的数目等。

（3）生育期　植物生育期不同，叶片光合速率也不相同。植物的光合速率一般以营养中期为最强。

（4）光合产物输出与积累　叶片光合产物如向外输送不畅就会堆积起来，对叶片光合作用的进行产生不利影响。据测定，叶片光合速率与叶片中淀粉含量和可溶性糖的浓度之间都呈负相关。叶片中光合产物的积累数量，由叶片光合速率和耗用光合产物的器官之间的供求关系决定。一株植物在旺盛生长或开花结实时期，对光合产物的需要量增加，这时叶片的光合作用也会增强；相反，在生长停滞时或摘去贮藏器官，减少植物对光合产物的需求，叶片光合强度就会明显下降。

3. 外界因素对光合作用的影响

（1）光　光是光合作用的能量来源，是叶绿素形成的条件，光照还影响气孔开闭及许多酶的活性，因此光是影响光合作用的首要因素。光对光合作用的影响体现在两个方面：光质（光谱成分）和光照强度。

1）光质。在太阳辐射中，对光合作用有效的是可见光。绿色植物叶绿体内光合色素以叶绿素为主，叶绿素的最大吸收光区是可见光中的红光区和蓝光区。

正常情况下自然界太阳光的光质完全可以满足光合作用的需要。但阴天不仅光照强度减弱，而且蓝光和绿光的比例增多；树木冠层的叶片吸收红光和蓝光较多，造成树冠下的光线中绿光较多。由于绿光对光合作用是低效光，因而使本来就光照不足的树冠下生长的植物光合作用更弱，生长受到抑制。

水层也可改变光照强度和光质。水层越深，光照越弱。水层对红光和橙光的吸收显著多于蓝光和绿光，深水层的光线中短波光（蓝光和绿光）相对增多。所以含有叶绿素吸收红光较多的绿藻分布在海水的表层，而含藻红蛋白、吸收蓝绿光较多的红藻则分布在海水的深层，这是藻类对光照条件适应的一种表现。

2）光照强度。光照强度对光合速率影响很大。光照强度的单位是勒克斯（lx）。在一定范围内，随光照强度增加，光合速率加快，二者几乎呈正比例关系；超过一定范围后，光照强度增加，光合速率增加转慢；当到达某一光照强度时，光合速率就不再增加，这种现象称为光饱和现象。开始出现光饱和现象时的光照强度称为光饱和点。当光照减弱时，植物的光合作用也随之减弱，当光照减弱到光合作用所吸收的CO_2等于呼吸作用所释放的CO_2时，这时候的光照强度称为光补偿点，如图4-27所示。

产生光饱和现象的原因很多，归纳起来有两个方面：一方面可能是光合作用的色素系统和光化学反应系统来不及吸收和利用那么多的光能；另一方面则是光合作用中暗反应系统在光反应加快的情况下，不能发生相应的配合，还来不及利用那么多的光反应产物。

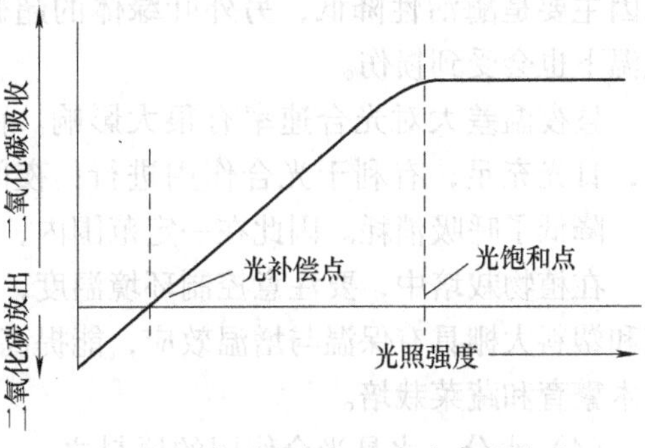

图4-27　光照强度与光合速率的关系

低光照强度下植物光合速率低的原因主要是由于光能供应不足，影响光化学反应及电子传递的进行，光合碳同化的同化力减少，同化产物合成减少。植物在光补偿点时，光合作用所制造的干物质与呼吸作用所消耗的相等，很显然这时不能积累干物质，相反由于其他器官的呼吸消耗，对于整株植物来说，消耗大于积累，这对植物生长非常不利。因此植物所需最低光照必须高于光补偿点。

光饱和点和光补偿点的确定，对于植物栽培有重要作用。特别是光补偿点可作为适地适栽、园林植物配置、果林栽植密度确定和修剪时树体结构调整的依据。

在园林植物栽培上，根据植物对光照强度的要求，将园林树种分为喜光树种（如雪松、白玉兰、银杏、白蜡、毛白杨、鹅掌楸等）、耐阴树种（如大叶黄杨、金银木、八角金盘、常春藤等）、中性树种（如榆叶梅、珍珠梅、丁香、凌霄、七叶树等）。在花卉栽培上，也根据花卉对光照强度的要求，将其分为阳性花卉（如月季、荷花、香石竹、菊花、牡丹、一串红、郁金香、百合等）、中性花卉（扶桑、仙人掌、朱顶红、晚香玉、景天、虎皮兰等）、阴性花卉（如秋海棠、万年青、君子兰、变叶木等）、强阴性花卉（如蕨类植物、马蹄莲、散尾葵、鸭趾草等）。

（2）二氧化碳　CO_2是光合作用的主要原料，环境中CO_2浓度的高低直接影响光合速率。在一定范围内，光合速率随CO_2浓度增高而增加，但到达一定程度时，再增加CO_2浓度，植物光合速率不再增加，这时的CO_2浓度称为CO_2饱和点。在CO_2饱和点以下，光合速率随CO_2浓度的降低而降低。当光合作用吸收的CO_2量与呼吸作用（包括光呼吸）释放的CO_2量达到动态平衡时，外界环境中的CO_2的浓度即称为CO_2补偿点。

二氧化碳浓度和光照强度对植物光合速率的影响是相互联系的。植物的二氧化碳饱和点随着光照强度的增加而提高；光饱和点也随着二氧化碳浓度的增加而提高，如图4-28所示。

（3）温度　光合作用中的暗反应是一系列的酶促反应，由于温度可影响酶活性，因而对光合速率有明显影响。当温度增高时，酶促反应速度增强，因而光合速率加快。但酶的变性或破坏速度也在加快，所以光合作用也和其他酶促反应一样，都存在着温度三基点：最低点、最高点和最适温度。

高温对光合作用影响是多方面的：既可使酶钝化；也可使叶绿体和细胞结构遭受破坏；高温还使气孔开度减小，二氧化碳供应减少；以及加快呼吸速率使有机物质的消耗增加（呼吸作用的最适温度高于光合作用的最适温度）。低温使光合速率降低的原因主要是酶活性降低，另外叶绿体的超微结构在低温下也会受到损伤。

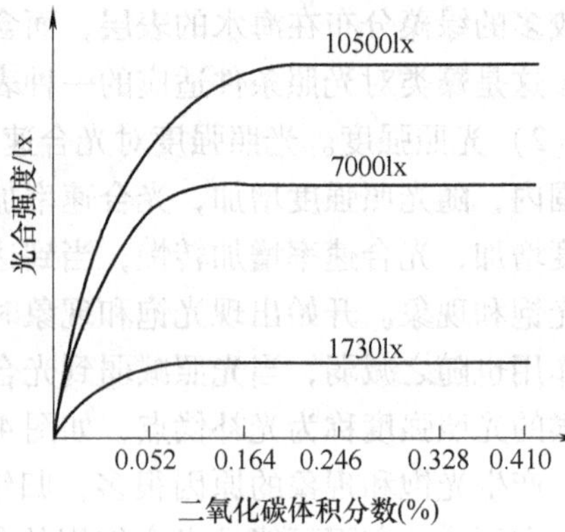

图 4-28 不同光照强度下二氧化碳浓度对小麦光合速率的影响

昼夜温差大对光合速率有很大影响。白天温度高，日光充足，有利于光合作用进行；夜间温度较低，降低了呼吸消耗。因此在一定范围内，昼夜温差大有利于光合产物积累。

在植物栽培中，要注意控制环境温度，避免高温与低温对光合作用的不利影响。玻璃温室和塑料大棚具有保温与增温效应，能提高光合生产力，这已被普遍应用于冬春季的花卉、苗木繁育和蔬菜栽培。

（4）水分 水是光合作用的原料之一，没有水光合作用无法进行。但是用于光合作用的水只占蒸腾失水的1%，因此缺水是影响光合作用的间接原因。

叶片水分接近饱和时，才能进行正常的光合作用。水分亏缺可使光合速率明显下降，其原因是多方面的，轻度水分亏缺就会引起气孔开度减小甚至关闭，吸收CO_2阻力增大，影响CO_2进入叶内。水分亏缺光合产物输出缓慢，光合产物在叶中积累，对光合作用产生起抑制作用。严重缺水时，叶片萎蔫，光合膜系统受到伤害，光合作用几乎停止。

水分过多也会影响光合作用。土壤水分过多，通气不良妨碍根系活动，从而间接影响光合作用。

（5）矿质元素 矿质元素对光合作用的影响表现有直接和间接两方面，例如N、P、S、Mg等是叶绿体结构的组成成分，Fe、Mn、Cl、Cu等在光合电子传递中起重要作用，这些元素的缺乏会直接影响光合作用。K对气孔开闭和碳水化合物代谢有重要影响，缺钾时影响糖类转化和运输，这样就间接影响了光合作用，磷也参与光合作用中间产物的转变和能量代谢，所以对光合作用有很大影响。

（6）光合作用的日变化 一天中，外界的光照、温度、土壤和大气的水分状况、空气中二氧化碳浓度以及植物体内的水分和光合产物含量、气孔开度等都在不断地变化，这些变化会使光合速率发生有规律的日变化，其中以光照强度的日变化对光合速率的影响最大。

在温暖、无云、水分供应充足的条件下，光合速率随光照强度的日变化呈现单峰曲线，即日出后光合速率逐渐提高，中午前达到高峰，以后逐渐降低，日落后光合速率趋于负值（因呼吸速率的影响）。如果白天云量变化不定，则光合速率会随光照强度的变化而变化。

当光照强烈、气温过高（如在炎热的夏季）时，光合速率的日变化会呈现双峰曲线，大峰在上午，小峰在下午，中午前后，光合速率下降，呈现“午睡”现象。引起光合“午睡”现象的主要原因是大气干旱和土壤干旱。在干热的中午，叶片蒸腾失水加剧，如果此时土壤水分也亏缺，那么植株的失水大于吸水，就会引起萎蔫及气孔开度降低，对二氧化碳的吸收减少。另外，中午及午后的强光、高温、低二氧化碳浓度等条件都会使光呼吸激增，产生光抑制，这些都会使光合速率在中午或午后降低，如图 4-29 所示。

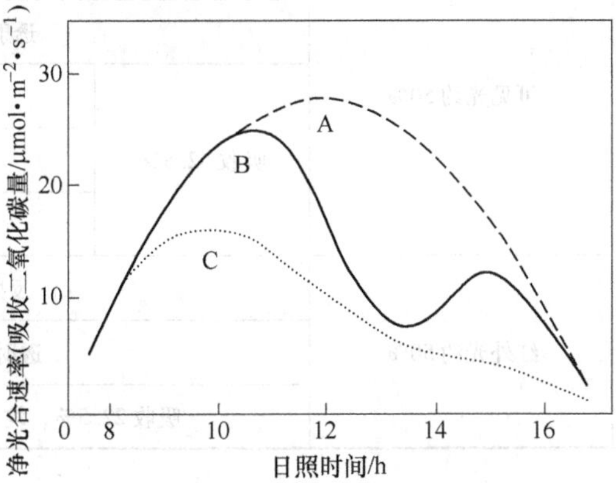

图 4-29　植物光合作用的日变化的不同方式

A—单峰曲线　B—双峰曲线

C—特殊的单峰曲线，严重干旱条件下，下午的峰消失

光合“午睡”是植物遇干旱时普遍发生的现象，是植物对缺水环境的一种适应方式。但是“午睡”造成的损失可达光合生产的 30%，甚至更多。所以生产上应适时灌溉，有条件的情况下可在中午加以遮阴（设施栽培中），或选育抗旱品种，以缓和“午睡”程度，使一天的光合速率均保持较高水平。

七、光合作用与植物生产

1. 植物产量的构成因素

人们栽种不同植物是有其不同经济目的。我们把直接作为收获物的这部分的产量称为经济产量，而植物全部干物质的重量称为生物产量，经济产量与生物产量之比称为经济系数。显然，经济系数越高植物的产量就越高。

经济系数是植物品种比较稳定的一个性状，因此品种的选择在植物栽培上至关重要。但栽培条件与管理措施对经济系数也有很大影响。

生物产量是植物一生中的全部光合产量减去呼吸消耗的同化产物。即：

$$生物产量 = 光合面积 \times 光合速率 \times 光合时间 - 光合产物消耗$$

$$经济产量 = (光合面积 \times 光合速率 \times 光合时间 - 光合产物消耗) \times 经济系数$$

上式中的五个因素不是彼此孤立的，也不是固定不变的，因此一切管理措施都要兼顾到它们的相互关系，使之有利于经济产量的提高。

2. 植物对光能的利用

由植物产量构成因素可知，提高植物对光能的利用是增加植物产量的最重要手段。

（1）光能利用率　光能利用率是指照射到地面的日光能，被光合作用转变为化学能而贮藏于有机物质中的百分数。从表 4-12 中可以看出，植物的光能利用率很低。据计算，低产田的光能利用率只达 0.1%～0.2%，森林植物只有 0.1%。丰产田的光能利用率也只有 3%左右。

表 4-12　照射到叶面上的太阳光的分配

照射到叶面上的太阳光	可见光约 50%	反射 5%	
		透射 2.5%	
		吸收 42.5%	蒸腾损失 40%
			辐射损失约 2%
			光合利用 0.5% ~1%
	红外光约 50%	反射 15%	
		透射 12.5%	
		吸收 22.5%，均在蒸腾及辐射中损失	

（2）栽培植物光能利用率不高的原因

1）光合作用对光谱的选择性。在太阳辐射能中，植物光合作用只能利用波长为 400 ~ 700nm 的可见光，约占太阳光总量的 50%。而在被吸收的光中，又以 400 ~ 500nm 和 600 ~ 700nm 的光波对光合最有效，500 ~ 600nm 的光波效率低，由于光合作用对光谱的吸收有选择性，因而降低了叶片的光能利用率。

2）漏光的损失。在植物生长初期，植株矮小，叶面积小，日光大部分直射到地面而损失掉。

3）光饱和现象的限制。光照强度超过光饱和点以上的部分，植物不能利用。

4）环境条件的影响及栽培管理不当。在植物生长期间，经常会遇到不适于生长发育和光合作用进行的环境条件，如干旱、水涝、高温、低温、强光、盐渍、缺肥、病虫及草害等，这些都会导致植物光能利用率下降。

（3）提高光能利用率以提高植物产量的途径

1）增加光合面积。通过合理密植、改变株形等措施，增大光合面积。合理密植就是通过调节种植密度，使植物群体得到合理发展，达到最大的光合面积，减少漏光损失，获得最高的光能利用率。

2）延长光合时间。延长光合时间可通过提高复种指数、延长生育期及补充人工光照等措施来实现。复种指数就是全年内植物的收获面积对耕地面积之比。提高复种指数可增加收获面积，延长单位面积上植物的光合时间，减少漏光损失，充分利用光能。如通过间作套种，就能在一年内巧妙的搭配植物，从时间上和空间上更好地利用光能。在不影响耕作制度的前提下，适当延长植物的生育期也能提高光能利用率。如育苗移栽、覆膜栽培等，可做到植物生长前期早生快发，较早达到较大的叶面积，早封垄，少漏光，可有效延长光合时间，充分利用光能。在小面积的栽培试验和设施栽培中，可采用生物效应灯或日光灯作为人工光源，以延长光照时间。

3）提高光合速率降低呼吸消耗。通过选育高光效品种，调控器官建成和有机物质的分配、协调“源、流、库”的关系，同时创造合理的群体结构，改善冠层的光、温、水、气条件，合理灌水施肥以提高光合速率降低呼吸速率，达到增产的目的。

实训17 叶绿素的定量测定（分光光度法）

一、目的

通过试验掌握叶绿素提取和含量测定的方法，掌握分光光度计的使用原理和方法。

二、原理

根据叶绿素对可见光的吸收光谱，利用分光光度计在某一特定波长下测定其光密度，依据比尔定律，代入相关公式计算叶绿素的含量。

三、用具与材料

分光光度计、容量瓶（50mL）、漏斗、滤纸、细玻璃棒、研钵、天平、剪刀、吸管、丙酮（80%）、新鲜的植物叶片。

四、方法与步骤

1. 提取叶绿素

从植株上取有代表性的叶片，称取0.5～1g鲜重，剪碎后置于研钵中研成匀浆，加入80%丙酮20mL，静置5～10min后，把上清液过滤于50mL容量瓶中；再加丙酮20mL，继续研磨至组织变白无绿色，把残渣一起过滤于50mL容量瓶中；然后用少量丙酮洗研钵和玻璃棒，再用丙酮将滤纸上色素冲洗干净；最后定容至刻度，摇匀，待测。

2. 测量光密度

吸取叶绿素丙酮提取液2mL，加80%丙酮2mL稀释后摇匀，以80%丙酮做空白对照。用分光光度计分别在663nm和645nm波长下读取光密度。

五、结果分析

根据比尔定律可以推算出：

$$\text{叶绿素}\ a\ \text{含量(mg/g)} = \frac{C_a \times \text{提取液总量}/1000 \times \text{稀释倍数}}{\text{样品重量(g)}}$$

$$\text{叶绿素}\ b\ \text{含量(mg/g)} = \frac{C_b \times \text{提取液总量}/1000 \times \text{稀释倍数}}{\text{样品重量(g)}}$$

C_a、C_b 分别为叶绿素 a、b 的光密度。

$$\text{提取液总量} = \text{叶绿素}\ a\ \text{含量} + \text{叶绿素}\ b\ \text{含量}$$

六、作业

1）分光光度计测定叶绿素含量的原理是什么？

2）计算出被测植物叶内的叶绿素含量。

实训18 光合速率的测定（改良半叶法）

一、目的

学会用改良半叶法测定植物的光合速率，主要应用于田间自然条件下植物光合速率的测定。

二、原理

对称叶片的两侧处在相同的条件下，光合速率应基本相同。可先测出一侧叶片一定叶面积的干重，使另一侧在光下进行光合作用并阻止光合产物向外运输。一定时间后，再测出该侧叶片相同叶面积的干重。根据两者重量之差、所用时间和叶面积，即可求得叶片的光合速率。

三、用具与材料

分析天平、称量瓶2个、烘箱（公用）、打孔器1付、垫板1块、镊子1把、标签牌若干、脱脂棉签1个、三氯甲烷、各种阔叶树的叶片均可。

四、方法与步骤

1. 选样

一般在晴天或少云天气进行。选择有代表性的植株，在各植株的相同部位选择无损伤且对称良好的叶片，按顺序挂上标签，应选择10~20片叶或更多，以提高测定的准确性。

2. 处理叶柄隔断光合产物的外运

按顺序在选好的叶片基部叶脉汇聚处背腹面及叶柄上端的周围涂三氯甲烷，使韧皮部的细胞中毒，以防止光合产物外运。

3. 取样

在涂药叶中脉的一侧，避开较粗的侧脉，用打孔器取小圆片若干片，其总面积以30~50cm^2为宜，置于称量瓶中。从取第一片小圆片时，开始计时。

4. 烘干称重

将称量瓶置于80~90℃的烘箱中烘至恒重，然后在分析天平上称重，其干重记为W_1。

5. 取样、烘干、称重

自计时起4~6h后，按先前顺序在叶的另一侧对称部位，用同一付打孔器取相同数目的小圆片。计时方法与第一次取圆片相同。烘干，称重，其干重记为W_2。

6. 计算

$$净光合速率(mg \cdot dm^{-2} \cdot h^{-1}) = \frac{W_2 - W_1}{S \times t}$$

式中　S——圆片总面积（dm）；

t——照光时间（h）。

五、作业

1）计算出被测植物的净光合速率。

2）为保证试验结果的准确性，试验中应注意哪些问题？

任务4　植物的呼吸作用及呼吸速率的调控

一切生命活动都需要能量。绿色植物通过光合作用将太阳光能转变为化学能贮存在有机物质中，这是整个生物界能量的最初来源。但生物体各种生命活动（如植物细胞有丝分裂、根系主动吸收矿质离子、有机物质在韧皮部中的主动运输以及其他大分子有机物质的合成等）所需的能量，并不能由这些有机物质（糖、脂、蛋白质）直接提供。这些生理过程所需的能量必须由特殊的高能化合物（主要是ATP）提供。而ATP等高能化合物主要来自一个重要的生理过程——呼吸作用。

一、呼吸作用的概念、类型及生理意义

1. 呼吸作用的概念、类型

（1）呼吸作用的概念　呼吸作用是指生活细胞内的有机物质，在酶的参与下，逐步氧

化分解成简单物质，并释放能量的过程。被氧化的有机物质称为呼吸底物，主要有糖类、脂肪、蛋白质和有机酸等。高等植物主要以糖类为呼吸底物，包括淀粉、蔗糖、葡萄糖和果糖等。

（2）呼吸作用的类型　依据呼吸作用过程中有无氧气参与，可将呼吸作用分为有氧呼吸和无氧呼吸两大类型。

有氧呼吸是指生活细胞利用分子氧，将某些有机物质彻底氧化分解生成二氧化碳和水，同时释放大量能量的过程。有氧呼吸是高等植物进行呼吸作用的主要形式。

无氧呼吸是指生活细胞在无氧或缺氧条件下，将某些有机物分解成为不彻底的氧化产物，同时释放少量能量的过程。这个过程在微生物中称为发酵，据产物的不同分为酒精发酵和乳酸发酵。

2. 呼吸作用的生理意义

（1）为生命活动提供能量　呼吸作用释放出的能量一部分以 ATP 形式暂时贮存起来，不断满足植物体内各种生理过程（植物细胞有丝分裂、根系主动吸收矿质离子、有机物质在韧皮部中的主动运输以及其他大分子有机物质的合成等）对能量的需要。未被利用的能量转变为热能而散失掉。呼吸放热，可提高植物体体温，有利于植物的幼苗生长、开花传粉、受精等生命活动。

（2）为重要有机物质提供合成原料　呼吸作用在分解有机物质过程中产生许多中间产物，如α-酮戊二酸、苹果酸、3-磷酸甘油醛等，可作为合成糖类、脂类、氨基酸、蛋白质、酶、核酸、色素、激素及维生素等各种细胞结构物质、生理活性物质及次生物质的原料，这些物质可用于植物体的形态建设、信息传递、物质贮存和生长发育的调节等生理活动。因此，可以说呼吸作用是植物体内有机物质代谢的中心。

（3）为代谢活动提供还原力　在呼吸底物降解过程中形成的 NADH、NADPH、$FADH_2$ 等可为脂肪、蛋白质的生物合成、硝酸还原等生理过程提供还原力。

（4）增强植物抗病免疫能力　植物受到病菌侵染时，该部位呼吸速率急剧升高，通过氧化分解病菌分泌的有毒物质；受伤时，也可通过旺盛的呼吸，促进伤口愈合，使伤口迅速木质化或栓质化，阻止病菌的侵染。呼吸作用的加强还可促进具有杀菌作用的绿原酸、咖啡酸的合成。

二、高等植物的呼吸系统

1. 高等植物呼吸系统的多样性

植物的呼吸作用并不是只有一种途径。不同植物、同一植物的不同器官或组织在不同生育期或不同环境条件下，呼吸底物的氧化分解可走不同的途径。这是植物适应复杂多变的生态环境与自身不同发育时期的表现。

目前已有试验充分证明，在高等植物体内存在着的呼吸代谢途径有：在无氧条件下进行的酒精发酵和乳酸发酵；有氧条件下进行的三羧酸循环和磷酸戊糖途径，以及脂肪酸氧化分解的乙醛酸循环等。各条呼吸途径之间相互联系、相互制约，构成了一个可自主调节的呼吸代谢机制，如图 4-30 所示。

2. 呼吸作用的重要途径——糖酵解

高等植物的呼吸作用主要以糖类为呼吸底物，糖酵解是高等植物进行呼吸作用的主要途

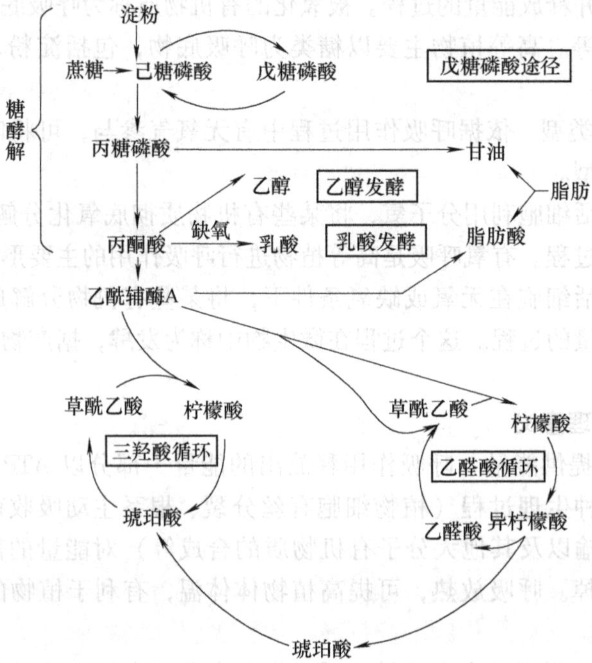

图 4-30 植物体内主要呼吸代谢途径相互关系示意图

径。此过程没有游离氧的参加，普遍存在于动物、植物和微生物的细胞中，是有氧呼吸和无氧呼吸共同经历的一个过程。

（1）糖酵解（EMP） 糖酵解是指葡萄糖在一系列酶的催化下，经脱氢氧化逐渐转变为丙酮酸并释放能量的过程。糖酵解的各步反应都是在细胞质中完成的。

为纪念在研究糖酵解途径方面有突出贡献的三位生物化学家：Embden、Meyerhof 和 Parnas，又把糖酵解途径称为 Embden-Meyerhof-Parnas 途径，简称 EMP 途径。

（2）糖酵解化学反应过程 糖酵解途径可人为划分为三个阶段，如图 4-31 所示。

第一阶段，活化阶段。葡萄糖磷酸化以提高分子能量水平，需要消耗高能化合物 ATP，包括三步反应。

第二阶段，降解阶段。1，6-二磷酸果糖裂解，六碳糖降解为三碳糖，包括两步反应。

第三阶段，氧化放能阶段。3-磷酸甘油醛脱氢氧化生成丙酮酸并经底物水平磷酸化形成 ATP，包括六步反应。所谓底物水平磷酸化是指代谢底物在分解过程中，因脱氢或脱水引起分子内部能量重新分布，所形成的高能磷酸键直接转移给 ADP 而生成 ATP 的过程。它是无氧呼吸过程中获取能量 ATP 的唯一方式。

结果：从葡萄糖开始计算，1mol 葡萄糖经糖酵解反应，生成 2mol 丙酮酸、2molNADH $+H^+$，净生成 2molATP。

（3）糖酵解的生理意义

1）糖酵解途径是有氧呼吸和无氧呼吸共同经历的一个过程。

2）糖酵解逆转使糖异生作用成为可能。

3）糖酵解中产生的 ATP 和 NADH $+ H^+$，可使生物体获得生命活动所需的部分能量和还原力。

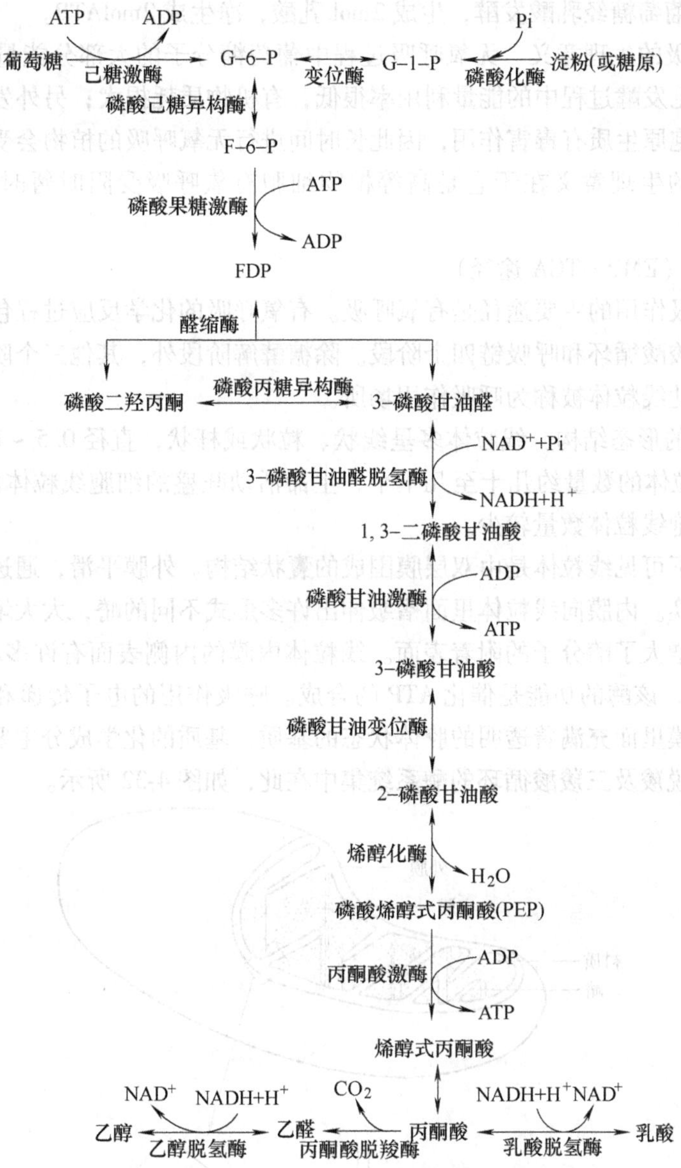

图 4-31　糖酵解及无氧呼吸的酒精发酵和乳酸发酵

4）糖酵解中的一些中间产物是合成其他有机物质的重要原料，如磷酸二羟丙酮可用于合成甘油进而用于脂肪合成，丙酮酸是合成丙氨酸等氨基酸的原料。

3. 无氧呼吸

（1）无氧呼吸的类型　高等植物的无氧呼吸有两种类型：酒精发酵和乳酸发酵。

（2）化学反应历程　酒精发酵：葡萄糖经糖酵解形成丙酮酸；丙酮酸脱羧生成乙醛；乙醛加氢还原生成乙醇（酒精）。乳酸发酵：葡萄糖经糖酵解形成丙酮酸；丙酮酸直接还原生成乳酸。

化学反应过程如图 4-31 所示。

结果：1mol 葡萄糖经酒精发酵，生成 2mol 乙醇、2molCO_2，净生成 2molATP。

1mol 葡萄糖经乳酸发酵，生成 2mol 乳酸，净生成 2molATP。

（3）无氧呼吸的生理意义　无氧呼吸过程中葡萄糖分子的大部分能量仍保存在乳酸或乙醇分子中，可见发酵过程中的能量利用率很低，有机物质耗损大；另外发酵产生的酒精和乳酸的累积对细胞原生质有毒害作用，因此长时间进行无氧呼吸的植物会受到伤害，甚至会死亡。无氧呼吸的生理意义在于它是高等植物细胞有氧呼吸受阻时暂时补充能量的一种方式。

4. 有氧呼吸（EMP—TCA 途径）

高等植物呼吸作用的主要途径是有氧呼吸。有氧呼吸的化学反应过程包括糖酵解、丙酮酸氧化脱羧、三羧酸循环和呼吸链四个阶段。除糖酵解阶段外，其他三个阶段的反应都在线粒体中完成，因此线粒体被称为呼吸作用场所。

（1）线粒体的形态结构　线粒体多呈线状、粒状或杆状，直径 0.5 ~ 1.0μm，长约 1 ~ 5μm。细胞内线粒体的数量约几十至几千个，生命活动旺盛的细胞线粒体的数量多，衰老、休眠或病态的细胞线粒体数量较少。

电子显微镜下可见线粒体是由双层膜围成的囊状结构。外膜平滑，通透性强，有利于线粒体内外物质交换。内膜向线粒体里面褶皱伸出许多形式不同的嵴，大大增加了内膜的表面积，从而有效地增大了酶分子的附着表面。线粒体内膜的内侧表面有许多小的带柄的颗粒，即 ATP 酶复合体，该酶的功能是催化 ATP 的合成。呼吸作用的电子传递和氧化磷酸化就发生在内膜上。内膜里面充满着透明的胶体状态的基质，基质的化学成分主要是可溶性的蛋白质，丙酮酸氧化脱羧及三羧酸循环的酶系统集中在此，如图 4-32 所示。

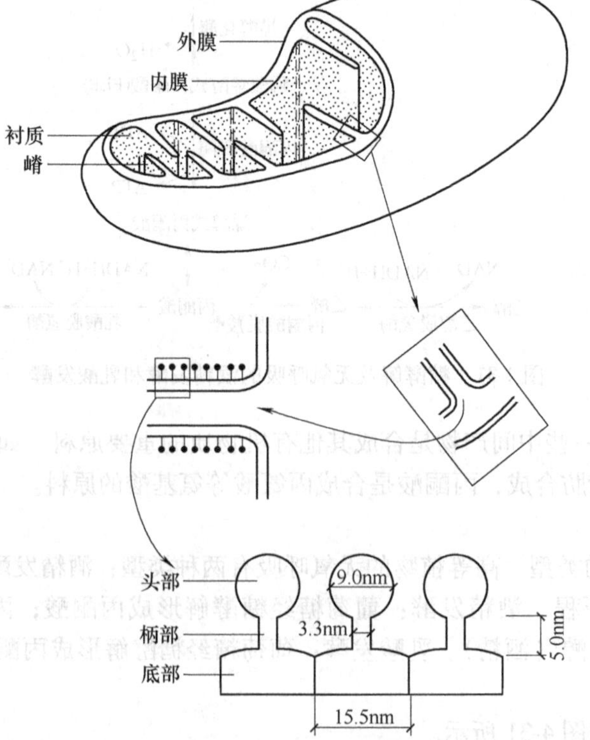

图 4-32　线粒体模式图

（2）有氧呼吸的化学反应过程

第一阶段，糖酵解过程如图 4-31 所示。

第二阶段，丙酮酸氧化脱羧生成乙酰 CoA。需丙酮酸脱氢酶系（多酶复合体）的催化。丙酮酸脱氢酶系是由丙酮酸脱羧酶、硫辛酸乙酰转移酶、二氢硫辛酸脱氢酶三种酶和焦磷酸硫胺素（TPP^+）、硫辛酸、CoA－SH、黄素腺嘌呤二核苷酸（FAD）、NAD^+ 和 Mg^{2+} 六种辅助因子所组成的复合体。

第三阶段，三羧酸循环（TCA）。三羧酸循环是指从乙酰 CoA 与草酰乙酸缩合成含有三个羧基的柠檬酸开始，经过一系列氧化脱羧反应生成 CO_2、$NADH+H^+$、$FADH_2$、ATP 至草酰乙酸再生的全过程，包括十步反应，如图 4-33 所示。

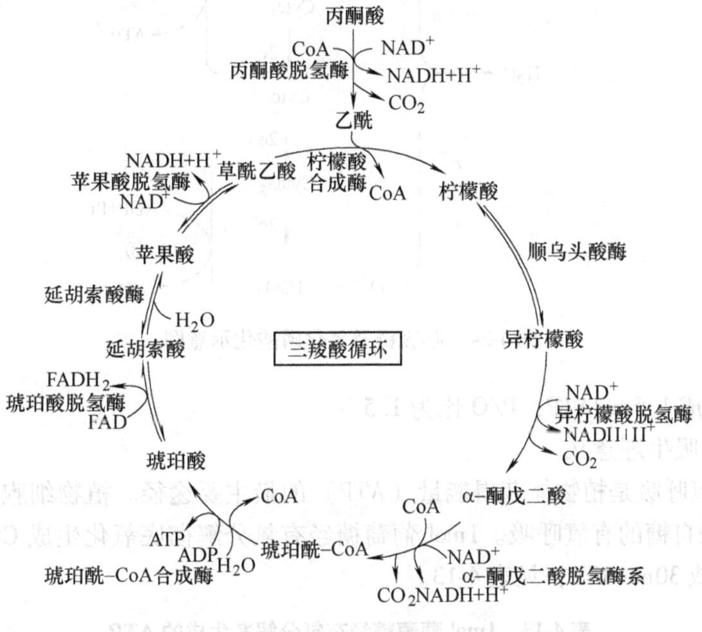

图 4-33 丙酮酸氧化脱羧及三羧酸循环

结果：1mol 丙酮酸经丙酮酸氧化脱羧及三羧酸循环途径，彻底氧化脱羧生成 3molCO_2、4mol$NADH+H^+$、1mol$FADH_2$，经底物水平磷酸化生成 1molATP。

第四阶段，呼吸链。呼吸链是指按一定顺序排列在线粒体内膜上，互相衔接传递氢和电子到分子氧的一系列呼吸传递体的总轨道，又称为电子传递链。线粒体内膜上主要有两条电子传递链：NADH 电子传递链和 $FADH_2$ 电子传递链。

前三个阶段产生的 $NADH+H^+$、$FADH_2$ 经呼吸链彻底氧化生成水，并经氧化磷酸化生成大量 ATP。氧化磷酸化是指代谢底物脱下的氢（$NADH+H^+$、$FADH_2$），经呼吸链传递给 O_2 氧化放能的同时，与 ADP 磷酸化生成 ATP 吸能相偶联的过程。氧化磷酸化是需氧生物合成 ATP 的主要途径，如图 4-34 所示。

氧化磷酸化的活力指标是 P/O 比，即指每消耗 1 摩尔氧原子生成 ATP 的摩尔数。

结果：1mol $NADH+H^+$ 经 NADH 电子传递链，消耗 1mol 氧原子（1/2mol 氧分子），生成 1mol 水。经氧化磷酸化生成 2.5molATP，P/O 比为 2.5。

1mol $FADH_2$ 经 $FADH_2$ 电子传递链，消耗 1mol 氧原子（1/2mol 氧分子），生成 1mol 水。

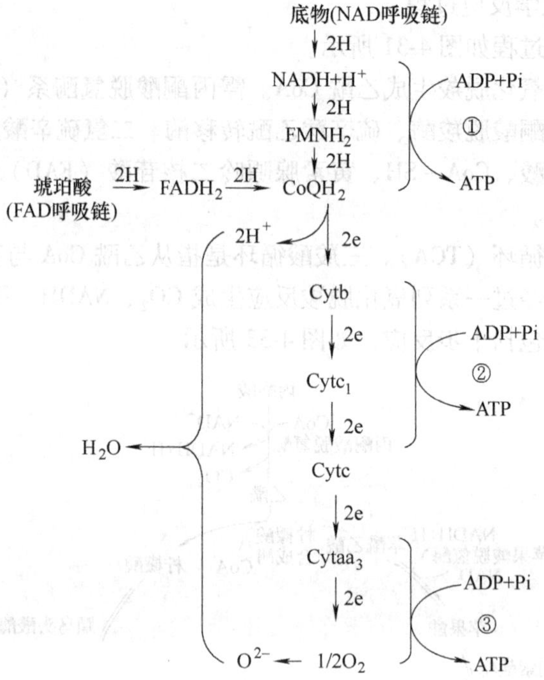

图 4-34 呼吸链及氧化磷酸化示意图

经氧化磷酸化生成1.5molATP，P/O 比为 1.5。

（3）有氧呼吸生理意义

1）糖的有氧呼吸是植物体获得能量（ATP）的最主要途径。植物细胞生命活动所需能量的95%以上来自糖的有氧呼吸。1mol 葡萄糖经有氧分解彻底氧化生成 CO_2 和 H_2O，可净产生 32molATP 或 30molATP，见表 4-13。

表 4-13 1mol 葡萄糖经有氧分解净生成的 ATP

反应阶段	反应名称	生成的能量物质	生成或消耗的 ATP(mol)
糖酵解	葡萄糖→G-6-P		−1
	F－6－P→1，6-二磷酸果糖		−1
	3-磷酸甘油醛→1，3-二磷酸甘油酸	2（NADH＋H⁺）	2.5×2(1.5×2)
	1，3-二磷酸甘油酸→3-磷酸甘油酸		2
	磷酸烯醇式丙酮酸→烯醇式丙酮酸		2
丙酮酸氧化脱羧	丙酮酸 →乙酰 CoA	2（NADH＋H⁺）	2.5×2
	异柠檬酸→草酰琥珀酸	2（NADH＋H⁺）	2.5×2
	α-酮戊二酸→琥珀酰 CoA	2（NADH＋H⁺）	2.5×2
三羧酸循环	琥珀酰 CoA→琥珀酸		2
	琥珀酸→延胡索酸	2（$FADH_2$）	1.5×2
	苹果酸→草酰乙酸	2（NADH＋H⁺）	2.5×2
总计			32（或30）

2）三羧酸循环是糖、脂肪、蛋白质彻底氧化分解的共同途径，也是各类有机物质相互转化的枢纽。

3）糖有氧呼吸的中间产物为其他生物物质（脂肪、蛋白质、核酸等）的合成提供碳架。例如，α-酮戊二酸、丙酮酸、草酰乙酸可转化为谷氨酸、丙氨酸、天冬氨酸等氨基酸；乙酰 CoA 可转化为脂肪酸；琥珀酰 CoA 可参与叶绿素的合成。

4）三羧酸循环中的有机酸（柠檬酸、苹果酸、琥珀酸等）以及由此转化的其他有机酸（酒石酸、草酸、乙酸、乳酸、葡萄糖等），既是呼吸作用的底物，也是植物生长发育时期某些器官的积累物质。

（4）植物体细胞内的其他氧化酶系统　处于呼吸链一系列氧化还原反应最末端、能活化分子态氧的酶称为末端氧化酶。植物体细胞内除细胞色素氧化酶外，还有交替（抗氰）氧化酶、多酚氧化酶、抗坏血酸氧化酶、乙醇酸氧化酶等多条途径。这种复杂多样的氧化酶系统使植物体能适应不同的底物和不断变化的外界环境，保证植物体正常的生命活动。各种末端氧化酶系统如图 4-35 所示。

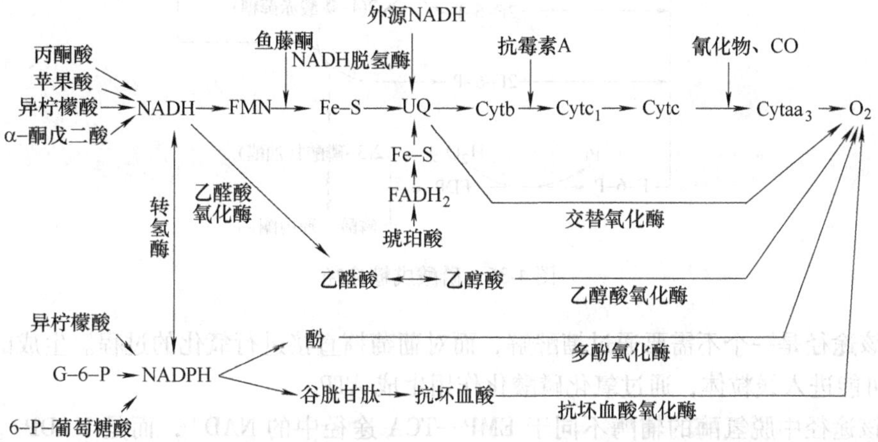

图 4-35　呼吸作用中电子传递的末端氧化酶系统图解

5. 磷酸戊糖途径

（1）磷酸戊糖途径概念　磷酸戊糖途径（PPP）是高等植物中有氧呼吸的另一途径，又称为己糖磷酸途径（HMP）或葡萄糖直接氧化途径。磷酸戊糖途径是指葡萄糖在细胞质中直接氧化脱羧并以磷酸戊糖为重要中间产物的有氧呼吸途径。

（2）磷酸戊糖途径化学反应历程　磷酸戊糖途径的化学反应历程可分为两个阶段：氧化阶段和非氧化阶段。

氧化阶段：不可逆过程，葡萄糖活化后生成 6-磷酸葡萄糖，6mol 的 6-磷酸葡萄糖直接脱氢氧化及脱羧生成 6mol CO_2、12mol NADPH + H^+ 和 6mol 的 5-磷酸核酮糖，包括三步反应。

非氧化阶段：可逆过程，6mol 的 5-磷酸核酮糖经丙糖、丁糖、戊糖、庚糖等中间产物，转变为 5mol 的 6-磷酸葡萄糖。

磷酸戊糖途径的化学反应历程如图 4-36 所示。

结果：整个过程相当于消耗了 1mol 的 6-磷酸葡萄糖，生成了 6mol CO_2 和 12mol NADPH + H^+。

（3）磷酸戊糖途径生理意义

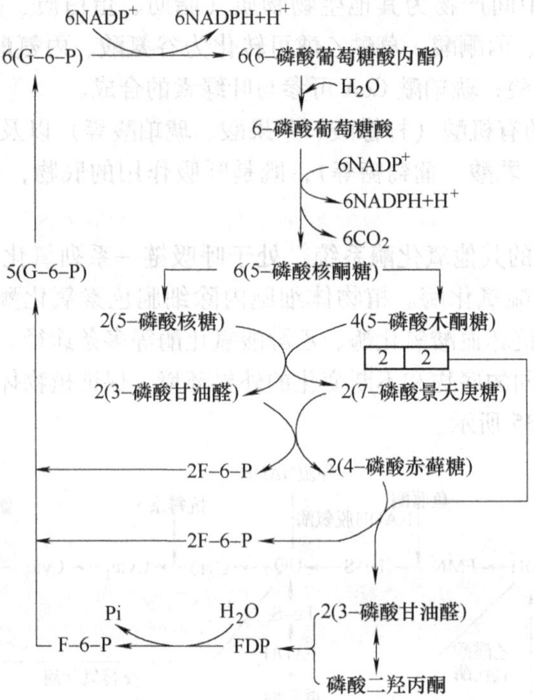

图 4-36　磷酸戊糖途径

1）该途径是一个不需要通过糖酵解，而对葡萄糖直接进行氧化的过程。生成的 NADPH + H^+ 也可能进入线粒体，通过氧化磷酸化作用生成 ATP。

2）该途径中脱氢酶的辅酶不同于 EMP—TCA 途径中的 NAD^+，而是 $NADP^+$。每氧化 1mol 的 6-磷酸葡萄糖可生成 12mol 的 NADPH + H^+。它是植物体内脂肪酸和固醇类物质生物合成、葡萄糖还原为山梨醇、二氢叶酸还原成四氢叶酸的还原剂。该途径不直接生成 ATP。

3）该途径的中间产物在生理活动中十分活跃，它们是许多重要物质生物合成的原料。例如 5-磷酸核酮糖等戊糖是合成核酸的原料；4-磷酸赤藓糖和磷酸烯醇式丙酮酸可以合成莽草酸，进而合成芳香族氨基酸用于蛋白质合成，也可用于合成与植物生长和抗病性有关的生长素、木质素、绿原酸、咖啡酸等物质。植物在染病或受伤情况下，该途径显著加强。

4）该途径中的一些中间产物丙糖、丁糖、戊糖及庚糖的磷酸酯也是光合作用中 C_3 途径的中间产物，因而可以将呼吸作用和光合作用联系起来。

6. 光合作用与呼吸作用的关系（表 4-14）

表 4-14　光合作用和呼吸作用的关系

光合作用	呼吸作用
利用简单的无机物质（CO_2 和 H_2O）合成有机物质，表现为吸收 CO_2 释放出 O_2	把有机物质氧化分解为无机物质，表现为吸收 O_2 释放出 CO_2
贮能的过程，把光能转变为化学能贮存在有机物质中	放能过程，把贮存在有机物质中的能量释放出来，形成 ATP 及热能
只在绿色细胞中进行，作用场所（细胞器）为叶绿体	在所有生活细胞中进行，作用部位除细胞质外，主要场所（细胞器）为线粒体

（续）

光合作用	呼吸作用
必须在有光的条件下才能进行	在有光、无光下均可进行
为呼吸作用提供物质基础，所释放出的 O_2 也可用于呼吸作用	为所有细胞（包括绿色细胞）生命活动提供 ATP，所释放的 CO_2 也可供光合作用利用
许多中间产物可以与呼吸作用共用	许多中间产物可以与光合作用共用

三、影响呼吸作用的因素

1. 呼吸作用的生理指标

呼吸作用的强弱和性质，一般可以用呼吸速率和呼吸商两种生理指标来表示。

（1）呼吸速率（呼吸强度）　呼吸速率是代表呼吸强弱的定量指标，通常以单位时间单位植物组织（干重或鲜重）所放出 CO_2 或吸收的 O_2 的数量表示，常用单位有：$\mu mol \cdot g^{-1} \cdot h^{-1}$，$\mu mol \cdot mg^{-1} \cdot h^{-1}$，$\mu L \cdot g^{-1} \cdot h^{-1}$ 等。

（2）呼吸商（RQ）　呼吸商是指植物组织在一定时间内释放的 CO_2 与吸收 O_2 数量的比值。

$$呼吸商 = 释放\ CO_2\ 的量/吸收\ O_2\ 的量$$

呼吸商主要表示呼吸底物的性质。以葡萄糖作为呼吸底物时 RQ = 1.0。

$$C_6H_{12}O_6 + 6O_2 \longrightarrow 6\ CO_2 + 6\ H_2O \quad RQ = 6/6 = 1.0$$

凡是比葡萄糖氧化能力强（含氧量大）的物质，如有机酸作为呼吸底物时，因为它消耗 O_2 的量要小于释放的 CO_2 的量，故 RQ > 1.0，如柠檬酸完全氧化时 RQ 约为 1.33。反之，凡是比葡萄糖还原能力强（富含氢）的物质，如脂肪酸完全氧化时，因为吸收 O_2 的量大于释放的 CO_2 的量，故 RQ < 1.0，如棕榈酸完全氧化，RQ 是 0.68。

2. 内部因素对呼吸作用的影响

（1）不同植物种类呼吸速率不同　一般来说，凡是生长快的植物呼吸速率就高，生长慢的植物呼吸速率就低，见表 4-15。

表 4-15　几种不同植物的呼吸速率

植物种类	呼吸速率（氧气，鲜重）$\mu L \cdot g^{-1} \cdot h^{-1}$
仙人掌	3.00
景天	16.60
云杉	44.10
蚕豆	96.60
小麦	251.00
细菌	10000.00

（2）同一植物的不同器官或组织呼吸速率有明显差异　一般来说，生殖器官的呼吸速率较营养器官高；生长旺盛的、幼嫩的器官的呼吸速率较生长缓慢的、年老的器官强；种子内胚的呼吸速率比胚乳高。

（3）呼吸速率还随生育期的变化而变化　同一植株或植株的同一器官在不同的生育期，呼吸速率会有较大的变化。一年生植物开始萌发时，呼吸迅速增强，随着植株生长变慢，呼吸逐渐平稳，并有所下降，开花时又有所提高。植物叶片幼嫩时呼吸较快，成长后下降，进入衰老时期呼吸则上升，到衰老后期呼吸极其微弱，如图4-37所示。

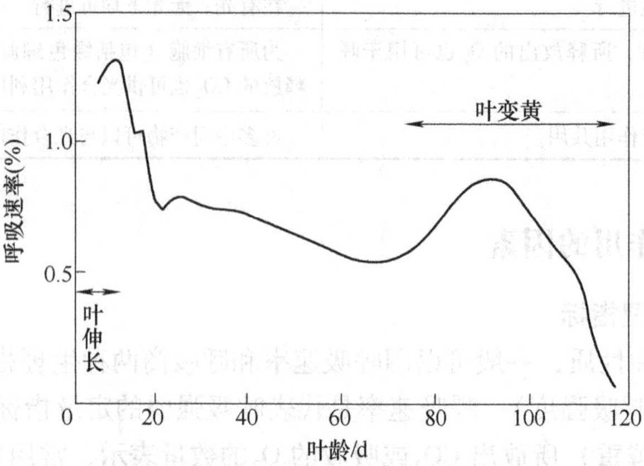

图4-37　草莓叶片不同年龄的呼吸速率

（4）多年生植物的呼吸速率表现出季节周期性的变化　在温带生长的植物，春季呼吸速率最高，夏季略降低，秋季又上升，以后一直下降，到冬季降至最低点，这种周期性变化除了外界环境的影响外，与植物体内的代谢强度、酶活性及呼吸底物的多寡也有密切关系。

3. 外界条件对呼吸作用的影响

（1）温度　温度对呼吸作用的影响主要表现为温度对呼吸酶活性的影响。呼吸速率在一定范围内随温度增高而增强，达到最高值后，继续增高温度，呼吸速率反而下降。即表现有温度三基点：最低、最高与最适温度，最适温度是指保持稳态的最高呼吸速率时的温度。温度对呼吸速率的影响如图4-39所示。

一般温带植物呼吸速率的最适温度为25～30℃。最低温度则因植物种类不同而有很大差异，如冬小麦在0℃以下仍有一定的呼吸速率，松针在－25～－20℃时仍可测出呼吸，但大多数植物温度在0℃以下时，呼吸很微弱，甚至测不出呼吸。

呼吸作用对温度反应与生育季节有很大关系，松针很耐寒，但在夏季温度降至－4℃左右时，呼吸很快停止。

热带或亚热带植物呼吸作用最高温度可在40～45℃之间。但不论何种植物，呼吸作用对温度反应具有明显的时间效应，即植物在短期内甚至在70℃下仍可达到很高呼吸速率，但这只是很快下降前的短暂表现，温度越高，效应的时间越短。豌豆幼苗呼吸强度与温度变化的关系是个典型的代表，如图4-38所示。

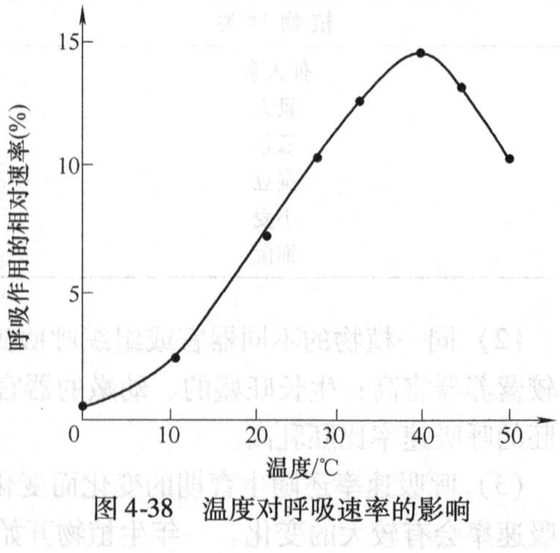

图4-38　温度对呼吸速率的影响

如图4-39可见，在0～35℃生理温度范围内，温度每增高10℃，呼吸强度增高1～1.5倍；但超过35℃，温度越高，呼吸强度下降越快。因此，在研究植物组织的呼吸变化时，稳定适宜的温度条件是十分重要的。高温对呼吸作用的这种影响，原因是多方面的，其中最主要的是高温对酶的钝化作用，大多数呼吸酶都不适应40℃以上的高温。

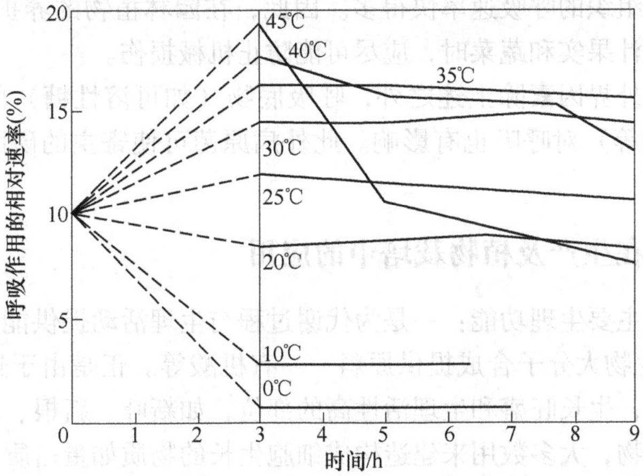

图4-39 温度（结合时间）对豌豆幼苗呼吸速率的影响

注：预先将豌豆幼苗放在25℃下培养4d，其相对呼吸速率为10，再放到不同温度下培养3h，测定相对呼吸速率的变化。

（2）氧气 氧是有氧呼吸途径运转的必需因素，也是呼吸链电子传递系统的最终电子受体，氧浓度的变化对呼吸速率、呼吸代谢途径都有影响。

大气中 O_2 含量较稳定，约占21%。对植物地上器官来说，基本能保证氧的正常供应。当氧气浓度下降到20%以下时，植物呼吸速率便开始下降；从呼吸类型来看，氧气浓度在10%～20%之间时，无氧呼吸不进行；当氧浓度低于10%时，无氧呼吸出现并逐步加强，有氧呼吸迅速下降。一般把无氧呼吸停止进行的最低氧气浓度（10%左右）称为无氧呼吸消失点。

从有氧呼吸角度来看，在氧浓度较低的情况下，呼吸速率与氧浓度呈正比，即呼吸作用随氧浓度的增加而增强，但氧浓度增至一定程度，对呼吸作用就没有促进作用了，此时的氧浓度称为氧饱和点。氧浓度过高对植物体也有毒害，这可能与活性氧代谢形成的自由基有关。氧饱和点与温度密切相关，一般是温度升高，氧饱和点也提高。

（3）二氧化碳 二氧化碳是呼吸作用的最终产物，当外界环境中的二氧化碳浓度增高时，脱羧反应减慢，呼吸作用受到抑制。试验证明，二氧化碳浓度高于5%时，明显抑制呼吸作用，这可在鲜切花、种子贮藏中加以利用。土壤中由于植物根系的呼吸作用特别是土壤微生物的呼吸作用会产生大量的二氧化碳，加上土壤表层板结、深层通气不良，积累的二氧化碳可达4%～10%，甚至更高。因此在栽培管理上要及时中耕松土，减少二氧化碳，增加氧气浓度，保证根系的正常生长。

（4）水分 植物组织含水量与呼吸作用密切相关。干燥种子的呼吸作用极微弱，当种子吸水后，呼吸速率迅速增加，因此种子含水量是制约种子呼吸强弱的重要因素。就植物整体而言，在一定范围内，呼吸速率随组织含水量的增加而升高；当植物受旱萎蔫时，呼吸速率有所增加，而在萎蔫时间较长时，呼吸速率则会下降。

（5）机械损伤 机械损伤会显著提高呼吸速率，理由有三点：一是原来氧化酶与其底物在结构上是隔开的，机械损伤使原来间隔破坏，酚类化合物迅速被氧化；二是细胞被破坏后，底物与呼吸酶接近，于是正常的糖酵解和氧化分解代谢加强；三是机械损伤使某些细胞转变为分生组织状，以形成愈伤组织去修补伤处。这些生长旺盛的生长细胞的呼吸速率，当然比原来休眠或成熟组织的呼吸速率快得多。因此，在园林植物的养护和运输中以及采收、包装、运输和贮藏多汁果实和蔬菜时，应尽可能防止机械损伤。

影响呼吸作用的外界因素除上述之外，呼吸底物（如可溶性糖）的含量、一些矿物质元素（如磷、铁、铜等）对呼吸也有影响。此外病原菌可使寄主的磷酸戊糖途径增强，呼吸速率提高。

四、呼吸作用在生产及植物栽培中的应用

呼吸作用有两大主要生理功能：一是为代谢过程与生理活动提供能量——ATP 与 NADH（NADPH）；一是为生物大分子合成提供原料——有机酸等。正是由于这些功能，呼吸作用与生命活动息息相关，生长旺盛和生理活性高的部位，如新叶、新根、花、幼果等呼吸作用所产生能量及中间产物，大多数用来建造构成细胞生长的物质如蛋白质、核酸、纤维素、磷脂等，这种组织内呼吸速率与细胞生理活性几乎呈直线关系，呼吸强，生长快，另一些已生长成熟的组织或器官内，生长活动已经停止，这时呼吸作用消耗物质所产生的能量除部分用于维持细胞的活性外，有相当一部分能量是以热能形式散失了。此时适当降低这些组织的呼吸速率，有利于提高产量。

可见，掌握呼吸作用的规律，利用外界条件来促进或抑制呼吸作用，对于植物栽培具有重要意义。

1. 呼吸作用与种子萌发及植物栽培

呼吸作用与种子萌发、植物的营养体生长、营养生长向生殖生长的过渡以及种子和果实的形成等关系密切。植物栽培上的许多技术措施，都是直接或间接地保证呼吸作用的正常进行。

种子萌发的先决条件是吸涨吸水。随着组织含水量的增加，呼吸开始恢复，呼吸速率的增高几乎与相对含水量的增加相平行。因此种子播种后，必须保证有适宜的温度、充足的水分和足够的氧气，促使有氧呼吸占优势，充分利用贮藏物质，加速胚芽与胚根的生长。如果播种过深或者土壤缺墒，一方面种根不能及时突破种皮妨碍扎根，同时由于播种过深，造成缺氧环境，有利于无氧呼吸，浪费了贮藏的营养物质，在这种情况下，即使再改善土壤条件也不可能做到苗齐苗壮。适当浅播注意土壤墒情是保证萌发与壮苗的根本。

在大田植物的栽培管理中，要注意采用中耕松土、黏土掺沙、开沟排渍、适时灌溉、配方施肥等措施，防止土壤板结、改善土壤通气条件，从而提高根系的呼吸代谢水平，促进根系发育，扩大根系吸收水分和矿质的面积。

果树修剪除了调节营养生长和生殖生长外，还有利于果树的通风透光。透光是为了加强光合作用，增加物质积累；通风则可降低冠层内的温度，减少呼吸的有机物质消耗。

有喷灌设施的地方，可在傍晚时进行喷灌，既保证了植物的水分供给，又可降低田间温度，减少呼吸消耗，对种子和果实的生长十分有利。新疆的瓜果品质好、产量高的原因之一就是由于白天光照强，光合作用旺盛；夜间温度低，呼吸消耗少，累积的同化物较多。

温室栽培和利用薄膜育苗时，应注意高温和光照不足的矛盾，适时揭开薄膜通风降温以降低呼吸消耗，才能培育出健壮的幼苗。

2. 呼吸作用与种子贮藏

种子安全贮藏，主要任务是保证种子在贮藏期间不变质，并尽量减少呼吸消耗；对于生产用种子则要保证其旺盛的生活力。这都要求降低种子在贮藏期间的呼吸速率。

种子含水量是影响呼吸速率的主要因素之一。风干种子含水量常在8%~15%之间，这时原生质已处于脱水状态，呼吸酶包括线粒体的可溶酶活性降低到极限。贮藏种子时，油料种子含水量保持在9%以下、淀粉种子含水量保持在12%以下，呼吸作用极弱，可以安全贮藏，这时的含水量叫作安全含水量。当油质种子含水量超过10%~11%，淀粉种子超过15%~16%时，呼吸强度立即上升，而且随含水量增加呼吸直线上升，如图4-40所示。研究种子含水量与呼吸作用的关系，对于粮食的贮藏有密切关系，因为呼吸作用不仅继续消耗贮藏的物质，而且呼吸作用时散热提高了粮堆温度，有利于微生物活动，加速了粮食的变质。所以，保持种子库充分干燥，严格控制种子含水量，是种子安全贮藏的关键。

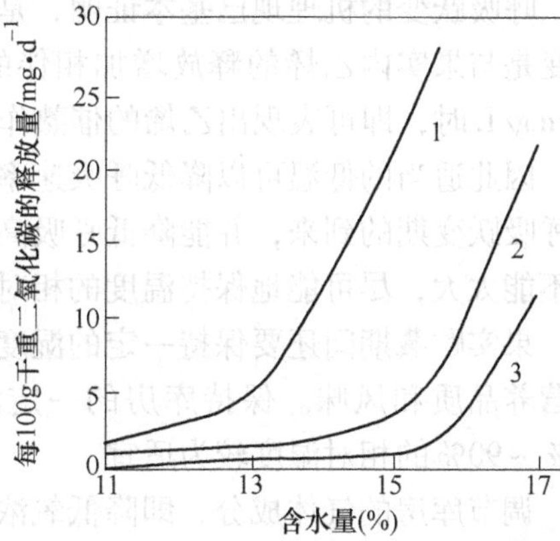

图4-40 种子含水量对呼吸速率的影响
1—亚麻 2—玉米 3—小麦

降低库房内温度，也是种子安全贮藏的重要条件。在0~50℃的温度范围内，温度每降低5℃，种子寿命可延长一倍。

降低库房的含氧量，也能使呼吸作用减弱，有利于种子和粮食的贮存。近年来国内在粮食与果蔬贮藏方面采用气调法取得了显著的效果，即在密闭的粮堆中，先抽出内部空气，再充入氮气，使其处于缺氧状态，可以压制呼吸的进行，防止霉变。

3. 呼吸作用与果蔬贮藏

果蔬是含水很高的农产品，果蔬安全贮藏的主要任务：一是保质，二是保鲜，延缓果蔬成熟和衰老，延长贮藏期。如果果蔬干燥，会失去新鲜状态，呼吸反而增强。果蔬可采用遮光、降低温度和氧气浓度，并保持一定空气湿度的措施进行贮藏。

果实在其生长发育过程中，先是子房发育成为果实，伴随大量有机物质的运入和转化，使果实不断膨大。当其长到充分大小以后，伴随着内部生理生化变化，细胞里果胶质水解，淀粉转化为糖，色泽由绿转变为黄、红、橙等，因而果质松软、香甜、色泽鲜艳，这时已达成熟。在这一成熟过程中很多种果实要经历一个特殊的呼吸形式，即首先呼吸略有降低，而后突然升高，最后又突然下降，经过这样的呼吸转折果实进入成熟。如图4-41所示，果实成熟前的呼吸高峰叫果实呼吸跃变现象。跃变时呼吸强度比跃变前高5倍以上。跃变强度及出现的时间与温度有关，例如，苹果在贮藏过程中，大约在达一半成熟时，出现

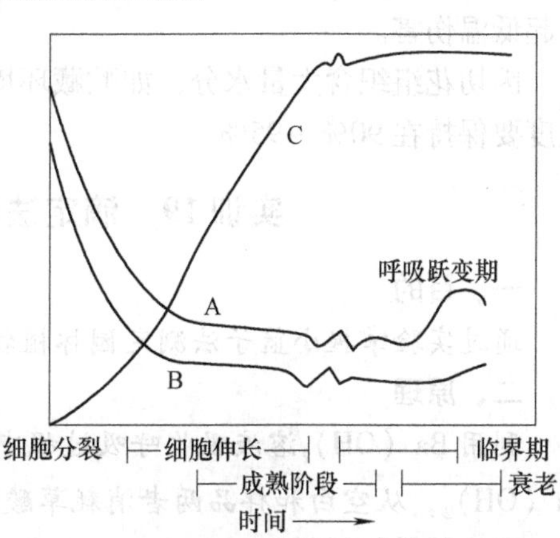

图4-41 经历或不经历呼吸跃变期的果实的生长和成熟过程中的呼吸变化
A、B—呼吸作用 C—果实生长

呼吸跃变，如在25℃贮藏时，其呼吸跃变出现得早而强，在10℃以下跃变强度小，在2.5℃下几乎无跃变期。苹果、梨、香蕉、草莓等有明显的呼吸跃变期，柑橘、瓜类、菠萝等没有明显的呼吸跃变期。

呼吸跃变的机理现已基本证明，是由于伴随组织质地变软，果实内乙烯形成所致。呼吸跃变是与果实内乙烯的释放增加相伴的，气相层析证明，果实内部乙烯浓度达到0.025～1.0mg/L时，即可表现出乙烯的催熟作用。

因此适当的低温可以降低呼吸速率，减少有机物质的消耗，延缓果实的成熟和衰老，推迟呼吸跃变期的到来，并能降低呼吸高峰的强度。但果实贮藏时的温度不能过低，温度变化也不能太大，尽可能地保持温度的相对稳定。

果实贮藏期间还要保持一定的湿度，以免因蒸腾失水过多引起呼吸作用增强，降低果实的营养品质和风味。保持库房的一定湿度，是保持果实新鲜度所必需的，一般维持库房80%～90%的相对湿度较为适宜。

调节库房的气体成分，即降低氧浓度，增加二氧化碳浓度或充入氮气，也能有效地抑制呼吸，延缓果实的成熟和衰老，延长贮存时间。例如贮藏新鲜果蔬（如番茄）用气调法，先把未完全成熟的番茄装箱，罩以塑料帐幕密封，抽出空气充进氮气，将氧浓度降到并保持在3%～6%。在这种条件下贮藏，呼吸强度微弱，果实成熟缓慢，果子贮藏几个月也不会腐烂变质。

4. 呼吸作用与鲜切花保鲜

为了调节市场，花卉要进行较短期贮藏。花卉的耐贮性因植物品种不同而有差异，有时贮藏几天，有时可贮藏几个月。在贮藏期间，只要根据植物的特定要求调节贮藏环境条件，就可保持切花的优良品质。

用于贮藏的切花必须健康、无机械损伤及无病虫害感染。贮藏期间的温度控制非常重要，一定要降至最适贮温，以减缓切花的衰老过程，延长贮藏期。切花采后置于冷库之前，冷库应先冷却到最适温度。当切花入库后，应迅速把温度降至最适范围。植物呼吸会产生大量热量，切花采后要迅速预冷，快速除去带来的田间热。大部分切花贮藏在接近0℃温度下，贮后的切花可自然发育。起源于热带的切花要求7～15℃的贮藏温度，低于这一范围会引起低温伤害。

因切花组织含大量水分，如贮藏环境干燥，则失水很快，影响切花质量，因此空气相对湿度要保持在90%～95%。

实训19　滴定法测定呼吸速率（小篮子法）

一、目的

通过实验掌握小篮子法测定园林植物呼吸强度。

二、原理

利用Ba（OH)$_2$溶液吸收呼吸过程中释放的CO_2，试验结束后，用草酸溶液滴定残留的Ba（OH)$_2$，从空白和样品两者消耗草酸溶液之差，即可计算出呼吸过程中释放的CO_2量。

三、用具与材料

萌发的植物种子；呼吸测定装置、天平、钟表、广口瓶、三孔橡皮塞、温度计、酸式及碱式滴定管、干燥管、尼龙网制小篮；0.05mol/L $Ba(OH)_2$、0.023mol/L草酸溶液、酚酞指示剂。

四、方法与步骤

1）取500mL广口瓶一个，装配一只三孔橡皮塞，塞紧。一孔插入一个盛碱石灰的干燥管，以吸收空气中的CO_2，保证进入呼吸瓶的空气无CO_2；一孔插入温度计；另一孔直径约1cm左右，供滴定用，滴定前用小橡皮塞塞紧。瓶塞下面挂一尼龙网制小篮，用以盛装试验材料。此装置用于测定呼吸速率。

2）称取萌发的小麦或水稻种子15g，装于小篮内，将小篮挂在广口瓶内，同时迅速加入0.05mol/L Ba（OH）$_2$溶液25mL于广口瓶内，立即塞紧瓶塞，并用熔化的石蜡密封瓶口，防止漏气。每10min左右，轻轻地摇动广口瓶，破坏溶液表面的$BaCO_3$薄膜，以利于CO_2的吸收。

3）1小时后，小心打开瓶塞，迅速取出小篮，加入2滴酚酞指示剂，立即重新塞紧瓶塞。然后拔出小橡皮塞，将滴定管插入小孔中，用0.023mol/L的草酸滴定，直到蓝绿色转变成无色为止。记录滴定所耗用的草酸溶液的毫升数。

4）另取用沸水煮死的种子为材料，作同样测定，以此作为对照。

5）计算。

$$\text{单位鲜重样品的}CO_2\text{呼吸速率}(\mathrm{mg\cdot g^{-1}\cdot h^{-1}})=\frac{(A-B)\times C}{W\times t}$$

式中　A——对照样品滴定值（mL）；

B——样品滴定值（mL）；

C——每毫升草酸相当的CO_2毫克数，值为1；

W——组织鲜重（g）；

t——测定时间（h）。

五、作业

计算出被测种子的呼吸速率，并分析试验中，为保证结果的准确性应注意哪些问题？

思　考　题

1. 植物体内水分存在的形式与植物的代谢、抗逆性有什么关系？

2. 植物细胞的吸水方式有哪些？

3. 植物根系吸水的主要区域、吸水方式及动力为什么？

4. 影响根系吸水的土壤因素有哪些？这些因素是如何影响的？

5. 植物进行正常生命活动需要哪些矿质元素？用什么方法、根据什么标准来确定某种元素是否是植物的必需矿质元素？

6. 植物根系吸收矿质元素有哪些特点？

7. 影响根系吸收矿质元素的外界条件有哪些？生产上采取何种措施可以促进根系对矿质养分的吸收？

8. 合理施肥为什么能获得增产？从植物生理学角度讲，如何才能做到合理施肥？

9. 根外施肥主要优点和不足之处各有哪些？在什么情况下进行叶面施肥能获得较好的效果？

10. 影响叶绿素形成的外界因素有哪些？如何影响？.

11. 为什么肉眼可看到叶绿素溶液发射荧光而看不到活体中叶绿体发射荧光？

12. 简述光合作用包括哪些反应，这些反应中的物质及能量变化如何？

13. 源、库以及运输途径相互间有什么关系？了解这种关系对指导植物栽培有什么意义？

14. 在植物栽培中如何应用光补偿点、光饱和点、CO_2 补偿点和 CO_2 饱和点的知识？

15. 产生光合“午睡”现象的原因有哪些？如何缓和“午睡”现象？

16. 植物光能利用率低的原因有哪些？怎样提高群体的光能利用率？

17. 简述糖酵解的反应过程及生理意义。

18. 有氧呼吸有何重要意义？

19. HMP 途径有何生理意义？它与 EMP-TCA 途径有何异同点？

20. 呼吸作用与光合作用有何区别与联系？

21. 种子和果蔬贮藏目的和条件有何不同？其生理依据是什么？

22. 影响呼吸作用的外界条件都有哪些？如何影响？

23. 试述有机物质分配的方向与规律，并据此观点分析氮肥施用过多引起小麦空瘪粒增加的原因。

项目五　植物的生长发育及调控

学习目标

通过本项目的学习，要求掌握五大类植物激素的种类和生理作用；理解五大类植物激素对植物生长发育的调控作用；掌握各类植物生长调节剂在农业上的应用；理解植物生长、分化和发育的概念，熟悉植物生长的基本特性；了解植物休眠的特点和类型，以及种子萌发的过程和所需条件；掌握光周期、春化作用对植物成花的影响及生产上的应用；掌握种子及果实成熟时的生理变化及影响因素；理解植物衰老时的生理生化变化和引起衰老的原因；了解器官脱落的过程，掌握调控方法。能利用学到的方法测定激素对植物生长的影响；掌握植物生长的化学调控及种子生活力快速测定方法；能快速测定花粉的活力，能正确进行春化处理，确保完成花芽分化。

任务1　植物生长发育的调控

植物的生长发育是十分复杂的生命过程，既受外界条件的影响，又受内部因素的制约；既需要有机物质和无机物质作为细胞生命活动的结构物质和营养物，又需要有其他一些物质调节植物生长的过程。只有这些条件都具备时，生长发育才能顺利进行。

植物的生长调节物质是一些能调节和控制植物生长发育的微量化学物质，可以分为植物激素和植物生长调节剂两大类。

一、植物激素

植物激素是植物正常代谢的产物，又称为天然激素或内源激素。国际植物学会规定；“植物激素是由植物产生的调节剂，在低浓度时调节植物的生理过程。植物激素在植物体内通常自产生部位移动到作用部位。”目前人们公认的植物激素有五类，即生长素类、赤霉素类、细胞分裂素类、脱落酸和乙烯。它们都具有以下特点：内生，即植物生命活动过程中正常的代谢产物；能移动，即能从合成器官向其他器官转移；非营养物质，即在体内含量很低，但对代谢过程起极大的调节作用。例如在1kg向日葵鲜叶中玉米素（一种细胞分裂素）为5～9μg，而7000～10000株玉米幼苗顶端只有1μg生长素。这些植物激素在植物体内含量甚微，人工提取很不经济。

1. 生长素

（1）生长素的发现　生长素是人们最早发现的植物激素。1872年波兰园艺学家西斯勒克发现，置于水平方向的根因重力影响而弯曲生长，根对重力的感应部分在根尖，而弯曲主要发生在伸长区。由此认为植株体内可能有一种从根尖向基部传导的刺激性物质，使根的伸长区在上下两侧发生不均匀的生长。1880 年英国科学家达尔文父子利用金丝虉草胚芽鞘进行向光性研究时发现，在单方向光照射下，胚芽鞘向光弯曲。1928 年荷兰人温特发现了类似的现象，并认为引起这种现象的物质在鞘尖上产生，然后传递到下部而发生作用。因此他首先在鞘尖上分离了与生长有关的物质。1934 年荷兰的郭葛等从尿、玉米油和燕麦胚芽鞘里提取分离出类生长物质，经鉴定为3-吲哚乙酸。现已证明，吲哚乙酸是植物中普遍存在的生长素，简写为 IAA。

（2）生长素在植物体内的分布和运输与存在形式　生长素在植物体内分布很广，但大多集中在代谢旺盛的部位。如胚芽鞘、芽和根尖端分生组织内、形成层、受精后的子房等快速生长的器官。衰老器官中生长素含量较少。

生长素在植物体内的运输具有极性运输的特点，即 IAA 只能从植物形态的上端向下端运输，而不能反向运输。生长素的极性运输是主动运输的过程。从种子和叶片运出的生长素可向顶进行非极性运输，非极性运输主要通过被动的扩散作用，运输的数量很少。在植物茎部的运输是通过韧皮部的极性运输，在胚芽鞘内是通过薄壁组织运输，在叶片中是通过叶脉运输。在非极性运输中则是通过维管束运输。生长素在植物体内主要以游离型和束缚型两种形式存在。前者具有生物活性。

（3）生长素的生理效应

1）能促进营养器官的伸长生长。适宜浓度的生长素对芽、茎、根细胞的伸长有明显的促进作用，从而达到营养器官伸长的效果。在一定浓度下，芽、茎、根器官的伸长可达到最大值，此时为生长最适浓度，若再提高生长素浓度会对器官的伸长产生抑制作用。另外不同器官对生长素最适浓度是不相同的，顺序为茎端最高，芽次之，根最低。如图 5-1 所示。所以，在使用生长素时必须注意使用的浓度、时期和植物的部位。

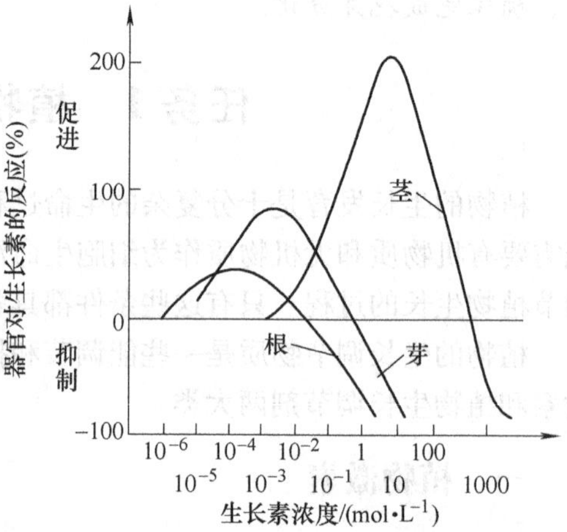

图 5-1　不同器官伸长对 IAA 浓度的反应

2）促进器官和组织分化。生长素可诱导植物组织脱分化，产生愈伤组织，再进一步分化出不同器官和组织。如扦插时用生长素处理可诱导产生愈伤组织，长出不定根。

此外，生长素具有促进果实发育和单性结实、保持顶端优势、影响性别分化等作用。

根据生长素的生理作用，在农业生产中人们会人工合成一些生长素类物质，主要用于促进插枝生根、阻止器官脱落，促进菠萝开花，番茄坐果等。

2. 赤霉素

（1）赤霉素的发现　赤霉素（GA）是 1921 年日本人黑泽从事水稻恶苗病的研究中发现的。患病水稻植株徒长，叶片失绿黄化，极易倒伏死亡。研究发现引起植株不正常生长的物质是由赤霉菌的分泌物引起的，由此该物质被称为赤霉素。最早从水稻恶苗病菌提取的是赤霉酸（GA_3）。到目前为止，已从真菌、藻类、蕨类、裸子植物、被子植物中发现 120 余种赤霉素，其中绝大部分存在于高等植物中，经过化学鉴定的已有 50 余种。GA_3是生物活性最高的一种。

（2）赤霉素在植物体内的合成部位和运输与存在形式　赤霉素普遍存在于高等植物中，含量最高部位是植株生长旺盛部位，如茎端、根尖和果实种子。而合成的部位是芽、幼叶、幼根、正在发育的种子、萌发的胚等幼嫩组织。一般来说，生殖器官所含有的 GA 比营养器官中高，正在发育的种子是 GA 的丰富来源。在同一种植物中，往往含有几种 GA，如南瓜和菜豆分别含有 20 种与 16 种。

GA 在植株体内合成后，可以进行双向运输，嫩叶合成的 GA 可以通过韧皮部的筛管向下运输，而根部合成的 GA 可以沿木质部导管向上运输。在植物体内赤霉素有自由型和束缚型两种存在形式。自由型赤霉素具有生物活性，束缚型赤霉素无活性。

（3）赤霉素的生理效应

1）促进茎的伸长。赤霉素最显著的生理效应是促进植物茎叶的生长，尤其对矮生突变品种的效果特别明显。生产上使用赤霉素可以促进以茎叶等为收获目的作物如芹菜、莴苣、韭菜、牧草、茶、麻类等的高产，使用效果十分明显。同时，赤霉素使用时不存在超最适浓度的抑制作用，很高浓度的 GA 仍可表现出较明显的促进作用。但 GA 对离体茎的伸长几乎没有促进作用。

2）打破休眠。对许多植物休眠的种子，使用 GA 可有效打破休眠，促进种子萌发。同时赤霉素也能促进树木和马铃薯休眠芽的萌发。

3）促进抽薹开花。日照长短和温度高低是影响某些植物能否开花的制约因子，如芹菜要求低温和长日照两种条件均得到满足才能抽薹、开花，但通过 GA_3 处理，便能诱导开花。研究表明，对于花芽已经分化的植物，GA 对其开花具有显著的促进效应。如 GA 能促进甜叶菊、铁树及柏科、杉科植物的开花。

4）促进雄花分化。对于雌雄同株异花植物，使用 GA 后雄花的比例增加。

5）促进单性结实。赤霉素可以使未受精子房膨大，发育成为无籽果实。如葡萄花穗开花 1 周后喷 GA，可使果实的无籽率达 60% ~90%，收割前 1 ~2 周处理，还可提高果粒甜度。

6）促进坐果。在开花期使用 GA 也可以减少脱落，提高坐果率。如用 10 ~20mg/L 的赤霉素在苹果、梨等果实的花期喷施，可以提高坐果率。

3. 细胞分裂素类

（1）细胞分裂素的发现　细胞分裂素（CTK）是一类促进细胞分裂的植物激素。1955 年斯库等在研究烟草愈伤组织培养中偶然使用了变质的 DNA，发现这种降解的 DNA 中含有一种促进细胞分裂的物质，它使愈伤组织生长加快，后来从高压灭菌后的 DNA 中分离出一种纯结晶物质，它能促进细胞分裂，被命名为激动素。1963 年首次从未成熟的玉米种子中分离出天然的细胞分裂素，命名为玉米素。目前在高等植物中至少鉴定出 30 多种细胞分裂素。

（2）细胞分裂素的分布、运输与存在形式　细胞分裂素广泛地存在于高等植物中，在细菌、真菌中也有细胞分裂素存在。高等植物的细胞分裂素主要分布在茎尖分生组织、未成熟种子和膨大期的果实等部位。细胞分裂素在植物体内的合成部位是根部，通过木质部运向地上部分。在植物体内的运输是非极性的。

植物体内游离的细胞分裂素一部分来源于 RNA 的降解，另外也可以从其他途径合成细胞分裂素。游离态细胞分裂素常常通过糖基化、酰基化等方式转化为结合态形式。非结合态和结合态细胞分裂素之间可以互变，由此来调节植物体内细胞分裂素水平。

(3) 细胞分裂素的生理效应

1）促进细胞分裂和扩大。细胞分裂包括细胞核分裂和细胞质分裂两个过程，生长素只促进细胞核分裂（因为促进了 DNA 的合成），而细胞分裂素主要是对细胞质的分裂起作用，所以只有在生长素存在的前提下细胞分裂素才能表现出促进细胞分裂的作用。

细胞分裂素还能促进细胞的横向扩大，不同于生长素促进细胞纵向伸长的效应。例如细胞分裂素可促进一些双子叶植物如菜豆、萝卜的子叶扩大，同时也能使茎增粗。

2）促进芽的分化。促进芽的分化是细胞分裂素重要的生理效应之一。1957 年斯库格等在烟草髓组织培养中发现，生长素和激动素的浓度比值对愈伤组织的根和芽的分化起调控作用。当培养基中激动素与生长素的比值高时，有利于诱导芽的形成；两者比值低时有利于根的形成；如果比值处于中间水平时，愈伤组织只生长而不分化。

3）延缓衰老。延迟叶片衰老是细胞分裂素特有的作用。如在离体叶片局部涂上细胞分裂素，其保持鲜绿的时间远远超过未涂细胞分裂素的叶片其他部位，说明细胞分裂素有延缓叶片衰老的作用，同时也说明了细胞分裂素在组织中一般不易移动。类似结果在玉米、烟草等植物离体试验中也得到证实。主要原因是老叶涂上 CTK 后可以从嫩叶或其他部位吸取养分，以维持其新鲜度，同时细胞分裂素还可抑制一些酶的活性使物质降解速度延缓。如图 5-2 所示。

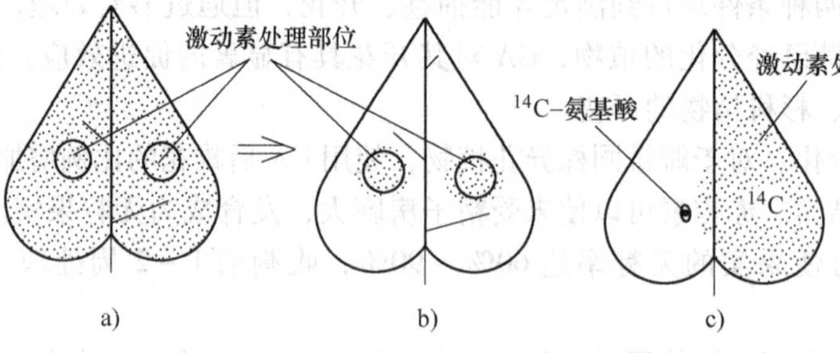

图 5-2 激动素的保绿作用及对物质运输的影响

a）离体绿色叶片，圆圈部位为激动素处理区

b）几天后叶片衰老变黄，但激动素处理区仍保持绿色，黑点表示绿色

c）放射性氨基酸被移动到激动素处理的一半叶片，黑点表示^{14}C-氨基酸的部位

4）促进侧芽发育，解除顶端优势。豌豆幼苗第一片真叶叶腋内的腋芽，一般处于潜伏状态，若将激动素溶液滴在第一片真叶的叶腋部位，腋芽就能生长发育。其原因是 CTK 作用于腋芽后，能加快营养物质向侧芽的运输。这表明它有对抗植物生长素所导致的顶端优势的作用。

4. 脱落酸

(1) 脱落酸的发现　1963 年美国阿狄柯特（F. T. Addicott）等在研究棉铃脱落的植物内源化学物质时，从棉铃中分离出一种促进脱落的物质，定名为脱落素Ⅱ。几乎同时，韦尔林（P. F. Wareing）等人从秋季即将进入休眠的桦树叶片中也分离出一种使芽休眠的物质，称为休眠素。以后证明二者为同一类化合物。1967 年在第一届国际植物生长物质会议上正式定名为脱落酸（ABA）。

（2）脱落酸的分布和运输　高等植物各器官和组织中都有脱落酸的存在，其中以将要脱落、衰老或进入休眠的器官和组织中较多，在干旱、水涝、高温等不良环境条件下，ABA的含量也会迅速增多。

脱落酸主要以游离型的形式运输，在植物体内运输速度很快，在茎和叶柄中的运输速度大约是 $20mm \cdot h^{-1}$，属于非极性运输，在菜豆的叶柄切段中 ^{14}C-脱落酸向基部运输速度比向顶端运输速度快2~3倍。

（3）脱落酸的生理效应

1）促进脱落。器官或组织的脱落与其ABA的含量关系十分密切。例如，棉花受精的子房内有一定量的ABA，受精两天后ABA含量会迅速增加，第5~10天的棉铃中ABA含量达到最多，而此时也是棉铃生理脱落的高峰期，以后ABA含量又下降，40~50天棉桃成熟开裂时ABA含量又增加，促进成熟棉铃的开裂。

2）调节气孔运动。植物干旱缺水时，体内形成大量ABA，促使保卫细胞中的 K^+ 外渗，造成保卫细胞的水势高于周围细胞的水势，而使得保卫细胞失水从而引起气孔关闭，降低蒸腾强度。1986年科尼什发现，在水分胁迫条件下，叶片的保卫细胞中ABA的含量是正常水分条件下含量的18倍。研究同时发现，ABA不能促进根系的吸水与分泌速率，也不能增加其向地上部分供水量，因此，ABA也是调节植物体蒸腾的激素。

3）促进休眠。ABA能促进多年生木本植物和种子的休眠。将ABA施用于红醋栗或其他木本植物生长旺盛的小枝上，植株就会出现节间缩短，营养叶变小，顶端分生组织有丝分裂减少，形成休眠芽，引起下部的叶片脱落等休眠的一般症状。

4）增加抗逆性。近年研究发现，干旱、寒冷、高温、盐害、水渍等逆境都能使植株体内ABA含量的迅速增加，从而调节植物的生理生化变化，提高抗逆性。如ABA可显著降低高温对叶绿体超微结构的破坏，增加叶绿体的热稳定性。同时可诱导某些酶的重新合成而增加植物的抗冷性、抗涝性和抗盐性，因此，人们又把ABA称为"应激激素"或"胁迫激素"。

5）抑制生长。ABA能抑制整株植物或离体器官的生长，也能抑制种子的萌发。酚类物质通过毒害抑制植物的生长，是不可逆的。ABA的抑制效应比酚类物质高千倍，但它的抑制效应是可逆的，一旦除去ABA，被抑制的器官仍能恢复生长，种子仍能继续萌发。

5. 乙烯

（1）乙烯的发现　乙烯是一种非常独特的植物激素。它是一种挥发性气体，结构也最简单。中国古代就发现，将果实放在燃烧香烛的房子里可以促进采摘果实的成熟。19世纪德国人发现在泄露的煤气管道旁的树叶容易脱落。第一个发现植物材料能产生一种气体，并对邻近植物能产生影响的是卡曾斯，他发现橘子产生的气体能催熟与其混装在一起的香蕉。直到1934年甘恩（Gane）才首先证明植物组织确实能产生乙烯。随着气相色谱技术的应用，使乙烯的生物化学和生理学研究取得了许多成果，并证明在高等植物的各个部位都能产生乙烯，1966年乙烯被正式确定为植物激素。

（2）乙烯在植物体内的分布和运输　乙烯广泛存在于植物的各种组织中，特别在逐渐成熟的果实或即将脱落的器官中含量较多。在植物正常发育的某一阶段，如种子萌发、果实后熟、叶片脱落和花的衰老等阶段都会诱导乙烯的产生。在逆境条件下，如干旱、水涝和机械损伤等不利因素，都能诱导乙烯的合成。

乙烯在植物体内含量非常少。在植物体内极易移动。一般情况下乙烯就在合成部位起作用。

（3）乙烯的生理效应

1）改变植物的生长习性。乙烯能改变植物生长习性，如将黄化豌豆幼苗放在微量乙烯气体中，豌豆幼苗上胚轴会表现出特有“三重反应”。即抑制茎的伸长生长、促进茎或根的横向增粗及茎的横向生长。同时乙烯还能使叶柄产生偏上性生长，即植物茎叶部分如置于乙烯气体环境中，叶柄上侧细胞生长速度大于下侧细胞生长速度，叶柄向下弯曲成水平方向，严重时出现叶柄下垂的现象，如图 5-3 所示。

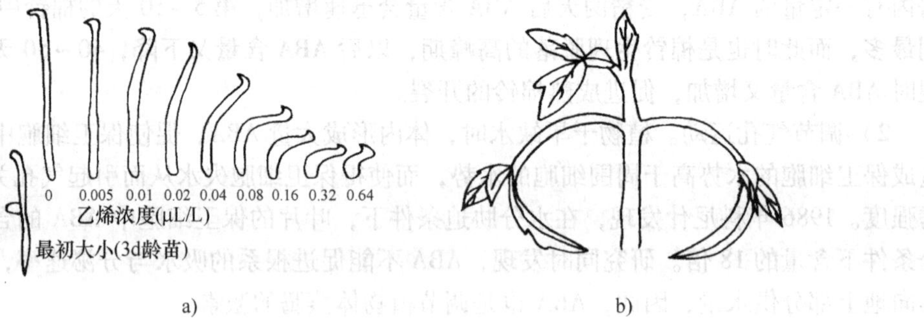

图 5-3　乙烯的“三重反应”和偏上性生长

a）不同乙烯浓度下黄化豌豆幼苗的生长状态　b）10μL/L 乙烯处理 4h 后番茄苗的形态

2）促进果实成熟。乙烯能催熟果实是最显著的效应，因此人们也称乙烯为催熟激素。乙烯促进果实成熟的原因是增加质膜的透性，提高果实中水解酶活性，呼吸加强使果肉有机物急剧变化，最终达到可以食用程度。如从树上刚摘下来的柿子，因涩口不能立即食用，当封闭储存一段时间后才会变软、变甜，正是柿子产生的乙烯加快了果实的后熟过程。再如南方采摘的青香蕉，用密闭的塑料袋包装（使果实产生的乙烯不会扩散到空间）可运往各地销售。有的还在密封袋内注入一定量的乙烯，从而加快催熟。

3）促进衰老和脱落。乙烯的另一个作用是促进花的衰老，施用乙烯可促进花的凋谢，而施用乙烯合成抑制剂可明显延缓衰老。乙烯可促进多种植物叶片和果实等的脱落。其原因是乙烯能促进纤维素酶和果胶酶等细胞壁降解酶的合成，促使细胞衰老和细胞壁的分解，并产生离层，从而迫使叶片、花或果实的机械脱落。

4）促进开花和雌花分化。乙烯可促进菠萝开花，使花期一致。乙烯同生长素一样也可以诱导黄瓜雌花分化。

此外乙烯还可诱导插枝不定根的形成，促进次生物质（如橡胶树的乳胶）的分泌，打破顶端优势等生理作用。

6. 植物激素间的相互关系

以上介绍了五类植物激素，每类植物激素的生理作用都是多方面的，每种植物激素在发挥其生理作用时必然会对其他激素的作用产生影响，植物激素相互之间存在着密切的联系。了解植物激素间的相互关系对于生产上合理地使用生长调节剂是很重要的。

（1）植物激素的相互作用　相互作用是指植物激素之间直接的相互作用，即一种激素可诱导、抑制其他激素的合成、产生和运输。生长素能诱导乙烯的生成便是如此。例如，黄化豌豆上胚轴切段的伸长生长，可被低浓度生长素促进，但浓度超过 10^{-6}mol/L 时，伸长作用就要受到抑制。这是由于生长素浓度增高，诱导产生了乙烯，乙烯使细胞横向扩大，限制了细胞伸长。生长素之所以能促进菠萝开花，也是其诱导产生的乙烯起的作用。然而，生长素诱导产生的乙烯，却反过来减弱生长素的合成、运输，并促使其钝化。此外，脱落酸可使赤霉素变成束缚型，乙烯可使脱落酸增加，细胞分裂素可加强生长素的极性运输。

（2）植物激素的整合作用 植物生长发育不是仅受单一激素某一作用的影响，而是几种植物激素综合作用的结果。

1）增效作用。增效作用是指一种激素能加强另一种激素的效应。生长素和赤霉素有明显的增效作用。例如，已知低浓度生长素对离体器官茎秆的生长有促进作用，赤霉素也有这种作用。若在离体茎段上同时加上生长素和赤霉素，它们的生长促进效果就比单独加效果好，如图5-4所示。在细胞分裂过程中，细胞分裂素起决定性的作用。而生长素则可通过促进子细胞的增大与分化，从而有利于细胞的继续分裂。又如衰老组织和脱落的器官中，脱落酸、乙烯的含量都很多，二者在促进衰老和脱落的过程中是相辅相成的。

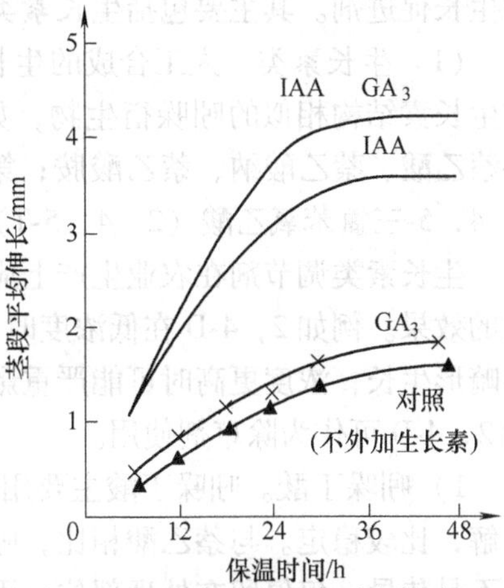

图5-4 生长素和赤霉素对离体豌豆节间切断伸长生长的影响

2）拮抗作用。拮抗作用是指一种激素能削弱或抵消另一种激素的生理效应。脱落酸是抑制型激素，它与促进型激素生长素、赤霉素、细胞分裂素均有拮抗作用。例如，细胞分裂素能刺激气孔开张，而脱落酸则抵消其作用，使气孔关闭。所以在调节气孔运动中，细胞分裂素与脱落酸起竞争、平衡作用。同是促进型激素，互相之间并非都是增效作用。如生长素促进顶芽的生长而抑制侧芽的生长，细胞分裂素则可抵消生长素的这种作用，抑制顶端生长，促进侧芽生长并长成枝条。

3）整合作用。在植物的生长发育过程中，并非仅受两种激素简单的增效、拮抗作用。一般的生理过程往往是在多种激素、多种生理功能的综合作用下进行的。比如，植物胚的生长，是由其自身产生的生长素、赤霉素、细胞分裂素等综合调节来促进细胞分裂、伸长、扩大而实现的。又如，组织衰老和器官脱落过程受乙烯和脱落酸的促进，同时又被细胞分裂素以及生长素、赤霉素抑制。再如，脱落酸促进叶、芽、果实等器官脱落的作用很显著，但这种作用仅表现在离开母体的植物体上。整株植物单加脱落酸并不引起脱落，只有当体内生长素及细胞分裂素、赤霉素减少，乙烯增多时，才显示出促进脱落的作用。很明显，无论是胚的生长、组织的衰老或是器官的脱落，都是在多种激素的协同作用下完成的。诸多激素各种生理功能的复杂过程经过相互协调，最后起到一种作用，或生长，或衰老，或脱落。这种复杂的协调统一过程，就是整合作用。植物激素的整合作用贯穿于植物生活的始终。

二、植物生长调节剂

植物激素在体内含量甚微，因而在生产上广泛应用受到限制。生产上应用的主要是人工合成的、具有类似植物激素作用的有机化合物，称为植物生长调节剂，或植物生长调节物质，也称为外源激素。实践证明，它们对种子萌发、植物生长、防止落花落果产生无籽果实、控制性别转化、提早成熟、提高产量品质以及农产品贮藏保鲜等方面，都具有明显作用。这些作用对于缩短农业生产周期，节省人力，防除田间杂草和病虫害等，都会收到良好的效果，获得颇大的经济效益。

按植物生长调节剂对植物生长的作用，可将其分为植物生长促进剂、植物生长抑制剂和植物生长延缓剂等类型。

1. 植物生长促进剂

凡是能够促进细胞分裂、分化和伸长的，可促进植物生长的人工合成的化合物都属于植物生长促进剂。其主要包括生长素类、赤霉素类、细胞分裂素类等。

（1）生长素类　人工合成的生长素类植物生长调节剂主要有三种类型。第一种类型是与生长素结构相似的吲哚衍生物，如吲哚丙酸、吲哚丁酸；第二种类型是萘的衍生物，如α-萘乙酸、萘乙酸纳、萘乙酸胺；第三种类型是卤代苯的衍生物，如2，4-二氯苯氧乙酸、2，4，5-三氯苯氧乙酸（2，4，5-T）、对氯苯氧乙酸（防落素）、4-碘苯氧乙酸等。

生长素类调节剂在农业生产上应用最早。当使用浓度和用量不同，对同一种植物可有不同的效果。例如2，4-D在低浓度时，可促进坐果及无籽果实的发育。浓度稍高时会引起植物畸形生长，浓度更高时可能严重影响植物的生长、发育，甚至使植株死亡。因此，高浓度的2，4-D可作为除草剂使用。

1）吲哚丁酸。吲哚丁酸主要用于促进插条生根。与吲哚乙酸相比，吲哚丁酸不易被光分解，比较稳定。与萘乙酸相比，吲哚丁酸安全，不易伤害枝条。与2，4-D相比，吲哚丁酸不易传导，仅停留在处理部位，因此使用较安全。吲哚丁酸对插条生根作用强烈，但会使不定根长而细，因此最好与萘乙酸混合使用。

2）萘乙酸。萘乙酸对植物的主要作用：浓度低时刺激植物生长，浓度高时抑制植物生长。萘乙酸主要作用于刺激生长、插条生根、疏花疏果、防止落花落果、诱导开花、抑制抽芽、促进早熟和增产等。萘乙酸性质稳定，不像吲哚乙酸那么易被氧化而失去活性；萘乙酸价格便宜，不向吲哚乙酸那样昂贵，因此萘乙酸在生产上使用较为广泛。

3）2，4-D。2，4-D是2，4-二氯苯氧乙酸的简称，其用途随浓度而变。在较低浓度（$0.5\sim1.0mg\cdot L^{-1}$）下是植物组织培养的培养基成分之一；在中等浓度（$1\sim25mg\cdot L^{-1}$）可防止落花落果、诱导产生无籽果实和果实保鲜等；更高浓度（$1000mg\cdot L^{-1}$）可杀死多种阔叶杂草。

4）防落素（PCPA或4-CPA）。防落素是对氯苯氧乙酸，其主要作用是促进植物生长，防止落花落果，加速果实发育，形成无籽果实，提早成熟，增加产量和改善品质等。

5）甲萘威（西威因）。甲萘威化学名称是N-甲基-1-萘基氨基甲酸酯。该剂是高效低毒的杀虫剂，同时又是苹果的疏果剂，该剂能干扰生长素等的运输，使生长较弱的幼果得不到充足养分而脱落。

（2）赤霉素类　生产上应用和研究最多的是GA_3，国外有GA_{4+7}（30% GA_4和70% GA_7的混合物）和GA_{1+2}（GA_1和GA_2的混合物）。

GA_3为固体粉末，难溶于水，而溶于醇、丙酮、冰醋酸等有机溶剂。配制方法与IAA相同，可先用少量的乙醇溶解，再加水稀释定容到所需浓度。另外GA_3在低温和酸性条件下较稳定，遇碱失效，故不能与碱性农药混用。要随配随用，喷施时宜在早晨或傍晚湿度较大时进行，保存在低温、干燥处为宜。

（3）细胞分裂素类　常用的有6-苄基腺嘌呤（6-BA）、激动素（N^6-呋喃甲基腺嘌呤）等，主要用于植物组织培养、果树开花、花卉及果蔬保鲜等。

2. 植物生长抑制剂

植物生长抑制剂可使茎端分生组织的核酸和蛋白质的合成受阻，细胞分裂减慢，使植株矮小。同时还可抑制细胞的伸长与分化，使植物顶端优势丧失。外施植物生长素可逆转这种抑制作用，但外施赤霉素无此效果。天然抑制剂有脱落酸等，人工合成抑制剂有三碘苯甲酸、青鲜素和整形素等。

（1）三碘苯甲酸　三碘苯甲酸（TIBA）是一种阻止生长素运输的物质，可抑制顶端分生组织，促进腋芽萌发，因此它可促使植株矮化，增加分枝。在大豆上使用可提高结荚率。

（2）马来酰肼（MH）　马来酰肼又称为青鲜素，化学名称是顺丁烯二酰肼。其作用正好和IAA相反，由于其结构与RNA的组成成分尿嘧啶非常相似，所以MH进入植物体后可替代尿嘧啶的位置，但不能起代谢作用，破坏了RNA的生物合成，从而抑制细胞生长。MH常用于马铃薯和洋葱的贮藏，抑制发芽和抑制烟草腋芽生长。据报告MH可能致癌和使动物染色体畸变，应该慎用。

（3）整形素　整形素化学名称为2-氯代-9-羟基芴-9-羧酸甲酯，常用于木本植物。它是抗生长素，阻碍生长素极性运输，提高吲哚乙酸氧化酶活性，使生长素含量下降，故抑制茎的伸长，促进腋芽发生，使植株发育成矮小灌木形状。

3. 植物生长延缓剂

植物生长延缓剂可抑制赤霉素的生物合成，使细胞延长慢，植物节间缩短。它不影响顶端分生组织生长，所以也不影响细胞数、叶片数和节数，一般也不影响生殖器官发育。外施赤霉素可逆转植物生长延缓剂的效应。常见种类有多效唑、烯效唑、矮壮素、缩节胺、B_9等。

（1）CCC　CCC俗称矮壮素，是常用的一种生长延缓剂。它的化学名称是2-氯乙基三甲基氯化铵。CCC抑制GA的生物合成，因此抑制细胞伸长，抑制茎叶生长，但不影响生殖。促使植株矮化，茎秆粗壮，叶色浓绿，提高抗性，抗倒伏。在农业生产上，CCC多用于小麦、棉花，防止徒长和倒伏。

（2）B_9　B_9（比久）又名Alar，B_9是N-二甲氨基琥珀酰胺酸，作用机理是抑制GA生物合成，使植株矮化，叶绿且厚，增强植物的抗逆性促进果实着色和延长贮藏期等。使用B_9可抑制果树新梢生长，代替人工整枝。此外，B_9还能提高花生、大豆的产量。

（3）PP_{333}　PP_{333}俗称多效唑，也称氯丁唑，化学名称是1-（对-氯苯基）-2-（1，2，4-三唑-1-基）-4，4-二甲基-戊烷-3醇。PP_{333}可抑制GA的生物合成，减缓细胞的分裂与伸长，使茎秆粗壮，叶色浓绿。PP_{333}对营养生长的抑制能力比B_9和CCC更大。PP_{333}广泛用于果树、花卉、蔬菜和大田作物，效果显著。

（4）烯效唑　烯效唑又名S-3307，优康唑，高效唑，化学名称为（E）-（对-氯苯基）-2-（1，2，4-B三唑-1-基）-4，4-1-戊烯-3-醇。烯效唑能抑制赤霉素的生物合成，有强烈的抑制细胞伸长的效果，有矮化植株、抗倒伏、增产、除杂草、杀菌（黑霉菌、青霉菌）等作用。

（5）缩节胺　缩节胺又称为Pix（皮克斯）、助壮素，它与CCC相似。生产上主要用于控制棉花徒长，使其节间缩短，叶片变小，并且减少棉铃脱落，从而增加棉花产量。

4. 乙烯释放剂

生产上常用的乙烯释放剂为乙烯利，使用后可在植物体内释放乙烯而起作用。它在常温和 pH 为 3 时较稳定，易溶于水、乙醇、乙醚制剂，一般为强酸性水剂。

使用乙烯利时必须注意五个方面：一是乙烯利酸性强，对皮肤、眼睛黏膜等有刺激作用，应避免与皮肤直接接触；二是乙烯利遇碱、金属、盐类即发生分解，因此不能与碱性农药混用；三是稀释后的乙烯利溶液不易长期保存，尽量随配随用；四是要针对喷施器官或部位，以免对其他部位或器官造成伤害；五是喷施器械要及时清洗，防止腐蚀作用发生。

三、植物生长调节物质在农业上的应用

1. 常用植物生长调节物质在农业上的应用（表 5-1）

表 5-1　常用植物生长调节物质在农业上的应用

用　途	药　剂	对　象	用法用量	效　果
延长休眠	萘乙酸甲酯	马铃薯块茎	收获后 1% 粉剂混合	延长贮藏期
	青鲜素	马铃薯块茎	采收前 2000 ~ 3000mg · L^{-1}	
		洋葱、大蒜鳞茎	采收前 2 周 2500mg · L^{-1} 喷施	
		胡萝卜	采前 1 ~ 2 周，2500 ~ 5000mg · L^{-1} 喷施	
打破休眠促进萌发	赤霉素	马铃薯块茎	1.0mg · L^{-1}，浸泡 1h	夏季块茎二季栽培
		葡萄、桃等枝条	1000 ~ 4000mg · L^{-1} 喷施	打破芽休眠
促进生长增加产量	赤霉素	芹菜等叶菜	采收前 5 ~ 10 天，10 ~ 50mg · L^{-1}	增加茎叶产量
	助壮素	禾谷类	20mg · L^{-1} 浸种 2h	分蘖快且多
	矮壮素		0.3% ~ 10% 浸种 12h	增加分蘖和单株面积
控制生长	矮壮素	小麦	拔节期 3000mg · L^{-1}，喷施	防倒伏、增产等
	多效唑	水稻	一叶一心期 300mg · L^{-1}，喷施	壮秧、有效分蘖增多
		油菜	二叶一心期 100 ~ 200mg · L^{-1}，喷施	壮秧、抗性加强、增产
	三碘苯甲酸	大豆	花期 200 ~ 400mg · L^{-1}，喷施	控制营养生长、早熟增产
		棉花	始花期 100 ~ 200mg · L^{-1}，喷施	控制营养生长减少棉铃脱落、增产、抗倒伏
	缩节胺	花生	初花期 5 ~ 30d，1000mg · L^{-1}，喷施	增产
	比久	马铃薯	现蕾至始花期 2000 ~ 4000mg · L^{-1}，喷施	抑制茎节生长促进块茎膨大
扦插生根	吲哚乙酸 萘乙酸 ABT 生根粉	植物枝条	粉剂或溶液浸泡枝条基部 25 ~ 100mg · L^{-1}	加速或增多根的形成
延缓叶片衰老	6-BA	水稻	10 ~ 100mg · L^{-1}，喷施	延缓衰老
		小麦	0.05mg · L^{-1}，喷施	保绿
		芹菜	10mg · L^{-1}，喷施	

（续）

用途	药剂	对象	用法用量	效果
调节落叶	乙烯利	棉花	采收前3周，800～1000mg·L^{-1}，喷施	促进落叶
促进花芽分化	乙烯利	凤梨	灌心400～1000mg·L^{-1}，50mL	促进增产
		苹果	200～900mg·L^{-1}，喷施	
	赤霉素	菊花	100mg·L^{-1}，喷施	花芽分化提前
抑制花芽形成	GA_{4+7}	苹果	花芽分化前2～6周，300mg·L^{-1}，喷施	大年花芽过多
	GA_3	葡萄	花芽分化前10～15mg·L^{-1}喷施	抑制花芽分化
延迟花开放	比久	元帅苹果	秋季400mg·L^{-1}，喷施	延迟4～5天
	多效唑	水稻	100～300mg·L^{-1}，喷施	延迟2～3天抽穗
延长花期	多效唑	菊花	500mg·L^{-1}，喷施	延长10天
性别分化	乙烯利	黄瓜、南瓜	2～4叶期150～200mg·L^{-1}，喷施	增加雌花，降低节位，增加早期产量
	赤霉素	黄瓜	2～4叶期，50mg·L^{-1}	促进雄花产生
化学杀雄	乙烯利	小麦	孕穗期4000～6000mg·L^{-1}，喷施	雄性不育
	青鲜素	玉米	6～7叶期500mg·L^{-1}，喷施，每周一次共三次	雄蕊被杀死
		棉花	现蕾期开始，50～60mg·L^{-1}，每15～16天，喷施	雌蕊正常
疏花疏果	NAA钠盐	鸭梨	局部40mg·L^{-1}，喷施	鸭梨疏花25%
	乙烯利	梨	盛花、末花期240～480mg·L^{-1}，喷施	
		苹果	花前20d，10d，250mg·L^{-1}，各喷一次	
	西维因	苹果	盛花后10～25d，0.09%～0.16%	干扰物质转运，使弱果脱落
促花保果	NAA	棉花	开花盛期10mg·L^{-1}	防止花果脱落
	GA	棉花	开花盛期20～100mg·L^{-1}	
	6-BA	柑橘	幼果400mg·L^{-1}	
	2，4-D	番茄	开花后1～2d，10～20mg·L^{-1}，浸花1s	
		辣椒	20～25mg·L^{-1}，毛笔点花	
促进果实成熟	乙烯利	香蕉	1000mg·L^{-1}，浸果一下	促进果实提前成熟
		柿子	500mg·L^{-1}，浸果0.5～1min	
		番茄	1000mg·L^{-1}，浸果一下	
		棉花	800～1200mg·L^{-1}，喷施	促进棉铃成熟开裂
延缓果实成熟	2，4-D	柑橙	采前4周70～100mg·L^{-1}，喷果	提高呼吸速率，增强抗病性、耐贮力
	比久	苹果	采前45～60天，500～2000mg·L^{-1}，喷施	抑制乙烯释放，延迟果实成熟

（续）

用　途	药　剂	对　象	用法用量	效　果
改善品质	增甘膦	甘蔗	采收前40天0.4%	催熟增糖
	GA_{4+7}	元帅苹果	盛花期40mg·L^{-1}，喷施	改善果形指数
	青鲜素	烟草	1000～2000mg·L^{-1}，喷施	抑制侧芽生长改善品质
	2.4-D	番茄	受粉前10～25mg·L^{-1}，涂抹	果实生长快，无籽果实
	防落素	番茄	受粉前10～25mg·L^{-1}，涂抹	
	赤霉素	葡萄	花前10天1000mg·L^{-1}	无籽果实
杀除杂草	2，4-D丁酯	双子叶杂草	幼苗1000mg·L^{-1}，喷施	杀死杂草

2. 植物生长调节剂的常规使用方法

（1）喷洒法　喷洒法是使用植物生长调节剂最普遍的方法。可以根据不同种类和不同浓度对花、果实或全株进行喷施。喷施时要做到液滴细，最好使用气体压缩型的喷雾器，尽量避免泼施，以喷施部位均匀、湿润为度。对于叶面和花器附有蜡质层的植物，可加入0.2%的中性皂或洗衣粉作为表面吸附剂。喷施时间要避开烈日、下雨，以防药害或失效，最好在清晨或黄昏时喷施。

（2）浸渍法　浸渍法是利用生长调节剂促进插条生根的一种方法。浸渍时间的长短视药液浓度的高低而定，一般用10～100mg·L^{-1}的浓度浸12～24h。

（3）蘸点、涂抹法　此法通常用于茎顶端生长点或休眠芽的处理。这种方法可定量操作，准确度高。如2，4-D蘸番茄花，赤霉素涂抹黄瓜幼瓜等。对一些容易造成药物敏感的植株也应采取这种方法。

（4）土壤浇灌法　将生长调节剂溶液定量浇施在植物根际，通过植物根系吸收。也可以用土壤拌和后施入土中。2，4-D、矮壮素均可采用此法。但在酸性土壤中使用，效果降低。

（5）粉剂蘸黏法　主要是用于插条生根。此法有处理时间短、药效期长等特点。粉剂的主要成分随植物种类、插条部位、处理季节有很大关系。

3. 植物生长调节剂使用注意事项

植物生长调节剂虽然在生产实践中得到了广泛的推广和应用（表5-1），但失败的教训也时有发生，这主要是对植物生长调节剂的特性认识不够和使用不当所造成的。以下几点事项应引起重视。

1）首先要明确生长调节剂不是营养物质，也不是万灵药，更不能代替其他农业措施。只有配合水、肥等管理措施施用，方能发挥其效果。

2）要根据不同对象（植物或器官）和不同的目的选择合适的药剂。如促进插枝生根宜用NAA和IBA，促进长芽则要用KT或6-BA；促进茎、叶的生长用GA；提高作物抗逆性用BR；打破休眠、诱导萌发用GA；抑制生长时，草本植物宜用CCC，木本植物则最好用B_9；葡萄、柑橘的保花保果用GA，鸭梨、苹果的疏花疏果则要用NNA。研究发现，两种或两种以上植物生长调节剂混合使用或先后使用，往往会产生比单独施用更佳的效果。这样就可以取长补短，更好地发挥其调节作用。此外，生长调节剂施用的时期也很重要，应注意把握。

3）正确掌握药剂的浓度和剂量。生长调节剂的使用浓度范围极大，可从0.1μg·L^{-1}～5000μg·L^{-1}，这就要视药剂种类和使用目的而异。剂量是指单株或单位面积上的施药量，而实践中常发生只注意浓度而忽略剂量的偏向。正确的方法应该是先确定剂量，再定浓度。浓度不能过大，否则易产生药害，但也不可过小，过小又无药效。如赤霉素、“九二0”粉剂有效期一般为2年，稀释后只能保存10d。因此兑水稀释后应尽快使用。但2，4-D、防落素、矮壮素等化学性质较稳定，兑水稀释后保存的时间较长一些。总之，配多少用多少较为保险，以免造成不必要的损失。药剂的剂型，有水剂、粉剂、油剂等，施用方法有喷洒、点滴、浸泡、涂抹、浇注等，不同的剂型配合合理的施用方法，才能收到满意的效果。此外，还要注意施药时间和气象因素等。

4）要注意生长调节剂溶液的pH。一般情况下生产厂家已按要求作了调整，使用时兑水便可。但是，水质和土壤酸碱度对调节剂的作用效果仍有影响，因此应选用中性的水兑药。

5）生长调节剂应避免在高温下使用。因为高温条件下水分蒸发快，造成药剂相对浓度增高，容易引起药害。一旦发生药害，应及时喷洒清水，可以减少损失。

6）先试验，再推广。为了保险起见，应先做单株或小面积试验，再中试，最后才能大面积推广，不可盲目草率，否则一旦造成损失，将难以挽回。

实训20 生长素类对根芽生长的调控

一、目的

了解不同浓度的生长素类物质对根、芽生长的作用。

二、用具与材料

培养皿、移液管、米尺、恒温箱、10mL/L萘乙酸溶液、蒸馏水；小麦（或水稻等）籽粒。

三、方法与步骤

1）取干净培养皿7套，依次编号后，分别在1~6号培养皿内加入10mL/L、1mL/L、0.1mL/L、0.01mL/L、0.001mL/L、0.0001mL/L6种浓度的萘乙酸溶液（请学生用最简单的方法自己配制）9mL。另外，第7号培养皿内加入9mL蒸馏水，以作对照。

2）在每套培养皿中各放入一张滤纸，上面放20粒小麦籽粒（饱满充实，大小一致）。然后盖好培养皿，放入恒温箱中培养（小麦26℃左右，水稻32℃左右）。

3）约1周后检查培养皿内小麦生长的情况。测定不同处理已发芽种苗的平均根数、平均根长和平均芽长，将结果记入下表5-2。

表5-2 不同浓度生长素对根芽生长的调控记录表

实验组别	1	2	3	4	5	6	7
萘乙酸浓度/(mL/L)	10	1	0.1	0.01	0.001	0.0001	对照（CK）
平均根数							
平均根长/cm							
平均芽长/cm							

四、作业

对实验结果产生的原因进行分析。

实训21　植物生长调节剂对植物插条不定根发生的影响

一、目的

练习各种植物激素和生长调节剂的使用方法，并通过应用进一步加深对植物激素和植物生长调节剂性质的认识。

二、用具与材料

50mg · L^{-1}萘乙酸溶液、蒸馏水；加拿大杨、葡萄枝条各10根，装满沙土的花盆等。

三、方法与步骤

1）配制50mg · L^{-1}萘乙酸溶液300mL于1000mL的烧杯中，并在另一个烧杯中加入300mL蒸馏水。

2）取加拿大杨、葡萄枝条各10根，枝条长15～20cm，基部剪成斜面，分2组：一组（5根加拿大杨条，5根葡萄条）在50mg · L^{-1}NAA溶液中浸12～24h。另一组在蒸馏水中做对照。然后将处理过的插条分别插于两盆沙土中，经常保持湿润、温暖和通气。

3）观察以后发根情况，并记录根数和根长。此试验在春季树木发芽前进行或用冬季的贮条效果较好。

四、作业

对试验结果产生的原因进行分析。

实训22　生长调节剂调节菊花的株高

一、目的

学习掌握植物生长调节剂调节植物株高的原理与技术。

二、用具与材料

6mg · L^{-1}的赤霉素溶液、150mg · L^{-1}的比久溶液、洗洁精、喷壶、烧杯及容量瓶等；菊花苗或将要现蕾的盆栽菊花。

三、方法与步骤

1. 材料处理

上盆后的菊花苗，分成三组，第一组在上盆后的1～3d及3周后各喷施6mg · L^{-1}的赤霉素溶液一次；第二组于上盆后第10d起，每10d喷一次150mg · L^{-1}的比久，共喷4次；第三组喷清水作对照。

2. 观测记录

在菊花开花后，测量株高，将数据记录于表5-3。

表5-3　植物生长调节剂调节菊花株高观测记录表

实训班级：								材料名称：		
组别	处理		株高/cm						观测时间	观测人
	方法	时间	单株高度					平均		
一										
二										
三										

四、作业

比较两种处理效果的不同，解释赤霉素促进株高及比久抑制株高的原因。

任务2　植物的营养生长及调控

一、植物休眠

1. 植物休眠的概念与生物学意义

地球上绝大部分植物所处的环境都有季节性的变化，尤其是温带，四季变化鲜明。大多数植物都要经历季节性的不良气候时期，如果植物不存在某种保护性或防御性机理，便会受到伤害或致死。植物的整体或某一部分在某一时期内生长和代谢暂时停滞的现象，叫做休眠。

许多落叶树在秋季枝条生长缓慢，叶片脱落，形成了休眠芽以度过冬季的严寒；在一些地区植物在夏季休眠以度过干旱少雨的气候条件。这种由于不利的生长环境引起的休眠叫强迫休眠。但是刚收获的大麦、水稻等籽粒，即使给予充足的水分、适当的温度，它们也不能萌发，只有贮藏数月后才能萌发。显然，这种不能生长不是由于外界条件的不适造成的，而是内部原因造成的。这种休眠称为自发休眠或深休眠。植物休眠有多种形式，例如许多一、二年生植物以种子为休眠器官；多年生落叶树木以休眠芽的方式休眠；而多年生草本植物，其地上部分死亡，植物则以休眠的地下器官如鳞茎、球茎、根茎或块茎越冬或度过干旱时期。

无论是种子、冬芽或其他贮藏器官的休眠，对植物的生存和适应都具有重要意义。种子是抗寒性的器官，一、二年生植物在成熟后形成种子，可以在严寒的冬季不被冻死而保存生活力。休眠芽外围具有多层不透水、不透气的鳞片，是一种保护芽越冬的结构。休眠给物种的延续带来好处，如杂草种子可以在土层下保持多年不萌发，因而萌发期非常不整齐，有利于其物种的延续。

2. 植物休眠的原因与调控

（1）种子的休眠

1）种子休眠的原因。

① 种皮（果皮）的限制。许多植物种子的外层有厚而坚硬的组织或种皮上附有厚或致密的蜡质或角质，这种种子不具有透水性，致使胚得不到水分和氧气的供应，同时种子内的二氧化碳也不能排出，积累在胚的附近，进一步抑制了胚的萌发。而种皮坚硬或过厚（俗称“铁籽”）给正常生长的胚穿过种皮形成了很大的机械阻力，致使种子处于休眠状态。常见的如豆科、藜科、锦葵科等植物的种子，都有较长的休眠期。

② 胚未完全发育。银杏、人参、白蜡树等植物的种子，胚的发育较周围组织慢，采收时种子外部看似成熟，但内部胚仍很幼嫩，尚未发育成熟，需从胚乳中继续吸取养料供生长发育，直至完全成熟，这样才能达到具有萌发能力的状态。

③ 种子未完成后熟。有些植物的种子脱离母体后，种子胚在形态上发育完全，但生理上还未完全成熟，必须通过后熟作用才能萌发。后熟作用是指成熟种子收获后，需经过一段

时间的生理生化变化才能完成生理成熟，才具有萌发能力，如苹果、桃、梨等蔷薇科植物和松柏科植物的种子。在后熟过程中，种子内的淀粉、蛋白质、脂肪等有机物的合成加强，进一步积累物质。有些植物如桂花等的种子后熟作用要求低温湿润条件，而有些种子则要在收获后，在将种子干燥的过程中完成后熟。

④ 抑制萌发物质的存在。有些植物的种子不能萌发是由于果实或种子内有抑制萌发物质的存在，如挥发油、植物碱、有机酸、酚、醛等。这些抑制物质存在于子叶、胚乳、种皮或果汁里，如西瓜、西红柿、黄瓜等存在于果汁中；橡胶草、羊胡草、结缕草存在于种子的外壳中；红松种子各部分都有抑制物质。有些情况下萌发抑制剂来自于其他植株，如甜菜种子可以释放出强烈的萌发抑制剂，阻碍与它播种在一起的种子萌发。近年来证明，脱落酸是种子内源激素，具有诱导休眠、抑制萌发的作用。

2）种子休眠的调控。生产上有时需要解除种子的休眠，有时则需要延长种子的休眠。

① 种子休眠的解除。

机械破损：适用于有坚硬种皮的种子。可用沙子与种子摩擦、划伤种皮或者去除种皮等方法来促进萌发。如紫云英种子加沙和石子各1倍进行摇擦处理，能有效促使萌发。

清水漂洗：西瓜、甜瓜、番茄、辣椒和茄子等种子外壳含有萌发抑制物，播种前将种子浸泡在水中，反复漂洗，流水更佳，让抑制物渗透出来，能够提高发芽率。

层积处理：一些木本植物的种子，如苹果、梨、榛等要求低温、湿润的条件来解除休眠。通常用层积处理，即将种子埋在湿沙中置于1～10℃温度中，经1～3个月的低温处理就能有效地解除休眠。在层积处理期间种子中的抑制物质含量下降，而GA和CTK的含量增加。一般来说，适当延长低温处理时间能促进萌发。

温水处理：某些种子（如棉花、小麦、黄瓜）经日晒和用35～40℃温水处理，可促进萌发。油松、沙棘种子用70℃水浸种24h，可增加透性，促进萌发。

化学处理：棉花、刺槐等种子均可用浓硫酸处理（2min～2h后立即用水漂洗）来增加种皮透性。用0.1%～0.2%过氧化氢溶液浸泡棉籽24h，能显著提高发芽率，这对玉米、大豆也同样有效。原因是过氧化氢的分解给种子提供O_2促进呼吸作用。

生长调节剂处理：多种植物生长物质能打破种子休眠，促进种子萌发。其中GA效果最为显著。樟子松、鱼鳞云杉和红皮云杉是北方优良树种，把它们的种子浸在100μL·L^{-1}的GA溶液中一昼夜，不仅可提高发芽势和发芽率，还可促进种苗初期生长。

另外，用一些物理方法如X射线、超声波、高低频电流、电磁场处理种子，也有解除休眠的作用。对一些需光性种子，可以利用感光性来解除休眠。

② 种子休眠的延长。防止种子萌动，延长种子的休眠期，在实践上也有重要意义。例如，水稻、小麦、玉米、大麦、燕麦和油菜发生过早萌动往往造成较大程度的减产，并影响种子的耐贮性。有些小麦种子在成熟收获期如遇雨或湿度较大，就会引起穗发芽，这在南方尤其严重。用0.01%～0.5%青鲜素（MH）水溶液在收获前20d进行喷施，对抑制小麦穗发芽有显著作用。但经这样处理过的种子，发芽率剧降。对于需光种子可用遮光来延长休眠。对于种（果）皮有抑制物的种子，如要延长休眠，收获时可不清洗种子。

（2）芽的休眠

1）芽休眠的原因。芽是很多植物的休眠器官。许多多年生木本植物形成冬芽越冬；二年生或多年生草本植物的各种贮藏器官，如块茎、鳞茎、球茎等，也具有休眠的芽。

在很多情况下休眠受日照长度控制。长日照促进营养生长，短日照抑制伸长生长而促进休眠芽的形成。但梨、苹果和樱桃等树木在休眠芽的形成方面对日照长短却不甚敏感。已知有些植物休眠芽在形成时感受光照的部位是叶片。但在很多情况下，树芽休眠时，叶已脱落。所以，有些树木的芽可直接感受短日照而进入休眠，如山毛榉等。

内源激素脱落酸（ABA）最早是作为芽的休眠物质被发现的。如马铃薯块茎上的芽处于休眠时脱落酸含量增加。

此外，水分和矿质营养的不足尤其是氮的不足也会加速休眠。

2）芽休眠的调控。

① 芽休眠的解除。

低温处理：许多木本植物休眠芽需经历 260 ~ 1000h 的 0 ~ 5℃的低温才能解除休眠，将解除芽休眠的植株转移到温暖环境下便能发芽生长。有些休眠植株未经低温处理而给予长日照或连续光照也可解除休眠。但北温带大部分木本植物芽休眠后被短日照充分诱发，再转移到长日照下也不能恢复生长，通常只有靠低温来解除休眠。

温浴法：把植株整个地上部分或枝条浸入 30 ~ 35℃温水中 12h，取出放入温室就能解除芽的休眠。使用此法可使丁香和连翘提早开花。

乙醚气熏法：把整株植物或离体枝条置于一定量乙醚熏气的密封装置内，保持 1 ~ 2d 能发芽。例如，在 11 月中将紫丁香、铃兰根茎放在体积为 1L 的密闭容器中，容器内放有 0.5 ~ 0.6mL乙醚，1 ~ 2d 后取出，在 15 ~ 20℃下保持 3 ~ 4 周就能长叶开花。

植物生长调节剂：要打破芽休眠使用GA 效果较显著。用 1000 ~ 4000$\mu L \cdot L^{-1}$GA 溶液喷施桃树幼苗和葡萄枝条，或用 100 ~ 200$\mu L \cdot L^{-1}$激动素喷施桃树苗，都可以打破芽的休眠。用 0.5 ~ 1.0$\mu L \cdot L^{-1}$GA 溶液浸马铃薯切块 10 ~ 15min，出芽快而整齐。

② 芽休眠的延长。在农业生产上，要延长贮藏器官的休眠期，使之耐贮藏，避免丧失市场价值。如马铃薯在贮藏过程中易出芽，同时还产生叫做龙葵素的有毒物质，不能食用。可在收获前 2 ~ 3 周，在田间喷施 2000 ~ 3000$\mu L \cdot L^{-1}$青鲜素，或用 1% 禁乙酸钠盐溶液，或萘乙酸甲酯的粘土粉剂均匀撒布在块茎上，可以防止在贮藏期中发芽。对洋葱、大蒜等鳞茎类蔬菜也可用类似的方法处理。

二、种子萌发

种子萌发是个体发育的起始。通常把胚根突破种皮作为种子萌发的标志。在适宜的环境条件下，解除休眠的种子吸水膨胀、代谢加强，胚开始恢复生长，胚根突破种皮长成幼苗的现象，称为种子萌发。种子的活力和寿命直接影响种子的萌发质量。

1. 种子的活力与寿命

种子生命力的强弱和品质的好坏从三个方面来衡量。

（1）种子活力　种子活力是指种子发芽迅速、整齐发芽出苗的潜在能力。一般籽粒饱满的种子活力高；大粒种子的活力一般要高于小粒种子的活力。

（2）种子寿命　种子从成熟到丧失生活力所经历的时间，可分为三类。

1）短命种子。短命种子的寿命为几小时至几周。如杨、柳、榆、栎、可可属、椰子属、茶属种子等。柳树种子成熟后只在 12h 内有发芽能力。杨树种子寿命一般不超过几个星期。

2）中命种子。中命种子寿命为几年至几十年。大多数栽培植物如水稻、小麦、大麦、大豆、菜豆的种子寿命为2年，玉米为2~3年；油菜为3年；蚕豆、绿豆、紫云英为5~11年。

3）长命种子。长命种子寿命在几十年以上，如沉睡千年的莲子进行催芽仍能萌发。远在更新世（距今10000年前）时期埋入北极冻土带淤泥中的北极羽扇豆种子，挖出后可在实验室里迅速萌发，这些都是长命的种子。

（3）种子的老化和劣变　种子的老化是指种子活力的自然衰退，在高温、高湿条件下老化过程往往加快。种子劣变则是指种子生理机能的恶化，突然性的高温或结冰会使蛋白质变性，细胞受损，从而引起种子劣变。

2. 种子萌发过程

种子萌发过程大致可分为三个阶段：吸水萌动、内部物质与能量的转化、胚根胚芽突破种皮。

（1）吸水萌动　种子在萌发过程中的吸水过程分为三个阶段。第一阶段，种子吸水是原生质胶体吸胀作用的物理吸水。此阶段的吸水与种子代谢无关。无论种子是否通过休眠，是否有生活力，同样都能吸水。通过吸胀吸水，活种子中的原生质胶体由凝胶状态转变为溶胶状态；第二阶段，当吸胀吸水完成后，种子吸水暂时停止；第三阶段，当胚根长出后，种子又开始重新吸水，这一阶段的吸水则是渗透性吸水。从呼吸作用看，胚根长出前，主要进行无氧呼吸，胚根长出后，主要进行有氧呼吸。

（2）内部物质与能量的转化　种子吸水后，酶促反应与呼吸作用增强。子叶或胚乳中的贮藏物质开始分解，转变成简单的可溶性化合物，如淀粉被分解为葡萄糖，蛋白质被分解为氨基酸，核酸被分解为核苷酸和核苷，脂肪被分解为甘油和脂肪酸。氨基酸、葡萄糖、甘油和脂肪酸则进一步被转化为可运输的酰胺、蔗糖等化合物。这些可溶性的分解物运入胚后，一方面给胚的发育提供了营养，另一方面也降低了胚细胞的水势，提高了胚细胞的吸水能力。

（3）胚根胚芽突破种皮　由于幼胚不断吸收水分和养分，细胞的数目和体积不断增大，达到一定程度时，胚根首先突破种皮，接着胚芽也伸出，即完成种子萌发的第三阶段。在生产上常把胚根长度与种子长度相等、胚芽长度达到种子长度一半时，定为种子发芽标准。

3. 种子萌发的条件

影响种子萌发的主要外因有水分、温度、氧气，有些种子的萌发还受光的影响。

（1）水分　水分是种子萌发的第一条件。种子只有吸收了足够的水分才能萌发。种子吸水后，种子中的原生质胶体才能由凝胶转变为溶胶，使细胞器结构恢复。同时吸水能使种子呼吸上升，代谢活动加强，促进贮藏物质水解成可溶性物质供胚发育。另外，吸水后种皮膨胀软化，一方面有利于种子内外气体交换，增强胚的呼吸作用；另一方面也有利于胚根、胚芽突破种皮而继续生长。

种子萌发时吸水的多少与种子水分、温度及环境中水分的有效性有关。一般含淀粉多的种子，萌发时需水较少，这是因为淀粉亲水性较小。如禾谷类作物种子一般吸水量达到种子干重的30%~50%时，就能萌发。蛋白质含量高的种子，吸水量较多，一般要超过干种子重量时才能发芽，这是因为蛋白质有较大的亲水性。而油料作物种子除含较多的脂肪外，往往也含有较多的蛋白质，因此，油料作物种子吸水量通常介于淀粉种子和蛋白质种子之间，见表5-4。

表5-4 几种主要作物种子萌发时最低吸水量占干重的百分率

作物种类	吸水率（%）	作物种类	吸水率（%）
水稻	35	棉花	60
小麦	60	豌豆	186
玉米	40	大豆	120
油菜	48	蚕豆	157

在一定温度范围内，温度高种子吸水快，萌发也快。例如，早春水温低，早稻浸种要3~4d，夏天水温高，晚稻浸种1d就能吸足水分。土壤中水分不足时，种子不能萌发，但土壤中水分过多，则会使土温下降，氧气缺乏，对种子萌发不利，甚至引起烂种。一般种子在土壤中萌发所需的水分条件以土壤饱和含水量的60%~70%为宜。这样的土壤，用手握可成团，掉下来可撒开。

（2）温度　种子的萌发是由一系列酶催化的生化反应引起的，因而受温度的影响较大，并有最低、最适和最高温度三个基点。在最低温度时，种子能萌发，但所需时间长，发芽不整齐，易烂种。种子萌发的最适温度是指在最短的时间内萌发率最高的温度。高于最适温度，虽然萌发速率较快，但发芽率低。而低于最低温度或高于最高温度，种子就不能萌发。一般冬作物种子萌发的温度三基点较低，而夏作物则较高。常见作物种子萌发的温度范围见表5-5。

表5-5 几种农作物种子萌发的温度范围　（单位：℃）

作物种类	最低温度	最适温度	最高温度
大、小麦类	3~5	20~28	30~40
玉米、高梁	8~10	32~35	40~45
水稻	10~12	30~37	40~42
棉花	10~12	25~32	38~40
大豆	6~8	25~30	39~40
花生	12~15	25~37	41~46
黄瓜	15~18	30~37	38~40
番茄	15	25~30	35

虽然在最适温度下，种子萌发最快，但由于呼吸强，消耗的有机物较多，供给胚的养料相应减少，结果幼苗生长细长柔弱，对不良条件的抵抗力差。因此，种子的适宜播种期一般应稍高于最低温度而低于最适温度。生产上为了早出苗，早稻可采用薄膜育秧，其他作物则可利用温室、温床、阳畦、风障等设施来提早播期。

（3）氧气　种子萌发与胚生长是活跃的生命活动，需要旺盛的呼吸作用供应能量消耗，因而需要足够的氧气。一般作物种子需在10%以上氧浓度下才能正常萌发，当氧浓度低于5%时，很多作物的种子不能萌发。油料作物种子萌发时需要的氧气更多，如花生、大豆和棉花等。因此，这类种子宜浅播。但也有的种子在2%的含氧条件下仍可萌发，如马齿苋、黄瓜等。种子萌发所需的氧气大多来自土壤空隙中。如土壤板结或水分过多，则会造成氧气不足，种子只能进行无氧呼吸，产生酒精毒害，影响种子萌发，甚至造成烂种。因而精细整地、排水、改善土壤通气条件，有利于种子萌发和培育壮苗。

水稻对缺氧的忍受能力较强，其种子在淹水进行无氧呼吸的情况下仍可萌发，但幼苗生长不正常，只长芽鞘，不长根，即俗话所说的“水长芽，旱长根”。这是由于胚芽鞘的生长只是细胞的伸长，仅靠无氧呼吸的能量即可发生；而胚根和胚芽的生长则既有细胞分裂，又有细胞伸长，对能量和物质的需求量较高，所以必须依赖于有氧呼吸。此外，无氧呼吸还会产生对种子萌发和幼苗生长有害的酒精等物质。因此，在水稻催芽时，要注意经常翻种，注意氧的供给。播种后，注意秧田排水，保证氧的供应，促进发根。

（4）光照　大多数作物种子的萌发，只要水、温、氧条件满足就能够萌发，不受有无光的影响，这类种子称为中光种子，如水稻、小麦、大豆、棉花等。有些植物如莴苣、紫苏、胡萝卜等的种子，在有光条件下萌发良好，在黑暗中则不能发芽或发芽不好，这类种子称为需光种子，还有些植物如葱、韭菜、苋菜等的种子则在光照下萌发不好，而在黑暗中反而发芽很好，称为嫌光种子。

总之，要获得全苗壮苗，首先要有健全饱满的种子；其次要有适应的环境条件，即充足的水分、适应的温度和足够的氧气。因此，适期播种，播种前充分整地，注意播种深度和方法，就能获得水、气、温、光协调的萌发环境，种子便能顺利萌发并长成壮苗。

三、植物生长与发育

任何一种生物个体，总是要有序地经历发生、发展和死亡等时期，人们把一个生物体从发生到死亡所经历的过程称为生命周期。种子植物的生命周期要经过胚胎形成、种子萌发、幼苗生长、营养体形成、生殖体形成、开花结实、衰老和死亡等各个阶段。通常将生命周期中呈现的个体及其器官的形态结构的形成过程称为形态发生或形态建成，伴随着形态建成，植物体发生着生长、分化和发育等变化。

1. 生长、分化和发育的概念

（1）生长　在生命周期中，生物的细胞、组织和器官的数目、体积或干重不可逆的增加过程称为生长。它不仅包括原生质的增加、细胞体积的增大，也包括细胞的分裂。例如根、茎、叶、花、果实和种子的体积增大或干重增加都是典型的生长现象。通常将营养器官（根、茎、叶）的生长称为营养生长，繁殖器官（花、果实、种子）的生长称为生殖生长。

（2）分化　由来自同一合子或遗传上同质的细胞转变为形态上、机能上、化学构成上异质细胞的过程称为分化。分化是一切生长所具有的特性，它可以在细胞、组织、器官的不同水平上表现出来。例如，从受精卵细胞分裂成胚；从生长点转变成叶原基、花原基；从形成层转变成输导组织、机械组织、保护组织等。此外，薄壁细胞分化成厚壁细胞、木质部、韧皮部，植物的茎上分化出叶及侧芽、侧枝；在根上分化出侧根、侧毛等。这些转变过程都是分化，正是由于这些不同水平上的分化，植物的各部分才具有异质性，即具有不同的结构与功能。这些形态、结构与功能上的分化是以细胞或组织内的生长分化为基础的。由于细胞与组织的分化通常是在生长过程中发生的，因此分化又可看做“变异生长”。

（3）发育　在生命周期中，生物的组织、器官或整体在形态和功能上的有序变化过程称为发育。例如，从叶原基的分化到长成一片成熟叶片的过程是叶的发育；从根原基的发生到形成完整的根系是根的发育；由茎尖的分生组织形成花原基，再由花原基转变成花蕾，以及花蕾长大开花，是花的发育；而受精的子房膨大、果实的形成和成熟则是果实的发育。上述发育的概念是从广义上讲的，它泛指生物的发生和发展。狭义的发育概念，通常是指生物由从营养生长向生殖生长的有序变化过程，其中包括性细胞的出现、受精、胚胎形成以及新的生殖器官的产生等。

通常发育包括了生长和分化两个方面，也就是说，生长和分化贯穿在整个发育过程中。例如花的发育包括花原基的分化和花器官各部分的生长；果实的发育包括了果实各部分的生长和分化等。

2. 高等植物生长发育的特性

（1）植物生长的区域性

1）茎的顶端生长。茎的生长锥是高等植物营养器官和生殖器官的发源地，如图 5-5 所示。它控制和调节着其他生长区（如其下部的侧芽）的生长。如植物营养体向生殖体的转变发生在这里，由植物地上部各生长区分生组织衍生出来；子叶的排列顺序（对生或互生）及花序的形状都是在生长锥中首先形成的器官原基时即已确定。

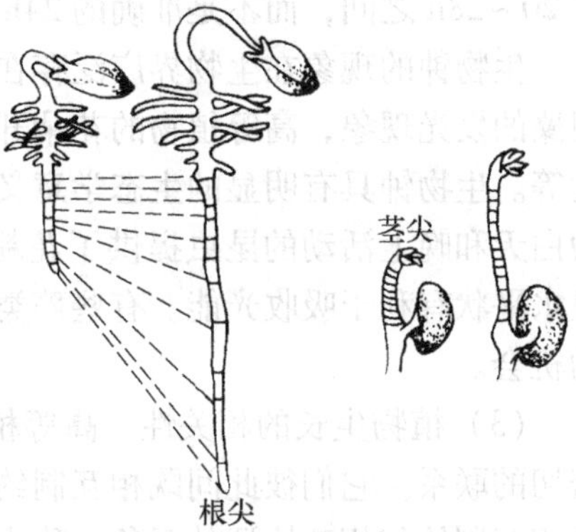

图 5-5　植物根尖和茎尖生长区

2）根的顶端生长。根的顶端生长则不同于茎的顶端生长，它不形成任何侧生器官，但也具有顶端生长优势，可以控制侧根的形成。当根尖折断后，则可从生长部位发展出更多的不定根。由于根受到土壤的阻碍，因而它的生长区要比茎的短得多。

3）其他生长区。除顶端生长外，植物其他部分还分布着一些生长区。这些生长区经常处于潜伏或抑制状态，只有在适当时候或受到一定的刺激后才活跃起来。它们不仅发源于顶端生长，同时它们的活动也受到顶端生长的控制。

（2）植物生长的周期性　植物器官或个体的生长速度按昼夜或季节发生有规律的变化现象叫做植物生长周期性，它受植物的内部因素和外界条件变化控制。

1）昼夜周期性。温度、光照和植物体内水分状况是引起植物生长昼夜性的主要原因。在一天的过程中，昼夜光照强度变化显著，温度高低也不同，因而植物生长就产生了昼夜周期性。通常又把这种植株或器官的生长速率随昼夜温度变化而发生有规律变化的现象，称为温度周期现象。各种植物的表现不同，一般表现出白天生长慢，夜间生长快。但与季节也有关系，如越冬植物白天的生长速率通常大于夜间。

植物生长的昼夜周期性变化是植物在长期系统发育中形成的对环境的适应性。例如番茄虽然是喜温作物，但系统发育是在变温下进行的。在白天温度较高（23～26℃），而夜间温度较低（8～15℃）时生长最好，果实产量也最高。若将番茄放在白天与夜间都是 26.5℃的人工气候箱中或改变昼夜的时间节奏（如连续光照或黑暗各 6h 交替），植株生长得不好，产量也低。如果夜温高于日温，则生长受抑更为明显。水稻在昼夜温差大的地方栽种，不仅植株健壮，而且籽粒充实，米质也好。这是因为白天气温高，光照强，有利于光合作用以及光合产物的转化与运输；夜间气温低，呼吸消耗下降，则有利于糖分的积累。

2）季节周期性。农作物的生长发育进程大体有四种情况。即春播、夏长、秋收、冬藏；春播、夏收；夏播、秋收或秋播、幼苗（或营养体）越冬、春长、夏收。这种植物在一年中生长随季节变化而呈现一定周期性的现象即生长的季节周期性。它是与温度、光照、水分等因素的季节性变化相适应的。例如在春天，日照延长、温度回升，为植物芽或种子萌发提供了最基本的条件。到了夏天，光照进一步延长，温度不断升高，作物开始茂盛生长并逐渐成熟。秋季则日照缩短，气温下降，植物出现落叶或休眠等现象，都是植物生长季节周期性变化的表现。

3）生物钟。人们在观察菜豆叶子的就眠运动时发现，菜豆叶子白天呈水平状，而晚上则呈下垂状，而且这种就眠运动，即使在外界连续光照或连续黑暗及恒温条件下也会较长时间地保持，因此，认为它是一种内源性节奏现象。由于这种生命活动的内源性节奏的周期是在20～28h之间，而不是准确的24h，因此称为近似昼夜节奏或生物钟。

生物钟的现象在生物界广泛存在，包括植物、动物和人类。植物方面的例子很多，如膝间藻的发光现象，高等植物的花朵开放、叶片运动、气孔开闭、蒸腾作用、胚芽鞘的生长速度等。生物钟具有明显的生态学意义，如有些花在清晨开放，而另一些花在傍晚开放，分别为白天和晚上活动的昆虫提供了花粉和花蜜。菜豆、三叶草等叶片的"就眠运动"在白天呈水平状有利于吸收光能。有些藻类只在一天的同一时间释放雌雄配子，这样就增加了交配的机会。

（3）植物生长的相关性　高等植物器官间有着精细的分工，同时各部分间又有着极为密切的联系。它们彼此间既相互制约，又相互促进，形成统一的有机整体。植物体各器官间的相互制约与相互协调的现象，称为相关性。不同器官间的相关性，是通过体内的营养物质和信息物质的传递或竞争来实现的。

1）地上部分（茎、叶）与地下部分（根）的相关性。

① 表现。植物地上部分和地下部分之间是相互支持、相互依赖的关系。"根深叶茂"、"本固枝荣"和"育苗先育根"等充分说明了地上和地下的相互关系。茎叶提供地下部分生长所需要的大量光合产物、维生素和生长素等。根系供应地上部分水和无机物以及氨基酸、细胞分裂素等物质。这些物质的相互交流，使根和茎、叶分别获得了生长必需的物质，从而得以正常生长。

植物的地上部分与地下部分的相关性常用根冠比（R/T）作指标来商量。根冠比是指植物地下部分与地上部分的质量之比（根干重/茎、叶干重），它是植物健康状况的重要评价指标之一。

② 影响因素。根冠比的大小，常受土壤水分、光照条件、矿质营养情况、温度、栽培措施等多种外界因素的影响。如水分和营养过多，能使植物茎叶徒长，但抑制了根的生长，根冠比变小；适当限制土壤水分供应时，根系常较发达，但地上部分的生长又受抑制，根冠比增大。

③ 应用。在农业生产上，了解根冠比和环境的关系具有重要的实践意义。例如大田作物苗期和果树、茶树、蔬菜的育苗中，要获得壮苗，经常采取控水蹲苗的办法，使根系向深处发展。甜菜、甘薯、胡萝卜等以收获地下根为主的作物，根冠比与产量的关系极大。因此，在甘薯栽培中，为了使地上部分多积累养分，在生育前期要促进地上部分的生长，结薯期则要求有比较发达的根系，才能结出又多又大的薯块。在生产上，前期不仅要注意施用氮

肥，而且还要有充足的土壤水分，后期则应减少氮肥使用，并增施磷、钾肥以促进光合产物向地下部分的运输和积累，从而有利于块根的形成。若以根冠比作为指标，一般在甘薯生长前期，根冠比值应控制在0.2左右，接近收获期应在2左右，这样就能获得高产。

2）主茎与分枝、主根与侧根的相关性。

① 表现。植物主茎的顶端生长往往抑制侧芽生长，这种现象称为顶端优势。不同植物种类顶端优势表现不同。树木中松柏、杉树等针叶树，草本植物中的向日葵、烟草、黄麻、高粱等顶端优势都较强，只有在去掉顶端时，邻近的侧枝才能加速生长。而小麦、水稻等则较弱，它们在营养生长期就可以产生大量的分枝（分蘖）。

② 产生原因。一般认为，顶端优势现象与内源激素及营养物质的供应有关。茎尖产生的生长素，在植物体内是由形态学的上端往其下端运输，使侧芽附近的生长素浓度加大，而侧枝对生长素比顶端更敏感，浓度稍大即被抑制，因此顶芽的存在会抑制侧芽的生长。同时，生长素含量高的顶端，成为营养物质运输的“库”，植物合成的有机物质多运往顶端，也造成了顶端优势。

③ 应用。农林生产中，有时需要利用和保持顶端优势，如麻类；用材树木，需抑制侧枝的生长，使主杆强壮、挺直。有时则需要消除顶端优势，促进分枝生长，如果树的整形修剪，棉花的打顶、去心，瓜类掐蔓等都是抑制顶端优势，控制营养生长，促进花果生长和减少脱落的有效措施；花卉的打顶去蕾，可控制花的数量和大小。

通常双子叶植物的直根系具有明显的顶端优势，而单子叶植物的须根系则基本不存在顶端优势。在树木、蔬菜等移栽时，往往要切断主根，以促进侧根的生长，提高成活率。

3）营养生长和生殖生长的相关性。

① 表现。植物的整个生育周期中，可分为营养生长和生殖生长两种不同的过程。营养生长是指植物的根、茎、叶等营养器官的生长，主要集中在出苗至整个生长发育过程；生殖生长是指植物的花、果实或种子等生殖器官的形成与生长，主要集中在生长发育的中后期。营养生长和生殖生长既矛盾又统一，二者之间存在着既相互依赖又相互制约的关系。

② 产生原因。营养生长是生殖生长的基础，生殖器官生长所需要的养料，大部分是由营养器官供应的。植物营养生长良好，生殖器官的分化和生长就好，若营养器官生长不良，生殖器官生长也会受影响。

当营养器官生长过旺时，消耗过多的养分，会影响生殖器官的生长。如果树、棉花等枝叶徒长，往往不能正常开花、结实。

生殖生长同样也影响营养生长。例如，在番茄开花结果期，如让花果自然成熟，营养生长就会明显的减弱下来，最终衰老、死亡。但是如果将花果不断摘除，则营养器官就会继续繁茂生长。林木结果过多也会降低木材的产量和质量。竹子的营养生长可维持几十年，开花后却由于旺盛的结实，消耗了大量营养物质，使成片竹林枯萎死亡。在马铃薯开花期间去掉花序，可节约养分，促进地下根茎生长。

③ 应用。在生产上，常常看到植物在大豆结实后提前衰老的现象，这在肥水不足的情况下，更易发生。如棉花、大豆的早衰就是如此。对于多年生的果树，则会使树势衰弱，降低花芽分化率，来年结果必然减少，造成大小年现象。通过适当供应水、肥，合理修剪或适当疏花、疏果等技术措施能够克服以上现象。对于以营养器官为收获物的植物种类，如桑树、茶树、烟草、麻类以及蔬菜中的叶菜类，则可通过供应充足的水分，增施氮肥，摘除花

或花芽和修剪等方法来控制生殖生长。

4）植物生长的独立性。植物生长的独立性主要表现在极性和再生两个方面，其共有的生物学基础是植物细胞具有全能性。

① 细胞的全能性。植物细胞的全能性是指植物体的每个生活细胞，都具有该植物的全部遗传信息和发育成完整植株的潜在能力。即每一细胞都包含有该物种所特有的全套遗传物质，具有发育成为完整个体所必需的全部基因。

植物体的每一个活细胞都具有全能性。从一个受精卵产生具有完整形态和结构机能的植株，即是全能性。同样，植物的体细胞，也具有全能性。但在一个完整的植株上某部分的体细胞只表现一定的形态，具有特定功能。这是由于它们受自身遗传物质的影响以及具体器官或组织所在环境的束缚，致使植株中不同部位的细胞仅表现出一定形态和功能。

② 极性作用。极性是指植物体或植物体的一部分在形态学的两端具有不同形态结构和生理生化特性的现象。例如，将柳树枝条挂在潮湿的空气中，会再生出根和芽，但是，不管是正挂还是倒挂，总是在形态学的上端长芽，在形态学下端生根，而且越靠近形态学上端切口处的芽越长，越靠近植物形态学下端切口处的根越长。

极性产生的原因，多数人认为主要是与生长素的极性运输有关。生长素在茎中是由上向下传导的，在茎的基部积累了足够的生长素，这种浓度的生长素有利于根的形成，因此在茎的下端切口处长出不定根，枝条上端生长素含量较少则生出不定芽。在生产实践中进行扦插和嫁接时，必须注意枝条两端生理上的这种差异，不可颠倒，只有顺插才容易成活。

③ 再生作用。植物体的离体器官（如根、茎或叶）在适宜的环境条件下能恢复所失去的部分，并重新形成一个完整植株，这种现象称为再生作用。在农作物、园艺作物及林木繁殖中，常常利用再生作用来进行无性繁殖，在生产中采用扦插、嫁接或压条等方式繁殖植物就是利用植物的再生能力，如甘薯的插蔓，葡萄、杨、柳等的扦插繁殖，需要注意的是在扦插时要注意枝条或块根的极性。植物组织培养也利用了植物的再生能力。

（4）影响植物生长的环境因素及其调控　植物的生长是植物体内外因素协调作用的结果。影响植物生长的外界因素很多，其中温度、水分和光是影响植物生长的三个重要条件。

1）温度。植物必须在适宜的温度下才能生长，植物的生长温度有三个基点：最高温度、最低温度和最适温度，见表5-6。植物生长有一定的温度范围，生长温度最低点与最高点一般可相差35℃左右，在这个温度范围内，其生长的速度随着温度的升高而加快。最适温度是生长最快的温度（生理最适温度），在这个温度下，由于植物生长得太快，消耗的物质太多，植物纤弱。在农业生产上，要培育壮苗需在低于最适温度下进行，这个温度称为“协调最适温度”。

表5-6　几种作物生长温度的三基点　（单位：℃）

作物种类	最低温度	最适温度	最高温度
大麦	0～5	20～30	31～37
小麦	0～5	25～30	31～37
向日葵	5～10	31～35	37～44
大豆	10～12	27～33	33～40
玉米	5～10	27～33	40～50

（续）

作物种类	最低温度	最适温度	最高温度
水稻	10~12	30~32	40~44
棉花	15~18	25~30	31~38
白菜	5~10	10~22	25~30
辣椒	10~15	20~30	34~40

植物种类和所处的地区不同，其生长的温度范围也有差异。一般原产热带和亚热带的植物生长温度三基点较高，分别为10℃、30~35℃和45℃左右；起源于温带的植物，生长温度三基点分别为5℃、25~30℃和35~40℃；而起源于寒带的植物，生长温度三基点更低。

实践证明，许多植物在昼夜变温条件下，生长会更好。如番茄在昼夜恒温25℃条件下，远不如在日均温26.5℃，夜温17~20℃条件下生长得好。植物对这种昼夜温度周期性变化的反应称为温周期现象。昼夜变温促进植物生长的原因：一是白天温度较高，在强光下有利于光合速率的提高，为生长提供了物质基础；二是夜温较低能减少呼吸作用对养分的消耗，有利于根系细胞分裂素的合成，最终提高了整株植物的生长速率。

2）光照。光是植物正常生长所必需的条件。一方面光是绿色植物进行光合作用的能源，光合产物是植物生长的物质基础，而且光照也是叶绿素形成的必要条件。另一方面光能抑制植物细胞的生长，促进细胞的成熟与分化。此外，光照还可以加快蒸腾作用，降低大气相对湿度和土壤水分，抑制茎、叶的生长。光对细胞生长的抑制作用，主要是蓝紫光，特别是紫外线的效果最为明显。它能抑制淀粉酶的活性，同时强光使生长素氧化活性提高，对生长素有破坏作用，导致细胞生长受阻，植株节间短，株高降低，叶片小而厚，株形紧凑，根系发达。高山空气稀薄，短波光容易透过，紫外线尤为丰富，使得高山植物植株矮小。生产中采用淡蓝色薄膜育秧，可以大量透过400~500 nm波长的蓝紫光，抑制秧苗生长，使植株粗壮。

3）水分。植物的生长对水分供应极为敏感。原生质的代谢活动，细胞的分裂、生长与分化等都必须在细胞水分接近饱和的情况下才能进行。由于细胞的扩大生长较细胞分化更容易受细胞含水量的影响，在相对细胞含水量稍低于饱和含水量情况下就不能进行。因此，当供水不足时，植株生长就会提前停止。在生产上，为使稻、麦抗倒伏，最基本的措施就是控制第一、第二节间伸长期的水分供应，以防止基部茎节的过度伸长。水分亏缺还会影响呼吸作用和光合作用等。

4）矿质元素。土壤中有植物生长必需的矿质元素。这些元素中有些属于原生质的基本成分，有些是酶的养分或活化剂，有些能调节原生质膜透性，并参与缓冲体系以及维持细胞的渗透势。植物缺乏这些元素便会引起生理失调，影响生长发育，并出现特定的缺素症状。另外，土壤中还存在许多有益元素和有毒元素。有益元素促进植物生长，有毒元素则抑制植物生长。

5）植物激素。激素对植物生长的调节作用十分显著。如GA能促进茎的伸长生长而被广泛地用于杂交水稻制种生产中，在抽穗前喷施GA_3促进父本及母本茎节的伸长，便于亲本间传粉，提高制种产量。而矮壮素能明显地抑制茎节的伸长生长，使植株矮化。

植物的生长是一个非常复杂的过程，光照、温度和水分等环境条件对植物的生长除有单独效应外，也有相互影响和交互作用。农业生产措施上的运用，就是根据作物生长发育的特点和规律，科学调节植物生长节奏，培育合理健壮的植株结构，为作物丰产奠定基础。

实训23　种子生活力的快速测定

一、目的

掌握种子生活力的快速测定技术。

二、实训内容与方法步骤

1. 氯化三苯基四氮唑法（TTC 法）

（1）试验原理　凡生活种胚在呼吸作用过程中都有氧化还原反应，而无生命活力的种胚则无此反应。当 TTC 溶液渗入种胚的活细胞内，并作为氢受体被脱氢辅酶（$NADH_2$ 或 $NADPH_2$）上的氢还原时，便由无色的 TTC 变为红色的三苯基甲 （TTF），从而使种胚染成红色。当种胚生活力下降时，呼吸作用明显减弱，脱氢酶的活性也大大下降，胚的颜色变化不明显，故可由染色的程度推知种子生活力强弱。TTC 还原反应如下：

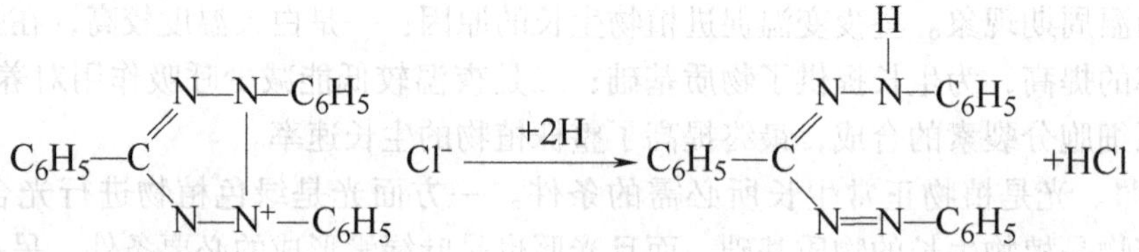

TTC(无色)　　　TTF(红色)

（2）用具与材料

1）试验药剂与器具。0.1% 的 TTC 溶液、培养皿两套、镊子一把、单面刀片一片、垫板（切种子用）一块、烧杯一只、棕色试剂瓶、解剖针一把、搪瓷盘一个及 pH 试纸等。

2）试验材料。玉米、小麦等作物的种子。

（3）方法与步骤

1）配制 TTC 溶液。取 1g TTC 溶于 1L 蒸馏水或冷开水中，配制成 0.1% 的 TTC 溶液。药液 pH 应在 6.5 ~ 7.5 之间，以 pH 试纸测之（如不易溶解，可先加少量酒精，使其溶解后再加水）。

2）浸种。将待测种子在 30 ~ 50℃ 温水中浸泡（大麦、小麦、籼谷 6 ~ 8h，玉米 5h 左右，粳谷 2h）增强种胚的呼吸强度，使显色迅速。

3）显色。取吸涨的种子 200 粒，用刀片沿种胚中央纵切为两半，取其中的一半置于两只培养皿中，每皿 100 个半粒，其中一只培养皿加适量 TTC 溶液，以浸没种子为度，然后放入 30 ~ 50℃ 的恒温箱中保温 0.5 ~ 1h。倒出药液，用自来水冲洗多次，至冲洗液无色为止。将另一半在沸水中煮 5min 杀死种胚，作同样染色处理，作对照观察。立即观察种胚着色情况，判断种子有无生活力，凡被染成红色的为活种子。将判断结果记入表 5-7。

表 5-7　TTC 染色法测定种子生活力记载表

方　法	种子名称	供试粒数	有生活力种子粒数	无生活力种子粒数	有生活力种子粒数占供试种子的比例（%）

4）计算。计算活种子的比例。

2. 红墨水染色法

（1）试验原理　凡生活细胞的原生质膜具有选择性吸收物质能力，某些染料如红墨水中的酸性大红 G 不能进入细胞内，胚部不染色。而死的种胚细胞原生质膜丧失了选择吸收的能力，于是染料便能进入死细胞而使胚着色。故可根据种胚是否染色来判断种子的生活力。

（2）用具与材料

1）试验药剂与器具。红墨水溶液（取市售红墨水稀释 20 倍），试验器具同 TTC 法。

2）试验材料。同 TTC 法。

（3）方法与步骤

1）浸种。同 TTC 法。

2）染色。取充分吸涨的 200 粒种子中的一部分种子，在沸水中煮沸 3～5min，作为死种子；其余种子沿种胚的中线切为两半，将其平均分置于两只培养皿中，其中一只培养皿中加入稀释后的红墨水，以浸没种子为度，染色 10～20min。倒去红墨水溶液，用水冲洗多次，至冲洗液无色为止。对比观察冲洗后的种子胚部着色情况，凡胚部不着色或略带浅红色者，即为具有生活力的种子，若胚部染成与胚乳相同的红色，则为死种子，把测定结果记入表 5-7。

3）计算。统计种胚不着色或着色浅的种子数，计算活种子的比例。

三、作业

1）分析试验结果与实际情况是否相符，并解释其原因。

2）TTC 法和红墨水法测定种子生活力结果是否相同，并解释其原因。

任务 3　植物的生殖生长及调控

在高等植物的发育过程中，从营养生长到生殖发育的转变是一个关键阶段。花芽分化及开花是生殖发育的标志。虽然植物有一年生、二年生和多年生之分，但它们的共同特点是在开花之前都必须达到一定年龄或处于一定的生理状态才能分化花芽。这种开花之前所达到的生理状态，称为花熟状态。植物开花前对环境的反应相当敏感，特别是对日照长度与温度，只有满足了植物一定的日照长度与温度条件后，才会开花。

一、成花生理

1. 光周期现象

光周期指的是一昼夜间光照与黑暗的交替（昼夜的相对长度）。植物对日照长度发生反应的现象，称为光周期现象。其中研究得较多也较重要的就是植物成花的光周期性。很多植物在花前的一段时期内，每天都需一定的光照或黑暗的长短才能开花，这种现象就称为植物成花的光周期性。

（1）植物成花对光周期反应的类型　花对光周期反应不同，一般可将植物分为三种主要类型，即短日植物、长日植物和日中性植物。

1）短日植物。当日照长度短于一定的临界值（或每天连续黑暗长于一定的临界值）时，才能开花的植物。在一定范围内，如果适当延长黑暗，缩短光照可提早开花；相反，如果适当延长日照，则延迟开花，但日照太短植物不能开花。秋季日照逐渐缩短时开花的植物多属于此类，如大豆、紫苏、晚稻、玉米、高粱、甘薯、烟草、黄麻、大麻、苍耳、菊等。

不同短日植物每天要求的最长日照时数也不同，一般在12～17h之间，见表5-8。这个引起短日植物开花的最大日照长度叫临界日长。短日植物只有当日照长度小于临界日长时才能开花。

表5-8　一些长日植物和短日植物的临界日长

长 日 植 物	24h周期中的临界日长/h	短 日 植 物	24h周期中的临界日长/h
冬小麦	12	美洲烟草	14
白芥菜	14	草莓	10.5～11.5
菠菜	13	菊花	16
甜菜	13～14	苍耳	15.5

2）长日植物。当日照长度长于一定的临界值时（或黑暗时数短于一定限度时）才能开花的植物。如果延长光照，缩短黑暗可提早开花；延长黑暗则延迟开花或不能开花。温带地区初夏日照逐渐加长时开花的植物多属于此类，如小麦、燕麦、油菜、菠菜、豌豆、亚麻、天仙子等。

不同长日植物每天要求的最短日照时数也不同，一般在9～14h之间，见表5-8。这个引起长日植物开花的最小日照长度也叫临界日长。长日植物只有当日照长度大于临界长度时才能开花。

3）日中性植物。开花之前并不要求一定的日照时数，在自然条件下就能开花的植物，如西红柿、茄子、辣椒、菜豆、黄瓜等蔬菜以及向日葵、花生、大豆的极早熟品种和双季稻的早稻等。

由此可见，长日植物和短日植物的差别并不在于它们所需日照时数的绝对值大小，而只要大于或短于其临界日长时就能开花。即长日植物对日照的要求有一个最低的极限，它们一般在比临界日长更长的条件下才能开花。而短日植物则有一个最高的极限，它们一般只有在比临界日长更短的条件下才能开花。例如长日植物冬小麦的临界日长为12h，而短日植物烟草的临界日长为14h，当日照长度为13h的条件下，两者均能开花。

但应当说明的是，临界日长往往随着同一种植物的不同品种、不同年龄及不同环境条件的改变而变化。

（2）光周期诱导

1）光周期诱导的概念。对光周期敏感的植物只有在经过适宜的光照或黑暗条件诱导后才能开花，但这种光周期的作用并不需要一直持续到花芽分化。植物在达到一定的生理年龄后，只要经过足够天数的适宜光周期的作用，以后即使处于不适宜的光周期下，仍然能够开花，这种现象称为光周期诱导。

不同植物所需的光周期诱导时数不同，一般植物光周期诱导的天数为一至十几天。例如，短日植物苍耳、日本牵牛、水稻、浮萍等只要1d、大豆2～3d、大麻4d、菊花12d；长日植物冬麦、油菜、菠菜、白芥菜等只要1d、拟南芥4d，1年生甜菜13～15d，胡萝卜15～

20d 等。对于这些长日植物，短于其诱导周期的最低天数时，不能诱导开花，而增加光周期诱导的天数则可加速花原基的发育，花的数量也增多。

2）光周期诱导中光期与暗期的作用。临界暗期是相对临界光期（或临界日长）而言的，就是指在光暗交替中长日植物能开花的最长暗期长度或短日植物能开花的最短暗期长度。许多试验表明，在诱导植物开花中暗期比光期的作用更大。许多中断暗期和光期的试验则进一步证明了临界暗期的决定作用，若用短时间的黑暗打断光期，并不影响光周期诱导成花；但用闪光中断暗期，则使短日植物不能开花，却诱导长日植物开花。如图 5-6 所示。因此，现在认为把短日植物叫做长夜植物，把长日植物叫短夜植物更为确切。

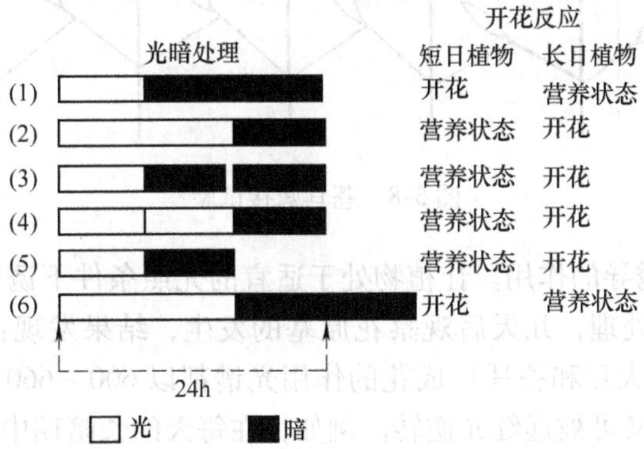

图 5-6　暗期间断对开花的影响

暗期虽然对植物的成花诱导起着决定性的作用，但光期也必不可少。只有在适当的暗期和光期交替条件下，植物才能正常开花，试验证明，暗期长度决定花原基的发生，由于花的发育需要光合作用为它提供足够的营养物质。因此，光期的长度会影响植物成花的数量。

3）光周期刺激的感受和传递。植物感受光周期的部位是叶片。以短日植物菊花做试验，如图 5-7 所示，即可证明：菊花的叶片处于短日条件下，而茎顶端给予长日照时，可开花；叶片处于长日条件下而茎顶端给予短日照时，则不能开花。这个试验充分说明：植物感受光周期的部位是叶片而不是茎顶端生长点。叶片对光周期的敏感性与叶片的发育程度有

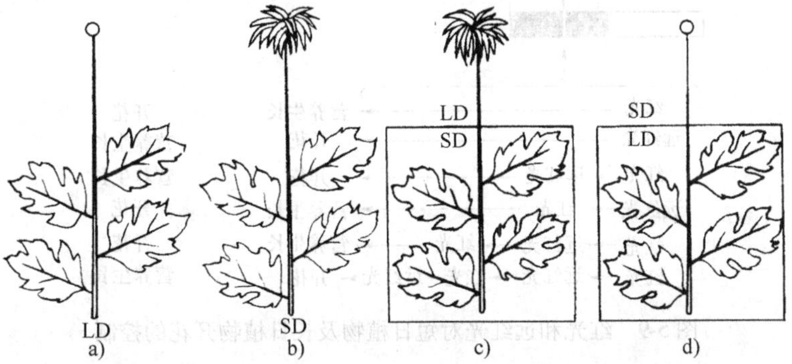

图 5-7　叶片和营养芽的光周期处理对菊花开花的影响

LD—长日照　SD—短日照

a）在长日照处理下的菊花不开花　b）在短日照处理下的菊花开花

c）菊花的叶子在短日照处理，顶端在长日照处理下开花　d）菊花的叶子在长日照处理，顶端在短日照处理下开花

关，幼嫩和衰老叶片对光周期的感受能力较成长叶片弱。

由于感受光周期的部位是叶片，而形成花的部位是茎顶端分生组织，说明叶片感受光的刺激后能传导到分生区。嫁接试验可以证实这种推测：将5株苍耳嫁接串联在一起，只要其中一株上的一片叶子接受适宜的短日光周期诱导后，即使将其他植株都种植于长日照条件下，最后所有植株也都能开花，如图5-8所示。这就证明了确实有某种或某些刺激开花的物质通过嫁接作用在植株间传递并发生作用。

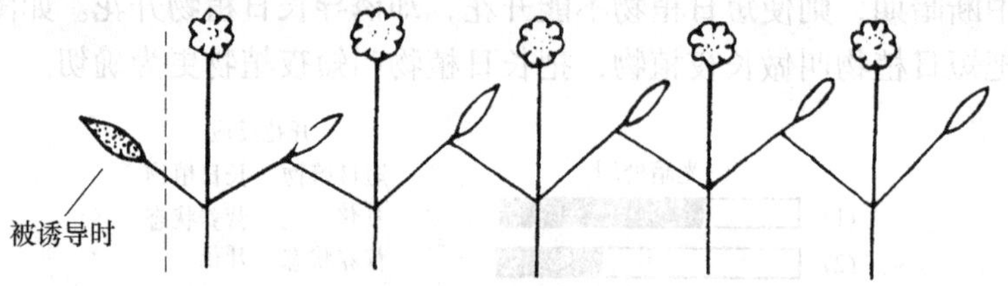

图5-8　苍耳嫁接试验

4）光敏素对成化诱导的作用。让植物处于适宜的光照条件下诱导成花，并用各种单色光在暗期进行闪光间断处理，几天后观察花原基的发生，结果发现：促进长日植物（冬大麦）和阻碍短日植物（大豆和苍耳）成花的作用光谱都以600~660nm波长的红光最有效，但红光促进开花的反应又可被远红光逆转。例如，在每天的长暗期中间给予短暂的红光，短日植物不能开花，长日植物能开花。若用红光照射后立即又用远红光短暂照射，则短日植物仍可开花，而长日植物却不能开花。但当用红光和远红光交替处理植物时，植物能否开花则决定于最后处理的光是红光还是远红光，如图5-9所示。

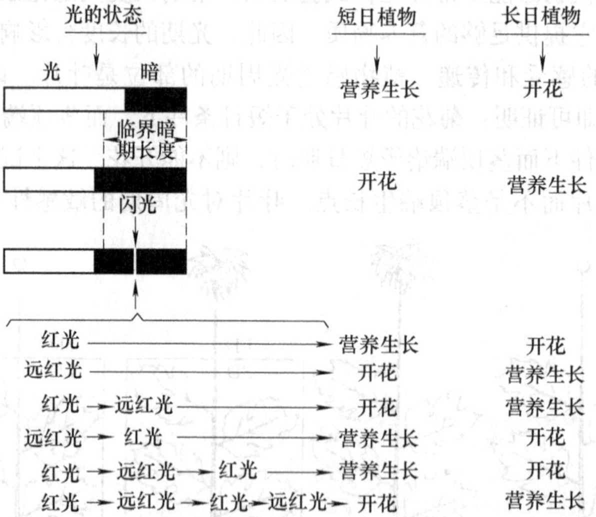

图5-9　红光和远红光对短日植物及长日植物开花的控制

红光和远红光这两种光波能够对植物产生生理效应。说明植物体内存在某种能够吸收这两种光波的物质，它就是光敏素。光敏素可以对红光和远红光进行可逆的吸收反应。通过对植物各部分检测，表明光敏素广泛存在于植物体的许多部位，如叶片、胚芽鞘、种子、根、茎、下胚轴、子叶、芽、花及发育中的果实等。

光敏素在植物体内有两种存在状态：一种是最大吸收峰为波长660nm的红光吸收型，以Pr表示；另一种是最大吸收峰为波长730nm的远红光吸收型，以Pfr表示。两种状态随光照条件的变化而相互转变，光敏素Pr生理活性较弱，经红光和白光照射后转变为生理活性较强的Pfr；Pfr经远红光照射或在黑暗中又可转变为Pr，但在黑暗中转变很慢，即暗转化。二者的关系可用下式表示：

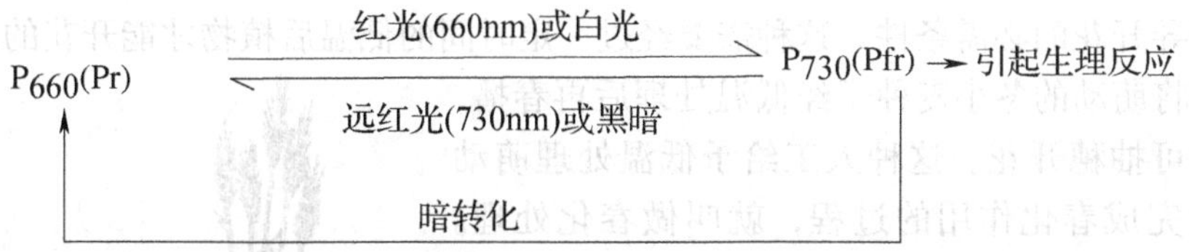

光敏素虽不是成花激素，但影响成花过程。光敏色素对成花的作用并不是决定Pr和Pfr的绝对量，而是受Pfr/Pr值的影响。短日植物要求较低的Pfr/Pr值。光期结束时，光敏色素主要呈Pfr型，此时Pfr/Pr值逐渐降低，当Pfr/Pr值随暗期延长而降到一定阈值水平时，就可促进成花刺激物质的形成而促进开花。长日植物成花刺激物质的形成，则要求相对较高的Pfr/Pr值，因此，长日植物需要短的暗期。如果暗期被红光间断，Pfr/Pr值升高，则抑制短日植物成花，促进长日植物成花。

光敏素除影响开花外，还参与块根、块茎、鳞茎的膨大、种子萌发、芽的萌发与休眠、气孔形成等过程的调控作用。试验表明某些马铃薯的变种及菊芋在16~18h的长日照下仅形成少数几个块茎甚至不形成块茎，而在8~10h短日照下可形成大量块茎。

（3）光周期现象的应用

1）植物的地理起源和分布与光周期特性。自然界的光周期决定了植物的地理分布与生长季节，植物对光周期反应的类型是植物对自然光周期长期适应的结果。低纬度地区的生长季节是短日条件，所以一般分布短日植物；高纬度地区的生长季节是长日条件，因此，多分布长日植物；中纬度地区则长短日植物共存。但由于自然选择和人工培育，同一种植物可以在不同纬度和地区分布。

2）正确地引种和育种。在不同纬度地区间引种时，首先要了解被引品种的光周期特性，同时还要了解作物原产地与引种地生长季节的日照条件的差异。如在我国将短日植物从北方引种到南方，会提前开花，如果所引品种是为了收获果实或种子，则应选择晚熟品种。若原产地与引入地区光周期条件差异太大，会造成过早或过晚开花，都会引起减产甚至颗粒无收。

育种工作中还可利用光周期现象来调节作物的开花期，使父母本植物同时开花，以利于杂交授粉。

3）控制花期。在花卉栽培中，已经广泛采用人为控制光周期的办法来提早或推迟花卉植物开花，例如使菊花在一年之内的任何时期开花，供观赏需要。

4）调节营养生长和生殖生长。对以收获营养体为主的作物，可通过控制光周期抑制其开花。如短日作物烟草、黄麻、红麻，可提早播种或向北移栽，利用夏季长日照，延长营养生长期，以增加产量。但如果引种地区与原产地相距过远，则有留种问题。如广东红麻引种到北方，9月下旬才能现蕾，种子不能及时成熟，可在留种地采用苗期短日处理的方法，解决留种的问题。此外，利用暗期中光间断处理可抑制短日植物甘蔗开花，提高产量。

2. 春化作用

（1）春化作用的概念和反应类型

1）春化作用的概念。作物的生长发育进程与季节的温度变化相适应。一些作物在秋季播种，冬前经过一定的营养生长，然后度过寒冷的冬季，在第2年春季重新旺盛生长，并于春末夏初开花结实。如冬小麦在秋季播种，出苗后经过冬季低温作用，第二年夏初才能抽穗开花。若将冬小麦改在春季播种，它就只进行营养生长，不能开花结实。对冬小麦而言，冬季低温是诱导开花的必需条件。这种需要经过一定时间的低温后植物才能开花的现象，叫春化作用。若将萌动的冬小麦种子经低温处理后再春播，当年夏季即可抽穗开花。这种人工给予低温处理萌动种子，使它完成春化作用的过程，就叫做春化处理。如图5-10所示，未经春化处理和已经春化处理的冬小麦在春季播种后的情况。

图5-10 冬小麦的春季播种
a）用经过春化处理的种子播种
b）用未春化处理的种子播种

2）植物对低温反应的类型。植物开花对低温的要求大致有两种类型：一类植物对低温的要求是绝对的，如二年生或多年生植物，假如不经过一定天数的低温，植物就不能开花；另一类植物对低温的要求是相对的，低温处理可促进它们开花，未经低温处理的植株虽然营养生长期延长，但最终也能开花。

各种植物春化所要求的温度不同，这种特性是在植物的系统发育中所形成的。根据春化过程对低温要求的不同，可将小麦分成冬性、半冬性和春性三种类型。不同类型的小麦所要求的低温范围和时间都有所不同，一般而言，冬性越强，要求的春化温度越低，春化的天数也越长，见表5-9。

表5-9 不同类型小麦通过春化需要的温度及天数

类　型	温度范围/℃	春化天数/d
冬性	0 ~ 3	40 ~ 45
半冬性	3 ~ 6	10 ~ 15
春性	8 ~ 15	5 ~ 8

（2）春化作用的条件及春化解除作用　低温是春化作用的主要条件，此外还需要适量的水分、充足的氧气和作为呼吸底物的营养物质糖类及适宜长度的日照诱导。

1）春化作用的条件。

① 温度和时间。春化作用的有效温度范围和低温持续时间因不同的植物种类和品种而异。通常春化作用的温度为0 ~ 15℃，并需要持续一定时间，最适温度为0 ~ 2℃。如冬小麦、萝卜、油菜等为0 ~ 5℃，春小麦为5 ~ 15℃。有些原产于温带的植物如油橄榄，最适温度范围为10 ~ 13℃。棉花、瓜类的春化温度要求更高些。一般春化温度的上限为9 ~ 17℃，下限以植物组织不结冰为限度。春化作用进行的时间，长的可达1 ~ 3个月，短的有2周至几天不等。植物春化作用需要的温度越低，需求的时间也越长。例如我国北纬33°以北的冬

性小麦，要求0～7℃的低温，持续36～51d，才能通过春化；而北纬33°以南的品种，在0～12℃，经过12～26d，就可通过春化作用。

② 水分。植物以萌动的种子形式通过春化作用，需要一定的含水量，如冬小麦已萌动的种子，含水量低于40%就不能通过春化作用。所以在春化处理时，为了控制芽的长度而又使其处于萌动的状态，可采用控制水分的吸收量来控制萌动状态。干种子对低温没有反应，因此，植物不能以干种子形式通过春化。

③ 氧气。充足的氧气是萌动种子通过春化作用的必需条件。在缺氧条件下，即使水分充足，萌动的种子也不能通过春化。春化期间，细胞内某些酶活性提高，氧化作用增强，充足的氧气是进行生理生化活动的必要条件，缺氧严重时可解除春化的效果。

④ 养分。春化作用需要足够的养分，将冬小麦种子的胚取出，培养在含蔗糖的培养基上，可通过春化作用，如果培养基中不含蔗糖，则不能通过春化。有些植物在感受低温后，还需要长日照诱导才能开花。如天仙子植株，经低温春化后放在短日照下不开花，只有经低温春化后处于长日照条件下才能抽穗开花。

2）春化解除作用。在春化过程结束之前，将植物放到较高的生长温度下，低温的效果被减弱或消除的这种现象称为去春化作用或解除春化。解除春化的温度一般为25～40℃。通常植物经低温春化的时间越长，则解除春化越困难。去春化现象可用于洋葱生产，例如，越冬贮藏的洋葱鳞茎在春季种植前先用高温处理以解除春化，便可防止生长期开花而获得大鳞茎。大多数去春化的植物返回低温后，又可重新进行春化过程，而且低温春化的效应还可以累加，这种解除春化之后再进行春化作用称为再春化作用。

（3）春化作用的时期和部位　一般植物在种子萌发后到植物营养体生长的苗期都可感受低温而通过春化。如冬小麦、冬黑麦等除了在营养体生长时期外，在种子吸胀萌动时就能进行春化。但甘蓝、胡萝卜和芹菜等植物只有当幼苗长到一定大小时才能进行春化。

芹菜等幼苗感受低温影响的部位是茎尖生长点，所以芹菜种在温室中，只要对茎尖生长点进行低温处理，就能通过春化。若将芹菜种植在低温条件下，茎尖却处于高温下，则植株不能通过春化。某些植物的叶片感受低温的部位是在可进行细胞分裂的组织内。因此，春化作用感受低温的部位是植物细胞分裂旺盛的部位。

（4）春化作用在农业中的应用

1）人工春化处理。我国北方农民创造的“闷麦法”，即将萌动的冬小麦种子闷在罐中，放在0～5℃低温下40～50d，就可用于春天播种冬小麦；育种中利用春化处理，可以在一年中培育出3～4代冬性作物，加快育种进程，对春小麦种子进行人工春化处理后，可以适当晚播，缩短生育期，从而避免春季倒春寒对春小麦的低温伤害。

2）调种引种。中国南北地区温度差异明显，引种时就必须先了解品种对低温的要求，北方品种引种到南方，就可能因南方温度较高而不能满足它所需低温要求，使植物不能开花结实。

3）调控花期。在制种和花卉栽培上，利用低温处理可促进石竹等花卉花芽分化，低温处理还可使秋播的一、二年生草本花卉改为春播，当年开花。例如用0～5℃低温处理石竹可促进开花。对于以营养器官为收获对象的植物，如洋葱、当归等，可用高温处理解除春化的方法，抑制开花，延长营养生长，从而增加产量和提高品质。如果以收获营养体为目的，可以南种北引，如麻类、烟草，可延长营养生长期，提高产量。

3. 花芽分化

（1）花芽分化的概念及过程　植物经过营养生长后，在适宜的外界条件下，就能分化出生殖器官（花），最后结出果实。尽管植物有一年生、二年生和多年生之分，但它们的共同特点是在开花之前都要达到一定的生理状态，然后才可以感受外界条件进行花芽分化。花原基形成、花芽各部分分化与成熟的过程，称为花器官的形成或花芽分化。花芽分化是植物由营养生长过渡到生殖生长的标志。在花芽分化期间，茎端生长点的形态发生了显著变化，即生长锥伸长和表面积增大。如图 5-11 所示，短日植物苍耳在接受短日诱导后生长锥由营养状态转变为生殖状态的变化过程。苍耳接受短日诱导后，首先是生长锥膨大，然后自基部周围形成球状突起并逐渐向上部推移，形成一朵朵小花。另外，花芽开始分化后，生理生化方面也变化显著，如细胞代谢水平增高，有机物剧烈转化等。

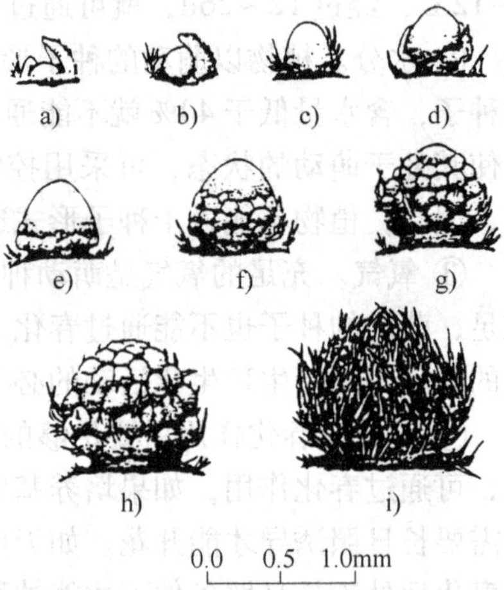

图 5-11　苍耳接受短日诱导后生长锥的变化

（2）花芽分化的条件

1）环境条件。环境条件主要包括光照、温度、水分和矿质营养等。

① 光。光对花的形成影响很大。在植物完成光周期诱导的基础上，花器官开始分化，自然光照时间越长，光照强度越大，形成的有机物越多，对开花越有利，成花数量越多，品质越高。栽种在荫蔽地段的月季、碧桃，根本就不开花。不同植物对开花要求的最低光照强度不同，例如阴生植物比阳生植物开花的最低光照强度要低一些。但是多数栽培植物属于阳生植物，这些植物在稍高于最低光照强度时，花的数量很少，以后随光照强度的增大而花芽增多。在光照强度较高时，光就不成为开花的限制因素。中光对花芽分化影响最大。

② 温度。温度对花器官形成的影响也很大。以水稻为例，在高温下水稻分化过程明显缩短，而通低温则发育延缓甚至中途停止。在减数分裂期，如遇低温（20℃以下），则花粉母细胞损坏，进行异常分裂，性细胞发育不正常。不同植物花器官发育对温度的要求不同，如短日植物矮牵牛在得到一次 15h 的暗期后，需培养在 28℃温度下经过 10h，顶端分生组织转向花的过程就完成了；而番茄在日温 15℃和夜温 10℃时，花序着花数较多。

③ 水分。水分对花的形成过程是十分必要的。雌、雄蕊分化期和花粉母细胞及胚囊母细胞减数分裂期，对水分特别敏感，如果土壤水分不足，会使花器官的发育延缓，成花量减少；如果土壤水分过多，枝叶生长就会过于旺盛，花芽分化量相对减少。如稻、麦等作物孕穗期对缺水相当敏感，此时若水分不足会导致颖花退化。而夏季适度干旱可提高果树 C/N 值，有利于花芽分化。

2）营养状况。营养是花芽分化及花器官形成与生长的物质基础，其中碳水化合物对花芽分化的形成尤为重要。花器官形成需要大量的蛋白质，氮素营养不足，花芽分化慢且开花少；但氮素过多，C/N 值失调，植株贪青徒长，花反而发育不好。增施磷肥，可增加花数，缺磷则抑制花芽分化。因此，在施肥中应注意合理配施氮、磷、钾肥，并注意补充锰、钼等微量元素，以利于花芽分化。

此外，在一般范围内，栽植密度越大，退化的花就越多。因为密度越大光照越不足，形成的糖分少，分配到花器官就少，花器官发育受影响。

3）内源激素。植物体内细胞分裂素、脱落酸和乙烯（来自于根和叶）促进花芽的形成，而生长素和赤霉素（多来自于顶芽和种子）抑制花芽的形成。但是激素对花芽分化的调控实际上并不决定于单一的激素，而是有赖于激素的动态平衡或顺序性的分化。在同一品种、同一树龄、同一枝型条件下，CTK/GA 值越高，成花百分率也越高。在夏季对植物新梢进行摘心，则 GA 和 IAA 减少，CTK 含量增加，调节了内源激素之间的比例关系，促进花芽分化。生产上还可通过外施植物生长延缓刑，如 CCC、PP_{333}等，达到抑制营养生长，促进花芽分化的目的。

二、传粉受精生理

1. 传粉

（1）花粉的生理特点　花粉是花粉粒的总称，花粉粒是由小孢子发育而成的雄配子体。经分析证明，花粉的化学组成极为丰富，含有碳水化合物、油脂、蛋白质、各类大量元素和微量元素。花粉中还含有合成蛋白质的各种氨基酸，其中游离脯氨酸含量特别高，脯氨酸的存在对维持花粉育性有重要作用，如不育的小麦中就不含脯氨酸。花粉中还含有丰富的维生素 E、C、B_1、B_2等及生长素、赤霉素、细胞分裂素与乙烯等植物激素。这些激素对花粉的萌发、花粉管的生长及受精、结实都起着重要调节作用。另外，成熟的花粉具有颜色，这是因为花粉外壁中含有色素，如类胡萝卜素和花色素苷等色素具有招引昆虫传粉的作用。另外，据试验统计表明，在花粉中已鉴定出 80 多种酶。正因为花粉中维生素含量高，又富含蛋白质和糖类，因而花粉制品已成为保健食品。

（2）花粉的生活力与贮藏　由于植物种类不同，成熟的花粉离开花药以后生活力差异较大。禾谷类作物的花粉生活力较弱，水稻花药裂开 5min 后，花粉生活力便下降 50% 以上；玉米花粉生活力较强，能维持 1d 之久；果树的花粉则可维持几周到几个月。所以，延长花粉生活力，贮藏花粉，以克服杂交亲本花期不遇已成为生产上的一个亟待解决的问题。花粉生活力也与外界条件有关，一般干燥、低温、二氧化碳浓度高和氧浓度低时，最有利于花粉的贮藏。一般来说，1～5℃的温度、6%～40% 相对湿度，贮藏花粉最好。但禾本科植物的花粉贮藏要求 40% 以上的相对湿度。在花粉贮藏期间，花粉生活力的逐渐降低是由于花粉内贮藏物质消耗过多、酶活性下降和水分过度缺乏造成的。

（3）花粉的萌发与花粉管的生长　成熟花粉从花药中散出，而后借助外力落到柱头上的过程，称为授粉。授粉是受精的前提。具有生活力的花粉粒落到柱头上，被柱头表皮细胞吸附后，吸收表皮细胞分泌物中的水分，由于营养细胞的吸胀作用，使花粉内壁及营养细胞的质膜在萌发孔处外突，形成花粉管乳状顶端的过程称为花粉萌发。如图 5-12所示。

随后花粉管侵入柱头细胞间隙进入花柱的引导组织，花粉管在生长过程中，除消耗花粉粒本身的贮藏物质外，还要消耗花柱介质中的大量营养。试验证明花粉中的生长素、赤霉素可促进花粉的萌发和花粉管的生长。硼对花粉的萌发有显著促进效应。因此在花粉培养基中加入硼和钙有利于花粉的萌发，子房中的钙可能是作为引导花粉管向着胚珠生长的一种化学刺激物。

花粉的萌发和花粉管的生长，表现出集体效应，即在一定的面积内，花粉的数量越多，萌发和生长的效果越好。人工辅助授粉增加了柱头上的花粉密度，有利于花粉萌发的集体效应的发挥，因而提高了受精率。

2. 受精

精细胞与卵细胞相互融合的过程称为受精。在花粉粒与柱头具有亲和力的情况下，花粉粒萌发穿入柱头，沿着花柱进入胚囊后就可受精。花粉管靠尖端的区域伸长生长一直到达子房，随着花粉管的破裂，释放出两个精细胞，其中一个精细胞与卵细胞结合形成合子，另一个精细胞与胚囊中部的两个极核融合形成初生胚乳核，被子植物的这种受精方式又称为双受精。

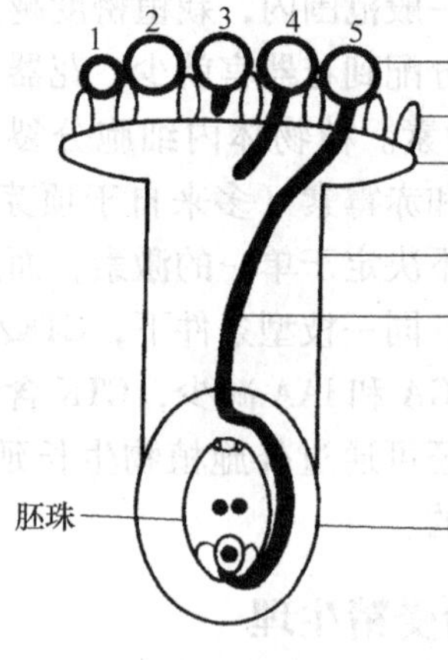

图 5-12 雌蕊的结构模式及其花粉的萌发过程

1—花粉落在柱头上 2—吸水 3—萌发
4—侵入花柱细胞 5—花粉管生长至胚囊

3. 外界条件对传粉授粉的影响

传粉受精不良，作物会出现较重的落花、落果，禾本科作物会出现空粒、果穗顶部秃顶现象，传粉受精除受内部因素影响外，还受外界环境条件如温度、湿度、营养状况等环境条件的影响。

（1）温度　温度低影响性细胞的形成，也影响开花，早春低温是制约开花的关键。较高的温度能促进花药开裂，促进花粉粒的萌发和花粉管的生长。一般花粉萌发的最适温度范围为 20～30℃，过高过低均可造成不良影响。如葡萄在 27～30℃时，花粉管到达胚珠只需几小时，而在 15℃左右，需要 5～7 天；水稻抽穗开花期的最适温度为 25～30℃，当温度低于 15℃时，花药就不能开裂，授粉极难进行；当温度超过 40℃时，花药开裂后会干枯死亡。西红柿花粉管生长速度在 21℃时最快，低于或高于这个温度时，花粉管的生长都逐渐减慢。

（2）湿度　花粉萌发需要有一定的湿度。过度干燥（空气相对湿度低于 30%）会影响花粉粒的活力，雌蕊的柱头易干枯，影响花粉萌发；但如果相对湿度过高，花期遇雨水天气，花粉粒会过度吸水而破裂。对大多数植物来说，一般 70%～80% 的相对湿度较为合适。

（3）营养　作物贮藏的有机营养多，花粉、柱头生活力强、寿命长，传粉受精有效期长，植物体内氮充沛，B、Mn、Mg、Ca、Fe 等矿质元素贮备情况良好，有利于传粉受精。特别是 B、Ca 对花粉的萌发和花粉管的伸长有明显的促进作用。生产上农作物、果树等花期喷 B，可提高坐果率，预防“花而不实”，减少畸形果。

（4）其他外界因素　病虫害管理水平，栽植密度是否合理，通风透光状况等因素也会对传粉受精产生影响。当花期调到不良环境时，应采取辅助传粉的方法，以尽量降低损失。

三、种子和果实的发育与成熟

植物受精后，受精卵发育成胚，胚珠发育成种子，子房壁发育成果皮，因而就形成了果实。果实和种子形成时，不仅在形态上发生了很大变化，而且在生理生化上也发生了剧烈变化。果实和种子生长的好坏不仅会影响植物下一代的生长发育，还影响着作物的产量和品质，因此，了解果实和种子成熟时的生理变化具有重要意义。

1. 种子与果实成熟时的生理变化

（1）种子成熟时的生理变化　在种子形成初期，呼吸作用旺盛，因而有足够的能量供应种子生长和有机物的转化与运输。随着种子的成熟，呼吸作用逐渐降低，代谢过程也随之减弱，如图5-13所示。

种子成熟时干物质的转化过程是：随着种子体积增大，其他部位运来的简单可溶性有机物，如葡萄糖、蔗糖和氨基酸等在种子内逐渐转化为复杂的有机物，如淀粉、脂肪和蛋白质等。

淀粉种子在成熟时，其他部位运来的可溶性糖主要转化为淀粉，因而种子可积累大量淀粉，同时也可积累少量的蛋白质和脂肪，如图5-14所示。另外，种子中也能积累各种矿质元素，如磷、钙、钾、镁、硫及微量元素，其中以磷为主。例如当水稻籽粒成熟时，植株中磷含量的80%转移到籽粒中去。

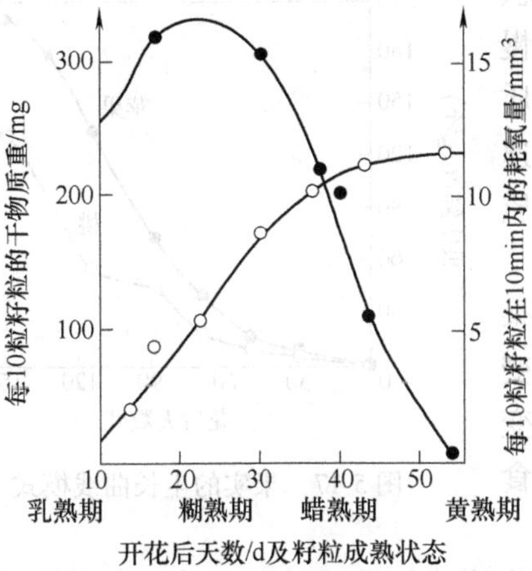

图5-13　水稻籽粒成熟过程中干物质的变化

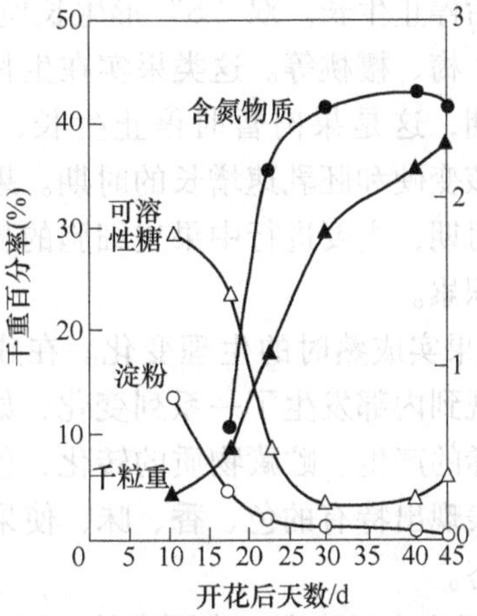

图5-14　正在发育的小麦籽粒胚乳及呼吸作用中几种有机物的变化

脂肪种子在成熟时，先在种子内积累碳水化合物，包括可溶性糖及淀粉，然后再转化成脂肪，如图5-15所示。碳水化合物转为脂肪时先形成游离的饱和脂肪酸，然后再形成不饱和脂肪酸。因此油料种子要充分成熟，才能完成这些转化过程。若种子未完全成熟就收获，种子不仅含油量低，而且油脂的质量也差。在油料作物的种子中也含有由其他部位运来的氨基酸及酰胺合成的蛋白质。

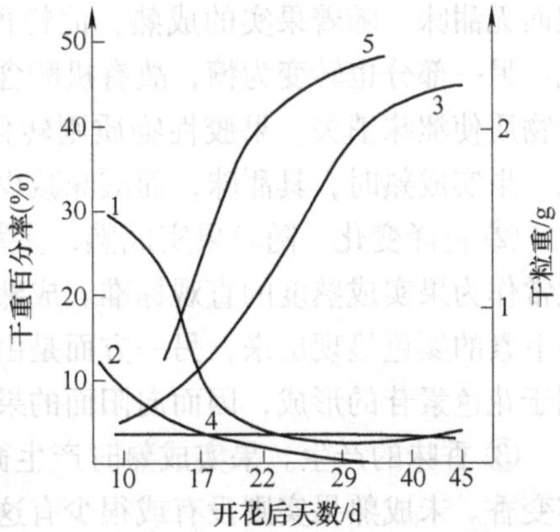

图5-15　油菜种子成熟过程中有机物的变化

1—可溶性糖　2—淀粉　3—不饱和脂肪酸

4—蛋白质　5—饱和脂肪酸

蛋白质种子中积累的蛋白质也是由氨基酸及酰胺合成的。豆科种子成熟时，先在荚中合成蛋白质，处于暂时贮存状态，然后再以酰胺态运到种子中，转变成氨基酸合成蛋白质，如图5-16所示。

禾谷类种子中积累的有机物约有2/3或更多来

自开花后植株各部分的光合产物，其中主要是叶的光合产物，少部分是茎和穗的光合产物。其余一小部分来自茎、叶和鞘在生育前期所积累的有机物。由此可见，促进开花以后植株的光合作用，对水稻获得高产是十分重要的。

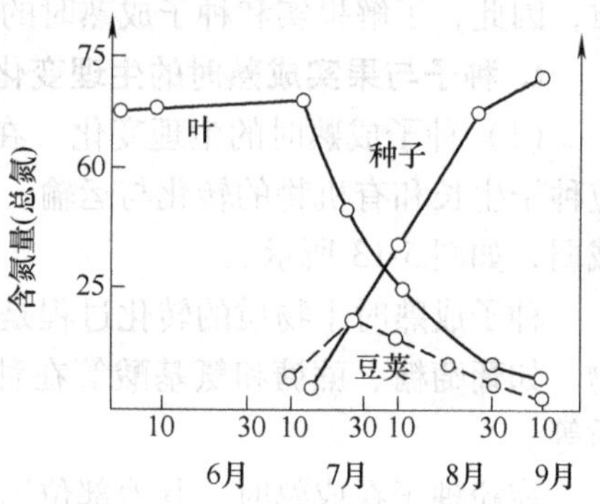

图 5-16 蚕豆中含氮物质由叶运到豆荚

(2) 果实成熟时的生理变化 果实的成熟过程包括果实的生长发育及其内部发生的一系列的生理变化。

1）生长模式。果实的生长主要有两种模式：单“S”形生长曲线和双“S”形生长曲线，如图 5-17 所示。单“S”形生长模式的果实有苹果、梨、草莓、香蕉和西红柿等。这类果实在开始生长时速度较慢，以后逐渐加快，达到高峰后又逐渐减慢，最后停止生长。双“S”形生长模式的果实有桃、李、杏、梅、樱桃等。这类果实在生长期有一段缓慢生长时期，这是果肉暂时停止生长，而内果皮木质化、果核变硬和胚乳速增长的时期。果实第二次迅速生长的时期，主要进行中果皮细胞的膨大和营养物质的大量积累。

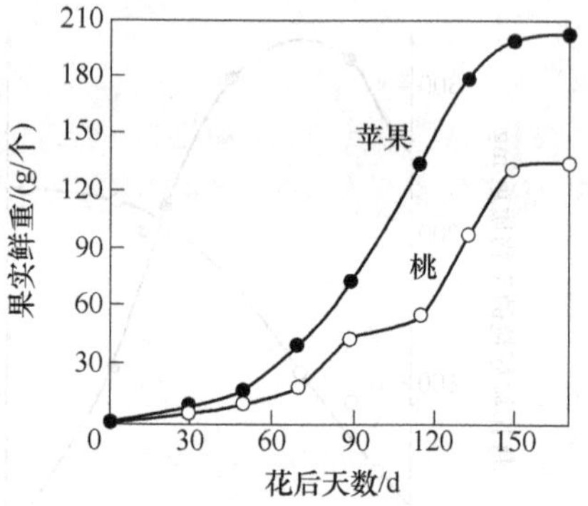

图 5-17 果实的生长曲线模式

2）果实成熟时的生理变化。在成熟过程中，果实从外观到内部发生了一系列变化，如呼吸速率的变化、乙烯的产生、贮藏物质的转化、色泽和风味的变化等，表现出特有的色、香、味，使果实达到最适食用的状态。

① 果实由酸变甜，由硬变软，涩味消失。在果实形成初期，从茎、叶运来的可溶性糖转变为淀粉贮存在果肉细胞中。果实中还有单宁和各种有机酸，这些有机酸包括苹果酸、酒石酸等，同时细胞壁和胞间层含有很多不溶性的果胶物质，故未成熟的果实往往生硬、酸、涩而无甜味。随着果实的成熟，淀粉再转化为可溶性糖，有机酸一部分由于呼吸作用而氧化，另一部分也转变为糖，故有机酸含量降低，糖含量增加。单宁则被氧化，或凝结成不溶性物质使涩味消失。果胶性物质则转化成可溶性物质果胶酸等，使细胞易于彼此分离。因此，果实成熟时，具甜味，而酸味减少，涩味消失，同时由硬变软。

② 色泽变化。随着果实成熟，多数果色由绿色逐渐变黄、橙、红、紫或褐色。果色变化常作为果实成熟度的直观标准。成熟时，果色的形成一方面是由于叶绿素的破坏，使类胡萝卜素的颜色显现出来；另一方面是由于花色素苷形成的结果。较低的温度和充足的光照有利于花色素苷的形成，因而向阳面的果实常常着色较好。

③ 香味的产生。果实成熟时产生微量的挥发性物质，如乙酸乙酯和乙酸戊酯等，使果实变香。未成熟果实则没有或很少有这些香气挥发物，如果过早收获，果实香味就差。

④ 乙烯的产生。在果实成熟过程中还产生乙烯气体，乙烯能加强果皮的透性，使氧气易于进入果实内，故能加速单宁、有机酸类物质的氧化，加快淀粉和果胶物质的分解。因而乙烯可促进果实正常成熟。

⑤ 呼吸强度的变化。果实成熟时呼吸强度最初有一个时期下降，然后突然上升，最后又下降，此时果实进入完全成熟阶段，这种现象即称为呼吸跃变期。具有呼吸跃变期的果实有香蕉、梨、苹果等。呼吸跃变期的出现与乙烯的产生有密切关系。因此生产上常施用乙烯利来诱导呼吸跃变期的到来，以催熟果实。通过降低空气中氧气浓度或提高二氧化碳或氮浓度，可延缓呼吸高峰的出现，延长贮藏期。

2. 外界条件对种子与果实成熟时的影响

虽然植物种子与果实的生物学特性是由植物的遗传所决定的，但外界条件仍能影响种子与果实的成熟过程，影响农产品的产量和品质。

（1）水分　种子在成熟过程中，如果早期因缺水干缩，可溶性糖来不及转变为淀粉，被糊精胶结而相互粘结起来，形成玻璃状而不是粉状的籽粒，此时有利于蛋白质的积累。因此，干热风造成风旱不实时的种子蛋白质的相对含量较高。这就是我国北方小麦的蛋白质含量显著高于南方小麦的原因。

（2）温度　油料作物种子成熟过程中，温度对含油量和油分性质的影响也很大。成熟期适当的低温有利于油脂的积累。亚麻种子成熟时，低温且昼夜温差大有利于不饱和脂肪酸的形成。因此，优质的油料往往来自纬度较高或海拔较高的地区。

（3）光照　在阴凉多雨的条件下，果实中往往含酸量较多，而糖分相对较少。但如果阳光充足，气温较高及昼夜温差较大的条件下，果实中含酸量减少而糖分增多。新疆吐鲁番的葡萄和哈密瓜之所以特别甜，就是这个原因。

（4）营养条件　营养条件对种子成熟过程也有显著影响。如对淀粉种子而言，氮肥可提高种子蛋白质含量；钾肥能加速糖类由叶、茎向籽粒或其他贮存器官（如块根、块茎）的运输而转化为淀粉。对油料种子而言，磷肥和钾肥对脂肪的形成也有积极的影响；但氮肥过多，会使植物体内大部分糖类和氮化合物结合成蛋白质，此时糖分的减少会影响脂肪的合成及其在种子中的含量。

实训 24　春化处理及其效应观察（含课余观察）

一、目的

1）了解春化作用的过程及所需条件。

2）掌握冬性作物春化处理过程，学会鉴定是否已通过春化，从而为生产和科研中的应用奠定基础。

二、用具与材料

冰箱、解剖镜、镊子、解剖针、载玻片、培养皿。冬小麦种子、大白菜种子。南方地区可用油菜、莴苣。

三、方法与步骤

1）选取一定数量的吸水萌动的冬小麦、大白菜种子（最好用强冬性品种），当有 1/3 ~ 1/2 的种子露白时，置培养皿内，培养皿内垫吸水纸，放在 0 ~ 5℃的冰箱中进行春化处理。春化期间要维持种子含水量达到干种子重量的 80% ~ 90%，加盖，以减少水分蒸发。处理可分为播种前 50d、40d、30d、20d 和 10d 和对照 6 种，对照为已萌动但未低温处理的种子。

2）春季，从冰箱中取出经不同天数处理的小麦、大白菜种子和未经低温处理的对照种子，同时播种于花盆或试验地。

3）幼苗生长期间，各处理进行同样肥水管理，随时观察植株生长情况。当春化处理天数最多的麦苗出现拔节或大白菜抽茎时，在各处理中分别取1株幼苗，用解剖针剥出生长锥，并将其切下，放在载玻片上，加1滴水，然后在解剖镜下观察，并作简图。比较不同处理的生长锥有何区别。

4）继续观察植株生长情况，直到处理天数最多的植株开花时。将观察情况填入表5-10。

表5-10　春化处理效应观察记录表

材料名称：		品种：		春化温度：		播种时间：	
观察日期	处理 植株生长状况	春化天数及植株生育情况记载					
		50d	40d	30d	20d	10d	CK（未处理）

四、作业

1）春化处理天数的多少与冬小麦和大白菜抽穗抽茎时间有无差别？为什么？

2）春化现象的研究在农业生产上有何意义？举例说明。

3）幼苗经不同处理后，花期有何变化，如何解释？

实训25　植物光周期现象的观察

一、目的

1）学习掌握植物光周期现象的观察实验方法。

2）了解昼夜光暗交替及其长度对短日植物开花结实的影响。

3）进一步加深对植物光周期理论及其在植物生长发育中调控作用的理解和应用。

二、用具与材料

黑罩（外面白色）或暗箱、暗柜或暗室、日光灯或红色灯泡（60～100W）及光源定时开关自动控制装置。大豆、水稻、菊花及苍耳等短日植物幼苗。

三、方法与步骤

将大豆、水稻、菊花、苍耳等短日植物栽培在长日条件下（每天日照时间在18h以上），当大豆幼苗长出第一片复叶，或苍耳、水稻幼苗长出5～6片叶（夜温在18℃以上）后，即按表5-11给予不同处理，一般情况下连续处理10d即可完成，苍耳只需1～2d即可。

表5-11　昼夜光暗交替与长度处理方法

品种名称：＿＿＿＿＿　播种时间：＿＿＿＿＿

处　理	光　周　期	光周期数	开花（不开花）
短日照	每日光照8h（8：00～16：00）		
间断白昼	每日11：30～14：30移入暗处（或用黑罩布）间断白昼3h		
间断黑夜	在短日照的处理基础上，凌晨0：00～1：00光照1h，以间断黑夜		
对照	自然光照条件		

经上述处理后，记下对大豆、苍耳现蕾期或水稻始穗期的各种处理结果，也可用剥离生长锥的方法观察花器官发育进程，并与对照作比较。

四、作业

幼苗经不同的光照处理后，花期有的较对照提前，有的与对照相当，应如何解释？

任务4　植物的衰老、脱落及调控

一、衰老

1. 衰老的概念及方式

植物的衰老通常指植物的细胞、组织、器官或整个植株生理功能自然衰退，并最终导致死亡的一系列恶化过程。自然衰老受植物遗传基因控制，是植物正常发育的必经过程，环境条件可影响衰老的进程。

(1) 整体衰老　一生中只开一次花的植物，在开花结实后不久，由于营养物质被生殖器官的生长发育消耗殆尽造成植物整株衰老，直至死亡。一、二年生植物，还有些多年生植物属于此类，如玉米、小麦、白菜、竹等。

(2) 地上部分衰老　有些多年生植物，整个地上部分随着生长季节的结束而死亡，而地下根、茎继续生存，如甘薯、茅草、莲等。

(3) 落叶衰老　落叶树木的叶片，在秋季或夏季发生季节性同时衰老脱落，如温带秋季和沙漠夏季的树木，脱落后植株便进入休眠状态，以度过接踵而至的恶劣环境。

(4) 顺序衰老　植物体中较早产生的组织和器官，会随时间的推移逐渐衰老脱落，并被新的器官所取代。如木质部导管、管胞、周皮中的本栓层、老的根毛等，不断新旧更替；花瓣、花丝、柱头在受精后很快衰老脱落，而整株植物仍处于旺盛的生长状态；一些常绿树木和生长期的植物，叶片不是在同一时期衰老脱落，而是逐渐衰老脱落；禾本科植物的叶子，从下向上逐渐衰老，虽不产生离层，但最终死亡；果实、种子依成熟顺序自然脱落离开母体等都属于此类。

衰老有其积极的生物学意义，不仅能使植物适应不良环境条件，而且对物种进化起重要作用。温带落叶树，在冬前全部叶脱落，降低蒸腾作用，有利于安全越冬。通常植物在衰老时，其营养器官中的物质降解、撤退并再分配到种子、块茎和球茎等新生器官中去。如花的衰老及其衰老部分的养分撤离，能使受精胚珠正常发育；果实成熟衰老使得种子充实，有利于繁衍后代。

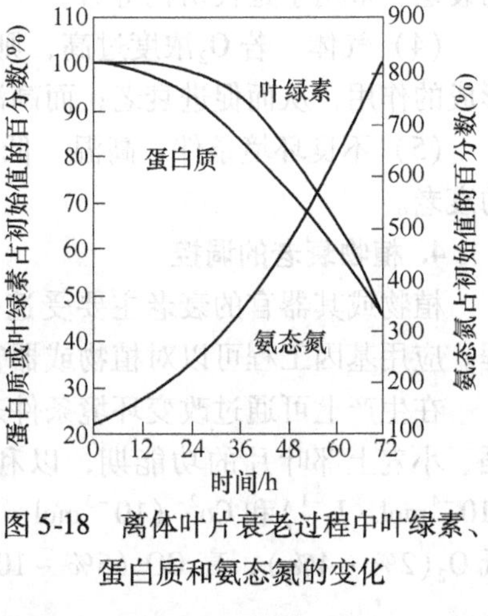

图5-18　离体叶片衰老过程中叶绿素、蛋白质和氨态氮的变化

2. 衰老时的生理生化变化

植物衰老时，在生理生化上有许多变化，主要表现在：

(1) 光合速率降低　叶绿素逐渐丧失，光合速率降低是叶片衰老最明显的特点。如图5-18所示，用遮光来诱导燕麦离体叶片衰老，到第三天，叶片中的叶绿素含量只有起始值的20%左右，最后叶绿素完全消失。类胡萝卜素比叶绿素降解稍晚。这些都会导致光合速率下降。

（2）核酸的变化　叶片衰老时，核酸总含量下降，且DNA下降速率较RNA小。与此同时，降解核酸的核酸酶如DNA酶和RNA酶活性都有所增加，因而加速了衰老过程。

（3）呼吸速率　叶片衰老时呼吸速率下降，但下降速率比光合速率慢。有些植物叶片在开始衰老时呼吸速率保持平衡，但在后期出现一个呼吸跃变期，以后呼吸速率则迅速下降。

（4）蛋白质的变化　植物衰老的第一步是蛋白质水解，离体衰老叶片中蛋白质的降解发生在叶绿素分解之前。衰老过程中蛋白质含量的下降是因为蛋白质的代谢失去平衡，分解速率超过合成速率所致。

（5）植物激素的变化　植物衰老时，植物激素也在变化。促进生长的植物激素如细胞分裂素、生长素含量减少。而诱导衰老和成熟的激素如脱落酸和乙烯等含量增加。

（6）细胞结构的变化　叶片衰老时的结构变化最早表现为叶绿体的解体；继而核糖体和粗糙型内质网数量减少，线粒体先是嵴变形，进而收缩或消失；核膜裂损，液泡膜、质膜发生降解。膜结构的破坏引起细胞透性增大，选择透性功能丧失，使细胞液中的水解酶分散到整个细胞中，产生自溶作用，进而使细胞解体和死亡。

3. 影响衰老的环境因素

（1）光　强光对植物有伤害作用（光抑制），会加速衰老。短日照促进衰老，长日照延缓衰老。强光与紫外光能促进自由基生成，诱发衰老。适度的光照能延缓小麦、菜豆、烟草等多种作物连体叶片或离体叶片的衰老。黑暗加速衰老，是通过气孔运动而起作用，进而影响气体交换（O_2、CO_2）、蒸腾、光合、呼吸、物质吸收与运转。长日照促进GA合成，利于生长，延缓衰老；短日照促进ABA合成，利于脱落，加速衰老。

（2）水分　干旱促使叶片衰老，水涝会导致缺O_2而引起根系坏死，最后使地上部分衰老。

（3）矿质营养　营养亏缺会促进衰老，其中N、P、K、Ca、Mg的缺乏对衰老影响很大。氮肥不足，叶片易衰老；增施氮肥，能延缓叶片衰老。Ca处理果实有稳定膜的作用，减少乙烯的释放，能延迟果实成熟。Ag^+、Co^{2+}、Ni^{2+}等可抑制乙烯的产生，延缓水稻叶片的衰老，常用于延长切花寿命。

（4）气体　若O_2浓度过高，则会加速自由基形成，引发衰老。低浓度CO_2有促进乙烯形成的作用，从而促进衰老；而高浓度CO_2（5%～10%）则抑制乙烯形成，因而延缓衰老。

（5）不良环境条件　高温、低温、大气污染、病虫害等都不同程度地促进植物或器官的衰老。

4. 植物衰老的调控

植物或其器官的衰老主要受遗传基因的控制和支配，并由衰老基因的产物启动衰老过程。应用基因工程可以对植物或器官的衰老进行调控。

在生产上可通过改变环境条件来调控衰老。如通过合理密植和科学的肥水管理来延长水稻、小麦上部叶片的功能期，以利于籽粒充实；使用Ag^+（10^{-10}～$10^{-9}mol\cdot L^{-1}$）、Ni^{2+}（$10^{-4}mol\cdot L^{-1}$）和Co^{2+}（$10^{-3}mol\cdot L^{-1}$）能延缓水稻叶片的衰老；在果蔬的贮藏保鲜中常以低O_2（2%～4%）、高CO_2（5%～10%），并结合低温来延长果蔬的贮藏期。

二、脱落

1. 脱落的概念与类型

脱落是指植物细胞、组织或器官脱离母体的过程。植物器官的脱落发生在特定的部位，即离区，是指分布在叶柄、花柄和果柄等基部某一区域分裂形成的几层细胞。脱落可分为三种。

（1）正常脱落　由于衰老或成熟引起的脱落叫正常脱落，如果实和种子的成熟脱落。

（2）生理脱落　因植物自身的生理活动而引起的脱落为生理脱落，如营养生长和生殖生长竞争引起的脱落。

（3）胁迫脱落　因逆境条件（如水涝、干旱、高温、病虫害等）引起的脱落为胁迫脱落。生理脱落和胁迫脱落都属于异常脱落。

脱落的生物学意义在于植物物种的保存，尤其是在不适于生长的条件下，部分器官的脱落有益于留存下来的器官发育成熟。然而异常脱落现象也常给农业生产带来损失，如棉花蕾铃的脱落率一般都在70%左右，大豆的花荚脱落率也很高。此外，果树和西红柿等也都有花果脱落问题的存在。

器官的脱落发生在离层，离层是指分布在叶柄、花柄和果柄等基部一段区域经横向分裂而成的几层细胞。如图5-19所示，叶片的离层，落叶时叶柄细胞的分离就发生在离层的细胞之间。离层细胞的分离是由于胞间层的分解。离层细胞解离之后，叶柄仅靠维管束与枝条连接，在重力或风的压力下，维管束折断，叶片因而脱落。

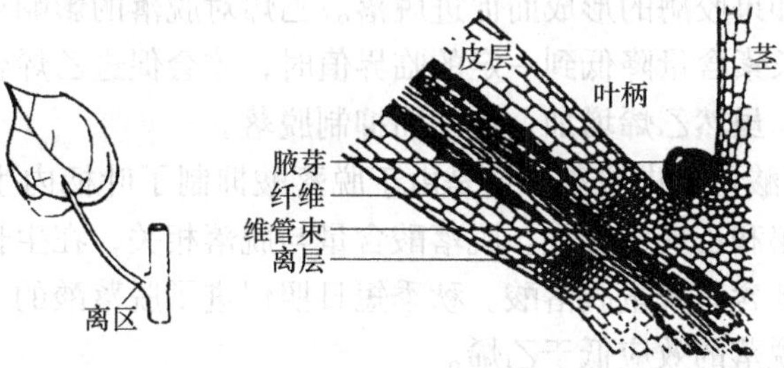

图5-19　双子叶植物叶柄基部离区结构示意图

一般形成离层之后植物器官才脱落。但也有例外，如禾本科植物叶片不产生离层，因而不脱落。而花瓣不形成离层也可脱落。

2. 影响脱落的因素

（1）光照　光强度减弱时，脱落增加。作物种植过密时，行间过分遮阴，易使下部叶片提早脱落。不同光质对脱落影响不同，远红光促进脱落，而红光延缓脱落。短日照促进落叶而长日照延迟落叶。

（2）温度　高温促进脱落，如四季豆叶片在25℃下脱落最快，棉花在30℃下脱落最快。在田间条件下，高温常引起土壤干旱而加速脱落。低温也导致脱落，如霜冻引起棉花落叶。低温往往是秋季树木落叶的重要因素之一。

（3）湿度　干旱促进器官脱落，这主要是由于干旱影响内源激素水平造成的。植物根系受到水淹时，也会出现叶、花、果的脱落现象。涝淹主要通过降低土壤中氧气浓度影响植物生长发育，淹涝反应也与植物激素有关。

（4）矿质营养　缺乏氮、磷、钾、硫、钙、镁、锌、硼、钼和铁都可导致脱落，缺氮和锌会影响生长素合成，缺硼常使花粉败育，引起不孕或果实退化。钙是胞间层的组成成分，因而缺钙会引起严重脱落。

（5）氧气　高氧促进脱落，氧气浓度在10%～30%范围内，增加氧浓度会增加脱落率。高氧增加脱落的原因可能是促进了乙烯的合成。此外大气污染、盐害、紫外辐射、病虫害等都对脱落有影响。

（6）营养因素　一般碳水化合物和蛋白质等有机营养不足是造成花果脱落的主要原因之一。受精的子房在发育期间一方面需要大量的氮素来构成种子的蛋白质，另一方面也需要大量的碳水化合物用于呼吸消耗。如果此时不能满足有机营养对植物的供应，就会引起脱落。遮光试验表明，光线不足、碳水化合物减少，棉铃脱落增多。而人为增加蔗糖，可减少棉铃脱落。在果树枝条上环割会增加坐果，就是因为改善了有机营养的供应。所以改善有机营养的供应可以延长叶片年龄，延缓衰老和脱落。

（7）植物激素作用　植物器官的脱落受到体内各种激素的影响。

1）生长素类。叶柄离层的形成与叶片的生长素含量有关。将生长素施在离层的近轴端（离层靠近茎的一面），可促进脱落；施于远轴端（离层靠近叶片的一侧），则抑制脱落，因而有人认为，脱落受离层两侧的生长素浓度梯度所控制，即当远轴端的生长素含量高于近轴端时，则抑制或延缓脱落；反之，当远轴端的生长素含量低于近轴端时，会加速脱落。

2）乙烯。乙烯是与脱落有关的重要激素。内源乙烯水平与脱落率成正相关。乙烯可以诱导离层区纤维素酶和果胶酶的形成而促进脱落。乙烯对脱落的影响还受离层生长素水平的控制。即只有当其生长素含量降低到一定的临界值时，才会促进乙烯合成和器官脱落。而在高浓度生长素作用下，虽然乙烯增加，却反而抑制脱落。

3）脱落酸。脱落酸可促进脱落，这是由于脱落酸抑制了叶柄内生长素的传导，促进了分解细胞壁的酶类分泌和乙烯的合成。脱落酸含量与脱落相关，在生长叶片中脱落酸含量极低，而在衰老叶片中却含有大量脱落酸。秋季短日照促进了脱落酸的合成，所以导致季节性落叶。但脱落酸促进脱落的效应低于乙烯。

4）赤霉素和细胞分裂素。赤霉素能延缓植物器官脱落，因而已被广泛应用于棉花、西红柿、苹果等植物上。在玫瑰和香石竹中，细胞分裂素也能延缓植株衰老脱落。

当然，各种激素的作用并不是彼此孤立的，器官的脱落也并非仅受某一种激素的单独控制，而是各种激素相互协调与相互平衡作用的结果。

3. 脱落的调控

器官脱落在农业生产上影响较大，因而农业生产上常常采用各种措施来调控脱落。

（1）应用植物生长调节剂　给叶片施用生长素类化合物可延缓果实脱落。采用乙烯合成抑制剂如AVG能有效防止果实脱落，乙烯作用抑制剂硫代硫酸银能抑制花的脱落。棉花结铃盛期喷施一定浓度的赤霉素溶液，可防止和减少棉铃脱落。生产上也常采用一些促进脱落的措施，如应用脱叶剂乙烯利、2，3-二氯异丁酸等促进叶片脱落，有利于机械收获棉花、豆科植物等。为了机械收获葡萄或柑橘等果实，需先用氟代乙酸、亚胺环已酮等先使果实脱离母体枝条。此外，也可用萘乙酸或萘乙酰胺使梨、苹果等疏花疏果，以避免坐果过多而影响果实品质。

（2）改善肥水条件　增加水肥供应和适当修剪，可使花、果得到足够养分，减少脱落。例如，用0.05mol·L^{-1}的醋酸钙能减轻柑橘和金橘因施用乙烯利而造成的落叶和落果。

（3）基因工程　可通过调控与衰老有关的基因的表达，进而影响脱落。

思　考　题

1. 什么是休眠？休眠有哪几种方式？举例说明植物休眠在农业生产中的实践意义。
2. 试述在实践中如何打破植物休眠。
3. 简述种子萌发的三个阶段及其代谢特点。
4. 影响种子萌发的因素有哪些？生产上如何加快种子的萌发速度？
5. 试述生长、分化和发育三者之间的区别和联系。
6. 举例说明如何将植物生长的区域性和周期性应用于实践中。
7. 什么叫植物生长大周期？分析产生大周期的原因及了解生长大周期的实际意义。
8. 什么是植物生长的相关性？举例说明了解植物生长相关性的实际意义。
9. 什么是根冠比？在生产上如何根据需要调控根冠比？
10. 种子成熟时主要发生哪些生理变化？
11. 肉质果实在成熟中有哪些生理变化？
12. 说明植物衰老时的生理变化，在实践中如何对衰老进行调控？
13. 说明器官脱落和离层的形成的原因，在生产实践中采取哪些措施调控器官的脱落？
14. 什么是植物的感性运动？举出自然界中植物感性运动的事例。

项目六 植物的逆境栽培

学习目标

通过学习，明确低温、干旱、盐分过多、病害微生物及环境污染对植物生长发育的影响，并能利用所学到的知识，在生产实践中采取适当的措施减少逆境对植物的伤害和提高其抵抗不良条件的能力。掌握用电导法测定寒害对植物的影响的技能。

任务1 植物的抗性及其提高

植物在适宜的环境条件下才能正常生长发育。自然界中的植物并非总是生活在正常适宜的环境中，由于不同的地理位置和气候条件，尤其近年来人类的活动造成了多种不良的环境，这些环境变化超出了植物的正常生长、发育所能忍受的范围，就会导致植物受到伤害甚至死亡。因此，弄清植物在不良环境条件下的生命活动规律，提高植物的抗逆性对于农业生产有重大意义。

一、植物逆境生理通论

1. 逆境的种类

逆境的种类多种多样，包括物理、化学、生物因素等，可分为生物逆境和非生物逆境两大类。对植物产生重要影响的非生物逆境主要有水分（干旱和淹涝）、温度（高、低温）、盐碱、环境污染等理化逆境，生物逆境主要包括病害、虫害、杂草等。理化逆境之间通常是相互联系的。例如水分亏缺通常伴随着盐碱和高温逆境，水分胁迫、低温胁迫、病虫害和大气污染等都可引起活性氧伤害。逆境的种类如图6-1所示。

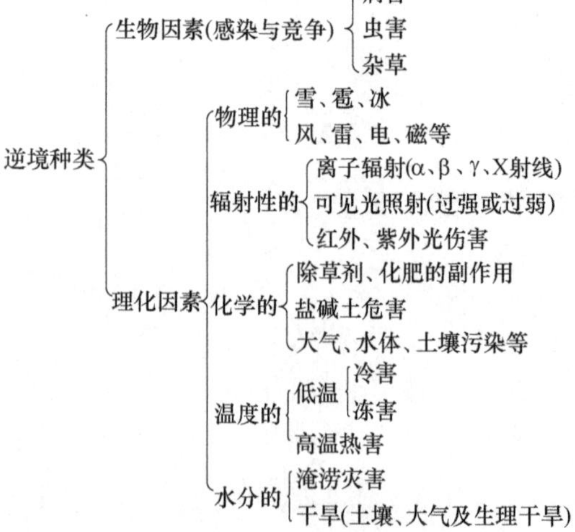

图6-1 逆境的种类

2. 植物的抗逆性

植物对逆境的抵抗和忍耐能力叫植物的抗逆性，简称抗性。植物对逆境的抵抗主要有两种方式，避逆性和耐逆性。避逆性是指植物在时间或空间上摒拒逆境对植物体产生的直接有害效应，这种抵抗方式又叫逆境逃避。如有些植物通过生育期避开某一季节的不利因素，沙漠上的仙人掌通过在体内贮存大量水分、降低蒸腾作用来避免干旱影响，有的植物则靠厚角质层、茸毛和叶片在阳光下的蜷缩摒拒干旱的影响。

耐逆性是指植物虽然经受逆境的直接效应，但可通过代谢反应阻止，降低或修复逆境效应造成的损害。这种抵抗方式叫逆境忍耐，如苔藓植物能忍耐极度干旱的环境，能在岩石上生长，有些细菌和藻类能生活在 70～80℃的温泉中。这两种抗性有时并不能截然分开，一般抗性实际上是两种抗性的混称。

一般来说，在可忍耐范围内，逆境所造成的损伤是可逆的，即植物可恢复其正常生长；如超出可忍耐范围，损伤是不可逆的，完全丧失自身修复能力，植物将会受害死亡。抗性是植物对环境的适应性反应，是一种遗传特性，是在不良环境（特指逆境）条件下逐步形成的，这种抗逆遗传特性在特定不良环境诱导下，植物逐步获得的过程，称为抗性锻炼。植物可能通过抗性锻炼提高抗逆性。

植物有各种各样抵抗或适应逆境的本领，处于逆境下的植物在形态上、生理上都可能发生一些适应性变化以适应或抵抗适应。

（1）形态结构方面的适应　逆境条件下植物形态表现出明显的变化，如干旱胁迫导致叶片和嫩茎萎蔫，气孔开度减小甚至关闭。

（2）生理变化

1）生物膜。生物膜的透性对逆境的反应是比较敏感的，当在各种逆境发生时，质膜的透性增大，内膜系统可能膨胀、收缩或破损。在正常条件下，生物膜的膜脂呈液晶态，当温度下降到一定程度时，膜脂变为凝胶态。膜脂相变会导致原生质停止流动，透性加大。膜脂碳链越长，固化温度越高；相同长度的碳链不饱和键数越多，固化温度越低。

试验证实，膜脂不饱和脂肪酸越多，不饱和度就越大，固化温度越低，抗冷性越强。膜脂不饱和脂肪酸直接增大膜的流动性，提高抗冷性，同时也直接影响膜结合酶的活性。膜蛋白与植物抗逆性也有关系。因为有些试验说明抗逆性和膜脂脂肪酸无关，但与膜蛋白有关。

2）胁迫蛋白。近年来，随着分子生物学的发展，人们对植物抗逆性的研究不断深入，现已发现在逆境下植物的基因表达发生改变，关闭一些正常表达的基因，启动或加强一些与逆境相适应的基因。多种逆境诱导形成新的蛋白质（或酶），这些蛋白质可统称为逆境蛋白（stress proteins）。在高于植物正常生长温度下诱导合成热休克蛋白（又叫热激蛋白，heat shock protein，HSP）。低温下也会形成新的蛋白，也称为冷响应蛋白（cold responsive protein）或称为冷激蛋白（cold shock protein）。病原相关蛋白（pathogenesis-related protein，PR）是指植物被病原菌感染后也能形成与抗病性有关的一类蛋白。植物在受到盐胁迫时会形成一些新蛋白质或使某些蛋白合成增强，称为盐逆境蛋白（salt-stress protein）。逆境还能诱导植物产生同工蛋白（protein isoform）或同工酶、厌氧蛋白（anaerobic protein）、渗压素（osmotin）、厌氧多肽（anaeribuc polypeptide）、紫外线诱导蛋白（UV-induced protein）、干旱逆境蛋白（drought stress protein）、化学试剂诱导蛋白（chemical-induced protein）等。

3）活性氧。活性氧是指性质极为活泼，氧化能力很强的含氧物的总称。活性氧包括含氧自由基和含氧非自由基。活性氧的主要危害是引起膜脂过氧化、蛋白质变性、核酸降解。植物有两种系统防止活性氧的危害：酶系统和非酶系统。酶系统包括 SOD（超氧化物歧化酶）、CAT（过氧化氢酶）、POD（过氧化物酶）；非酶系统包括抗坏血酸、类胡萝卜素、谷胱甘肽等。

4）渗透调节。多种逆境都会对植物产生水分胁迫。水分胁迫时植物体内积累各种有机物质和无机物质，提高细胞液浓度，降低其渗透势，保持一定的压力势，这样植物就可保持其体内水分，适应水分胁迫环境，这种现象称为渗透调节（osmoregulation或osmotic adjustment）。渗透调节是在细胞水平上进行的，通过渗透调节可完全或部分维护由膨压直接控制的膜运输和细胞膜的电性质等，在维持部分气孔开放和一定的光合强度及保持细胞继续生长等方面具有重要意义。

渗透调节物质的种类很多，大致可分为两大类。一类是由外界进入细胞的无机离子，一类是在细胞内合成的有机物质，有如下共同特点：分子量小、容易溶解；有机调节物在生理pH范围内不带静电荷；能被细胞膜保持住；引起酶结构变化的作用极小；在酶结构稍有变化时，能使酶构象稳定，而不至溶解；生成迅速，并能累积到足以引起调节渗透势的量。

无机离子：逆境下细胞内常常累积无机离子以调节渗透势，特别是盐生植物主要靠细胞内无机离子的累积来进行渗透调节。

脯氨酸：脯氨酸（proline）是最重要和有效的渗透调节物质。外源脯氨酸也可以减轻高等植物的渗透胁迫。脯氨酸在抗逆中的作用有两点：一是作为渗透调节物质，保持原生质与环境的渗透平衡；二是保持膜结构的完整性。脯氨酸与蛋白质相互作用能增加蛋白质的可溶性和减少可溶性蛋白的沉淀，增强蛋白质的水合作用。

甜菜碱：多种植物在逆境下都有甜菜碱（betaines）的积累。在水分亏缺时，甜菜碱积累比脯氨酸慢，解除水分胁迫时，甜菜碱的降解也比脯氨酸慢。甜菜碱也是细胞质渗透物质。

可溶性糖：可溶性糖是另一类渗透调节物质，包括蔗糖、葡萄糖、果糖、半乳糖等。可溶性糖的积累主要是由于淀粉等大分子碳水化合物的分解，光合产物形成过程中直接转向低分子量的物质蔗糖等，而不是淀粉。

5）植物激素与抗逆性。植物对逆境的适应是受遗传性和植物激素两种因素控制的。在逆境（如低温和高温、干旱和淹涝、盐渍等）下，脱落酸含量会增加以提高植物抗逆性，因此被认为是一种胁迫激素。ABA在植物抗逆性中的作用是关闭气孔，保持组织内的水分平衡，并能增加根的透性，增加水的通导性，也调节植物对结冰和低温的反应。

在低温、高温、干旱和盐害等多种胁迫下，体内脱落酸含量大幅度升高，这种现象的产生是由于逆境胁迫增加了叶绿体膜对脱落酸的通透性，并加快根系合成的脱落酸向叶片的运输及积累所致。

外施ABA可提高植物抗逆性。其机理包括减少膜的伤害，增加稳定性。ABA可使生物膜稳定，减少对自由基的破坏，从而减少逆境导致的伤害、改变体内代谢、减少水分损失。

6）植物对逆境的交叉适应。植物经历某种逆境（如低温、高温、干旱或盐渍等）后，能提高对另一些逆境的抵抗能力。这种对不良逆境间的相互适应作用称为植物逆境的交叉适应（cross adaptation）。交叉适应的作用物质是ABA。ABA作为逆境的信号激素能诱导植物发生某些适应性的生理代谢变化，增强植物的抗逆性。因此就可以抵抗其他逆境，即形成了交叉适应。

二、寒害与植物抗寒性

植物生长对温度的反应有三基点，即最低温度、最适温度和最高温度。温度过高过低都会影响植物的生长发育。

低温对植物的伤害称为寒害，植物对低温的适应或抵抗能力称为抗寒性。根据引起寒害的温度，寒害可分为冷害（零上低温）和冻害（零下低温）。

1. 冷害与植物抗冷性

零度以上低温对植物的危害叫做冷害（chilling injury）。而植物对零度以上低温的适应能力叫抗冷性（chilling resistance）。

我国的大片土地处于温带和亚热带地区，冷害经常发生于早春和晚秋，冷害对植物的影响不光表现在叶片变褐、干枯，果皮变色等外部形态上，更重要的是在细胞的生理生化上发生了剧烈变化。

根据植物对冷害的反应速度，可将冷害分为直接伤害与间接伤害两类。直接伤害是指植物受低温影响后几小时，至多在一天之内即出现症状；间接伤害主要是指引起代谢失调而造成的细胞伤害。这些变化是代谢失常后生物化学的缓慢变化而造成的，并不是低温直接造成的。

（1）冷害时植物体内的生理生化变化

1）膜透性增加。在低温冷害下，膜的选择透性减弱，膜内大量溶质外渗。用电导仪测定可发现，植物浸出液的电导率增加，这就是细胞膜遭受破坏的表现。

2）原生质流动减慢或停止。把对冷害敏感植物的叶柄表皮毛在10℃下放置1～2min，原生质流动就变得缓慢或完全停止，而将对冷害不敏感的植物置于0℃时原生质仍有流动。原生质流动过程需ATP提供能量，而原生质流动减慢或停止则说明了冷害使ATP代谢受到抑制。

3）水分代谢失调。植株经冰点以上低温危害后，吸水能力和蒸腾速率都明显下降，其中根系吸水能力下降幅度更显著。在寒潮过后，作物的叶尖、叶片、枝条往往干枯，甚至发生器官脱落。这些都是水分代谢失调引起的。

4）光合速率减弱。低温危害后蛋白质合成小于降解，叶绿体分解加速，叶绿素含量下降，加之酶活性又受到影响，因而光合速率明显降低。

5）呼吸速率大起大落。植物在刚受到冷害时，呼吸速率会比正常时还高，这是一种保护作用。因为呼吸上升，放出的热量多，对抵抗寒冷有利。但时间较长以后，呼吸速率便大大降低，这是因为原生质停止流动，氧供应不足，无氧呼吸比重增大。特别是不耐寒的植物，呼吸速度大起大落的现象特别明显。

6）有机物分解占优势。植株受冷害后，水解大于合成，不仅蛋白质分解加剧，游离氨基酸的数量和种类增多，而且多种生物大分子都减少。冷害后植株还积累许多对细胞有毒害的中间产物——乙醛、乙醇、酚、α-酮酸等。

（2）冷害的机理

1）膜脂发生相变。在低温冷害下，生物膜的脂类由液晶态变成凝胶态，从而引起与膜相结合的酶解离或使酶亚基分解失去活性。因为酶蛋白质是通过疏水键与膜脂相结合的，而低温使二者结合脆弱，易于分离。相变温度随脂肪酸链的长度而增加，而随不饱和脂肪酸所占比例增加而降低。温带植物比热带植物耐低温的原因之一是构成膜脂不饱和脂肪酸的含量较高。膜脂不饱和脂肪酸指数，即不饱和脂肪酸在总脂肪酸中的相对比值，可成为衡量植物抗冷性的重要生理指标。

2）膜的结构改变。在缓慢降温条件下，由于膜脂的固化使得膜结构紧缩，降低了膜对水和溶质的透性；在寒流突然来临的情况下，由于膜体紧缩不匀而出现断裂，因而会造成膜的破损渗漏，胞内溶质外流。

3）代谢紊乱。低温使得生物膜结构发生显著变化，进而导致植物体内新陈代谢的有序性被打破，特别是光合与呼吸速率改变，植物处于饥饿状态，而且还积累有毒的中间物质。

冷害的机理是多方面的，但相互之间又有联系，如图 6-2 所示。

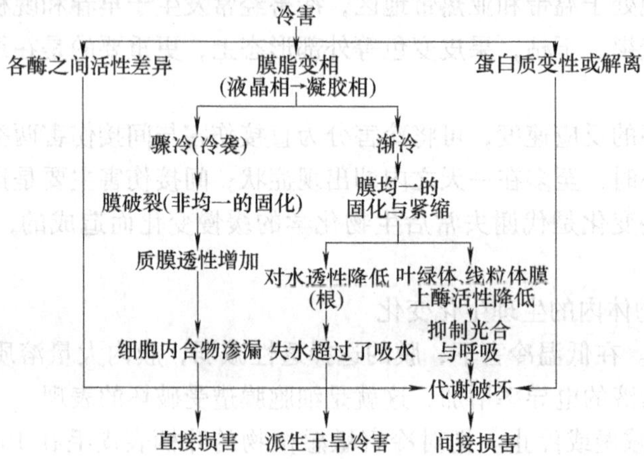

图 6-2　冷害的机制图解

（3）提高植物抗冷性的措施

1）低温锻炼。植物对低温的抵抗往往是一个适应锻炼过程。很多植物如预先给予适当的低温锻炼，之后即可抵抗更低温度的影响，不致受害。否则就会在突然遇到低温时遭到灾难性的损害。

2）化学诱导。植物生长调节剂及其他化学试剂如细胞分裂素、脱落酸、PP_{333}、2，4-D、抗坏血酸、油菜素内酯等可诱导植物抗冷性的提高。

3）合理施肥。调节氮磷钾肥的比例，增加磷、钾肥比重能明显提高植物抗冷性。

2. 冻害与植物抗冻性

（1）冻害　零度以下低温对植物的危害叫冻害（freezing injury）。植物对冰点以下低温逐渐形成的一种适应能力叫抗冻性（freezing resistance）。冻害发生的温度限度，可因植物种类，生育时期、生理状态以及器官的不同，经受低温的时间长短而有很大差异。

植物受冻害时，叶片就像烫伤一样，细胞失去膨压，组织柔软、叶色变褐，植株或组织最终干枯死亡。

严格说冻害就是冰晶的伤害。植物组织结冰可分为两种方式：胞外结冰与胞内结冰。胞外结冰（也称为胞间结冰）是指在通常温度下降时，细胞间隙和细胞壁附近的水分结成冰。胞内结冰是指温度迅速下降，除了胞间结冰外，细胞内的水分也冻结。一般先在原生质内结冰，后来在液泡内结冰。细胞内的冰晶体数目众多，体积一般比胞间结冰的小。

（2）冻害的机理

1）结冰伤害。结冰会对植物体造成危害，但胞间结冰和胞内结冰的影响各有特点。胞间结冰引起植物受害主要原因是：①由于胞外出现冰晶，细胞间隙内水蒸气压降低，但胞内含水量较大，蒸气压仍然较高。这个压力差的梯度使胞内水分迁移到胞间后又结冰，使冰晶越结越大，细胞内水分不断被夺取，终于使原生质发生严重脱水，使蛋白质变性或原生质不可逆的凝胶化。②冰晶体对细胞的机械损伤。逐渐膨大的冰晶体给细胞造成机械压力，使细胞变形，甚至可能将细胞壁和质膜挤碎，使原生质暴露于胞外而受冻害，同时细胞亚微结构遭受破坏，区域化被打破，酶活动无秩序，影响代谢的正常进行。③解冻过快对细胞的损伤。若遇温度骤然回升，冰晶迅速融化，细胞壁吸水膨胀，而原生质尚来不及吸水膨胀，有可能被撕裂损伤。

胞间结冰不一定使植物死亡，大多数植物胞间结冰后经缓慢解冻仍能恢复正常生长。胞内结冰对细胞的危害更为直接。因为原生质是有高度精细结构的组织，冰晶形成以及融化时对质膜与细胞器以及整个细胞质产生破坏作用。胞内结冰常给植物带来致命的损伤。

2）硫氢基假说。1962 年 Levitt 提出当细胞内组织结冰脱水时，蛋白质分子相互靠近，当接近到一定程度时，蛋白质分子相邻的硫氢基（—SH）减少，而二硫键（—S—S—）增加。二硫键由蛋白质分子内部失水或相邻蛋白质分子的硫氢基失水而成。当解冻再度吸水时，肽链松散，氢键断裂但—S—S—键还保存，肽链的空间位置发生变化，蛋白质分子的空间构象改变，因而蛋白质结构被破坏，引起伤害和死亡。

3）膜的伤害。膜对结冰最敏感。低温造成细胞间结冰时，可产生脱水、机械和渗透三种胁迫，这三种胁迫同时作用，使蛋白质变性或改变膜中蛋白和膜脂的排列，膜受到伤害，透性增大，溶质大量外流。膜脂相变使得一部分与膜结合的酶游离而失去活性，光合磷酸化和氧化磷酸化解偶联，ATP 形成明显下降，引起代谢失调，严重时则使植株死亡。

（3）园林植物对低温的适应　园林植物在长期进化过程中，在生长习性和生理生化方面都对低温具有特殊的适应方式。如一年生植物主要以干燥种子形式越冬；大多数多年生草本植物越冬时地上部死亡，而以埋藏于土壤中的延存器官（如鳞茎、块茎等）渡过冬天；大多数木本植物或冬季作物除了在形态上形成或加强保护组织（如芽鳞片、木栓层等）和落叶外，主要在生理生化上有所适应，增强抗寒力。

植物对冰点以下低温的适应或抵抗能力，称为抗冻性。冬季低温到来前，植物在生理生化方面对低温的适应变化主要如下：如生长基本停顿、代谢减弱、含水量降低、保护物质增多、原生质胶体性质改变等以适应低温条件，安全越冬。

1）植株含水量下降。随着温度下降，植株含水量逐渐减少，特别是自由水与束缚水的相对比值减小。由于束缚水不易结冰和蒸腾，有利于植物抗寒性的加强。

2）呼吸减弱。植株的呼吸随着温度的下降而逐渐减弱，很多植物在冬季的呼吸速率仅为生长期中正常呼吸的二百分之一。一般讲，生命活动处于静止状态的植物抗冻性强。

3）激素变化。脱落酸含量升高，生长素与赤霉素的含量则减少。

4）生长停止，进入休眠。冬季来临之前，植株生长变得很缓慢，甚至停止生长，进入休眠状态。

5）保护物质增多。在温度下降的时候，淀粉水解加剧，可溶性糖含量增加，细胞液的浓度增高，使冰点降低，减轻细胞的过度脱水，也可保护原生质胶体不致遇冷凝固。越冬期间，脂类化合物集中在细胞质表层，水分不易透过，代谢降低，细胞内不易结冰，也能防止过度脱水。此外，细胞内还大量积累蛋白质、核酸等，使原生质贮藏许多物质，这样可提高其抗寒性。

(4) 提高植物抗冻性的措施

1) 抗冻锻炼。在植物遭遇低温冻害之前，逐步降低温度，使植物提高抗冻的能力，是一项有效的措施。通过锻炼之后，植物的含水量发生变化，自由水减少，束缚水相对增多；膜不饱和脂肪酸也增多，膜相变的温度降低；同化物积累明显，特别是糖的积累；激素比例发生改变，脱水能力显著提高。

2) 化学调控。用脱落酸、CCC、B9、PP333、S3307 等生长延缓剂处理可提高植物的抗冻性。如 20μg · L^{-1}脱落酸即可保护苹果苗不受冻害。用 Amo-1618 与 B9 处理，可提高槭树的抗冻力。

3) 栽培管理措施。环境条件如日照多少、雨水丰歉、温度变幅等都可决定抗冻性强弱。秋季日照不足，秋雨连绵，干物质积累少，体质纤弱；或者土壤过湿，根系发育不良；或者温度忽高忽低，变幅过剧；或者氮素过多，幼苗徒长等，都会影响植物的锻炼过程，使抗冻能力低下。因此室外园林植物要采取有效的防寒措施，防止冻害发生。

三、热害与植物抗热性

1. 热害

由高温引起植物伤害的现象称为热害（heat injury）。而植物对高温胁迫（high temperature stress）的适应则称为抗热性（heat resistance）。根据不同植物对温度的反应，可分为：

(1) 喜冷植物　例如某些藻类、细菌和真菌，在零上低温（0～20℃）环境中生长发育，当温度在 15～20℃以上即受高温伤害。

(2) 中生植物　例如水生和阴生的高等植物，地衣和苔藓等，在中等温度 10～30℃环境下生长和发育，温度超过 35℃就会受伤。

(3) 喜温植物　在 30～100℃中生长。其中有一些是在 45℃以上就受伤害，称为适度喜温植物，在 65～100℃才受害，称为极度喜温植物。植物受高温伤害后树干的向阳部分干燥、裂开；叶片出现死斑，叶色出现变褐、变黄等症状。

2. 热害对植物的伤害

植物受高温伤害后会出现各种症状：树干（特别是向阳部分）干燥、裂开；叶片出现死斑，叶色变褐、变黄；鲜果（如葡萄、番茄等）灼伤，受伤处与健康处之间形成木栓，有时甚至整个果实死亡；出现雄性不育，花序或子房脱落等异常现象。高温对植物的危害是复杂的、多方面的，归纳起来可分为直接危害与间接危害两个方面。

(1) 直接伤害　直接伤害是高温直接影响组成细胞质的结构，在短期（几秒到几十秒）出现症状，并可从受热部位向非受热部位传递蔓延。其伤害实质较复杂，可能是由于高温引起蛋白质变性以及膜脂的液化，使膜失去半透性和主动吸收的特性。

(2) 间接伤害　间接伤害是指高温导致代谢的异常，渐渐使植物受害，其过程是缓慢的。高温常引起植物过度的蒸腾失水，此时同旱害相似，因细胞失水而造成一系列代谢失调，导致生长不良。

1) 代谢性饥饿。即体内贮藏的有机物大量消耗，使正常的代谢活动缺乏物质。在高温下呼吸作用大于光合作用，使消耗多于合成，若高温时间长，植物体出现饥饿甚至死亡。

2) 毒性物质积累。高温使氧气的溶解度减小，因而抑制植物的有氧呼吸，无氧呼吸增强，积累无氧呼吸所产生的有毒物质（如乙醇、乙醛）；高温下蛋白质分解加快，形成大量氨等。

3）缺乏某些代谢物质。高温使某些生化环节发生障碍，使得植物生长所必需的活性物质如维生素、核苷酸缺乏，引起生长不良或出现伤害。

4）蛋白质合成下降。高温使细胞产生了自溶的水解酶类，或溶酶体破裂释放出水解酶使蛋白质分解；高温破坏了氧化磷酸化的偶联，因而丧失了为蛋白质生物合成提供能量的能力，使蛋白质合成速率下降。此外，高温还破坏核糖体和核酸的生物活性，从根本上降低了蛋白质的合成能力。

3. 植物耐热性的机理

（1）内部因素　不同生长习性的高等植物的耐热性是不同的。一般说来，通常生长在干燥、炎热环境中的植物，抗热性高于生长在阴凉、潮湿环境中的植物。如仙人掌可以在灼热达60℃的沙漠中生存，滨藜属中的某些种可耐50℃高温。火山附近的热泉中，有蓝藻、细菌，可在高达100℃的热泉中生活，甚至某些地衣和苔藓能忍受140℃的高温。C_4植物起源于热带或亚热带地区，故耐热性一般高于C_3植物。植物不同的生育时期、部位，其耐热性也有差异。成长叶片的耐热性大于嫩叶，更大于衰老叶；种子休眠时耐热性最强，随着种子吸水膨胀，耐热性下降；果实越成熟，耐热性越强。

耐热性强的植物在代谢上的基本特点是构成原生质的蛋白质对热稳定，即在高温下仍可维持一定的正常代谢。蛋白质的热稳定性主要决定于化学键的牢固程度与键能大小。凡是疏水键、二硫键越多的蛋白质其抗热性就越强，这种蛋白质在较高温度下不会发生不可逆的变性与凝聚。同时，耐热植物体内合成蛋白质的速度很快，可以及时补充因热害造成的蛋白质的损耗。

（2）外部条件　温度对植物耐热性有直接影响。如在干旱环境下生长的藓类，在夏天高温时，耐热性强，冬天低温时，耐热性差。高温锻炼有可能提高植物的抗热性。研究发现高温处理植物后，会诱导形成一些新的蛋白质（酶）分子，即热激蛋白（HSP）。热激蛋白有稳定细胞膜结构与保护线粒体的功能。

湿度与植物对高温的抗性也有关。细胞含水量低，耐热性强。干燥种子的抗热性强，随着含水量增加，抗热性下降。栽培作物时控制淋水或充分灌溉，可使细胞含水量不同，抗热性有很大差别。

矿质营养与耐热性的关系较复杂。有研究表明氮素过多，耐热性减低；相反，营养缺乏时其耐热性反而提高。

4. 提高植物抗热性的途径

（1）进行高温锻炼　许多植物如预先给予适当的高温锻炼，以后即可经更高温度的影响不致受害。如鸭跖草属的一种植物在28℃下栽培5周，其叶片耐热性提高到51℃。

（2）培养和选用耐热植物　这是防止和减轻高温热害的有效方法。

（3）化学药剂处理　叶面喷洒$CaCl_2$、$ZnSO_4$、KH_2PO_4等可增加生物膜的热稳定性。

（4）改善栽培措施　采用灌溉改善小气候，促进蒸腾，有利于降温；采用乔灌木搭配种植、人工遮阴；树干上涂白等方法，提高植物抗热性。

四、旱害与植物抗旱性

1. 旱害与抗旱性

当植物耗水大于吸水时，就使组织内水分亏缺。过度水分亏缺的现象，称为干旱

(drought)。旱害（drought injury）则是指土壤水分缺乏或大气相对湿度过低对植物的危害。植物抵抗旱害的能力称为抗旱性（drought resistance）。根据引起水分亏缺的原因，干旱可分为：

(1) 大气干旱　空气过度干燥，相对湿度过低，伴随高温和干风，这时植物蒸腾过强，根系吸水补偿不了失水。

(2) 土壤干旱　土壤中没有或只有少量的有效水，严重降低植物吸水，使其水分亏缺引起永久萎蔫。

(3) 生理干旱　土壤中的水分并不缺乏，只是因为土温过低、或土壤溶液浓度过高、或积累有毒物质等原因，妨碍根系吸水，造成植物体内水分平衡失调。

2. 干旱对植物伤害

干旱对植株影响的外观表现，最易直接观察到的是萎蔫（wilting），即因水分亏缺，细胞失去紧张度，叶片和茎的幼嫩部分出现下垂的现象。萎蔫可分为两种：暂时萎蔫和永久萎蔫。暂时萎蔫（temporary wilting）是指植物根系吸水暂时供应不足，叶片或嫩茎出现萎蔫，蒸腾下降，而根系供水充足时，植物又恢复成原状的现象。永久萎蔫（permanent wilting）是指土壤中已无植物可利用的水，蒸腾作用降低也不能使水分亏缺消除，表现为不可恢复的萎蔫。

永久萎蔫与暂时萎蔫的根本差别在于前者原生质发生了严重脱水，引起了一系列生理生化变化。原生质脱水是旱害的核心。由此带来的生理生化变化从而伤害植物。

(1) 改变膜的结构及透性。当植物细胞脱水时，原生质膜的透性增加，大量的无机离子和氨基酸、可溶性糖等小分子被动向组织外渗漏。

(2) 生长受抑制。发生水分胁迫时分生组织细胞分裂减慢或停止，细胞伸长受到抑制，生长速率下降。

(3) 光合作用减弱。由于叶片干旱缺水，导致内源激素脱落酸含量增加，气孔关闭，CO_2 的供应减少使叶绿体对 CO_2 的固定速度降低，同时，缺水抑制了叶绿素的合成和光合产物的运输，从而导致光合作用显著下降。

(4) 呼吸作用先升后降。干旱使水解酶活性增强，合成酶活性下降，细胞内积累许多可溶性呼吸底物。但同时氧化磷酸化解偶联，ATP 产出减少，有机物质消耗过速。

(5) 内源激素代谢失调。干旱可改变植物内源激素平衡，总趋势为促进生长的激素减少，而延缓或抑制生长的激素增多，主要表现为 ABA 大量增多，乙烯合成加强，CTK 合成受抑制。

(6) 氮代谢异常。水分亏缺下由于核酸酶活性提高，多聚核体解聚及 ATP 合成减少，使蛋白质合成受阻。同时一些特定的基因被诱导，合成新的多肽或蛋白质。干旱胁迫引起氮代谢失常的另一个显著变化是游离氨基酸增多，特别是脯氨酸。干旱胁迫下细胞内累积多胺类物质。

(7) 核酸代谢受到破坏。干旱促使 RNA 酶活性增加，使 RNA 分解加快，而 DNA 和 RNA 合成代谢则减弱。

(8) 植物体内水分重分配。水分不足时植物不同器官或不同组织间的水分按各部分水势大小重新分配。

(9) 酶系统的变化。总体上干旱胁迫下细胞内酶系统的变化趋势为合成酶类活性下降，而水解酶类及某些氧化还原酶类活性提高。水分胁迫下，植物保护酶系的主要酶类超氧化物歧化酶、过氧化氢酶、过氧化物酶活性表现出上升和下降两种不同的变化趋势。

（10）细胞原生质损伤。干旱可对植物造成机械性损伤。细胞干旱脱水时，液泡收缩，对原生质产生一种向内的拉力，使原生质与其相连的细胞壁同时向内收缩，在细胞壁上形成很多锐利的折叠，成为撕破原生质的结构。如果此时细胞骤然吸水复原，可引起细胞质、细胞壁不协调膨胀把粘在细胞壁上的原生质撕破，导致细胞死亡。

3. 抗旱性的机理及其提高途径

（1）抗旱性的机理　抗旱性是植物对旱害的一种适应，通过生理生化的适应变化减少干旱对植物所产生的有害作用。植物适应和抵抗干旱的方式有三种，即逃旱性、御旱性、耐旱性。通常农作物在抗旱性方面的特征主要表现在形态与生理两方面。

1）形态结构特征。抗旱性强的种类或品种往往根系发达，而且伸入土层较深，根冠比大，能更有效地利用土壤水分，保持水分平衡。此外抗旱作物叶片细胞体积小，可减少失水时细胞收缩产生的机械伤害。维管束发达，叶脉致密，单位面积气孔数目多，加强蒸腾作用和水分传导，有利于植物吸水。有的作物品种在干旱时叶片卷成筒状，以减少蒸腾损失。不同植物可通过不同形态特征适应干旱环境。

2）生理生化特征。细胞保持很高的亲水能力，防止细胞严重脱水。在干旱条件下，水解酶类保持稳定，减少生物大分子分解，保持原生质体，尤其是质膜不受破坏。原生质结构的稳定可使细胞代谢不致发生紊乱异常，光合作用与呼吸作用在干旱下仍维持较高水平。脯氨酸、甜菜碱和脱落酸等物质积累变化也是衡量植物抗旱能力的重要特征。

（2）园林植物的抗旱性　由于地理位置、气候条件、生态因子等原因，使植物形成了对水分需求的不同类型：需在水中完成生活史的植物叫水生植物；在陆生植物中适应于不干不湿环境的植物叫中生植物；适应于干旱环境的植物叫旱生植物。大部分植物多属于中生植物。

一般抗旱性较强的植物，根系发达，根冠比较大，能有效的利用土壤水分，特别是土壤深处的水分。叶片的细胞体积小，可以减少细胞膨缩时产生的细胞损伤。叶片上的气孔多，蒸腾的加强有利于吸水，叶脉较密，即输导组织发达，茸毛多，角质化程度高或蜡质厚，这样的结构有利于对水分的贮藏和供应。根系较深的植物，抗旱力也较强。

从生理上来看，抗旱性强的植物原生质有较大的弹性与粘性，原生质的弹性与粘性表现在束缚水的含量上。凡是束缚水含量高，自由水含量低，原生质粘性就大，保水力也较强，遇干旱时失水少，能保持一定水分。

在生产中一定要根据土壤的供水条件选择适合的树种栽植，做到适地适树。在传统园林中，一些耐旱的乔木、灌木等树种已经有了不同程度的应用，如白皮松、刺槐、紫穗槐、臭椿、桑树、槐树、栾树、构树、楝树、枫香、木麻黄、黄连木等乔木，夹竹桃、栀子花、十大功劳、连翘、胡枝子、忍冬等花灌木。例如将种子在水中吸涨24h后，放到20℃温度条件下萌动，然后让其风干，再进行吸胀、风干，如此反复进行三次，然后播种。经过抗旱锻炼的植株，原生质的亲水性、粘性及弹性均有提高，在干旱时能保持较高的合成水平，抗旱性增强。

（3）提高植物抗旱性的生理措施

1）抗旱锻炼。抗旱锻炼是人工以亚致死剂量的干旱条件，让植物经受锻炼，经过一定时间后，使植物增加对这种不良环境的抵抗能力。播种前对萌动种子给予干旱锻炼，由于幼龄植物比较容易适应不良条件，可以提高抗旱能力。

在幼苗期减少水分供应，使之经受适当缺水的锻炼，也可以增加对干旱的抵抗能力。例如“蹲苗”就是使植物在一定时期内，处于比较干旱的条件下，适当减少水分供应，抑制植物生长。经过这样处理的植物，往往根系较发达，体内干物质积累较多，叶片保水力强，从而增加了抗旱能力。但是“蹲苗”要适度，不能过分缺水，以免营养器官生长受到严重的限制，而又要能适时的进入生殖生长期，这样既提高抗旱能力，又可促进生长并得到较高产量。“蹲苗”过度，植株生长量不够，不利于产量的形成，甚至减产。

2）合理施肥。如磷、钾肥均能提高其抗旱性。因为磷能直接加强有机磷化合物的合成，促进蛋白质的合成和提高原生质胶体的水合程度，增强抗旱能力。

钾能改善糖类代谢和增加原生质的束缚水含量，钾还能增加气孔保卫细胞的紧张度，使气孔张开有利于光合作用。

氮肥过多，枝叶徒长，蒸腾过强；氮肥少，植株生长瘦弱，根系吸水慢。氮肥过多或不足对植物抗旱都不利。

硼的作用与钾相似，也能提高植物的保水能力和增加糖类。此外还能提高有机物的运输能力，使蔗糖迅速地运向果实和种子。

3）生长延缓剂及抗蒸腾剂的使用。生长延缓剂目前在农业生产上应用比较多的是矮壮素（CCC），它可促进气孔关闭，减少蒸腾失水，具有明显提高作物抗旱性的作用。近年来，还有人利用蒸腾抑制剂来减少蒸腾失水，从而增加植物的抗旱能力。虽然脱落酸也具有这种生理功能，既是一种生长延缓剂又是一种抗蒸腾剂，但其价格高而缺乏实际应用价值，一般旱地作物在干旱来临前喷施 CCC 对抗旱增产是有利的。但生长延缓剂提高作物抗旱性的机理并不是降低蒸腾作用，很多试验发现，用 CCC 喷施植物后需水量反而增高（每产生 1g 干物质所消耗的水分克数），但经处理的植株在干旱条件下能够残存下来，而且产量有所提高，其产量增加的原因是增加了细胞的保水能力，能防止细胞因脱水而受到损伤，为其后的代谢提供了适宜的水分环境。

4）化学药剂处理。种子播前进行干旱锻炼时采用一些化学药物浸种也能提高作物抗旱性。如用 0.25mol/L $CaCl_2$ 溶液浸种 20h，或用 0.05% $ZnSO_4$ 喷洒叶面都能提高作物的抗旱性。

五、涝害与植物抗涝性

1. 涝害

土壤积水或土壤过湿对植物的伤害称为涝害（flood injury）。植物对积水或土壤过湿的适应力和抵抗力称植物的抗涝性（flood resistance）。

水分过多对植物之所以有害，并不在于水分本身，而是由于水分过多引起的缺氧，从而产生一系列的危害。如果排除了这些间接的原因，植物即使在水溶液中培养也能正常生长。

2. 湿害和涝害

涝害一般有两层含义，分为湿害和典型的涝害。湿害指土壤过湿、水分处于饱和状态，土壤含水量超过了田间最大持水量，根系完全生长在沼泽化的泥浆中，这种涝害叫湿害（waterlogging）。典型的涝害是指地面积水，淹没了作物的全部或一部分。在低洼、沼泽地带、河边，在发生洪水或暴雨之后，常有涝害发生，涝害会使作物生长不良，甚至死亡。

（1）湿害　一般旱田植物在土壤水饱和的情况下，就发生湿害。湿害常常使植物生长发育不良，根系生长受抑，甚至腐烂死亡；地上部分叶片萎蔫，严重时整个植株死亡。其原因：一是土壤全部空隙充满水分，土壤缺乏氧气，根部呼吸困难，导致吸水和吸肥都受到阻碍；二是由于土壤缺乏氧气，使土壤中的好气性细菌（如氨化细菌、硝化细菌和硫细菌等）的正常活动受阻，影响矿质的供应；另外嫌气性细菌（如丁酸细菌等）特别活跃，增大土壤溶液酸度，影响植物对矿质的吸收，与此同时，还产生一些有毒的还原产物，例如，硫化氢和氨等能直接毒害根部。

（2）涝害　陆地植物的地上部分如果全部或局部被水淹没，即发生涝害。涝害使植物生长发育不良，甚至导致死亡。其主要原因是：由于淹水而缺氧，抑制有氧呼吸，致使无氧呼吸代替有氧呼吸，使贮藏物质大量消耗，并同时积累酒精；无氧呼吸使根系缺乏能量，从而降低根系对水分和矿质的吸收，使正常代谢不能进行。此时，地上部分光合作用下降或停止，使分解大于合成，引起植物的生长受到抑制，发育不良，轻者导致产量下降，重者引起植株死亡，其结果颗粒无收。

3. 植物的抗涝性及抗涝措施

（1）植物的抗涝性　植物对水分过多的适应能力或抵抗能力叫抗涝性。不同植物忍受涝害的程度不同，抗涝性强的树种大多原产于江、河、湖畔等低洼潮湿的地方，如水松、垂柳、枫杨、落羽杉等。植物在不同的发育时期抗涝能力也是不同的，一般抗涝性不强的树种，在幼苗期和衰老期更易遭受涝害。生长衰弱，有病虫害的植株也易受涝害。

另外，涝害与环境条件有关，静水受害大，流动水受害小；污水受害大，清水受害小；高温受害大，低温受害小。

不同植物耐涝程度之所以不同，一方面在于各种植物忍受缺氧的能力不同，另一方面在于地上部对地下部输送氧气的能力大小与植物的耐涝性关系很大。植物抗涝性的强弱决定于其对缺氧的适应能力。

1）发达的通气系统。很多植物可以通过胞间空隙把地上部吸收的 O_2 输入根部或缺 O_2 部位，其发达的通气系统可增强植物对缺氧的耐力。

2）提高代谢抗缺氧能力。缺氧所引起的无氧呼吸使体内积累有毒物质，而耐缺氧的生化机理就是要消除有毒物质，或对有毒物质具忍耐力。某些植物（如甜茅属）在淹水时改变呼吸途径，起初缺 O_2 刺激糖酵解途径，以后即以磷酸戊糖途径占优势，这样从根本上消除了有毒物质的积累。

植物地上部向地下部运送氧气的通道，主要是皮层中的细胞间隙系统，皮层的活细胞及维管束几乎不起作用。这种通气组织从叶片一直连贯到根。

有些生长在非常潮湿土壤中的植物，能够在体内逐渐出现通气组织，以保证根部得到充足的氧气供应。

从生理特点看，抗涝植物在淹水时，不发生无氧呼吸，而是通过其他呼吸途径，如形成苹果酸、莽草酸，从而避免根细胞中毒。

（2）抗涝措施　防治涝害的根本措施，是搞好水利建设，防止涝害发生。一旦涝害发生后，应及时排涝。排涝结合洗苗，除去堵塞气孔粘贴在叶面上的泥沙，以加强呼吸作用和光合作用。此时，还应适时施用速效肥料（如喷施叶面肥），使植物迅速恢复生机。

六、植物的抗盐性

一般在气候干燥的干旱、半干旱地区，由于降雨量小，蒸发强烈，促进地下水位上升。地下水含盐量高时，盐分残留在土壤表层，形成盐碱土。沿海地区由于咸水灌溉、海水倒灌等因素造成土壤含盐量较高，或农业生产中长期不合理施用化肥及用污水灌溉都会造成土壤盐渍化。这类土壤中盐分含量过高，引起土壤水势下降，严重地阻碍了植物正常的生长发育。

根据许多研究报道，土壤含盐量超过0.2%时就会造成危害。钠盐是形成盐分过多的主要盐类，习惯上把硫酸钠与碳酸钠含量较高的土壤叫盐土，但二者同时存在，不能绝对划分，实际上把盐分过多的土壤统称为碱土。世界上盐碱土面积很大，达4亿 hm^2，约占灌溉农田的1/3。我国盐碱土主要分布在西北、华北、东北和滨海地区，总面积约2千万 hm^2。这些地区多为平原，土层深厚，如能改造开发，对发展农业有着巨大的潜力。

1. 土壤盐分过多对植物的危害

土壤中盐分过多对植物生长发育产生的危害叫盐害。盐害主要表现在以下几个方面：

（1）盐分过多，使植物吸水困难　土壤中可溶性盐分过多使土壤溶液水势降低，导致植物吸水困难，甚至体内水分有外渗的危险，造成生理干旱。因而盐害的通常表现实际上是引起植物的生理干旱。当土壤含盐量超过0.2%时，植物就不能生长，高于0.4%时，生长受到严重抑制，细胞就外渗脱水。所以，盐碱土中的种子萌发延迟或不能萌发，植株矮小，叶小呈暗绿色，表现出干旱的症状。

（2）离子失调与单盐毒害　植物正常的生长发育，需要一定的无机盐作为营养。但当某种离子存在量过剩时，会对植物发生单盐毒害作用。在土壤中虽然会有各种盐类，但在一定的盐碱土中，往往又以某种盐为主，形成生理不平衡的土壤溶液，使植物细胞原生质中过多地积累某一盐类离子，发生盐害，轻者抑制植物正常生长，重者造成死亡。

例如盐碱土中 Na^+、Cl^-、Mg^{2+}、$SO_4{}^{2-}$ 等含量过高，会引起 K^+、$HPO_4{}^{2-}$ 或 $NO_3{}^-$ 等元素的缺乏。Na^+ 浓度过高时，植物对 K^+ 的吸收减少，同时也易发生磷和 Ca^{2+} 的缺乏症。

（3）膜透性改变　盐浓度增高，会造成植物细胞膜渗漏的增加。由于膜透性的改变，从而引起植物代谢过程受到多方面的损伤。

（4）生理代谢紊乱　盐分过多使植物呼吸作用不稳定。盐分过多对呼吸的影响与盐的浓度有关，低盐促进呼吸，高盐抑制呼吸。盐分过多会降低蛋白质的合成速度，相对加速贮藏蛋白质的水解，所以，体内的氨积累过多，从而产生氨害。盐分过多也抑制植物的光合作用，因而受盐害的植物叶绿体趋向分解，叶绿素被破坏；叶绿素和胡萝卜素的生物合成受干扰；同时还会关闭气孔。高浓度的盐分，使细胞原生质膜的透性加大，从而干扰代谢的调控系统，使整个代谢紊乱。

2. 植物的抗盐性及提高途径

（1）植物的抗盐途径　植物对土壤盐分过多的适应能力和抵抗能力，称为抗盐性。根据适应能力的不同可把植物分为盐生植物与淡土植物。

淡土植物：一般只能在可溶性盐类总含量不超过0.2%的土壤中生长，超过0.2%时，大部分淡土植物就会不同程度地受到危害。

盐生植物：一般在总含盐量超过0.2%以上的土壤中生长，有些盐生植物生长的土壤含盐量可高达20%。

植物的抗盐方式主要有四种：

1）泌盐。有些植物吸收了盐分并不在体内存积而又主动地排泌到茎叶表面，通过雨水冲刷脱落。这是盐生植物避盐的普遍方式，如柽柳、匙叶草等。

2）稀盐。有些植物并不分泌盐，而是把吸进的盐类进行稀释。稀释的方式是通过吸水与加快生长速率，冲淡细胞内盐分浓度。肉质化的植物是靠细胞内大量贮水而冲淡了盐的浓度。

3）拒盐。一些盐生植物，其根细胞膜能减少离子透入或"拒绝"一部分离子进入细胞。这些植物的细胞原生质选择透性强，不让外界的盐分进入植物体内，并通过在液泡内积累有机酸、可溶性糖等物质使水势降低，以保证根系吸水。

4）耐盐。通过生理上或代谢上的适应，忍受已进入细胞的盐分。常见方式是通过细胞的渗透调节来适应因盐渍而产生的水分逆境。这些植物细胞能将根吸收的盐排入液泡，并抑制外出。一方面可减轻毒害；另一方面由于细胞内积累大量盐分，提高了细胞浓度，降低水势，促进吸水。如盐角草，碱蓬等。

（2）提高植物抗盐性的途径

1）抗盐锻炼。植物对盐分的忍受耐力必须要经过一个适应锻炼过程，对逐渐上升的盐分易适应，对突然遭遇高盐环境就不能适应。

种子在一定浓度的盐溶液中吸水膨胀，然后再播种萌发，如用3% NaCL溶液预浸1h，可提高作物生育期的抗盐能力。

2）筛选抗盐品种。不同作物抗盐性不同，即使同一作物不同品种之间抗盐性也有很大差异，可以根据土壤盐分轻重不同，选育抗盐性不同的品种。采用植物组织培养等新技术选择抗盐突变体培育抗盐新品种，成效显著。

3）使用植物生长调节剂。利用生长调节剂促进植物生长，稀释其体内盐分。例如，用植物激素处理植株，如喷施IAA或用IAA浸种，可促进作物生长和吸水，提高抗盐性。用ABA诱导气孔关闭，可减少蒸腾作用和盐的被动吸收，提高作物的抗盐能力。

4）改造盐碱土。其措施有合理灌溉，泡田洗盐，增施有机肥，盐土播种，种植耐盐绿肥（田菁），种植耐盐树种（沙枣、紫穗槐），种植耐盐碱植物（向日葵、甜菜等）等。

七、植物的抗病性

许多微生物包括真菌、细菌、病毒以及菌质都可以寄生在植物体内，对植物产生有害影响，称为病害。使植物致病的微生物叫病原菌。植物对病原微生物侵染的抵抗力称为植物的抗病性。由于病原微生物分布广泛，传播途径很多，从空气到土壤，由残枝落叶到昆虫的躯体都有病原菌，因而植物不可避免地要受到病原菌的侵染，完全无病的植株是很少的。所以，如何提高植物抗病能力几乎是决定农业生产的关键因素。病原同旱、涝、热、冷、盐碱等物理或化学因素不同，它们是有生命的活体，它们同寄主之间有相互影响、相互制约的过程，究竟能否产生病害，病害的轻重决定于两者的对抗结果。根据对抗的情况将植物分为三种类型：

（1）抗病型　抵抗病菌侵入或者侵入后能限制病菌繁殖，消除病原菌所产生的有害影响，这叫抗病型。

（2）敏感型　不具备抵抗能力，对病原菌很易感染，这叫感染型。而感染型中又有轻重程度不同，有高感染的，也有感染轻微的。

（3）耐病型　对病原菌产生的有毒物质不敏感，有毒物质对寄主不起破坏作用，不会造成灾害性的影响。

1. 病原微生物对植物的危害

（1）水分平衡失调　植物受病菌侵染后，首先表现出水分平衡失调，以萎蔫或猝倒状表现出来。造成水分失调原因很多，主要有：第一，根被病菌损坏，不能正常吸水；第二，维管束被堵塞，水分向上运输中断。有些是细菌或真菌本身堵塞茎部，有些是微生物或植物产生胶质或黏液沉积在导管，有些是导管形成胼胝体而使导管不通；第三，病菌破坏了原生质结构，透性加大，蒸腾失水过多。上述3个原因中的任何1个，都可以引起植物萎蔫。

（2）呼吸作用增高　植物受病菌侵染后，其呼吸作用往往比健康植株高10倍。呼吸加强的原因，一方面是病原微生物本身具有强烈的呼吸作用；另一方面是寄主呼吸速度加快。因为健康组织的酶与底物在细胞里是被分区隔开的，病害侵染后间隔被打开，酶与底物直接接触，呼吸作用就加强。与此同时，染病部位附近的糖类都集中到染病部位，呼吸底物增多，也使呼吸作用加强。

（3）光合作用下降　植物感病后，光合作用即开始下降。染病组织的叶绿体被破坏，叶绿素含量减少，光合速率减慢。随着感染的加重，光合更弱，甚至完全失去同化二氧化碳的能力。

（4）同化物运输受干扰　植物感病后碳同化物比较多的运向病区，糖输入增加和病区组织呼吸提高是一致的。水稻、小麦的功能叶感病后，严重妨碍光合产物的输出，影响籽粒饱满。例如，对大麦黄矮病敏感的小麦品种感病后，其叶片光合作用降低72%，呼吸提高36%，但病叶内干物质反而增加42%。

2. 植物抗病机理

（1）加强氧化酶活性　当病原菌侵入植物体时，该部分组织的氧化酶活性加强，以抵抗病原微生物。凡是叶片呼吸旺盛、氧化酶活性高的马铃薯品种，对晚疫病的抗性较大；凡是过氧化酶、抗坏血酸氧化酶活性高的甘蓝品种，对真菌病害的抵抗能力也较强。这就是说，植物呼吸作用升高其抗病能力也增强。呼吸能减轻病害的原因是：

1）分解毒素。病原菌侵入植物体后，会产生毒素，把细胞毒死。旺盛的呼吸作用能把这些毒素氧化分解为二氧化碳和水，或转化为无毒物质。

2）促进伤口愈合。有的病菌侵入植物体后，植株表面可能出现伤口。呼吸有促进伤口附近形成木栓层的作用，伤口愈合快，把健康组织和受害部分隔开，不让伤口发展。

3）抑制病原菌水解酶活性。病原菌靠本身水解酶的作用，把寄主的有机物分解，供它本身生活之需。寄主呼吸旺盛，就抑制病原菌的水解酶活性，因而防止寄主体内有机物分解，病原菌得不到充分养料，病情扩展就受到限制。

（2）促进组织坏死　有些病原真菌只能寄生在活的细胞里，在死细胞里不能生存。抗病品种细胞与这类病原菌接触时，受感染的细胞或组织就很迅速地坏死，使病原菌得不到合适的环境而死亡。病害就被局限于某个范围而不能发展。因此组织坏死是一个保护性反应。

（3）病菌抑制物的存在　植物本身含有的一些物质对病菌有抑制作用，使病菌无法在寄主中生长。如儿茶酚对洋葱鳞茎炭疽病菌具有抑制作用，绿原酸对马铃薯疮痂病、晚疫病和黄萎病的抑制等。

(4) 植保素 植保素是指寄主被病原菌侵染后才产生的一类对病原菌有毒的物质。最早发现的是从豌豆荚内果皮中分离出来的避杀酊，不久又在蚕豆中分离出非小灵，后来有在马铃薯中分离出逆杀酊。以后又在豆科、茄科及禾本科等多种植物中陆续分离出一些具有杀菌作用的物质。

3. 提高植物抗病性的措施

(1) 扩大和丰富植物的抗病种质资源 利用一切可能渠道广泛收集、鉴定我国的农家品种资源，广泛收集和鉴定各种植物野生近缘类型，加强选种和抗病良种的繁育，不断提高品种的种性和抗病性能。

(2) 应用栽培措施提高植物的抗病性 适期播种、合理密植、合理施肥、科学用水都是提高植物抗病性的有效措施。

(3) 应用化学措施提高植物的抗病性

1) 应用微量元素。关于微量元素在提高植物抗病性上的作用机制还研究得很少，归纳各方面研究，结果有以下几点：①微量元素进入植株体内后，可使寄主植物被破坏的生理机能得以恢复；②提高植株体内酶尤其是氧化酶的活性，从而加强其保卫机能；③可能产生抑菌物质抑制病菌的发育。

2) 应用其他化学方法。除应用微量元素外，应用其他化学方法如施用化学免疫剂、抗生素等也可提高植物的抗病性。

(4) 应用生物措施提高植物抗病性

1) 用弱毒或无毒菌系诱导。例如在麦类作物方面，用弱毒或无毒菌系燕麦冠锈菌小种202作诱发接种物，在小麦品种上进行诱导处理，使小麦品种产生了对叶锈菌小种5的免疫性。

2) 用寄生真菌的代谢产物诱导。用 $5\times10^{-4}\%$ 的脂肪糖蛋白质类综合体于播前处理马铃薯块茎，可使马铃薯明显获得对晚疫病、早疫病、丝核菌病和疮痂病的抗性。

实训26 植物抗逆性的鉴定（电导仪法）

一、目的

了解不良环境对植物细胞的伤害与电导率的关系。

二、原理

当植物受低温、高温等不良条件影响时，会引起细胞膜选择透性的丧失，使细胞内的盐类和有机物外渗到周围介质中。电解质的外渗，可以很容易用电导仪测出。

三、用具与材料

柳树枝条、冰箱、烧杯、剪刀、电导仪、天平、真空泵、蒸馏水或去离子水、量筒、镊子。

四、方法与步骤

1. 电导率的测定

称取经冰冻和未冰冻的清洗材料各1份，叶子为2.0g（不含粗叶脉），枝条3.0g。叶片剪成 $1cm^2$ 左右的方块，枝条剪成1cm左右长的小段，放入干净烧杯内。先用自来水反复浸洗几分钟，以便洗去伤口表面的电解质，再用去离子水清洗三四遍，最后用50mL去离子水浸泡，加盖，放置1h后，测出电导率。同时用蒸馏水作空白对照，测出电导率。

将上述材料煮沸1~2min，静置1h，测定电导率。同时用蒸馏水作空白对照，测出电导率。分别计算受冻与未受冻材料电解质外渗的百分率。

2. 植物受伤害的百分率的计算

受冻与未受冻材料电导率，分别为A与B，煮沸后电导率分别为C与D，一般情况下（当两份材料非常均匀时），C与D大致相同，单位均为$\mu s \cdot cm^{-1}$。

受冻材料的相对电导率（%）$=A/C\times 100\%$

未受冻材料的相对电导率（%）$=B/D\times 100\%$

植物受伤的百分率（%）$=(A-B)/(C-B)\times 100\%$

比较受冻材料与未受冻材料的相对电导率的大小，相对电导率越大，受害程度越大，看看与植物受伤的百分率结果是否相符。

五、作业

1）当测定出的电导率C与D的值相差较大时，说明了什么问题？

2）简述电导仪的使用方法及注意事项。

实训27　植物体内游离脯氨酸含量的测定

在正常条件下，植物体内游离脯氨酸含量很低，但遇到干旱、低温、盐碱等逆境时，脯氨酸含量会大量积累。因此植物体内脯氨酸含量在一定程度上反映了植物的抗逆性，抗性强的品种往往积累较多的脯氨酸。因此测定脯氨酸含量可以作为植物抗性的生理指标。

一、目的

学习并掌握植物体内游离脯氨酸测定的原理和技术。

二、原理

采用磺基水杨酸提取植物样品时，脯氨酸便游离于磺基水杨酸的溶液中，然后用酸性茚三酮加热处理后，溶液即成红色，再用甲苯萃取后，则色素全部转移至甲苯中，色素的深浅即表示脯氨酸含量的高低。在520nm波长下比色，从标准曲线上查出（或用回归方程计算）脯氨酸的含量。

三、用具与材料

待测植物（小麦、水稻等）叶片。

722型分光光度计、研钵、100mL小烧杯、容量瓶、大试管、普通试管、移液管、注射器、水浴锅、漏斗、漏斗架、滤纸、剪刀。

酸性茚三酮溶液（将1.25g茚三酮溶于30mL冰醋酸和20mL6mol/L磷酸中，搅拌加热（70℃）溶解，贮于冰箱中）、3%磺基水杨酸（3g磺基水杨酸加蒸馏水溶解后定容至100mL）、冰醋酸、甲苯。

四、方法与步骤

1. 标准曲线的绘制

1）在分析天平上精确称取25mg脯氨酸，倒入小烧杯内，用少量蒸馏水溶解，然后倒入250mL容量瓶中，加蒸馏水定容至刻度，此标准液中每毫升含脯氨酸100μg。

2）系列脯氨酸浓度的配制取6个50mL容量瓶，分别盛入脯氨酸原液0.5，1.0，1.5，2.0，2.5及3.0mL，用蒸馏水定容至刻度，摇匀，各瓶的脯氨酸浓度分别为1，2，3，4，5

及6μg/mL。

3）取6支试管，分别吸取2mL系列标准浓度的脯氨酸溶液及2mL冰醋酸和2mL酸性茚三酮溶液，每管在沸水浴中加热30min。

4）冷却后各试管准确加入4mL甲苯，振荡30s，静置片刻，使色素全部转至甲苯溶液。

5）用注射器轻轻吸取各管上层脯氨酸甲苯溶液至比色杯中，以甲苯溶液为空白对照，于520nm波长处进行比色。

6）标准曲线的绘制：先求出吸光度值（Y）依脯氨酸浓度（X）而变的回归方程式，再按回归方程式绘制标准曲线，计算2mL测定液中脯氨酸的含量（μg/mL）。

2. 样品的测定

1）准确称取不同处理的待测植物叶片各0.5g，分别置大管中，然后向各管分别加入5mL3%的磺基水杨酸溶液，在沸水浴中提取10min，（提取过程中要经常摇动），冷却后过滤于干净的试管中，滤液即为脯氨酸的提取液。

2）吸取2mL提取液于另一个干净的带玻塞试管中，加入2mL冰醋酸及2mL酸性茚三酮试剂，在沸水浴中加热30min，溶液即呈红色。

3）冷却后加入4mL甲苯，摇荡30s，静置片刻，取上层液至10mL离心管中，在3000rpm下离心5min。

4）用吸管轻轻吸取上层脯氨酸红色甲苯溶液于比色杯中，以甲苯为空白对照，在分光光度计上520nm波长处比色，求得吸光度值。

五、结果计算

根据回归方程计算出（或从标准曲线上查出）2mL测定液中脯氨酸的含量（Xμg/mL），然后计算样品中脯氨酸含量的百分数。计算公式如下：

脯氨酸含量(μg/g) = $[X \times 5/2]$/样重(g)。

任务2　植物的抗污染栽培

随着近代工业的发展，厂矿居民区、现代交通工具等所排放的废渣、废气和废水越来越多，扩散范围越来越大，再加上现代农业大量应用农药化肥所残留的有害物质，远远超过环境的自然净化能力，造成环境污染（environmental pollution）。

环境污染不仅直接危害人类的健康与安全，而且给植物生长发育带来很大的危害，如引起严重减产。污染物的大量聚集，可以造成植物死亡甚至可以破坏整个生态系统。

环境污染一般可分为大气污染、水污染和土壤污染等。大气污染和水污染对植物的影响最大，危害面积较广，同时也易转变为土壤污染。

一、大气污染

1. 大气污染物

大气中的污染物有各种气体、尘埃颗粒、农药、放射性物质等。对植物有毒的大气污染物是多种多样的，主要有二氧化硫（SO_2）、氟化氢（HF）、氯气（Cl_2）以及各种矿物燃烧的废气等。有机物燃烧时一部分未被燃烧完的碳氢化合物如乙烯、乙炔、丙烯等对某些敏感植物也可产生毒害作用；臭氧（O_3）与氮的氧化物如二氧化氮（NO_2）等也是对植物有毒的物质；其他如一氧化碳（CO）、二氧化碳（CO_2）超过一定浓度对植物也有毒害作用。

在上述污染物中，以二氧化硫（SO_2）、氟化物、臭氧（O_3）、氮化物与硝酸过氧化乙酰（PAN）等危害比较普遍。据统计，每年排入空气的污染物总量达六亿吨以上，而且有些污染物在空气里即使含量很低时，也会对农业生产造成严重危害，轻者减产，重则大片死亡。因此，近年来人们对大气污染给予了高度重视。

2. 大气污染物对植物的危害

（1）大气污染物危害植物的特点　有时气体危害的症状和病虫害、冻害、旱害、药害以及施肥不足等原因引起的表现有些相似，但可以根据有毒气体危害的特点加以区别判断：

1）有明显的方向性。如工厂排放有害气体时正刮东南风，则工厂的西北方向的植物受害。受害的植物往往成扇状分布。树木受害时其面向污染的部分比背向部分严重。

2）植物的受害程度与离工厂远近有密切关系。在工厂周围，空气中污染物浓度较大。一般距离越近，受害越重。但如果污染源的烟囱很高，则邻近地区反没有稍远的地方严重。气体扩散时，如遇高大建筑物、乔木树丛、小山丘、田埂等障碍，则后面的植物可以幸免气体的毒害。

（2）大气污染物对植物的危害方式　大气污染物对植物的危害，可分为急性危害、慢性危害和隐性危害三种。如图6-3所示。

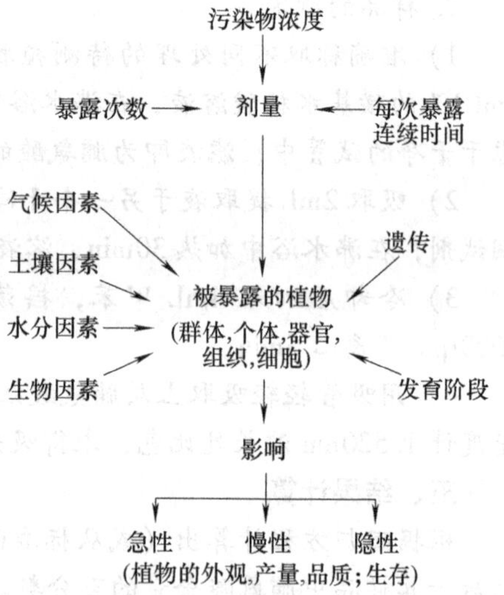

图6-3　大气污染对植物的伤害程度及影响因素

1）急性危害是指在较高浓度有害气体短时间（几小时、几十分钟或更短）的作用下所发生的组织坏死。叶组织受害时最初呈灰绿色，然后质膜与细胞壁解体，细胞内含物进入细胞间隙，转变成绿色的油渍或水渍斑，叶片变软，坏死组织呈现白色至红色或暗棕色。

2）慢性伤害是由于长期接触高浓度的污染空气，而逐步破坏叶绿素的合成，使叶片呈现缺绿，叶片变小、畸形或加速衰老，有时在芽、花、果上会有伤害症状。

3）隐性伤害是指从植物外部看不出明显症状，生长发育基本正常，只是由于有害物质积累使代谢受到影响，导致植物品质和产量下降。

（3）大气污染物侵入植物的部位与途径　植物与大气接触的主要部分是叶片，所以叶片最易受大气污染物的伤害。靠近农药厂周围的树木（如榆树、杨树等）受到污染空气的影响，叶子变成卷曲的“针形叶”。花的各种组织如雌蕊的柱头也很易受污染物伤害，因而造成受精过程不良，空秕率提高。植物的其他暴露部分，如芽、嫩梢等也可受到影响。

气体进入植物的主要途径是气孔。大多数植物白天气孔开放，有利于CO_2同化，也有利于有毒气体进入植株。有的气体如SO_2可以直接控制气孔运动，促使气孔张开，增加叶片对SO_2的吸收，而O_3可促使气孔关闭。另外，角质层对氟化氢和氯化氢有相对高的透性，它是后两者进入叶肉的主要途径。

3. 主要大气污染对植物的危害

（1）二氧化硫（SO_2）　二氧化硫是一种无色具有强烈窒息性臭味的气体。它的分布面积广，对植物的影响和危害极大。其危害过程是：大气中的二氧化硫通过气孔进入叶片，随后再逐渐扩散到叶片的海绵组织和栅栏组织。所以，气孔附近的细胞首先遇到伤害。

例如，阔叶树受危害后，叶部出现几种症状，大多数叶脉间出现褐色斑点或斑块，颜色逐渐加深，最后引起叶片脱落。针叶树首先在两年以上的老针叶上出现褐色条斑或叶色变浅，叶尖变黄，最后枯黄脱落，另外，同一种植物，嫩叶最易受害，老叶次之，未充分展开的幼叶最不易受害。表6-1为不同植物对SO_2的敏感性。

表6-1　不同植物对SO_2的敏感性

抗　性　强	夹竹桃、丁香、刺槐、玉米、高粱、马铃薯、侧柏、文竹、仙人掌
抗性中等	桃、水杉、白蜡树、梧桐、女贞、花生、茄子、菜豆、黄瓜、鸢尾
敏感	油松、马尾松、合欢、杜仲、梅花、棉花、大豆、小麦、玫瑰、月季

（2）氯气（Cl_2）　氯气是一种具有强烈臭味，令人窒息的黄绿色气体。化工厂、农药厂、冶炼厂等在偶然情况下会逸出大量氯气。据观测，氯气对植物的伤害比二氧化硫大。在同样浓度下，氯气对植物的伤害程度比二氧化硫重3～5倍。氯气进入叶片后，很快使叶绿素破坏，形成褐色伤斑，严重时全叶漂白、枯卷，甚至脱落。

氯气在空气中和细小水滴结合在一起，形成盐酸雾，也对植物产生相当大的危害。

（3）氟化物　排放到大气中的氟化物有氟化氢、氟化硅、氟硅酸及氟化钙颗粒物等。氟化物主要来自电解铝、磷肥、陶瓷及铜铁等生产过程。大气中的氟化物污染以氟化氢为主，它是一种积累性中毒的大气污染物，可通过植物吸收积累进入食物链，在人和动物体内蓄积达到中毒浓度，从而使人畜受害。

氟化氢可随上升的气流扩散到很远的地方。在氟污染区里，常常见到果树不结果，粮食作物、蔬菜生长不良，耕牛生病甚至死亡。氟化氢进入叶片后，便使叶肉细胞发生质壁分离而死亡。氟化氢引起的危害，先在叶尖和叶边出现受害症状，然后逐渐向内发展。受害严重的也会使整个叶片枯焦脱落。

鸢尾、唐菖蒲、郁金香这类植物对氟污染极敏感。

（4）光化学烟雾臭氧　光化学烟雾中的主要成分是臭氧（O_3），臭氧氧化能力较强，对植物有危害。臭氧从叶片的气孔进入，通过周边细胞与海绵细胞间隙，到达栅栏组织后停止移动，并使栅栏细胞和上表皮细胞受害，然后再侵害海绵组织细胞，形成透过叶片的坏死斑点。烟草、菜豆、洋葱等是对O_3敏感的植物。

过氧乙酰硝酸酯也是光化学烟雾的主要成分之一。它能使叶片的下表皮细胞及叶肉细胞中的海绵组织发生质壁分离，并破坏叶绿素，以致使叶片背面变成银白色、棕色、古铜色或玻璃状。受害严重时，叶片正面常常出现一道横贯全叶的坏死带。早在20世纪40年代初期，美国洛杉矶地区曾因光化学烟雾使大面积的农作物和百余万株松树遭受伤亡。

（5）煤烟粉尘　污染空气的物质除气体外，还有大量的固体或液体的微细颗粒成分，统称为粉尘，约占整个空气污染物的六分之一。煤烟尘是空气中粉尘的主要成分。

当一层烟尘覆盖在各种植物的嫩叶、新梢、果实等柔嫩组织上，便引起斑点。果实在幼小时期受害以后，污染部分组织木栓化，果皮变得很粗糙，使商品价值下降；成熟期受害，容易引起腐烂，损失更大。另外叶片常因为粉尘积累过多或积聚时间太长，堵塞气孔，妨碍光合作用和蒸腾作用，引起叶色失绿，生长不良，严重的甚至死亡。在道路的两侧，经常可见到布满尘埃的行道树。这些尘埃中的有毒物质还可通过溶解渗透，进入植物体内，产生毒害作用。

二、水污染

随着工农业生产的发展和城镇人口的集中，含有各种污染物质的工业废水和生产污水大量排入水系，再加上大气污染物质、矿山残渣、残留化肥农药等被雨水淋溶，以致各种水体受到不同程度的污染，使水质显著变劣。水体污染不仅危害人类健康，而且危害水生生物资源，影响植物的生长发育。

水污染物种类繁多，包括各种金属污染物（汞、镉、铬、锌、镍和砷等）、有机污染物（酚、氰、三氯乙醛、苯类化合物、醛类化合物、石油等）和非金属污染物质（硒、硼等）等。其中酚、氰、汞、铬、砷被叫做环境污染中的五毒，它们对植物危害的浓度分别是：酚50mg/L，氰50mg/L，汞0.4mg/L，铬5～20mg/L，砷4mg/L。

酚会损伤细胞质膜，影响水分和矿质代谢，叶色变黄，根系变褐、腐烂，植株生长受抑制。氰化物对植物呼吸作用有抑制作用，控制植物体内多种金属酶的活性，植株矮小，分蘖少，根短稀疏，甚至停止生长，枯干死亡。汞可使光合作用下降，叶片黄化，分蘖受抑制，根系发育不良，植株变矮。铬可使水稻叶鞘出现紫褐色斑点，叶片内卷，褪绿枯黄，根系细短而稀疏，分蘖受抑制，植株矮小，高浓度的铬不仅对植株直接产生毒害，而且间接影响对其他元素（钙、钾、镁、磷）的吸收。砷可使植物叶片变为绿褐色，叶柄基部出现褐色斑点，根系变黑，严重时植株枯萎。

酸雨和酸雾也会对植物造成非常严重的伤害，因为酸雨、酸雾的pH值很低，当酸性雨水或雾、露附着于叶面，然后随雨点蒸发和浓缩，pH值下降，最初损坏叶表皮，进而进入栅栏组织和海绵组织，成为细小的坏死斑（直径约0.25mm左右）。由于酸雨的侵蚀，在叶表面生成一个个凹陷的洼坑，后来的酸雨容易沉积于此，所以，随着降雨次数增加，进入叶肉的酸雨越多，引起原生质分离，被害部分扩大。酸雾的pH有时可达2.0，酸雾中的各种离子浓度比酸雨高10～100倍。雾对叶片作用的时间长，风力较小，不易短时间内散去，对叶的上下两面都可同时产生影响，因此酸雾对植物的危害较大。

三、土壤污染

1. 土壤污染的类型

土壤污染主要来自水体和大气。大量的工业“三废”和生活废弃物，以及农药残害等越来越多地污染土壤，使土质变坏，造成作物减产，严重的是土壤中的污染物质，通过食物链在人和畜禽体内积累，直接危害人体健康和畜、禽的生存与繁衍。

污水中造成土壤污染的有害物质主要有各种有害金属，如汞、铬、铅、锌、铜等；砷化物、氰化物等有害无机化合物；油类、酚类、醛类、胺类等有害的有机化合物、酸、碱和盐类等。

2. 土壤污染的毒害

（1）重金属污染的毒害　重金属化合物对土壤污染是半永久性的。土壤中所沉积的重金属离子，不论其来源如何，即使是植物生活所必需的微量元素（如铜、锰等），当浓度超过一定限度时，就能直接影响植物的生长，甚至杀死植物。

（2）土壤中农药的残留及危害 田间施用的农药能够渗透到植物的根、茎、叶和籽粒中，植物对农药的吸收与农药特性和土壤性质有关。

多数有机磷农药由于水溶性强，比较容易被植物吸收，如甲拌磷、乙拌磷、内吸磷等，都可以在几天或几个星期内通过植物根吸收，一般地说，农药的溶解度越大越易被植物吸收，植物种类不同其吸收率也不同。豆类吸收率较高，块根类比茎叶类植物吸收率高，油料植物对脂溶性农药吸收率高。

土壤性质不同对农药的吸收率也不同。沙土中农药最易被植物吸收，而有机质含量高的土壤，农药不易被植物吸收。

由于长期大量地施用同一种农药，使害虫对药剂的抵抗能力增强，产生新的抗药品种。另外，由于药剂杀死了害虫的天敌，使自然界害虫与天敌之间的平衡打破。如蚜虫与瓢虫，原来保持一种生态平衡，由于农药大量施用，使天敌大量死亡，结果害虫反而更加猖獗。田间施用农药经雨水或灌溉流冲进入养鱼池，造成对鱼类的污染。

另外是农药对食品的污染，主要是有机氯农药由于其残留期长，可进入植物体及食物链中，由此引起粮、菜、水果、肉、蛋、奶、水产品等污染。20 世纪 80 年代某些欧洲国家就因我国蛋、奶和冻肉中农药残留量超过国际标准而禁止进口，使我国外贸部门受到很大损失。

大气污染、水体污染和土壤污染是一个综合因素，它们对植物的危害是连续的过程。如图 6-4 所示，酸雨、O_3 等污染物对森林生态系统的影响可以看出，多种污染的共同侵袭是加快植株死亡的主要原因。

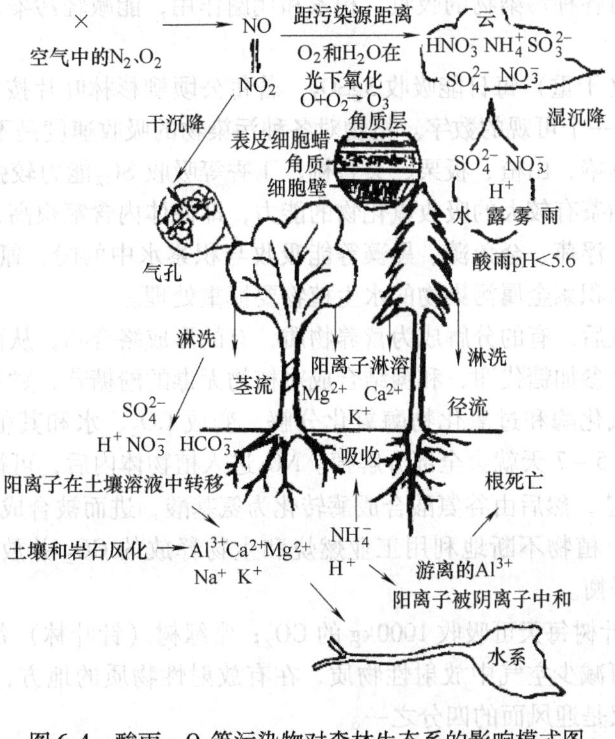

图 6-4 酸雨、O_3 等污染物对森林生态系的影响模式图

四、提高植物抗污染能力与环境保护

1. 提高植物抗污染能力的措施

（1）对种子和幼苗进行抗性锻炼　植物在进行正常生长发育的同时能吸收一定量的大气污染物并对其进行解毒，这就是植物的抗性。一般规律是常绿阔叶植物的抗性比落叶植物强，落叶阔叶植物的抗性比针叶树强。

用较低浓度的污染物预先处理种子或幼苗，经处理后的植株对被处理的污染物的抗性会提高。

为了减少环境污染，措施很多，其中一条就是利用植物防治环境污染，因为植物有净化环境的能力，种植抗性植物和指示植物也可绿化工厂环境和监测预报污染状况。

（2）改善土壤营养条件　通过改善土壤条件，提高植株生活力，可增强对污染的抵抗力。当土壤 pH 值过低时，施入石灰可以中和酸性，改变植物吸收阳离子的成分，可增强植物对酸性气体的抗性。

（3）化学调控　有人用维生素和植物生长调节物质喷施柑橘幼苗多次，或加入营养液通过根系吸收，对 O_3 的抗性提高。

（4）培育抗污染能力强的新品种　利用常规的或生物技术方法选育出抗污力强的品种。

2. 利用植物保护环境

不同植物对各种污染物的敏感性有差异；同一植物，对不同污染物的敏感性也不一样。利用这些特点，可以用植物来保护环境。

（1）吸收和分解有毒物质　环境污染对植物的正常生长带来危害，但植物也能改造环境。通过植物本身对各种污染物的吸收、积累和代谢作用，能减轻污染，达到分解有毒物质的目的。

柳杉叶每千克（干重）每日能吸收 3gSO_2，若每公顷柳杉林叶片按 20t 计算，则每日可吸收 60kgSO_2，这是一个可观的数字。植物对各种污染物的吸收速度是不相同的。

地衣、垂柳、臭椿、山楂、板栗、夹竹桃、丁香等吸收 SO_2 能力较强，能积累较多硫化物；垂柳、拐枣、油茶有较大的吸收氟化物的能力，即使体内含氟很高，也能正常生长。水生植物中的水葫芦、浮萍、金鱼藻、黑藻等能吸收与积累水中的酚、氰化物、汞、铅、镉、砷等物，因此对于已积累金属污染物的水生植物要慎重处理。

污物被植物吸收后，有的分解成为营养物质，有的形成络合物，从而降低了毒性。酚进入植物体后，大部分参加糖代谢，和糖结合成对植物无毒的酚糖苷，贮存于细胞内；另一部分游离酚则被多酚氧化酶和过氧化物酶氧化分解，变成 CO_2、水和其他无毒化合物。有报道，植物吸收酚后，5～7 天就会全部分解掉。NO_2 进入植物体内后，可被硝酸还原酶和亚硝酸还原酶还原成 NH_4^+，然后由谷氨酸合成酶转化为氨基酸，进而被合成蛋白质。

（2）净化环境　植物不断地利用工业燃烧和生物释放的 CO_2 并放出 O_2，使大气层的 CO_2 和 O_2 处于动态平衡。

据计算 1hm^2 阔叶树每天可吸收 1000kg 的 CO_2；常绿树（针叶林）每年每平方米可固定 1.4kgCO_2。植物还可减少空气中放射性物质，在有放射性物质的地方，树林背风面叶片上放射性物质的颗粒仅是迎风面的四分之一。

城市中的水域由于积累了大量营养物质，导致藻类繁殖过量，水色浓绿浑浊，甚至变黑变臭，影响景观和卫生。为了控制藻类生长，可采用换水法或施用化学药剂，也可采用生物治疗法，如在水面种植水葫芦（凤眼莲）吸收水中营养物来抑制藻类生长，使水色澄清。

（3）天然的吸尘器　叶片表面上的绒毛、皱纹及分泌的油脂等会阻挡、吸附和粘着粉尘。表6-2中，每公顷山毛榉阻滞粉尘，总量为68t，云杉林为32t，松林为36t。有的植物像松树、柏树、桉树、樟树等可分泌挥发性物质，杀灭细菌，有效减少大气中细菌数。

表6-2　各种树木叶片的滞尘量

树　种	滞尘量/$(g \cdot m^{-2})$	树　种	滞尘量/$(g \cdot m^{-2})$
刺楸	14.53	丝棉木	4.77
榆树	12.27	紫薇	4.42
木槿	8.13	悬铃木	3.73
广玉兰	7.10	泡桐	3.53
大叶黄杨	6.63	五角枫	3.45
刺槐	6.37	樱花	2.75
臭椿	5.88	蜡梅	2.42
构树	5.87	加杨	2.06
三角枫	5.52	桂花	2.02
桑树	5.39	栀子	1.47
夹竹桃	5.28	绣球	0.63

（4）监测环境污染　低浓度的污染物用仪器测定时有困难，但可利用某些植物对某一污染物特别敏感的特性来监控当地的污染程度。如紫花苜蓿和芝麻在$1.2\mu g \cdot L^{-1}$的SO_2浓度下暴露1h就有可见症状出现；唐菖蒲是一种对HF非常敏感的植物，可用来监测大气中HF浓度的变化。几种常用污染物的指示植物见表6-3。

表6-3　几种常用污染物的指示植物

污　染　物	指示植物
SO_2	紫花苜蓿、向日葵、胡萝卜、莴苣、南瓜、芝麻、蓼、土荆芥、艾紫苏、灰菜、落叶松、雪松、美洲五针松、马尾松、枫柏、加柏、檫树、杜仲
HF	郁金香、葡萄、黄杉、落叶松、杏、李、金荞麦、唐菖蒲、美洲五针松、欧洲赤松、雪松、玉簪、兰叶云杉、樱桃、萱草
Cl_2、HCl	萝卜、复叶槭、落叶松、油松、桃荞麦
NO_2	悬铃木、向日葵、番茄、秋海棠、烟草
O_3	烟草、碧冬茄、马唐、雀麦、花生、马铃薯、燕麦、洋葱、萝卜、女贞、银槭、丁香、葡萄、木笔、牡丹、梓树、桤木
Hg	女贞、柳树

思　考　题

1. 名词解释：逆境；抗逆性；冷害；冻害；萎蔫；大气干旱；土壤干旱。

2. 说明涝害及对植物的影响。

3. 说明冻害机理的细胞外结冰和细胞内结冰。

4. 说明旱害对植物的影响及干旱锻炼的措施。

5. 简述植物的抗盐性及提高途径。

6. 试论植物的病害及植物的抗病性。

7. 环境污染包括哪几种？大气污染对植物有哪些伤害方式？

8. 植物在环境保护中可起什么作用？

参考文献

[1] 卞勇，杜广平．植物与植物生理［M］．北京：中国农业大学出版社，2007.
[2] 胡宝忠，胡国宣．植物学［M］．北京：中国农业出版社，2006.
[3] 郑湘如，王丽．植物学［M］．北京：中国农业大学出版社，2006.
[4] 王衍安，龚维红．植物与植物生理［M］．北京：高等教育出版社，2006.
[5] 李合生．现代植物生理学［M］．北京：高等教育出版社，2002.
[6] 王三根．植物生理生化［M］．北京：中国农业出版社，2001.
[7] 陈忠辉．植物与植物生理［M］．2 版．北京：中国农业出版社，2007.
[8] 武维华．植物生理学［M］．北京：科学出版社，2003.
[9] 王忠．植物生理学［M］．北京：中国农业出版社，2000.
[10] 唐蓉，朱广慧．植物与植物生理［M］．北京：中国电力出版社，2008.
[11] 于桉，谷建田．园林植物生理［M］．北京：中国农业出版社，2005.
[12] 潘亚芬．生物化学［M］．北京：中国农业大学出版社，2009.
[13] 李承水．园林树木栽培与养护［M］．北京：中国农业出版社，2007.
[14] 曹春英．花卉栽培［M］．北京：中国农业出版社，2001.
[15] 刘祖祺，张石城．植物抗性生理学［M］．北京：中国农业出版社，1994.
[16] 胡林，等．草坪科学与管理［M］．北京：中国农业大学出版社，2001.